空间技术与科学研究丛书

主编 叶培建　　副主编 张洪太　余后满

航天器热控制技术

SPACECRAFT THERMAL CONTROL TECHNOLOGY

苗建印　钟　奇　赵啟伟　赵　欣　编著

北京理工大学出版社
BEIJING INSTITUTE OF TECHNOLOGY PRESS

《空间技术与科学研究丛书》

编写委员会

主　编　叶培建

副主编　张洪太　余后满

编　委（按姓氏笔画排序）

　　　　　王大轶　王华茂　王海涛　王　敏
　　　　　王耀兵　尤　睿　邢　焰　孙泽洲
　　　　　李劲东　杨　宏　杨晓宁　张　华
　　　　　张庆君　陈　琦　苗建印　赵和平
　　　　　荣　伟　柴洪友　高耀南　谢　军
　　　　　解永春

《空间技术与科学研究丛书》
组织工作委员会

主　任　　张洪太

副主任　　余后满　李　明

委　员　　（按姓氏笔画排序）
　　　　　马　强　王永富　王　敏　仇跃华
　　　　　卢春平　邢　焰　乔纪灵　向树红
　　　　　杨　宏　宋燕平　袁　利　高树义

办公室　　梁晓珩　梁秀娟

《空间技术与科学研究丛书》
出版工作委员会

主　任　　林　杰　焦向英

副主任　　樊红亮　李炳泉

委　员　　（按姓氏笔画排序）
　　　　　王佳蕾　边心超　刘　派　孙　澍
　　　　　李秀梅　张海丽　张慧峰　陈　竑
　　　　　国　珊　孟雯雯　莫　莉　徐春英
　　　　　梁铜华

序言一

  中国空间技术研究院到如今已经走过五十年,在五十年的发展历程中,从无到有,从小到大,从东方红一号到各类应用卫星,从近地到月球探测,从卫星到载人飞船,形成了完整、配套的空间飞行器系统和分系统的规划、研制、设计、生产、测试及运行体系,培养造就了一支高水平、高素质的空间飞行器研制人才队伍,摸索出了一套行之有效的工程管理方法和国际合作路子,可以说,中国空间技术研究院已经成为了中国空间技术事业的主力军、中流砥柱。

  在中国空间技术研究院成立五十周年之际,院领导和专家们觉得很有必要把几十年来的技术、管理成果进行系统地梳理、凝练、再创作,写出一套丛书,用于指导空间工程研制和人才培养,为国家,为航天事业,也为参与者留下宝贵的知识财富和经验沉淀。

  在各位作者的努力之下,由北京理工大学出版社协助,这套丛书得以出版了,这是一件十分可喜可贺的大事!丛书由中国空间事业实践者们亲自书写,他们当中的许多人,我们都一起工作过,都已从一个个年轻的工程师成长为某个专业的领军人物、某个型号系列的总设计师,他们在航天科研实践中取得了巨大成就并积累了丰富的经验,现在他们又亲自动手写书,真为他们高兴!更由衷地感谢他们的巨大付出,由这些人所专心写成的著作,一定是含金量十足的!再加之这套丛书的倡议者一开始就提出了要注意的几个要素:理论与实践相结合;处理好过去与现在的关系;处理好别人与自己成果的关系,所以,我相信这套丛书一定是有鲜明的中国特色的,一定是质量上乘的,一定是会经得起历史检验的。

  我一辈子都在航天战线工作,虽现已年过八旬,但仍愿为中国航天如何从航天大国迈向航天强国而思考和实践。和大家想的一样,我也觉得人才是第一

等重要的事情，现在出了一套很好的丛书，会有助于人才培养。我推荐这套书，并希望从事这方面工作的工程师、管理者，乃至在校师生能读好这套书，它一定会给你启发、给你帮助、有助于你的进步与成长，从而能为中国空间技术事业多做一点贡献。

中国科学院院士
孙家栋

序言二

以1968年中国空间技术研究院创立为起点，中国空间技术的发展经历了波澜壮阔、气势磅礴的五十年。五十年来，我国空间技术的决策者、研究者和实践者为发展空间技术、探索浩瀚宇宙、造福人类社会付出了巨大努力，取得了举世瞩目的光辉成就。

中国空间技术研究院作为中国空间技术的主导性、代表性研制中心和发展基地，在五十年的发展历程中，从无到有，从小到大，形成了完整、配套的空间飞行器系统和分系统的规划、研制、设计、生产、试验体系，培养造就了一支高水平、高素质的空间飞行器研制人才队伍，摸索出了一套行之有效的系统工程管理方法，成为中国空间技术事业的中流砥柱。

薪火相传、历久弥新。中国空间技术研究院勇挑重担，以自身的空间学术地位和深厚积累为依托，肩负起总结历史、传承经验、问路未来的使命，组织一批空间技术专家和优秀人才，共同编写了《空间技术与科学研究丛书》，共计23分册。这套丛书较为客观地回顾了空间技术发展的历程，系统梳理、凝练了空间技术主要领域、专业的理论和实践成果，勾勒出空间技术、空间应用与空间科学未来的发展方向。

中国空间技术研究院领导对丛书的出版寄予厚望，精心组织、高标准、严要求。《空间技术与科学研究丛书》编写团队主要吸收了中国空间技术研究院方方面面的型号骨干和一线研究人员。他们既有丰富的工程实践经验，又有深厚的理论功底；他们是在中国空间技术发展中历练、成长起来的一代新人，也是支撑我国空间技术持续发展的核心力量。在丛书编写过程中，编写队伍克服时间紧、任务重、资料分散、协调复杂等困难，兢兢业业、精益求精，以为国家、为事业留下成果，传承航天精神的高度责任感开展工作，共同努力完成了

  这套系统性强、技术水平高、内容丰富多彩的空间技术权威著作，值得称赞！

  我一辈子都在从事空间技术研究和管理工作，深为中国空间事业目前的成就而感到欣慰，也确信将来会取得更大的成果，一代更比一代强。作为航天战线上的一名老战士，希望大家能够"读好书、好读书"，通过阅读像《空间技术与科学研究丛书》这样的精品，承前启后、再接再厉，为我国航天事业和空间技术的后续发展做出更大的贡献。

中国科学院院士　中国工程院院士

闵桂荣

序言三

1970年4月24日，中国成功发射了第一颗人造地球卫星，进入了世界航天国的行列。我国空间技术这几十年来取得了发射多种航天器、载人航天、深空探测等领域的多项成就。通信、导航、遥感、空间科学、新技术试验等卫星，已广泛应用于经济、政治、军事等各个领域，渗透到人们日常生活的每一个角落。从首次载人航天飞行到出舱活动，从绕月探测到月球表面着陆、巡视，空间技术以丰富多彩的形式扩大了中国人的生活空间和活动范围，进一步激发了中国人探索、创新、发展的勇气，展现了中国人的智慧和才智。

对未知领域的不断探索是知识的积累和利用效率的提高，是人类社会发展的不竭动力。空间活动从来就不仅仅是单纯的科学或技术活动，其中包含着和被赋予了更多的内涵。从科学角度看，它研究的是宇宙和生命起源这一类最根本也是最前沿的问题；从人才角度看，它能够吸引、培养和锻炼一大批顶尖人才；从经济角度看，它立足非常雄厚的经济实力，并能够创造新的经济增长点；从政治角度看，它争取的是未来的领先地位和国际影响力；从思想角度看，它代表的是人类追求更强能力、更远到达、更广视野、更深认知的理想。空间技术的发展可对一个国家产生多方面、多维度、综合性影响，促进多个领域的进步，这正是开展空间活动的意义所在。

当前我国空间技术发展势头强劲，处于从航天大国向航天强国迈进的重要阶段、战略机遇期和上升期。空间技术的发展，特别是一系列航天重大工程和型号任务的实施，不仅突破了一大批具有自主知识产权的核心技术和关键技术，也取得了一系列科技创新成果。系统总结空间技术发展经验和规律，探索未来发展技术路线，是航天人的重要使命。丛书作者团队对长期从事技术工作的体会进行系统总结，使之上升为知识和理论，既可以指导未来空间技术的发

展，又可成为航天软实力的重要组成部分。

我衷心祝贺，这套内容丰富、资料翔实、思维缜密、结构合理、数据客观的丛书得以出版。这套丛书有许多新观点和新结论，既有广度又有深度。丛书具有较好的工程实践参考价值，会对航天领域管理决策者、工程技术人员，以及高等院校相关专业师生有所启发和帮助，助推我们事业的发展！

空间技术对富民强军、强国有重要的支撑作用，世上未有强国而不掌握先进空间技术者。深邃宇宙，无尽探求。相信这套丛书的出版能够承载广大空间技术工作者孜孜探索的累累硕果，推动我国空间技术不断向前发展，丰富对客观世界的认知，促进空间技术更好地服务国家、服务人民、服务人类。

中国科学院院士

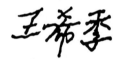

主编者序

2018年，中国的空间事业已经走过了六十多年！这些年来，中国的空间事业从无到有、由小到大、正在做强！以东方红一号卫星、神舟五号载人飞船、嫦娥一号月球探测器为代表的三大里程碑全方位代表了200余个空间飞行器的研制历程和丰富内涵。这个内涵既是人文的，又是技术的，也是管理的。从人文角度看，"两弹一星"精神在新一代航天人身上传承、发扬，他们在推动中国空间技术发展和壮大的道路上留下了锐意进取、顽强拼搏、砥砺前行的清晰足迹；从技术角度看，一批新理论、新技术和新方法不断被提出、被验证和被采用，一次又一次提升了我国空间技术水平的高度；从管理角度看，中国空间事业孕育了中国特色的管理理念与方法。这些年，产生了一大批科技报告、学术著作与论文、管理规范、软件著作权、技术专利等。但遗憾的是这些成果分散在各个不同的单位、不同的研制队伍、不同的专业里，有待进一步提高其系统性、完整性和受益面。中国空间技术研究院的领导和专家们认为很有必要进行系统地梳理、凝练、再创作，编写出一套丛书，用于指导空间工程系统研制和人才培养，为国家，为航天事业，也为参与者留下宝贵的知识财富和经验沉淀。

基于此，在中国空间技术研究院与北京理工大学的共同推动下，决定由中国空间技术研究院第一线工作团队和专家们亲自撰写，北京理工大学出版社负责编辑，合力出版《空间技术与科学研究丛书》。这是我国学术领域和航天界一件十分重要而有意义的事！这套丛书的出版也将成为纪念中国空间技术研究院成立五十周年的一份厚礼！

如此一套丛书，涉及了空间技术、空间科学、空间应用等许多学科和专业，如何策划丛书框架和结构就成为首要问题。经对空间技术发展历史、现状

和未来综合考虑，结合我国实际情况和已有的相关著作，几经讨论、增删、合并，确定了每分册一定要有精干专家主笔的原则，最后形成了由23分册构成的《空间技术与科学研究丛书》。具体名称如下：《宇航概论》《航天器系统设计》《空间数据系统》《航天器动力学与控制》《航天器结构与机构》《航天器热控制技术》《航天器电源技术》《航天器天线工程设计技术》《航天器材料》《航天器综合测试技术》《航天器空间环境工程》《航天器电磁兼容性技术》《航天器进入下降与着陆技术》《航天器项目管理》《航天器产品保证》《卫星通信技术》《卫星导航技术》《卫星遥感技术（上下册）》《载人航天器技术》《深空探测技术》《卫星应用技术》《空间机器人》《航天器多源信息融合自主导航技术》，丛书围绕中国空间事业的科学技术、工业基础和工程实践三条主线，几乎贯穿了空间科学、空间技术和空间应用的所有方面，并尽量反映当前"互联网＋"对航天技术的促进及航天技术对"互联网＋"的支持这两方面所取得的成果。正因为如此，它也被优选为"'十三五'国家重点出版物出版规划项目"和"国家出版基金项目"。

如此一套丛书，参与单位众多，主笔者20余人，参与写作百人以上，时间又较紧迫，还必须保证高质量，精心组织和科学管理一定是必需的。我们用管理航天工程的方法来管理写作过程，院领导亲自挂帅、院士专家悉心指导，成立以总体部科技委为主的日常工作班子，院科技委和所、厂科技委分级把关，每一分册都落实责任单位，突出主笔者负责制，建立工作信息交流平台，定期召开推进会以便交流情况、及时纠正问题、督促进度，出版社同志进行培训和指导等。这些做法极大地凝聚了写作队伍的战斗力，优化了写作过程，从而保证了丛书的质量和进度。

如此一套丛书，我们期望它成为可传世的作品，所以它一定要是精品。如何保证出精品，丛书编委会一开始就拟定了基本思路：一是理论与实践相结合，它不是工程师们熟悉的科技报告，更不是产品介绍，应是从实践中总结出来，经过升华和精炼的结晶，一定要有新意、有理论价值、有较好的普适性。二是要处理好过去和现在的关系，高校及航天部门都曾有过不少的空间技术方面的相关著作，但这十年来空间技术发展很快，进步很大，到2020年，随着我国空间站、火星探测、月球采样返回和月球背面探测、全球导航等重大工程相继完成，我们可以说，中国进入了航天强国的行列。在这个进程中，有许多新理论、新技术和新事物就已呈现，所以丛书要反映最新成果。三是处理好别人和自己成果的关系，写书时为了表达的完整性、系统性，不可避免要涉及一些通用、基础知识和别人已发表的成果，但我们这次的作品应主要反映主笔者为主的团队在近年来为中国空间事业发展所获的成果，以及由这些成果总结出来的理论、方法与技术，涉及他人的应尽可能分清、少用，也可简并。作品要有鲜明的团队特点，而团队特点应是某一领域、某一专业的中国特点，是"中国货"。从写作结果来看，我认为，丛书作者们努力实践了这一要求，丛书的质量是有保证的，可经得起历史的检验。

丛书可以为本科生、研究生，以及科研院所和工业部门中的专业人士或管理人员提供一系列涵盖空间技术主要学科和技术的专业参考，它既阐述了基本的科学技术概念，又涵盖了当前工程中的实际应用，并兼顾了今后的技术发展，是一套很好的教科书、工具书，也一定会成为书架的亮点。

在此，作为丛书主编者，一定要向为这套丛书出版而付出辛勤劳动的所有人员表示衷心感谢！尤其是中国空间技术研究院张洪太院长、余后满副院长，北京理工大学胡海岩校长和张军校长，北京理工大学出版社社长林杰副研究员，各分册主笔者和参与写作的同志们。没有中国空间技术研究院总体部科技委王永富主任和秘书处团队、北京理工大学出版社社长助理李炳泉女士和出版团队的辛勤、高效工作，丛书也不可能这么顺利地完成。

谢谢！

中国科学院院士

前　言

《航天器热控制技术》是《空间技术与科学研究丛书》23分册之一。按照丛书"面向空间领域一线科研人员、相关领域的研究者和高校专业师生的一套既有理论高度又有实践指导意义的权威著作"的总定位，本书立足于航天器热控制技术总体和专业两个方面的特色，强调航天器热控制技术系统性工程应用经验及热控制专业的自身发展、应用，凝练和总结了热控制技术的相关知识和系统设计要素。

航天器热控制专业的主要基础知识源于传热学、工程热力学和流体力学，但因为服务的对象是航天器，所以还涉及空间环境、材料、化学、力学、光学、可靠性等诸多专业学科。伴随着我国航天器工程的实践，航天器热控制工程研制和研究人员也积累了丰富的经验，并撰写了若干高水平的航天器热控制技术专著，这些专著在指导航天器热控制从业人员方面发挥了重要作用。随着近年我国航天事业的蓬勃发展，航天器热控制专业人员的工程实践案例迅猛增多，研发和应用的热控制技术也日见丰富，进行及时的整理、提炼，对于总结经验、促进技术的进一步发展是必要的、有价值的，这正是编著本书的出发点。本书的读者主要是航天器系统或部件热控制的从业或学习人员，他们应当已经掌握传热学、工程热力学的基础理论和知识；经过国内航天事业50年的发展，航天器热控制专业知识的普及程度已大为提高；当前航天器热控制设计工具手段也有诸多改进，使用成熟软件分析，解决早期需手工计算或编程求解的问题已经成为主流。考虑到这三点，对于教科书和国内现有航天器热控制专著中已有较为详细论述的部分概念、原理和理论，本书予以从简叙述，更多的是从当今航天器研制活动中开展热控制设计"应知应会"的角度，阐述相关技术的原理、应用原则、禁忌和典型案例。当然，即使在当前研制手段和模式下，为保证高水平的设计，仍有若干技术的原理和内涵需要设计者有深入的理解，对这类问题的理论阐述本书也未吝笔

墨。全书注重案例的丰富、全面和工程实用指导意义，希望对读者有参考价值。

基于以上考虑，全书内容安排为9章。第1章为绪论，包括航天器热控制的任务、航天器对热控制的需求、航天器热特性、航天器热控制的主要约束等内容；第2章为空间环境，包括发射阶段环境、地球轨道空间环境、月球和行星空间环境、再入或进入段热环境等内容；第3章为航天器热控制系统设计，包括任务特点、设计原则、设计方法、设计阶段及要点等内容；第4章为航天器热控制"六性"设计，包括可靠性、安全性、空间环境适应性等内容；第5章为航天器常用热控制技术，包括传热技术、隔热技术、加热技术、制冷技术和测控温技术等内容；第6章为航天热控制设计典型案例，包括热控制系统设计案例、部件热控制设计案例等内容；第7章为航天器热分析技术，包括外热流分析、辐射分析、特定问题模拟、热模型修正等内容；第8章为航天器地面热模拟试验，包括空间热环境模拟方法、外热流模拟装置与热流测量、热平衡试验方法等内容；第9章为航天器热控制新技术，包括大规模复杂系统热管理技术、能源再生与原位热利用技术、模块化、自适应在轨维护热控制技术等内容。

本书由苗建印、钟奇、赵啟伟、赵欣编著，苗建印、钟奇、赵啟伟负责全书统稿和审校。钟奇负责第1章及第7章的撰写；赵欣负责第2章及第3章的撰写；赵啟伟负责第4章及第6章的撰写；苗建印负责第5章及第9章的撰写。此外，参加编著的还有江海（第7章外热流分析部分内容）、向艳超（第2章空间环境部分内容和第8章航天器地面热模拟试验）、傅伟纯（第5章热控涂层部分）、张红星（第5章制冷技术部分）、何江（第9章深低温获取与高效热传输技术等内容）。

此外，在本书的编著过程中，还得到了赵亮、李一凡、陈建新、孙家林、余雷、宁献文、王玉莹、杨昌鹏、韩海鹰、薛淑艳、赵剑锋、丁汀、李文君等同志的大力支持，何江、徐亚威、刘畅、周强、刘思学同志负责全书的合稿与初步编辑工作，同时，在编著过程中，多位其他航天器热控制专家也提供了丰富的技术资料，在此一并表示感谢！

本书由文耀普任主审，胡金刚、范含林、姚伟任审稿专家，他们对本书进行了认真把关，并提出了许多宝贵意见。本书的编写过程得到了叶培建院士、王永富研究员的深切关注和悉心指导，得到了中国空间技术研究院、北京空间飞行器总体设计部各级领导的关心和支持，得到了北京理工大学出版社编辑的精心校阅和编辑。中国空间技术研究院总体部科技委梁晓珩、梁秀娟为本书的编写和出版做了大量工作。在此，作者一并表示诚挚的谢意。

囿于作者水平，本书难免存在疏漏和不足之处，恳请广大读者和专家批评指正。

作者

2017年12月

目 录

第1章　绪论 …………………………………………………………………… 001
  1.1　航天器热控制的任务 ……………………………………………… 002
  1.2　航天器对热控制的需求 …………………………………………… 003
    1.2.1　温度水平 …………………………………………………… 003
    1.2.2　温度均匀性和稳定度 ……………………………………… 005
    1.2.3　风速和湿度 ………………………………………………… 006
  1.3　航天器热特性 ……………………………………………………… 007
    1.3.1　热耗来源 …………………………………………………… 007
    1.3.2　热耗水平及变化 …………………………………………… 008
    1.3.3　热流密度 …………………………………………………… 009
    1.3.4　热容 ………………………………………………………… 010
  1.4　航天器热控制的主要约束 ………………………………………… 011
  1.5　航天器热控制的主要技术 ………………………………………… 013
  1.6　航天器热控制的主要工作 ………………………………………… 015
  参考文献 ………………………………………………………………… 016

第2章　空间环境 ……………………………………………………………… 017
  2.1　概述 ………………………………………………………………… 018
  2.2　发射阶段环境 ……………………………………………………… 020
  2.3　地球轨道空间环境 ………………………………………………… 023
    2.3.1　地球轨道热环境 …………………………………………… 024
    2.3.2　其他地球轨道空间环境 …………………………………… 033
  2.4　月球和行星空间环境 ……………………………………………… 041
    2.4.1　月球环境 …………………………………………………… 042

        2.4.2 水星环境 …………………………………………………… 044
        2.4.3 金星环境 …………………………………………………… 045
        2.4.4 火星环境 …………………………………………………… 046
        2.4.5 其他天体热环境 ……………………………………………… 050
    2.5 再入或进入段热环境 ………………………………………………… 051
    2.6 诱导环境 ……………………………………………………………… 052
        2.6.1 发动机工作产生的诱导环境 ………………………………… 052
        2.6.2 航天器自旋产生的诱导环境 ………………………………… 054
    参考文献 …………………………………………………………………… 056

第3章 航天器热控制系统设计 ……………………………………………… 058
    3.1 概述 …………………………………………………………………… 059
    3.2 任务特点 ……………………………………………………………… 060
        3.2.1 地面段 ………………………………………………………… 060
        3.2.2 主动段 ………………………………………………………… 061
        3.2.3 在轨段 ………………………………………………………… 061
        3.2.4 再入或进入段 ………………………………………………… 062
        3.2.5 着陆段 ………………………………………………………… 062
    3.3 热控制设计的基本原则 ……………………………………………… 063
    3.4 热控制系统的设计方法 ……………………………………………… 065
        3.4.1 热控制设计要求和条件 ……………………………………… 065
        3.4.2 热控制设计工况的选择 ……………………………………… 067
        3.4.3 系统设计方法的选择 ………………………………………… 069
        3.4.4 热控制技术的选择 …………………………………………… 073
    3.5 热控制设计阶段及要点 ……………………………………………… 075
        3.5.1 方案阶段 ……………………………………………………… 076
        3.5.2 初样阶段 ……………………………………………………… 076
        3.5.3 正样阶段 ……………………………………………………… 077
        3.5.4 使用改进阶段 ………………………………………………… 077
    参考文献 …………………………………………………………………… 079

第4章 航天器热控制"六性"设计 ………………………………………… 080
    4.1 概述 …………………………………………………………………… 081
    4.2 可靠性设计 …………………………………………………………… 082
        4.2.1 可靠性概述 …………………………………………………… 082
        4.2.2 可靠性设计一般要求 ………………………………………… 082

  4.2.3 可靠性设计方法 ………………………………………… 084
4.3 安全性设计 ……………………………………………………… 091
  4.3.1 安全性概述 ……………………………………………… 091
  4.3.2 安全性设计一般要求 …………………………………… 091
  4.3.3 安全性设计方法 ………………………………………… 092
4.4 空间环境适应性设计 …………………………………………… 093
  4.4.1 空间环境适应性概述 …………………………………… 093
  4.4.2 空间环境适应性设计一般要求 ………………………… 093
  4.4.3 空间环境适应性设计方法 ……………………………… 094
4.5 测试性设计 ……………………………………………………… 097
  4.5.1 测试性概述 ……………………………………………… 097
  4.5.2 测试性设计一般要求 …………………………………… 097
  4.5.3 测试性设计方法 ………………………………………… 098
4.6 维修性设计 ……………………………………………………… 099
  4.6.1 维修性概述 ……………………………………………… 099
  4.6.2 维修性设计一般要求 …………………………………… 099
  4.6.3 维修性设计方法 ………………………………………… 100
4.7 保障性设计 ……………………………………………………… 102
  4.7.1 保障性概述 ……………………………………………… 102
  4.7.2 保障性设计一般要求 …………………………………… 102
  4.7.3 保障性设计方法 ………………………………………… 103
参考文献 …………………………………………………………………… 104

第5章 航天器常用热控制技术 105

5.1 概述 ……………………………………………………………… 106
5.2 传热技术 ………………………………………………………… 107
  5.2.1 简介 ……………………………………………………… 107
  5.2.2 导热材料 ………………………………………………… 108
  5.2.3 热管 ……………………………………………………… 114
  5.2.4 导热填料 ………………………………………………… 144
  5.2.5 热控涂层 ………………………………………………… 147
  5.2.6 流体回路 ………………………………………………… 160
  5.2.7 对流通风装置 …………………………………………… 179
  5.2.8 辐射散热器 ……………………………………………… 183
  5.2.9 消耗型散热装置 ………………………………………… 189

5.2.10 相变储能装置 …………………………………………………… 197
5.2.11 热开关 …………………………………………………………… 203
5.3 隔热技术 …………………………………………………………………… 210
5.3.1 简介 ……………………………………………………………… 210
5.3.2 辐射隔热 ………………………………………………………… 211
5.3.3 导热隔热 ………………………………………………………… 236
5.3.4 气体环境下的隔热 ……………………………………………… 240
5.4 加热技术 …………………………………………………………………… 249
5.4.1 简介 ……………………………………………………………… 249
5.4.2 电加热技术 ……………………………………………………… 249
5.4.3 同位素加热技术 ………………………………………………… 255
5.5 制冷技术 …………………………………………………………………… 260
5.5.1 简介 ……………………………………………………………… 260
5.5.2 辐射制冷器 ……………………………………………………… 261
5.5.3 热电致冷器 ……………………………………………………… 263
5.5.4 低温制冷机 ……………………………………………………… 267
5.4.5 储存式制冷系统 ………………………………………………… 272
5.6 测控温技术 ………………………………………………………………… 276
5.6.1 简介 ……………………………………………………………… 276
5.6.2 测温技术 ………………………………………………………… 277
5.6.3 控温技术 ………………………………………………………… 287
参考文献 …………………………………………………………………………… 293

第6章 航天器热控制设计典型案例 …………………………………………… 300
6.1 概述 ………………………………………………………………………… 301
6.2 航天器热控制系统设计案例 ……………………………………………… 302
6.2.1 遥感卫星热控制系统设计 ……………………………………… 302
6.2.2 通信卫星热控制系统设计 ……………………………………… 308
6.2.3 月球探测器热控制系统设计 …………………………………… 317
6.2.4 载人航天器热控制系统设计 …………………………………… 326
6.3 航天器部件热控制设计案例 ……………………………………………… 332
6.3.1 推进系统热设计 ………………………………………………… 332
6.3.2 蓄电池热设计 …………………………………………………… 338
6.3.3 电子设备热设计 ………………………………………………… 340
6.3.4 相机热设计 ……………………………………………………… 346

  6.3.5 天线热设计 ·············· 350
  6.3.6 驱动机构热设计 ············ 355
 参考文献 ······················ 358

第7章 航天器热分析技术 ············ 359
7.1 概述 ······················ 360
7.2 空间能量平衡方程 ············ 362
  7.2.1 热网络方程 ·············· 362
  7.2.2 计算域和边界条件 ········ 363
  7.2.3 离散方法简介 ············ 366
  7.2.4 热模型构建与求解流程 ···· 368
7.3 外热流分析 ················ 370
  7.3.1 太阳位置 ················ 372
  7.3.2 轨道参数 ················ 373
  7.3.3 热环境参数 ·············· 373
  7.3.4 天体表面驻留问题 ········ 375
7.4 辐射分析 ·················· 378
  7.4.1 角系数 ·················· 378
  7.4.2 吸收因子 ················ 384
  7.4.3 辐射热 ·················· 385
  7.4.4 非漫射问题 ·············· 386
  7.4.5 射线跟踪 ················ 387
  7.4.6 辐射计算的空间分解方法 ·· 388
  7.4.7 辐射计算的残差处理 ······ 388
7.5 特定问题模拟 ·············· 389
  7.5.1 密封舱流动与传热 ········ 389
  7.5.2 管内流动传热 ············ 390
  7.5.3 热管传热 ················ 390
  7.5.4 低气压导热 ·············· 391
  7.5.5 固液相变热效应 ·········· 392
  7.5.6 半导体致冷传热 ·········· 393
  7.5.7 电子元器件结-壳传热 ····· 394
7.6 热网络方程辐射项的等效转化 · 397
  7.6.1 等效加热 ················ 397
  7.6.2 等效热沉 ················ 398

7.7 热模型修正 ·· 400
　　7.7.1 热模型修正基础知识 ··· 400
　　7.7.2 参数分析 ·· 405
　　7.7.3 修正方法 ·· 408
7.8 常用热分析软件简介 ··· 410
　　7.8.1 NEVADA ·· 410
　　7.8.2 SINDA/FLUINT 和 SINDA/G ··· 411
　　7.8.3 ThermalDesktop ·· 412
　　7.8.4 TMG ··· 412
　　7.8.5 ESATAN ·· 413
　　7.8.6 SystemA ·· 413
　　7.8.7 Flotherm、ICEPAK、ESC、FLUENT ······························· 413
参考文献 ·· 415

第8章 航天器地面热模拟试验 ·· 418

8.1 概述 ·· 419
8.2 空间热环境模拟方法 ··· 420
　　8.2.1 真空 ·· 420
　　8.2.2 低温和黑背景 ·· 421
　　8.2.3 空间外热流 ·· 422
8.3 外热流模拟装置与外热流测量 ··· 424
　　8.3.1 外热流模拟装置 ·· 424
　　8.3.2 外热流测量 ·· 427
8.4 热平衡试验方法 ··· 431
　　8.4.1 热试验模型 ·· 431
　　8.4.2 试验工况的确定 ·· 431
　　8.4.3 试验过程和方法 ·· 433
　　8.4.4 热稳定判据 ·· 434
8.5 常压热试验 ·· 437
8.6 低气压试验 ·· 439
　　8.6.1 简介 ·· 439
　　8.6.2 试验气体选择 ·· 439
　　8.6.3 气体温度模拟 ·· 440
　　8.6.4 流场模拟 ·· 441
　　8.6.5 测量 ·· 441

参考文献 ………………………………………………………………………… 443

第 9 章　航天器热控制新技术 ………………………………………………… 444
9.1　概述 ……………………………………………………………………… 445
9.2　大规模复杂系统热管理技术 …………………………………………… 446
9.2.1　空间太阳能电站热管理技术 ……………………………………… 447
9.2.2　地外驻留科研基地热管理技术 …………………………………… 449
9.3　能源再生与原位热利用技术 …………………………………………… 451
9.4　结构热控一体化集成技术 ……………………………………………… 453
9.5　模块化、自适应在轨维护热控制技术 ………………………………… 455
9.6　热控新材料 ……………………………………………………………… 457
9.6.1　高导热材料 ………………………………………………………… 457
9.6.2　隔热材料 …………………………………………………………… 458
9.6.3　热控涂层 …………………………………………………………… 458
9.6.4　界面导热填料 ……………………………………………………… 459
9.7　大功率高热流热收集及排散技术 ……………………………………… 461
9.8　深低温获取与高效热传输技术 ………………………………………… 464
9.9　高精度高稳定度温度控制技术 ………………………………………… 466
参考文献 ………………………………………………………………………… 468

索引 ……………………………………………………………………………… 469

第 1 章

绪　论

1.1 航天器热控制的任务

热控制系统是航天器的重要组成部分,它和姿态与轨道控制、结构与机构、电源、测控、数据管理、有效载荷系统等共同构成航天器。热控制技术源于热控制系统,服务于航天器总体和其他系统,是航天器的共性技术。

航天器热控制的任务是:针对航天器从地面待发段到使命任务结束全过程,分析和识别航天器外部空间环境、航天器任务特征及自身特性,在满足来自外部环境和航天器对热控制技术约束的前提下,综合运用合理的热控制技术,对热量的吸收、传输、排散等环节进行调节,保证与热相关的参数满足航天器可靠完成预定功能的要求。

与热相关的参数大多数情况下是航天器设备、结构、舱内空气等对象的温度(包括温度水平、温度均匀性、温度稳定度),有时还包括流体流速、气体湿度等参数。某些参数的控制有时需要热控制专业与其他专业共同完成,比如航天器密封舱内空气流速或湿度的控制就需要环境控制与生命保障专业协同完成。

完成航天器热控制的任务,需要识别航天器对热控制的需求,了解主要约束,分析航天器外部空间环境、航天器任务特征及自身特性,确定合理的热控制技术并予以实现。囿于篇幅,空间环境将在第 2 章专门阐述。本章简要阐述航天器对热控制的需求、航天器热特性、航天器热控制主要约束、主要热控制技术和主要工作。

1.2 航天器对热控制的需求

航天器对热控制的需求主要有温度水平、温度均匀性、温度稳定度、风速和湿度等。

1.2.1 温度水平

航天器对热控制的需求绝大部分体现为对温度水平的要求，也即对象的温度需要被控制在什么范围内。温度水平对仪器设备和部件功能的发挥、性能指标的实现、可靠性及寿命等有重要影响。对于航天器热控制，温度水平指标通常包括工作温度、存储温度和启动温度。工作温度是指仪器设备、部件等在寿命期内工作运行，并实现其功能和既定技术指标所必须保障的温度条件。存储温度是指仪器设备、部件等在寿命期内不工作时（也可称为休眠状态）需要保障的温度条件，在该温度条件下不能发生任何影响其功能、性能指标实现的物理、化学等损伤，也即需要具备恢复为正常工作状态的条件和能力，存储温度是仪器设备在休眠状态下能否生存的重要保障条件，一般比工作温度范围要宽，具体要视对象的特征而定。启动温度是指仪器设备处于允许加电状态下的温度，此时仪器设备处于存储状态和工作状态之间的过渡状态。

不同类型的仪器设备、部件对温度水平的要求是不同的。这首先源于其实

现自身功能和指标背后的物理机制,其次源于可靠性对温度的要求。航天器常用的仪器设备对工作温度水平的一般要求如下:

(1) 常用电子设备:电子设备一般要求航天器热控制系统保证接口温度在$-15\sim50$ ℃范围内,以保证设备的工作性能。同时,在温度约定接口下,出于可靠性的要求,设备热控制应当保证元器件温度满足降额要求,比如最高许用结温为175 ℃的二极管,Ⅰ级温度降额要求为不高于100 ℃,Ⅱ级温度降额要求为不高于125 ℃。

(2) 特殊器件:如相机内部的CCD器件,工作温度每升高7 ℃,其成像时暗电流将增大一倍,因此CCD器件一般需要控制在较低的温度水平,比如$-15\sim5$ ℃附近。而对于固体激光器,工作温度由27 ℃升至127 ℃,其出光效率则下降为原来的10%。对于HgCdTe探测器,为了保证其量子效率和探测率,则需要工作在80 K以下。

(3) 蓄电池:对于航天器用锂电池,其工作温度控制范围则与不同类型的航天器、使用寿命、充放电循环次数等有关。例如在NASA对航天器用锂离子蓄电池的温度控制要求中,用于深空探测登陆器和漫游器时,工作温度控制范围为$-40\sim40$ ℃;用于地球同步轨道卫星和太阳同步轨道卫星时,工作温度控制范围为$-5\sim30$ ℃。

(4) 天线:天线类产品的工作温度控制要求随其具体种类的不同而有较大差别。例如相控阵天线要求其TR组件的工作温度控制在$-10\sim60$ ℃,多数低轨航天器天线要求在$-100\sim100$ ℃,高轨实心抛物面反射器天线通常要求温度控制在$-150\sim100$ ℃。

(5) 发动机:双组元推力器一般要求在15 ℃以上,单组元推力器的催化床一般要求工作温度不低于120 ℃,以保证其催化效果和使用寿命。

(6) 机电类产品:电机产品的工作温度范围一般受其内部的霍尔器件、传动部分的约束,例如,电机壳温控制范围一般在$-50\sim85$ ℃。机械臂关节驱动组件的工作温度一般控制在$-30\sim65$ ℃,关节减速器的工作温度一般控制在$-25\sim50$ ℃。

(7) 结构类部件:对于蜂窝板这种结构类产品,其工作温度范围则在$-100\sim100$ ℃,主要考虑了其内部结构胶的耐受温度要求,并保证其结构的稳定性和力学特性。

总的来讲,以常见的温度要求的范围来区分,航天器上温度水平要求有低温段、常温段和高温段三个区间,这三个区间之间没有,也不需要特别精确的界限。对于多数情况,不妨将对一般电子设备比较适宜的$-15\sim50$ ℃视为常温区间。低温的需求主要来自红外探测类器件,如JWST(James Webb

Space Telescope，詹姆斯韦伯空间望远镜）要求近红外设备温度不高于 37 K，中红外设备温度不高于 7 K。某些单组元推力器的催化床要求温度不低于 120 ℃，可以视为高温需求。最常见的需求集中在常温段，例如一般结构要求－100～100 ℃，电子设备要求－15～50 ℃。在常温段需求范围内，蓄电池、陀螺、加速度计、光学遥感器、原子钟等产品一般会要求较窄甚至极窄的温度范围。

需要特别说明的是，温度对可靠性、寿命或长期性能的影响，需要大量的样本或足够长的时间才可能获得。因此，试图仅基于温度的影响来单方面明确对热控制的要求并不现实。工程上可行的办法是基于经验，或根据代价权衡确定温度要求：一方面，材料、元器件、工艺研究中积累的温度影响数据，可以用作确定温度要求大致范围的依据；另一方面，产品或类似产品试验、应用中的经验和教训也是确定要求的参考依据。还有一个实现代价的因素需要权衡：如果基于以上依据粗略确定的温度要求对于热控制来说代价更大甚至不能实现，则应该进行更精细的温度影响试验，以寻求放宽温度要求的可能性。

1.2.2 温度均匀性和稳定度

除温度水平或范围外，有时还有温度均匀性、温度稳定度的要求，其中温度均匀性要求一般以温差或温度梯度的形式提出。例如出于性能的考虑，要求推进储箱之间温差、电池单体之间温差在 5 ℃ 以内。更多的时候温差或温度梯度的要求源于热变形抑制的需求，如光学遥感器组件内多个部位之间、安装结构之间、SAR 天线阵面结构、一些机构组件内部都需要较小的温差。NASA（National Aeronautics and Space Administration，美国航空航天管理局）和 DLR（Deutsches Zentrum fur Luft und Rumfahrt，德宇航中心）合作的 GRACE（Gravity Recovery and Climate Experiment，重力场反演及气候探测实验）卫星中，对 SuperSTAR 加速度计中的探测单元基板温差的要求甚至不超过 0.1 K。

温度稳定度是指在一段时间内对于温度时变幅度或速率的限制。上述光学遥感器、陀螺内部较窄的温度范围要求其实也同时是一种温度稳定度的要求。非常苛刻的温度稳定度要求并不鲜见：某些高精度铷钟物理部分要求全寿命周期温度稳定在 (10 ± 0.1) ℃；GRACE 卫星上 SU Sensor DSS 基板、超稳振荡器（Ultra Stable Oscillator）都要求温度稳定在 ±0.1 ℃/轨；SIM（Space Interferometry Mission，空间干涉仪）要求 mK 级的温度稳定度；氢钟甚至要求亚 mK 级（0.1 mK/天）的温度稳定度。

1.2.3 风速和湿度

除了对温度的要求外，载人航天器航天员活动区还有风速、湿度等要求。例如，风速既不能大也不能过小，一般以 0.2～0.8 m/s 较为适宜。这主要源于人体舒适性的要求。相对湿度也主要源于此，一般是 30%～70%。

1.3 航天器热特性

航天器的热特性范围较广,包括发热特性、材料的导热系数、材料比热或部件的热容、表面热光学特性等与热控制关系密切的航天器自身特性。这里主要介绍多数情况下不能由热控制系统决定的部分热特性,包括热耗来源、热耗水平及变化、热流密度、热容等热特性。

1.3.1 热耗来源

热耗是指航天器及其设备、生物产生的热流量。航天器自身的发热一般源于电、化学、机械、微波、核、生物/人体代谢等能量形式或能量转换过程。通常情况下,不同类别的热耗来源,其工作的物理/化学等机制不同,热耗水平及对正常工作的温度指标要求也不同。归纳起来热耗来源主要有以下几种:

(1) 电能-热能转换:最常见的是航天器中的电子设备,其内部电子元器件在通电工作时大部分电能会直接耗散为热能。此外,作为热控制常用手段的电加热器也属于电能-热能转换这一类别。

(2) 化学能-热能转换:少数短期航天器如某些返回式卫星不配置太阳能电池,而是携带一次性电池;配备太阳能电池的航天器上,为了阴影区供电、供电调节等,一般会配置可充电蓄电池。这两种电池在供电过程中,有一部分化学能会转换为热能。发动机工作时，推进剂燃烧也是化学能转换为热能的过程。

（3）机械能-热能转换：航天器太阳翼驱动机构等活动机构的机械运动摩擦将会把一部分机械能耗散为热能。制冷机系统的热力循环中，工质的压缩过程也存在机械能转换为热能的情况。

（4）微波-热能转换：微波开关、行波管等微波器件工作时，部分电磁波也会直接耗散为热能。

（5）核能-热能转换：一些航天器会使用核源用于提供热或电能，原子放射衰变、核反应堆的可控裂变或聚变中均存在核能转换为热能的过程。

（6）生物/人体代谢-热能转换：载人航天器中，航天员的人体代谢过程也会产生热量。

1.3.2 热耗水平及变化

从总规模来看，不同航天器的总热耗差别巨大：多数航天器总热耗在百瓦、千瓦量级，一些皮纳卫星热耗可能低至几瓦、几十瓦，而空间站、某些大容量通信卫星总热耗可达万瓦量级，核动力航天器则可达兆瓦量级。不同部件或设备级对象的热耗规模差别也很大：CCD 器件的热耗一般在瓦级，星敏感器为十瓦级，转发器为几十瓦级，电源控制器在百瓦级，SAR 天线可达数千瓦量级。

一个航天器的总热耗随任务阶段、工作模式等的不同可能会有较大幅度的变化。通常在待发段、运载火箭主动段、轨道转移段、下降着陆段，航天器中仅姿态与轨道控制、测控、热控、数据管理（或星务/综合电子）等系统处于工作状态，有效载荷不工作，航天器总热耗处于较低水平。在到达预定任务轨道后，载荷开机，高轨通信卫星和导航卫星内热耗一般一直维持峰值水平；而低轨航天器的载荷通常是间断工作的，因此热耗会随载荷工作情况呈现较大的波动；空间站等载人航天器在舱段对接或分离时总热耗会有较大变化。着陆于月球、火星等地外天体的航天器，其热耗则与预定的任务目标高度相关，航天器在天体上行进或探测器工作时热耗增高，休眠时则热耗极小。

此外，长期来看，蓄电池、电子元器件的性能缓慢衰退会导致热耗发生变化；短期内，电加热元件的控温调节动作、航天器母线电压的波动、发动机或推力器的工作等因素都会导致总热耗发生波动。

如果将航天器视为一个对象，设备的开、关机一方面会导致热耗数值发生变化，同时意味着热耗在航天器上的分布也发生了变化。有时这种分布上的变化不仅由设备工作与否导致，还会由热源移动引起，比如载人航天器舱段对接后，除了舱段内部设备工作情况变化外，航天员在舱间的转移或出舱也能导致热耗分布的变化。

设备的热耗波动形式大体上可以分为三类：近似恒定、随时间变化、随温度变化。大部分电子设备的发热属于近似常值热耗。探测类传感器、数据存储/传输装置、发动机/推力器、发射机等发热往往随时间变化呈现明显的间歇性。自动控温电加热器的发热是典型的随温度变化的例子，蓄电池放电或充电末期的发热与自身温度水平也有关。还有其他因素与热耗波动相关，比如蓄电池放电时的发热与放电电流的大小就高度相关；电源控制器的发热大小也与负载、分流的大小有关；半导体致冷器件的热端放热大小不仅与热端温度相关，还与冷热端温差、电流等都有关。

1.3.3 热流密度

热流密度一般指设备或器件安装界面处单位面积上的热流量。对于仪器设备，除了热耗这一关键热特性外，热流密度也是非常重要的热特性之一，它与传热温差和温度分布密切相关。在选择热控制技术措施时，一般会将热耗与热流密度同时考虑。与热耗类似，不同类型仪器设备、器件的热流密度也大不相同，同一仪器设备的不同位置热流密度也不尽相同。

总的来讲，不同类型的仪器设备、器件，其热流密度范围可以从零点几 W/cm^2 到数百 W/cm^2。通常情况下，普通电子设备安装面处的热流密度在 1 W/cm^2 以下，电源控制器为 W/cm^2 量级，大功率微波器件及激光泵谱源等则可达数百 W/cm^2 量级。

特别的，多数电子设备平均到安装面上的热流密度虽然不高，但通常是不均匀的，其内部局部热流密度可能会很高。例如，设备内部电子元器件安装面的局部热流密度达到 W/cm^2 量级的情况非常普遍，十几 W/cm^2 量级的情况也不少见，甚至百 W/cm^2 量级的情况也有。因此，热控制设计人员对于局部热流密度应当比平均热流密度予以更多关注：一是热控制设计需要有针对性，例如仪器底板下方的热管需要布置在对应高热流密度位置；二是需考虑所使用的热控制技术对高热流密度的适应性，例如热管承受的热流密度是否超过其承受极限。总之，热流密度越高，扩热、传热、散热的难度越大，热控制设计需要更加精细，并选用适宜的热控制措施。

此外，航天器发动机工作时，喷管的热辐射、气体热辐射、稀薄气体羽流的共同作用将对发动机附近表面形成高热流密度加热。例如国内高轨通信卫星的490 N发动机工作时，卫星对接环上理论热流密度能达到零点几 W/cm² 量级；嫦娥三号着陆过程触地关机模式下，着陆腿表面理论热流密度达几十 W/cm²。虽然看上去这些数值并不比某些元器件的局部热流密度严酷，但不同之处在于这种热流密度作用范围要大得多，必须采用辐射隔热屏等产品进行防护，保证航天器结构、设备等不致过热受损，另外还必须考虑所采取的热控产品自身是否能耐受高热流密度加热的冲击。

1.3.4 热容

航天器上仪器设备、部件的热容通常不是热控制设计决定的，但热容是影响温度变化范围和速率的重要因素，是热控制设计的重要输入。

对于航天器内部，通常需要关注大热容仪器设备、部件对于热控制设计的影响。例如，对于存在大热容部件的航天器的热平衡试验，如果采用针对一般情况制定的平衡判据，实际平衡效果可能有差异。再如对于大容量储箱，如果采用常规的通断式自动电加热控温，控制中的温度过冲就会更为明显。

对于航天器外部，通常需要关注小热容仪器设备、部件对于热控制设计的影响。一般航天器热控制设计中，通常对地球红外辐射强度、反照比等热环境参数取全球年平均值，这种做法忽略了地球红外辐射随地球经纬度的变化，局部地区地球红外辐射和反照比随季节的变化、反照比受当地太阳高度角以及明暗分界线的影响，以及轨道倾角、离日下点距离等因素对于到达航天器的地球红外辐射和反照热流的影响。对航天器内部部件，这种做法一般不会导致较大的温度波动偏差，但对外部部件则不然，因为外部热环境、部件热容和散热能力共同决定了其温度对外部热环境变化的敏感性，对于低轨道航天器，舱外部件热容越小，以上变化的影响就越大。如果舱外部件温度需要保证在较窄的范围，则一般需要根据部件的外部热环境敏感因素（即对地球红外更敏感，还是对反照敏感，或者同时受二者控制），以及其热惯性（热容），选取范围更宽的热环境参数作为设计基础。

1.4 航天器热控制的主要约束

航天器热控制面临的特殊约束主要包括真空环境、热环境、微重力或其他重力场、空间辐射等。

所有航天器都要经历地面测试、发射、大气层外的空间段运行或飞行，有的还要着陆于地外星球或再次返回地球，其中大部分航天器的主要工作阶段是大气层外的空间段，即使是最终着陆并长时间工作于火星这类有大气层天体的航天器，在飞抵目标前也会经历长时间的真空状态。真空是航天任务与地面任务的一个关键区别条件。具体而言，真空导致航天器整体向外的散热不可能采用对流散热，虽然少数短期任务的局部散热可以利用蒸发、升华等消耗型散热，火星表面稀薄气体流动可以散热，但绝大多数情况下，热辐射几乎是唯一的散热手段；真空会加剧材料的挥发放气，放气造成的污染可能导致航天器产品性能下降或失效，因此热控产品或材料的选用需符合真空总质损、可凝挥发物等方面的限制要求；同时，材料的放气和凝结也可能污染热控涂层等材料，导致其性能发生变化，因此给热控制设计增加了一个考虑因素；真空可能导致冷焊，在设计上必须避免冷焊的出现。

航天器热环境也是与地面装备热控制差异较大的一个因素。多数情况下，地面的热环境主要是大气对装备的对流加热或冷却，有时还要考虑经过大气衰减的太阳辐射加热，地球反照和地球红外则考虑不多。空间状态下，绝大多数情况下的热环境因素是辐射形式的太阳直射、天体反照和天体红外，且都不可忽略，这些一般被称为空间外热流，并受航天器与太阳和天体的距离、轨道、姿态、构型、表面材料热辐射特性等诸多因素影响。有时还涉及气动加热、自由分子流加热、发动机工作带来的喷管辐射、高温气体辐射、稀薄气体羽流加热。对于着陆于有大气天体的航天器，天体大气对航天器的作用类似于地球大气的影响，但人类掌握的天体大气的温度、风速等基础数据远不如地球大气丰富。总之，相比地面，航天器热环境更为复杂，其中有的热环境影响可以通过设计来调节，比如通过热控涂层来调节吸收的空间外热流，有的需要适应，有的因为不确定性较大需要设计考虑较大的余量。综合起来，无形中给航天器热控制带来了更多的约束。

多数情况下航天器处于微重力状态，由此也带来一些限制。例如气液两相传热装置中液体的捕获和收集就无法利用重力；运动部件的振动可能破坏某些航天器的姿态、指向精度水平，或者破坏某些空间试验需要的严格的微重力水平，因此机械泵、压缩机等运动部件的使用也可能受到一些限制。航天器着陆于月球、火星等星球后，重力加速度与地面不同，可能导致某些热控产品的运行性能发生变化；还有某些自旋稳定的航天器存在的离心加速度，发射、变轨或降落时存在的短期过载等情况，也都可能导致类似影响，或者影响热控流体管路的压力负载。概言之，需要适应或考虑的加速度条件变化情况往往比地面要复杂一些。

紫外、质子、电子、原子氧、空间碎片或微流星等空间环境对于航天器产品和材料的选择都是不可忽略的因素。热控制无疑是需要考虑上述因素比较多的专业，因为航天器表面大量使用热控涂层等材料，以上空间环境通常会导致材料性能发生变化，严重时甚至导致破坏或失效，考虑和适应这些因素，给热控制选材带来了较多约束。

航天器发射阶段环境压力的变化，也是热控制需要考虑的因素之一。考虑和适应航天器经历发射主动段时从内向外的快速泄压，热控制不一定是唯一，但几乎是最相关的专业，比如航天器表面多层隔热组件及其安装就应当考虑对此的适应性。

此外，航天器热控制还受到航天器整体构型布局、仪器设备热接口特点的约束，同时航天器热控制还要遵循可靠性、安全性、寿命、EMC/ESD、质量、抗辐射等要求，以及适应发射/分离/降落/返回过程中的振动/冲击/噪声、气动冲刷等环境条件要求，甚至还有无毒、阻燃、人机工效学等方面的要求，这些要求，不一定是航天领域独有的，但通常比地面要求要苛刻一些。

1.5 航天器热控制的主要技术

　　技术可以粗浅地理解为方法，方法既包括分析、设计的理论知识，也包括硬件产品以及产品组合使用中的制造、工艺方法以及应用技巧。按照使用中控制方式的区别，航天器热控制技术一般可以分为被动热控制技术和主动热控制技术。被动热控制技术的主要特征是开环控制，在控制过程中被控对象的温度等控制目标参数不用于反馈，一般是利用材料或设备自身的物理特性，如热辐射性质、导热系数等，控制进入和排出系统的热量，使航天器设备的温度控制在规定的范围内。而主动热控制技术的功能实现中则需要将温度等目标参数用作反馈，一般是根据被控对象的温度变化，按要求对温度进行调节，其方式可以是有源控制，也可以是根据设备对温度的敏感特性进行无源控制。通常情况下，主动热控制技术适应能力强、调节精度高，而被动热控制技术简单、可靠性高、经济性好，所以被动热控制技术是航天器热控制设计的首选。多数航天器热控制系统的技术特征通常以被动热控为主，主动热控制为辅。

　　当着眼于产品组成时，一般将热控涂层、热管、多层隔热组件、导热填料等导热强化产品，隔热垫等导热抑制产品，相变储能装置等产品归为被动热控制技术；而将电加热器、泵驱动流体回路、风机、可变热导热管、环路热管、热开关、百叶窗、制冷机等产品归为主动热控制技术。这种分类只是一种适用于多数情况的人为分类习惯，不是绝对的，因为一种产品实现的功能，不仅取

决于产品的主要功能，还取决于如何应用。例如电加热器，如果使用方式是简单的始终通电，其发挥的功能就是被动热控制，但如果与温度传感器组合用于自动控温，其功能就是主动热控制。再如可变热导热管，如果不对储气室进行温度闭环控制，其传热能力的调节只是根据其承载的热负荷自动调节，并没有直接的反馈参数，此时视为被动热控制亦无不可。通常的热控涂层的热辐射特性近似恒定，但电致变色智能热控涂层在另有控制器参与的情况下，根据温度对施加电场进行调节、改变其热辐射特性进而实现温度控制功能，此时这种涂层的用法就属于典型的主动热控制范畴。

按照使用意图，航天器热控制使用的主要技术还可以大致分为传热、隔热、加热、制冷、测控温等技术，本书第 5 章中按此分类叙述。这种分类主要是叙述需要，因为一种技术可能同时具备不止一种功能，例如外表面热控涂层，既调节吸收热量，又有向外辐射散热的功能。

空间环境给航天器热控制带来约束的同时，也催生了一些地面使用不多，但航天领域却大量应用的热控制技术。例如，多层隔热组件在几乎每个航天器中都不可或缺。外部入射能量主要是辐射能时，能选择性吸收入射辐射能的热控涂层也是一例。空间任务中的多数时间处于微重力状态，热管的冷凝液体回流无须克服重力，因此在航天领域应用非常普遍。水升华散热装置不能在地面大气环境中工作，但在外部为真空或极低背压环境的航天器上就可以应用。

多数情况下，航天器热控制需保证的温度在室温附近的范围。但随着深空或科学探测的拓展，诸如几十 K 这种更低的温度水平控制需求也在逐渐增多，长期适应上千 K 热源的背景也开始出现，适应这些温度水平需求的热控制技术还远不够成熟。另外，更大规模热耗（如几十 kW）、更高热流密度（如数百 W/cm^2）的航天器也在逐渐增多，这些航天器对热控制技术也提出了更多、更有挑战性的需求。

1.6 航天器热控制的主要工作

航天器热控制的主要工作是面向某个对象的设计、分析、研制、试验、在轨支持。通过分析确定设计状态，提出对下级产品的要求，提出关于产品使用的对上一级的要求，在完成产品研制的基础上开展产品之间接口或局部组合性能试验，开展设计符合性的验证试验。航天器热控制的工作是航天器研制系统工程的有机组成部分，与航天器研制流程密切相关。

通常，我国习惯将航天器研制阶段划分为方案、初样、正样、使用改进阶段，有时在方案之前还有论证阶段。一般情况下，方案阶段主要确定技术路线，完成关键技术攻关；初样阶段确定设计状态，完成热控制设计符合性和相关产品的鉴定；正样阶段确定最终的热控制设计状态，完成正样设计、加工组装、试验等工作；使用改进阶段主要是基于飞行情况进行评估和提出后续完善措施。通常热控制分析工作贯穿于所有阶段，而验证试验的安排和具体项目主要取决于技术或产品的成熟度，比如对于高成熟度技术或产品，则可以适当删减试验验证项目。

参 考 文 献

[1] 罗志涛,徐抒岩,陈立恒.大功率焦平面器件的热控制[J].光学精密工程,2008,16(11):2187-2192.

[2] Keith Parrish, Stuart Glazer, Shaun Thomson. The Cryogenic Thermal System Design of NASA's James Webb Space Telescope (JWST) Integrated Science Instrument Module (ISIM). 35th International Conference on Environmental Systems and 8th European Symposium on Space Environmental Control Systems [C]. Roma, 2005.

[3] Paul E. Cleveland, Keith A. Parrish. Thermal System Verification and Model Validation for NASA's Cryogenic Passively Cooled James Webb Space Telescope (JWST). 35th International Conference on Environmental Systems and 8th European Symposium on Space Environmental Control Systems [C]. Roma, 2005.

[4] Davis E, et al. The GRACE Mission: Meeting the Technical Challenges [C]. 50th International Astronautical Congress. Amsterdam, 1999.

[5] 李国欣.航天器电源系统技术概论(下)[M].北京:中国宇航出版社,2008.

第 2 章

空间环境

2.1 概　　述

空间环境一般指地球大气层以外的宇宙空间环境，在面向航天器研制时，空间环境的范畴还包括航天器发射、返回再入等特殊阶段的环境，也包括月球、火星等其他天体的环境。空间环境的突出特点在于，其与地面环境有着重大差异，有着其特殊的复杂性，甚至不可预测性。例如，典型的地球轨道空间环境主要包括真空、微重力、粒子、太阳辐射、地球反照与地球红外辐射等，而火星环境则包括火星重力场、以二氧化碳为主的大气环境、风暴等特殊环境。

空间环境对航天器的热控制设计以及地面试验验证有着重要影响，主要体现在空间环境的热效应、空间粒子及辐射的影响、特殊重力场的影响等。例如，发射及返回再入阶段的气动热、太阳辐射、火星风暴、发动机羽流等影响着航天器吸收的外热流，这些可归类为空间环境的热效应；原子氧、质子、电子等空间粒子及太阳紫外辐射等，则会对航天器热控材料、器件产生影响，如原子氧对航天器表面材料的侵蚀、太阳紫外辐射对航天器表面热控涂层的损伤等，进而影响热控表面材料对空间辐射的吸收及其自身的热辐射特性；空间微重力、月球等其他天体重力场、航天器变轨加速度、发射及返回再入加速度等则会影响航天器热控通常采用的两相传热技术，例如铝氨轴向槽道热管一般只适用于微重力环境，其关键指标传热能力受重力场及加速度的影响显著。据

统计数据，航天器异常现象大多与空间环境的影响有关，因此，在航天器热控制设计时需要密切关注空间环境的影响和约束，并兼顾地面试验验证的可行性。

本章将从发射阶段环境、地球轨道空间环境、月球和行星空间环境、再入段热环境及诱发环境等几个方面进行介绍，探讨这些环境因素的变化规律及对航天器热控制设计的影响。

2.2 发射阶段环境

航天器热控制系统通常针对在轨遇到的各类空间环境开展设计,但也必须考虑到运输过程、发射塔架上的测试、发射前的准备阶段以及主动段等航天器所经历的环境,以使航天器在任务的初始阶段不超过其允许的温度范围。

在从技术区转运到发射区(即发射塔架上)的整个阶段,航天器一般不加电,此阶段需规定环境的温度和湿度范围,以保证航天器所有设备在储存温度的范围内,同时还需考虑防止结露。根据转运的特点,必要时可通过空调系统进行温度和湿度控制。

在发射区测试及储存阶段,可设计特殊的空调系统来实现环境温度的有效控制。航天器进入火箭整流罩内后,主要通过吹入一定温度(一般在 10~25 ℃)和一定湿度(一般在 35%~55%)的空气或氮气来进行调温,气体流速通常较低(如小于 2 m/s),而且一般不直接朝向航天器本体,具体的气体温度控制范围由航天器温度要求、发射前航天器工作模式及系统热量状态决定。当单纯依靠空调系统吹冷气不足以冷却所有设备时,需要设计专用的对流装置或通过流体回路来进行冷却,如载人飞船设计的地面调温系统,但这会增加系统的复杂性和成本。对于没有整流罩的航天器,还需要充分考虑主动段气动加热的温升影响,通常温升的高低与发射弹道、航天器飞行姿态、航天器与大气之间的对流及辐射换热条件等很多因素密切相关。这种情况下,可考虑在保证不结露的情况下尽量提供更低温度的冷气,以尽可能降低航天器发射时刻的初始温度,适应主动段气动加热的影响。

从发射到入轨,热环境变得很恶劣。在开始的几分钟内,环境温度由整流罩各部位内表面的辐射热流密度决定。在气动加热的作用下,整流罩内表面的辐射热流密度迅速升高。图2-1给出了CZ-3A整流罩各段内表面的辐射热流密度。从该图可见,在200 s时,整流罩内表面最大热流密度已达400 W/m²。虽然整流罩内泄压起到降温冷却的作用,但效果微弱,整流罩温升还是最主要的影响因素。不过,温升主要影响星外设备温度,如太阳电池阵、多层隔热组件、天线以及其他轻质部件。

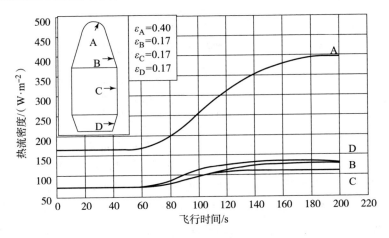

图 2-1　CZ-3A 整流罩各段内表面的辐射热流密度

发射后的 2~5 min,火箭已经飞行到足够的高度,气动加热影响已不存在,整流罩可以分离。抛罩后需考虑自由分子加热(Free Molecular Heating,FMH)的影响,FMH 是因大气层外单个分子对航天器撞击而产生的。虽然抛罩时 FMH 热流很高,不过高 FMH 热流持续时段很短。图 2-2 给出了 CZ-3A 主动段抛罩后 FMH 热流密度的变化情况。从该图可见,FMH 热流密度最高可达 1 135 W/m² 左右,2 min 左右即降低至 100 W/m² 左右,此后仍将持续 20 多分钟。

从整流罩抛掉开始,航天器就暴露到自由分子流、太阳辐射、地球红外辐射和地球反照辐射等热环境中,有时还包括火箭、上面级或航天器发动机的羽流加热等环境,如 CZ-3A 三级发动机工作时在星箭分离面产生的热流密度最大可到 700 W/m²。这时热控设计要充分分析自由分子加热、轨道阴影时间、火箭或上面级姿态的影响,必要时通过调节发射前的初始温度来保证要求的温度。

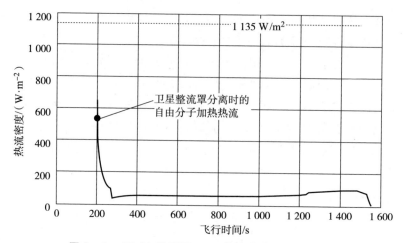

图 2-2　CZ-3A 抛罩后 FMH 热流密度的变化情况

主动段通常持续 20～45 min，然后进入转移轨道或直接进入最终的任务轨道。一般情况下，只有近地轨道和大椭圆轨道的航天器可直接进入最终任务轨道。对于如地球同步轨道的航天器，多数将先运行于转移轨道上。此时，航天器会暴露在太阳辐射、地球红外辐射、地球反照辐射的热环境中。在转移轨道上，阴影时间最长可达 3.5 h，这几乎是地球同步轨道的 3 倍，这可能导致航天器温度低于允许的低温下限。因此热控制设计应根据这些环境的特点，采取有效措施，必要时考虑限制阴影时间等。航天器从刚进入工作轨道到建立正常工作姿态并稳定通常要几个小时至几个星期。工作姿态建立并完成平台设备的测试，载荷设备才开始供电。在这段时间内可根据工作程序采用一些电加热器保持温度。

值得提出的一点是，大多数航天器只在发射阶段能够遇到 FMH。对于轨道近地点比较低的情况可能遇到 FMH。一般的，对于近地点高度低于 180 km 的航天器，应对其运行轨道的 FMH 进行评估。通常按照下式考虑 FMH 热流：

$$Q_{FMH} = \frac{1}{2}\alpha\rho u^3 \qquad (2-1)$$

式中，ρ 为当地大气密度，单位为 kg/m^3；u 为平行于航天器被加热表面的速度，单位为 m/s；α 为无量纲的调节系数（一般取为 0.6～0.8，保守情况下可取 1.0）。

此外，航天器发射阶段的地球重力场和加速度对热控制技术也有一定的影响，而加速度的大小、方向及变化规律随任务的不同会有所区别。例如铝氨槽道热管由于地球重力场和加速度影响可能不能正常运行，单相流体回路内的压力会发生变化，并可能对流体回路的安全性等产生影响。

2.3 地球轨道空间环境

航天器热控制是热量管理和控制的过程,在整个过程中,轨道环境特别是热环境起着重要作用。在地球轨道上,除了真空、微重力环境外,空间热环境包括直接来自太阳的辐射、地球反射的太阳辐射(反射辐射)和地球发射的红外辐射,如图 2-3 所示。

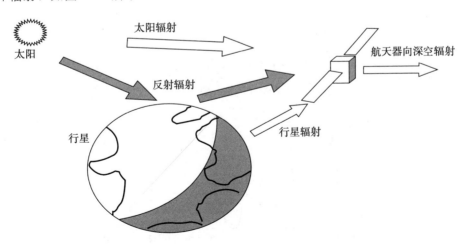

图 2-3 典型的航天器热环境

2.3.1 地球轨道热环境

1. 太阳直接辐射

太阳是一个巨大的热辐射体,其直径为 1.393×10^6 km,表面温度约为 5 800 K,其总辐射功率约为 3.85×10^{26} W。太阳是航天器在太阳系内飞行时遇到的最大外热源,不仅直接给航天器以热辐射能,同时在不少情况下通过行星间接给航天器辐射加热。太阳辐射是航天器热控制设计中需要考虑的重要因素,热设计工程师所关注的太阳辐射参数包括光谱分布、强度和光线的平行度。

整个太阳系中的光谱分布可以认为是恒定的。在地球大气层外和地球表面的太阳辐射光谱分布如图 2-4 所示。从图中可以看出,地球大气层外的太阳辐射光谱分布与 5 900 K 黑体辐射光谱分布很接近(个别波段与黑体有偏差,这是由太阳大气所导致的),因此在热控制工程设计时往往将太阳假设为黑体。根据维恩位移定律,黑体最大辐射的波长与其绝对温度成反比,太阳电磁辐射功率谱中的峰值波长约为 0.48 μm。太阳电磁辐射总能量中可见光部分占 46% (0.38~0.76 μm),近红外部分占 47% (0.76~2 μm 为近红外,2~1 000 μm 以上为中远红外),再加上不到 7% 的紫外部分 (0.20~0.38 μm 为近紫外,0.20 μm 以下为远紫外),已占了总辐射的 99% 以上。光谱能量分布值可参见

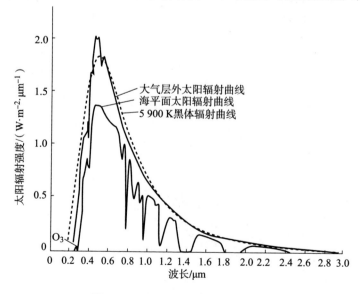

图 2-4 太阳光谱辐射强度曲线

表 2-1。由于太阳辐射波长较地面和大气辐射波长（3～120 μm）小得多，所以通常又称太阳辐射为短波辐射，称地面和大气辐射为长波辐射。

表 2-1　地球大气层外日地平均距离处太阳光谱辐射密度

$\lambda/\mu m$	$S_\lambda/(W \cdot cm^{-2} \cdot \mu m^{-1})$	$F_{(0\sim\lambda)}/\%$	$\lambda/\mu m$	$S_\lambda/(W \cdot cm^{-2} \cdot \mu m^{-1})$	$F_{(0\sim\lambda)}/\%$
0.180	0.000 13	0.002	0.355	0.108 30	4.920
0.190	0.000 27	0.003	0.360	0.106 80	5.320
0.200	0.001 07	0.008	0.365	0.113 20	5.720
0.210	0.002 29	0.021	0.370	0.118 10	6.150
0.220	0.005 75	0.050	0.375	0.115 70	6.520
0.225	0.006 49	0.073	0.380	0.112 00	7.000
0.230	0.006 67	0.097	0.385	0.109 80	7.410
0.235	0.005 93	0.120	0.390	0.109 80	7.820
0.240	0.006 30	0.143	0.395	0.118 90	8.240
0.245	0.007 23	0.168	0.400	0.142 90	8.730
0.250	0.007 04	0.194	0.405	0.164 40	9.250
0.255	0.010 40	0.230	0.410	0.175 10	9.920
0.260	0.013 00	0.270	0.415	0.177 40	10.570
0.265	0.018 50	0.330	0.420	0.174 70	11.220
0.270	0.023 20	0.410	0.425	0.169 30	11.860
0.275	0.020 40	0.490	0.430	0.163 90	12.470
0.280	0.022 20	0.560	0.435	0.156 30	13.080
0.285	0.031 50	0.660	0.440	0.181 00	13.730
0.290	0.048 20	0.810	0.445	0.192 20	14.420
0.295	0.058 40	1.010	0.450	0.200 60	15.140
0.300	0.051 40	1.210	0.455	0.205 70	15.890
0.305	0.060 30	1.120	0.460	0.206 80	16.650
0.310	0.068 90	1.660	0.465	0.204 80	17.410
0.315	0.076 40	1.920	0.470	0.203 30	18.170
0.320	0.083 00	2.220	0.475	0.204 40	18.920
0.325	0.097 50	2.550	0.480	0.207 40	19.680
0.330	0.105 90	2.930	0.485	0.197 60	20.430
0.335	0.108 10	3.320	0.490	0.195 00	21.160
0.340	0.107 40	3.520	0.495	0.196 00	21.880
0.345	0.106 90	1.120	0.500	0.194 20	22.600
0.350	0.109 30	4.520	0.505	0.192 00	23.310

续表

$\lambda/\mu m$	$S_\lambda/$ (W·cm^{-2}·μm^{-1})	$F_{(0\sim\lambda)}/\%$	$\lambda/\mu m$	$S_\lambda/$ (W·cm^{-2}·μm^{-1})	$F_{(0\sim\lambda)}/\%$
0.510	0.188 20	24.020	0.720	0.131 40	48.860
0.515	0.183 30	24.700	0.730	0.129 00	49.830
0.520	0.183 30	25.380	0.740	0.126 00	50.770
0.525	0.185 20	26.060	0.750	0.123 50	51.690
0.530	0.184 20	26.740	0.800	0.110 70	56.020
0.535	0.181 80	27.420	0.850	0.098 80	59.890
0.540	0.178 30	28.080	0.900	0.088 90	63.360
0.545	0.175 40	28.740	0.950	0.083 50	66.540
0.550	0.172 50	29.180	1.000	0.074 60	59.460
0.555	0.172 00	30.020	1.100	0.059 20	74.410
0.560	0.169 50	30.650	1.200	0.048 40	78.390
0.565	0.170 50	31.280	1.300	0.039 60	81.640
0.570	0.171 20	31.910	1.400	0.033 60	84.340
0.575	0.171 90	32.540	1.500	0.026 70	86.650
0.580	0.171 50	33.180	1.600	0.024 40	88.610
0.585	0.171 20	33.810	1.700	0.020 20	90.260
0.590	0.170 00	34.440	1.800	0.015 90	91.590
0.595	0.168 20	35.060	1.900	0.012 60	91.640
0.600	0.166 60	35.680	2.000	0.010 30	93.490
0.605	0.164 70	36.800	2.100	0.009 00	94.200
0.610	0.163 50	36.900	2.200	0.007 90	94.830
0.620	0.160 20	38.100	2.300	0.006 80	95.370
0.630	0.157 00	39.270	2.400	0.006 40	95.860
0.640	0.154 40	40.420	2.500	0.005 40	96.290
0.650	0.151 10	41.550	2.600	0.004 80	96.670
0.660	0.148 60	42.660	2.700	0.004 30	97.010
0.670	0.145 60	43.740	2.800	0.003 90	97.310
0.680	0.142 70	44.810	2.900	0.003 50	97.580
0.690	0.140 20	45.860	3.000	0.003 10	97.830
0.700	0.136 90	46.880	3.100	0.002 60	98.040
0.710	0.134 40	47.880	3.200	0.002 30	98.220

续表

$\lambda/\mu m$	$S_\lambda/$ (W·cm^{-2}·μm^{-1})	$F_{(0\sim\lambda)}/\%$	$\lambda/\mu m$	$S_\lambda/$ (W·cm^{-2}·μm^{-1})	$F_{(0\sim\lambda)}/\%$
3.300	0.001 90	98.370	5.000	0.000 383	99.512
3.400	0.001 66	98.505	6.000	0.000 175	99.718
3.500	0.001 46	98.620	7.000	0.000 099	99.819
3.600	0.001 35	98.724	8.000	0.000 060	99.878
3.700	0.001 23	98.819	9.000	0.000 038	99.914
3.800	0.001 11	98.906	10.000	0.000 025	99.937
3.900	0.001 03	98.985	20.000	0.000 001 6	99.991
4.000	0.000 95	99.058	40.000	0.000 000 1	99.998
4.500	0.000 59	99.331			

注：$F_{(0\sim\lambda)}$ 为太阳辐射函数，表示波长为 $0\sim\lambda$ 的太阳辐射占整个波长的太阳辐射的百分比。

太阳辐射通过大气时，一部分直接到达地球地面（主要是可见光部分），而另外一部分被大气的分子、水汽等吸收、散射和反射，如臭氧对于紫外辐射的吸收很强，导致在 0.4 μm 以下的辐射显著衰减，而在 0.3 μm 以下的辐射衰减为零，而部分红外辐射被大气中的二氧化碳、水蒸气和其他气体吸收，如图 2-4 所示。被散射的太阳辐射一部分返回宇宙空间（成为地球反照辐射的一个组成部分），另外一部分到达地面。因此太阳辐射通过大气后，到达地球表面的辐射强度和光谱能量分布都发生了变化，但对于运行于大气层之外的航天器，则不考虑这些复杂的因素。

太阳紫外辐射能虽然占太阳总辐射能的比例较小（0.3 μm 以下的紫外辐射能仅占太阳总辐射能的 1% 左右），但是太阳紫外辐射对于航天器表面的热控涂层有一定的破坏作用。涂层表面长期受到紫外线的辐照，其表面的太阳吸收比 α_S 将明显提高。因此，所有用于航天器外表面的热控涂层都应考虑紫外辐射的影响。新研制的热控涂层应通过真空-紫外辐照试验（GJB 2502.5）进行影响研究。

太阳是很稳定的热源，即使是 11 周年的太阳活动周期对太阳辐射强度也只有很小的影响，其变化总是保持在 1% 以内。在地球大气层以外日地平均距离处，垂直于太阳辐射方向的单位面积接收到的太阳辐射总功率称为太阳常数，当前被广泛接受的太阳常数值为 1 367 W/m²。由于地球运行的轨道为椭圆形，随着地球与太阳距离的变化，到达地球的太阳辐射强度变化为 ±3.5%。远地点时，太阳辐射强度达到最小值 1 322 W/m²；近地点时，太阳辐射强度达到最大值 1 414 W/m²。太阳辐射强度与到太阳的距离平方成反比，离太阳不同距离 d 的太阳辐射强度 J_S 可由下式计算：

航天器热控制技术

$$J_s = \frac{P}{4\pi d^2} \qquad (2-2)$$

式中，P 为太阳的总功率输出，其值为 3.85×10^{26} W。表 2-2 给出了太阳系中八大行星、月球及冥王星等星体距离太阳平均距离处的太阳辐射强度。

表 2-2　星体的太阳辐射强度

星体	太阳辐射强度 J_s
水星	667
金星	191
地球	100
月球	100
火星	43.1
木星	3.69
土星	1.1
天王星	0.27
海王星	0.11
冥王星	0.064

注：定义地球距离太阳的平均距离为 1 个天文单位（AU）。

水星附近空间太阳辐射强度约为日地距离处的 6.7 倍，土星附近的只有日地距离处的 1%，海王星附近的只有日地距离处的 1‰。因此飞往地球轨道以外的外行星探测器将处于外热源很小的深冷环境，难以利用太阳能发电，而飞往地球轨道以内的内行星探测器将会遇到很强的外热流环境。

太阳光线在地球附近（距离太阳 1 AU）的发散角约为 0.5°。热控制设计中，一般可以认为是平行光束。但是，对于在距离太阳很近位置上执行任务的航天器，则需要考虑发散角的影响。

2. 地球反照辐射

地球反照主要包括两个部分：通过大气层的分子、微尘等被散射的太阳辐射；到达地球表面而被地球表面反射的太阳辐射。由于大气的吸收效应，地球反照辐射的光谱分布与太阳直接辐射不一致，但从热控制工程的角度看，对于大多数航天器而言差异不大，可以忽略。

地球反照是最为复杂的外热源，不仅随季节、昼夜时间不同而异，而且还随地理的经纬度而变化明显。从辐射的类型看，地球反照要比其他两种热源复杂。太阳辐射是定向辐射。地球表面的红外辐射是漫辐射，遵循 Lambert 余弦定律，而地球表面的反照严格而言是不遵循 Lambert 余弦定律分布的，因为有些地球表面属于漫反射，而有些表面又是镜反射，相当多的表面则介于二者之间。为了简化分析，在大多数航天器的热控制设计中一般假定地球反照为漫反射分布，也就是假定遵循 Lambert 余弦定律分布，即地球单位面积的反照强度沿半球所有方向都是相同的。

太阳辐射被地球表面和大气反射部分的比例称为地球反照比，其数值与地球表面和大气的特性十分相关。如云的反照比高达 0.8，而水和森林等表面的反照比则低至 0.05。同时地球反照比随地理纬度的变化而变化，具体的变化曲线如图 2-5 所示。地球反照比的多变状况给航天器热分析带来了相当大的困难，但相对于大多数航天器的热惯性，反照比变化十分快，热控制设计中可以采用轨道平均反照比。就地球而言，一般的热分析中平均反照比可取 0.30～0.35。表 2-2 给出了太阳系中各星体的反照比。

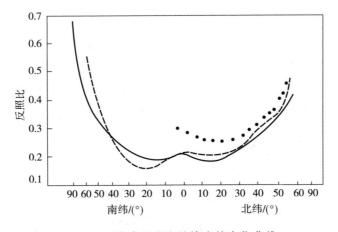

图 2-5　地球反照比随纬度的变化曲线

从图 2-5 中可以看出，反照比随着地理纬度的增加而提高，因此为了更准确地计算地球反照比，可以根据轨道倾角的特点对平均反照比进行修正，具体修正方法可以采用表 2-3 推荐的数据。

表 2-3　反照比与轨道倾角

轨道倾角/(°)	地球反照比 ρ		
	最小值	平均值	最大值
±90	0.38	0.42	0.46
±80	0.34	0.38	0.42
±70	0.30	0.34	0.38
±60	0.26	0.30	0.34

续表

轨道倾角/(°)	地球反照比 ρ		
	最小值	平均值	最大值
±50	0.22	0.27	0.32
±40	0.19	0.24	0.29
±30	0.20	0.24	0.28
±20	0.20	0.24	0.28
±10	0.20	0.24	0.28

入射到航天器表面上的地球反照辐射强度 J_a 是一个与地球反照特性、航天器的高度以及当地垂线与太阳光线之间的夹角等有关的复杂函数，具体可由下式表达：

$$J_a = \rho F S \qquad (2-3)$$

式中，F 为航天器表面与地球之间的角系数。如果把地球看成一个漫反射球体，相应角系数的变化情况近似如图2-6所示。从图中可以看出地球同步轨道卫星，对于地面在正午时，其反照辐射强度仅为太阳常数的5‰~8‰，因此在分析地球同步轨道卫星外热流时往往可以忽略反照辐射的影响。

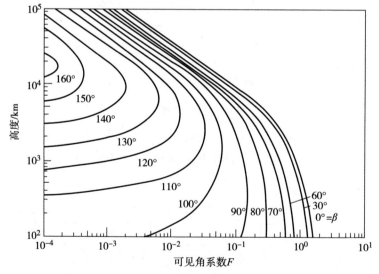

图2-6 角系数随轨道的变化关系

值得注意的是，上面所述为近似处理。对于复杂的航天器，尤其是运行于低轨道的复杂航天器，每个外表面的反照热流需要根据轨道的位置予以精确计算。目前，此类复杂运算可以使用专业软件工具进行处理。

3. 地球红外辐射

太阳系的行星温度都不是 0 K，因为都能辐射热量。由于温度相对较低，地球表面以红外波长辐射所有的热量，波长范围在 2～50 μm，峰值波长约为 10 μm，光谱分布如图 2-7 所示，其辐射相当于 288 K 黑体的辐射。由于大气基本上是红外不透明的，在 4.8～8.0 μm 处有水汽吸收带，在 13.5～17.0 μm 处出现二氧化碳吸收带，只在 8.0～13.0 μm 光谱范围内有透明窗口（在 9.5 μm 附近有臭氧的吸收带），因此，航天器上见到的地球红外辐射实际上是由上层大气的辐射（该辐射具有 218 K 有效黑体温度）和穿过红外窗口（透明窗口）的地球表面辐射组合而成的，辐射强度相当于约 255 K 的黑体辐射，其大小约为 237 W/m²。

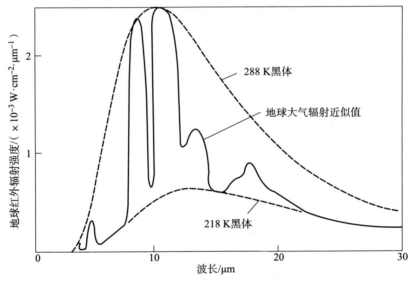

图 2-7 地球红外辐射强度分布

由于地球的温度随时间和地理位置而异，航天器所受到的热辐射强度也会随时间和其在轨道上所处的位置而变化。事实上，由于地球热惯性大，昼夜交替及季节的变化对地球及其大气层温度的影响较小，再考虑到航天器的热惯性，通常情况下使用平均地球辐射产生的误差不大。实际热控制设计中，可假设地球在整个表面区域均具有相同强度的热辐射，也就是将地球及其大气层假定为恒温的等温体。根据地球能量平衡，地球及其大气辐射的能量 E_{IR}（即上文所提到的平均地球辐射）应等于其吸收的太阳能：

$$4\pi R_{rad}^2 E_{IR} = \pi R_{rad}^2 (1-\rho) S \qquad (2-4)$$

式中，R_{rad} 为地球及其大气层半径，其值为 6 408 km；ρ 为对太阳光的反照比，通常取 0.3。

由式（2-4）可得

$$E_{IR} = \frac{1-\rho}{4}S \qquad (2-5)$$

如果考虑得更仔细些，最大地球红外辐射强度可取 247 W/m²（近日点，相当于地球表面温度为 -16 ℃左右），最小地球红外辐射强度可取 214 W/m²（远日点，相当于地球表面温度为 -25 ℃左右）。

由于辐射强度随轨道高度的升高按平方反比的规律下降，可以根据下式计算出指定轨道高度上的地球辐射强度 E_p 近似值（单位为 W/m²）：

$$E_p = 237\left(\frac{R_{rad}}{R_{orbit}}\right)^2 \qquad (2-6)$$

式中，R_{orbit} 为轨道半径。对于其他行星，则需要根据具体情况予以验证。例如，在水星上，一个恒星日与一个水星年的数量级相同，分别为 59 和 88 个地球日，晨昏线移动十分缓慢，水星处于阳光照射下的部分与处于阴影中的部分保持着上百摄氏度的温差。水星轨道的偏心率也非常大，近日点和远日点的太阳常数相差 2 倍以上，季节变化很大。

入射到航天器某表面上的地球红外辐射强度还与该表面与地球表面的相对位置有关，即与该表面与地球表面之间的角系数相关。大部分航天器在轨三轴稳定姿态下都有一个对地面（可称为平行表面，该表面的法线指向地心，一般为 +Z 表面）以及数个垂直表面（即表面法线垂直于表面中心与地心连线，一般为 +Y/-Y 表面、+X/-X 表面），这些表面与地球表面角系数关系如图 2-8 所

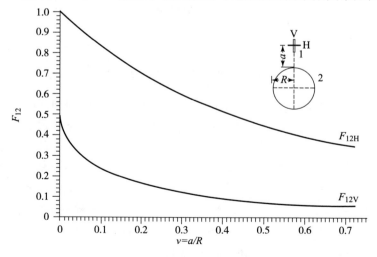

图 2-8　航天器平行表面、垂直表面与地球表面之间的角系数

示。入射到航天器这些表面上的地球红外辐射强度，则可以按照以下公式计算获得：

$$E_{PH}=237F_{12H} \text{ 或 } E_{PV}=237F_{12V} \qquad (2-7)$$

把地球当成黑体，这实际上是一种理想化的假设，而实际物体表面发射出的辐射能一般小于同温度下的黑体。为了表征实际表面的辐射性质，引出了一个发射率的概念。航天器热控制设计中，涉及的温度要求一般在 2 000 K 以下，而该温度下发射的辐射能中，可见光谱段内（波长小于 0.76 μm）的能量仅有不到 1.4%，超过 98% 的辐射能量集中在红外谱段。此外，在大多数工程计算中，一般用到表示方向平均的表面特性。因此航天器热控制设计中经常用到红外半球发射率这个概念，本书有些章节中就直接简称为红外发射率。

2.3.2 其他地球轨道空间环境

除了地球轨道热环境外，还有几个空间因素需要在热控制设计中予以考虑，否则会给热控制设计带来影响，甚至导致热控制任务的失败。

1. 中性大气

1) 大气分布

航空活动主要在低层大气中进行，航天活动主要在高层大气及其以外的空间进行，航天器的运行将受到高层大气的影响。

地球大气的密度、温度和成分随高度有很大的变化，根据热状态特征，可将地球大气分为对流层、平流层、中间层、热层和逃逸层 5 个层，如图 2-9 所示。

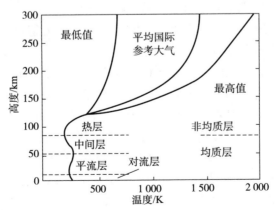

图 2-9 大气平均温度垂直分布

对流层大气也称低层大气,是从地面到对流层顶以下的大气,对流层顶的高度为 8~18 km。在这一层中,大气密度高,约占地球大气总质量的 3/4,大气压力在地面为 1 个标准大气压(1.013×10^5 Pa),随高度呈指数下降,到层顶降到约 0.2 个标准大气压。大气分子自由程远小于航空器或航天器的尺度,完全处于分子黏滞流动状态,与经过的航天器存在热交换。层内大气温度的垂直分布特点是:温度随高度而下降,层顶的平均温度为 -50~55 ℃,平均每升高 1 km 约下降 6 ℃。底层温度高,上层温度低,形成了大气的对流运动,大多数天气现象都发生在对流层。层内大气各种成分的比例也不随高度变化,含量固定不变的成分有氮气(约占 78%)、氧气(约占 21%),还有一些惰性气体以及微量的氢和甲烷等。另外还有一些含量变化的成分,如水汽、二氧化碳和臭氧等。

从对流层顶到高度约 50 km 的区域为平流层。层内的臭氧吸收太阳紫外辐射而被加热升温,使得层内大气温度随垂直高度增加升高,对流运动很弱,大气运动主要是水平流动。层顶的温度为 0 ℃ 左右。对流层与平流层中大气质量几乎占全部大气的 99.9%,这个区域是航空器的活动空间。

高度从 50 km 到 80~85 km 的区域称为中间层,层中受激态的二氧化碳向外辐射红外线而降温,层中的气温随高度增加而下降,平均每公里约降 3 ℃,到层顶气温降到地球大气层的最低温度约 180 K。

中间层以上是热层,由于大气湍流和对流很弱,大气开始扩散分离,各种成分的比例不再保持不变,随着高度增大,重的分子和原子成分比例逐渐减少,氢、氦等轻的原子和分子的比例增加。层中的氧原子等成分吸收太阳紫外线而使得温度随高度升高,在 300~400 km 层顶的温度在太阳平静年约为 600 K,太阳活动期可达 2 000 K。但大气密度非常稀薄,分子自由程远比航天器尺寸长,很少与航天器碰撞。因此,虽然大气分子热运动的温度很高,但几乎没有热能传递给航天器,不会带来航天器温度的上升。

80 km 以上太阳紫外辐射将大气中的氧分子分裂为氧原子,而氧原子复合的速度很慢,所以在热层中氧原子含量很丰富。约在 100 km 高度,氧原子的数密度达到最大值。100 km 以上直到 700 km,原子氧成为最丰富的大气成分。

热层以上称为逃逸层,层中大气的温度不再随高度变化,分子或原子之间很少碰撞,它们基本上是在地球引力场中做弹道运动。由于温度很高,粒子运动速度很高,有的可能脱离地球引力而逃逸到太空。

有时把 110 km 以上的大气称为高层大气,是航天器运行的空间。在 110~1 000 km 范围的大气对航天器的运行有重要影响,随高度升高大气的影响减小,一般几千公里以上大气的直接影响可以忽略。

2)原子氧对于热控制设计的影响

原子氧对材料的侵蚀是高层大气对航天器的主要影响，原子氧能严重侵蚀航天器外部使用的碳氢化合物类热控制材料。原子氧之所以会给低轨航天器带来严重的影响，其原因主要有两个方面：一方面，原子氧具有很强的氧化性，可以与材料直接发生化学反应；另一方面，当航天器以 7~8 km/s 的速度在近地轨道中运行时，原子氧撞击航天器表面的能量为 4~5 eV，其通量密度在 200 km 高度时约为 10^{15} atoms/(cm^2·s)，600 km 高度时约为 10^{12} atoms/(cm^2·s)，当这些强氧化性、大通量密度、高能量的原子氧与航天器表面作用时，会造成表面材料的剥蚀和性能的退化，从而影响到航天器的正常运行和使用寿命。随高度变化的原子氧浓度如图 2-10 所示。在碰撞方向上原子氧积分通量是原子氧浓度（atoms/cm^3）、航天器速度（m/s）和任务时间（s）的乘积，其中原子氧浓度和航天器速度的乘积为原子氧通量密度（atoms/(cm^2·s)）。例如，在 500 km 高度，原子氧的最大浓度约为 6×10^7 atoms/cm^3，航天器运行速度约为 8 000 m/s，则原子氧通量密度为 6×10^7 atoms/cm^3 × 8 000 m/s = 4.8×10^{13} atoms/(cm^2·s)，一年内的原子氧积分通量为 4.8×10^{13} atoms/(cm^2·s) × 31.54×10^6 s = 1.51×10^{21} atoms/cm^2。这对于长期运行的航天器而言，其影响不可忽视。

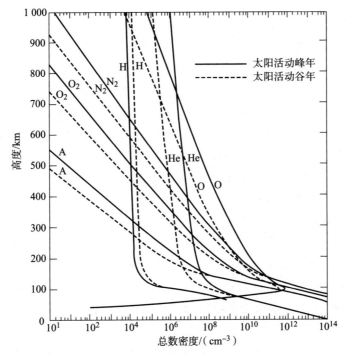

图 2-10 原子氧浓度随高度的变化曲线

由原子氧剥蚀在单位表面积 dA 单位时间 dt 内造成的材料质量损失 dm 可用下式表示：

$$dm = \rho_m R_{ef} \phi dA dt \quad (2-8)$$

式中，ρ_m 为材料的密度（g/cm³）；R_{ef} 为剥蚀率或反应效率（cm³/atom），为由实验得到的比例常数；ϕ 为原子氧通量密度（atoms/(cm²·s)）。各种材料的剥蚀率详见表 2-4。

表 2-4 常用空间材料的原子氧剥蚀率

材料	剥蚀率/($\times 10^{-24}$ cm³·atom^{-1})	材料	剥蚀率/($\times 10^{-24}$ cm³·atom^{-1})
铝	0	金	0
钛	0	镁	0
银	10.5	熔融石英	0
聚酰亚胺	2.6～3.0	聚酯膜	1.5～3.9
碳、石墨	1.2～1.4	聚乙烯	3.3～3.7

材料厚度的损失速率 dx/dt 为

$$\frac{dx}{dt} = R_{ef} \phi \quad (2-9)$$

对于近地轨道航天器，尤其是长期工作的近地轨道航天器，必须对原子氧环境予以关注，根据航天任务的轨道，计算寿命期内原子氧的总积分通量，对敏感材料进行评估，对于不满足要求的环节，一般采用下述方法克服原子氧的影响：

(1) 选择耐原子氧的材料。从表 2-4 可以看出，各种材料的原子氧剥蚀率相差很大，金的剥蚀率几乎为 0，而银则高达 10.5×10^{-24} cm³/atom。常用的聚酰亚胺为 3.0×10^{-24} cm³/atom，如果直接用于 200 km 高度圆轨道航天器迎风表面上，每年的剥蚀厚度可能达到 0.38 mm。因此，选用剥蚀率低的材料将有效地抵御原子氧的剥蚀。

(2) 使用保护涂层。在剥蚀率高的材料表面涂上一层薄的抗原子氧涂层，对减轻原子氧剥蚀有显著作用。为了避免涂层改变材料表面的热物性而影响航天器热控制性能，涂层应很薄。在聚酰亚胺材料表面涂上一层不足 0.1 μm 的氧化铝（Al_2O_3）或二氧化硅（SiO_2），剥蚀率可以降低 1～2 个数量级，这样既能提高抵抗原子氧剥蚀的能力，同时可尽量减少对材料原有表面热特性的影响。

(3) 将原子氧敏感的表面避开迎风面。航天器以接近 8 km/s 的速度运行，迎风面遭受原子氧的通量大于背风面的通量，避免将敏感表面安排在迎风面，将显著减小原子氧造成的损伤。

2. 高能粒子

地球空间存在着高能粒子辐射,这些粒子包括质子、电子以及各种重离子和中子,主要来源于地球辐射带、太阳宇宙线和银河宇宙线。与电离层和磁层中的低能粒子不同,高能粒子能量大、速度高,有很强的穿透能力。与热等离子体和低能粒子不同,高能粒子的影响不再限于航天器的表面,而是穿入航天器的材料或器件以及人体组织内部,对内部产生影响。穿透的深度取决于带电粒子的能量与类型以及材料的密度。对于密度低的材料,粒子可穿透更大的厚度。能量为 10 MeV 的质子能穿透约 0.7 mm 厚的铝板,而 1 GeV 的质子的穿透能力达 1 m。电子的质量与体积比质子小得多,因此同等能量的电子有更强的穿透能力,500 keV 的电子即可穿透 0.7 mm 厚的铝板。不同能量粒子穿透铝板的能力如图 2-11 所示。

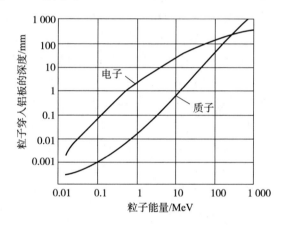

图 2-11 高能粒子穿透铝板的能力

高能粒子穿入材料内部将对航天器造成危害,危害程度与剂量、剂量率、粒子能量、粒子的属性有关。keV 量级的电子只能穿入表面材料 1 μm 的浅表层造成表面充放电;MeV 量级的电子可以穿透蒙皮进入航天器内部介质,造成危害,包括总剂量效应、单粒子效应和介质体内充放电。其中总剂量效应与热控制设计密切相关。

辐射能量沉积到材料中的总量称为辐射剂量,总剂量是各种类型和不同能量粒子辐射剂量在一段时间积累的结果。总剂量对材料、器件的影响或损伤称为总剂量效应。总剂量效应包括高能粒子对材料的电离损伤和位移损伤作用,作用的结果造成材料性能改变,器件性能下降或失效,以及生物机体的损伤。

辐射损伤与辐射类型、辐射能量以及受体的材料有关，辐射带中的高能粒子和太阳质子事件都是积累总剂量的重要来源。辐射剂量的国际单位为戈瑞（Gy），代表在 1 kg 材料中沉积 1 J（焦耳）的能量。习惯上对半导体材料常用的单位为拉德硅（rad(Si)），它是在 1 kg 硅材料中沉积 0.01 J 的能量。

不同材料对辐射有不同的承受能力，表 2-5 列出了一些材料辐射损伤的阈值。受到一定辐射剂量后，一些合成材料发生性能退化；光学材料降低透明度。金属材料有较高的耐辐射性能，常用来屏蔽其他辐射敏感材料或器件。

表 2-5 辐射损伤阈值

材料	生物体	电子器件	润滑剂	陶瓷玻璃	聚合材料	结构金属
阈值/rad	$10^1 \sim 10^2$	$10^2 \sim 10^6$	$10^5 \sim 10^7$	$10^6 \sim 10^8$	$10^7 \sim 10^9$	$10^9 \sim 10^{11}$

一些热控材料和热控涂层等受到粒子辐射的影响，尤其是热控涂层在太阳紫外和粒子辐射的联合作用下，其性能也会发生退化，导致航天器温度上升，甚至偏离设计值。为了确定其影响的程度，除了在航天器上开展试验外，还需要在地面做模拟试验，因此需要知道带电粒子的能谱和轨道积分通量（粒子数/($cm^2 \cdot d$)）。这就要根据轨道的空间位置，按辐射带电子模式和质子模式进行计算，根据计算结果，按照 GJB 2502.6《航天器热控涂层试验方法 第 6 部分：真空-质子辐照试验》和 GJB 2502.7《航天器热控涂层试验方法 第 7 部分：真空-电子辐照试验》的要求开展试验。

带电粒子还会带来热影响问题，由于带电粒子产生的热流很小，对室温水平的热控制设计可忽略。但是，对于深冷辐射散热器有重要影响，如在地球赤道圆轨道上，如果辐射散热器温度为 70 K，则在 1.5 倍的地球平均半径高度上，受带电粒子加热后辐射散热器温度为 72.9 K；在 2.0 倍的地球平均半径高度上，辐射散热器温度为 74.4 K。假设辐射散热器平衡温度为 0 K，则在地球同步轨道上（6.6 倍的地球平均半径高度），辐射散热器被加热到 27.3 K。

3. 微流星体和空间碎片

在太空中围绕太阳运行的流星体，是固体块或小颗粒，相对地球的速度在 11～72 km/s。质量大的流星体相对数量很小，太阳系中大量存在的是微流星体，绝大多数大的流星体可以借助地面雷达和光学仪器进行观测和跟踪，以获得它们的运动规律。对于微流星体，只能通过考察在轨道上试验样品被撞击的表面，推算微流星体的大小和通量。微流星体的直径大多小于 1 mm，质量小于 1 mg，质量越小的微流星体通量越高。图 2-12 所示为行星际空间微流星体质量与通量的分布关系。

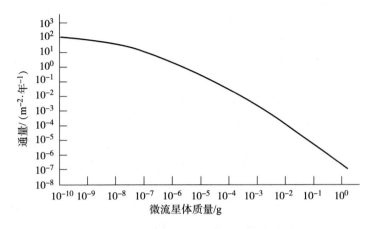

图 2-12 微流星体质量与通量的关系

微流星体一般是零星、分散地出现，但当地球运行到已破碎彗星或小行星轨道附近时，将会遇到较为密集的微流星群，在地球大气层中呈现出流星雨。密集的流星群对在轨运行航天器的安全构成威胁，曾有过航天器被英仙座流星雨击中而受损的报道。航天器在通过流星群前，可调整姿态以避免流星群对敏感部件的袭击。

由人类空间活动遗留在轨道上的各种废弃物，称为空间垃圾，也称为空间碎片。自从航天活动开始以来，数以千计的航天器发射进入空间，每次发射都会同时将一些其他附带物体送入太空，此外寿命结束后被遗弃的航天器、航天器解体和末级运载火箭残留燃料爆炸后的产物、航天员的遗弃物等都成为空间碎片。

这些碎片的大小相差悬殊，大的如末级运载火箭，小的如固体火箭喷出的氧化铝微粒。大量空间碎片都小于 1 cm，但目前只有直径大于 10 cm 的碎片能够借用雷达或光学办法定期跟踪，截至 2017 年 4 月，已有超过 18.4 万个空间碎片登记在册。据估计，能损坏航天器的碎片数目达数百万。空间碎片损伤航天器与其速度、大小、形状等因素有关，3 km/s 的碎片也可能损伤航天器。空间碎片主要分布在航天活动频繁的空间，在 2 000 km 以下、地球同步轨道高度附近、20 000 km 高度附近存在 3 个明显的峰值。虽然低轨道碎片的高度因大气阻力作用而逐渐下降，最终进入大气层烧毁，但一般近地轨道的碎片需经若干年甚至数百年才能陨落，地球同步轨道附近的碎片则将更长期地存在。随着频繁的航天活动，空间碎片的数量将会进一步增加。

微流星体和空间碎片与航天器的相对运动速度极高，即便微小的颗粒，一旦与航天器发生碰撞，也会造成危害。小的颗粒会剥蚀航天器表面涂层材料，改变其表面热物理性能，影响热控制设计。同时也会打磨损伤光学器件表面，影响其光学性能。稍大些的颗粒可穿透航天器外壳，打穿航天器密封舱或辐射散热器，使得里面的气体或工质泄漏。穿透壳体时会产生次生碎片，进一步危害到内部仪器设备，严重情况下会导致灾难性事故，例如从哥伦比亚号航天飞机燃料箱脱落的保温泡沫片撞伤了其轨道器的再入防热材料，导致哥伦比亚号航天飞机再入大气层时被气动热和气动力解体。

为了避免微流星体与空间碎片的伤害，尤其是避免载人航天任务受到威胁或发生灾难性事故，必须采用规避与防护的措施：短期载人航天任务需选择航天器的发射窗口和仔细评估运行轨道；长期运行任务根据 10 cm 以上碎片的监测和预警信息进行轨道机动，以避免与已知的空间碎片相撞；采用缓冲屏蔽技术，例如夹层结构或带有防护墙的多层结构保护密封舱或防护航天器的敏感部位。

2.4 月球和行星空间环境

航天器在行星际飞行时,环境加热大多来自太阳的辐射。在飞越行星期间,航天器会受到行星红外辐射和反照辐射的加热。对于着陆于行星表面的航天器,还会直接受到行星表面温度的影响。表 2-6 给出了太阳系内典型星体的几何参数和轨道参数。

表 2-6 太阳系内典型星体的几何参数与轨道参数

星体	轨道半长轴/AU	近日点距离/AU	远日点距离/AU	赤道半径/km
水星	0.387 1	0.307 5	0.466 7	2 425
金星	0.723 3	0.718 4	0.728 2	6 070
地球	1.000 0	0.983 3	1.016 7	6 378
月球	1.000 0	0.983 3	1.016 7	1 738
火星	1.524 0	1.381 0	1.666 0	3 397
木星	5.200 0	4.950 0	5.450 0	71 300
土星	9.540 0	9.010 0	10.070 0	60 100
天王星	19.180 0	18.280 0	20.090 0	24 500
海王星	30.060 0	29.800 0	30.320 0	25 100
冥王星	39.440 0	29.580 0	49.300 0	3 200

距离太阳不同距离的太阳辐射强度（W/m²）可按下式计算：

$$太阳辐射强度 = \frac{1\,367}{L^2} \quad (2-10)$$

式中，L 为以天文单位为量纲的星体距离太阳的平均距离，其值可以参考表 2-6 中的数值。为了感性地认识行星际飞行遇到的热环境，这里用"参考球"的概念。参考球是一个等温的球体，其表面吸收比和发射率均为 1.0，参考球温度可以粗略地表示其冷和热的程度。表 2-7 给出了太阳系内典型星体的参考球平衡温度。

表 2-7 典型星体参考球平衡温度

星体	参考球平衡温度/℃
水星	174
金星	55
地球	6
火星	−47
木星	−150
土星	−183
天王星	−209
海王星	−222
冥王星	−229

2.4.1 月球环境

月球没有大气层，重力场约为地球重力场的 1/6，一个"月球日"大约相当于 28 个地球日，也即月昼和月夜各相当于 14 个地球日。月球表面的月昼高温和月夜低温是其突出特征，对月表着陆及巡视探测器的影响最为显著。月午期间日下点月表温度可达 120 ℃，而月夜期间月表温度则可降至 −180 ℃。月球赤道表面温度分布与到日下点角度的关系如图 2-13 所示。

月表红外辐射按余弦函数计算（到大约 70°），即从日下点开始随角度增加而减小。表 2-8 给出了从 Apollo 10 得到的月球赤道表面的月球辐射热流（月球表面发射率取为 0.92）。

月球的反照比平均值为 0.073，在不同的地质区，其反照比不同，如在朗格尔努力斯坑为 0.129，哥白尼坑为 0.126，亚平宁山脉为 0.123，阴暗区的静海石（阿波罗航天员带回的石头）为 0.092，所以月球表面有像黑漆一样高的吸收比，使得在日照区的表面温度很高。

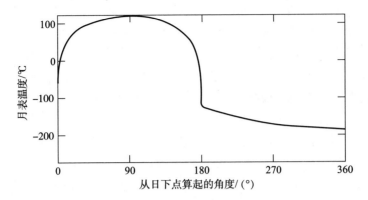

图 2-13 月球的表面温度

表 2-8 月球轨道热环境

	近日点	远日点	平均值
太阳辐射/(W·m^{-2})	1 414±7	1 323±7	1 368±7
反照比（日下点峰值）	0.073	0.073	0.073
红外辐射/(W·m^{-2})			
最大值（日下点峰值）	1 314	1 226	1 268
最小值（背阳侧）	5.2	5.2	5.2

在10%月球半径高度的轨道上的参考球温度如表2-9所示。从表中可以看出，与水星类似，在太阳日下点温度高，而在阴影区的温度很低。这种情况还是由于月球日很长且缺乏大气，导致热量滞留在表面。这些因素的综合作用使背阳面的温度非常低，继而红外辐射也很小。

表 2-9 参考球在绕月球轨道上的温度

温度	$\beta=0°$		$\beta=90°$	
	近日点/℃	远日点/℃	近日点/℃	远日点/℃
最大值	67	61	22	17
最小值	−199	−199	22	17
平均值	−56	−59	22	17

根据以上的热环境特点，对于环绕月球飞行或着陆月球的航天器，热控制设计中，有些问题应引起注意：

月球轨道上的红外辐射非常大，航天器辐射散热器表面受到的影响远比地球轨道严重，应尽量选择辐射散热器的布置位置和航天器姿态使得辐射散热器与月球表面之间的角系数尽量小。由于目前大多数航天器辐射散热器的太阳吸收比较低而红外发射率较高,因此在某种程度上可使辐射散热器指向太阳而避开月球表面。

对着陆于月球表面航天器的外露设备,即使是面向天顶的辐射散热器,与月球表面的角系数很小,但如果设备靠近一些低矮的山,且山的温度很高,则其红外辐射至少会使设备温度升高 10 ℃。因此,对于月面上工作的航天器,山的存在或者航天器的倾斜角度不可忽视。

另一个重要的因素就是月球表面的灰尘,月球车或人行走很容易扬起灰尘。因为月尘的太阳吸收比很高,少量月尘落在辐射散热器上就能显著提高太阳吸收比,这个影响特别大。所以,Apollo Lunar Rover 飞行器的航天员经常要停下来擦拭掉辐射散热器表面的月尘。

还有一个需要注意的问题就是月壤极低导热系数的影响,低的导热系数使被遮挡的区域温度很快降低到 −180 ℃,这些被遮挡的"冷点"使得其附近的设备接收到的红外辐射加热减少。例如,如果 Apollo 14 运输车一侧轮胎遮挡了另一侧的轮胎,则被遮挡的轮胎其温度将低于其 −57 ℃ 的低温下限。

2.4.2 水星环境

水星被一层稀薄的大气包围着,成分有氢、氦、氧、钠、钙和钾,大气压力约为 10^{-15} Pa,因此常常认为水星表面没有大气。水星是距离太阳最近的行星,所以也是最热的行星,平均表面温度为 179 ℃,最高为 427 ℃。水星的轨道周期大约是 88 个地球日,其自转周期近似于 58 个地球日,水星的"日"长达 176 个地球日。如此慢的转动,使得面对太阳的表面在太阳辐射热流的作用下基本可达到热平衡状态,而背对太阳的表面则非常寒冷,最低为 −173 ℃。水星的表面温度从日下点到明暗分界线可用 Hanson 的余弦函数表示。以到日下点的角度为变量,水星表面的温度表示如下:

$$T = T_{\text{subsolar}} (\cos\phi)^{1/4} + T_{\text{terminator}} \left(\frac{\phi}{90}\right)^3, \quad \phi \leqslant 90° \qquad (2-11)$$

$$T = T_{\text{terminator}}, \quad \phi > 90° \qquad (2-12)$$

其中

$$T_{\text{subsolar}} = \left(407 \pm \frac{8}{r^{0.5}}\right) \text{K}$$

$$T_{\text{terminator}} = 110 \text{ K}$$

式中,ϕ 为从日下点算起的角度(°);r 为水星到太阳的距离(AU)。

通过上述公式计算得到的行星辐射十分可观，辐射强度范围为 6～12 700 W/m²（假定水星表面红外发射率为 0.77±0.06）。表 2-10 给出了水星轨道的热环境。

表 2-10 水星轨道热环境

	近日点	远日点	平均值
太阳辐射/(W·m⁻²)	14 462	6 278	9 126
反照比（日下点峰值）	0.12	0.12	0.12
红外辐射/(W·m⁻²)			
最大值（日下点）	12 700	5 500	8 000
最小值（暗面）	6	6	6

水星表面温度高是由距太阳近且反照比低造成的。反照比的变化范围为 0.08～0.25，其中明亮的火山口为 0.19～0.25，火山口附近的地带和有起伏的平原为 0.11～0.19，平坦的平原为 0.08～0.12。

将一个参考球放在水星圆形轨道上，轨道高度为 0.1 个水星半径，当阳光与参考球轨道面的夹角 β 为 0°和 90°时，参考球的温度如表 2-11 所示。

表 2-11 离水星 0.1 水星半径高度圆轨道上参考球温度

温度	$\beta=0°$		$\beta=90°$	
	近日点/℃	远日点/℃	近日点/℃	远日点/℃
最大值	336	222	245	147
最小值	−197	−197	245	147
平均值	89	27	245	147

2.4.3 金星环境

金星的大气层由浓密的气体混合物组成，其中 96% 是二氧化碳，因此给金星带来了剧烈的温室效应。金星表面大气的温度高达 460 ℃，气压则为 93 个标准大气压。金星表面的重力场为 8.87 m/s²，约为地球重力场的 90.5%。金星的轨道周期为 224.7 个地球日，自转周期为 243 个地球日。

金星轨道的热环境不仅因其距离太阳更远而比水星环境冷，而且太阳辐射和红外辐射的相对分布也不同。水星反照比非常小，大部分入射的太阳辐射被水星表面吸收，然后变成红外辐射辐射出去，而金星则被云层完全覆盖，反照比非常高（约 0.8）。反照比高造成云顶层温度低，因此金星的红外辐射甚至比地球的红外辐射还小。

在距日下点角度较大时,金星的云层造成太阳辐射的反向散射效应。这种效应使明暗分界线变亮。对于高度较低的轨道,如果金星的反照辐射作为漫反射处理,即反照辐射从日下点开始随角度的增加按 Lambert 余弦定律下降,可以获得相对准确的分析结果。实际上,当轨道高度不超过 1 700 km 时,仍采用这种假设,则计算所得反照辐射值还是稍微保守。对于更高的轨道,就要考虑晨昏点边缘处的反向照射,在轨道高度为 6 070 km 时,仍用 Lambert 余弦定律进行假设则可将反照辐射低估约 10%;轨道更高时,反照辐射最多可能低估 41% 左右。但是,由于反照辐射与太阳直接辐射相比还是非常小,因此,非保守估计所带来的偏差并不重要。当然,对于有些敏感器而言,金星的反照方向特性是很重要的,在分析计算中必须考虑金星表面的反照辐射的方向性特征。金星轨道的热环境如表 2-12 所示。

表 2-12　金星轨道的热环境

	近日点	远日点	平均值
太阳辐射/(W·m^{-2})	2 759	2 650	2 614
反照比	0.8±0.02		
红外辐射/(W·m^{-2})	153		

金星红外辐射在不同纬度上有所差异,一般在 138.5~178.4 W/m² 之间变化。对于在 607 km（0.1 个金星半径）高度轨道上的参考球温度,如表 2-13 所示。

表 2-13　参考球在绕金星轨道上的温度

温度	$\beta=0°$		$\beta=90°$	
	近日点/℃	远日点/℃	近日点/℃	远日点/℃
最大值	122	119	67	64
最小值	−105	−105	67	64
平均值	14	12	67	64

2.4.4　火星环境

火星是距离地球最近的一颗外行星,至太阳的平均距离为 $2.279×10^8$ km（1.523 7 AU）,轨道运行周期约为 687 个地球日,1.88 个地球年。火星表面的重力场约为地球的 38%（即 3.72 m/s²）。火星轨道周期为 24.6 h,略长于地球日。火星表面有稀薄大气，大气平均压力为 0.63 kPa，大气的主要成分是 CO_2（约占 95.3%），另外还包括少量的 N_2、Ar、O_2、H_2O 等。太阳不断加热大气所引起的压力梯度和温度梯度产生了火星表面的风，一天中风向和风速总在变化，机遇号和勇气号的设计风速为 0~20 m/s。

火星大气中含有显著的悬浮尘埃，火星大气尘埃会对太阳光造成一定的遮挡，通常使用光深概念描述火星大气（包含尘埃）对光照的遮挡效果。光深（τ）用于表示光线在以一定的入射角穿过大气层时的衰减程度，可表示如下：

$$I = I_0 * e^{(-\tau/\sin\theta_h)} \quad (2-13)$$

式中，I 为强度穿过火星大气达到火星表面的太阳辐射强度；I_0 为到达火星大气顶层的太阳辐射强度；θ_h 为太阳高度角；全球无尘暴时，火星大气光深 τ 取 0.5。火星强风会卷起尘埃形成火星尘暴（平均风速为 50 m/s，最大风速达到 150 m/s），尘暴最严重时，会直接影响到达火星表面的太阳辐射强度，极端情况下，火星大气光深 τ 可取 4。此外，火星尘暴会扬起火星尘，火星尘沉降在热控涂层表面，会使热控涂层的热物性参数发生变化。火星轨道热环境如表 2-14 所示。火星附近的平均太阳辐射热流为 589 W/m²，约为地球的 42%。由于火星轨道偏心率大，在一个火星年内，火星的太阳辐射热流变化±19%，比地球的变化大很多。火星反照比与地球相似，在赤道附近为 0.25~0.28，随纬度增加而有所增大，最高为 0.5，如表 2-15 所示。火星之所以称为"红行星"，是因为其反照的光谱偏红，其峰值在 0.7 μm（地球 0.47 μm）。

表 2-14 火星轨道热环境

	近日点	远日点	平均值
太阳辐射/(W·m⁻²)	717	493	589
反照比（日下点）	0.29	0.29	0.29
红外辐射/(W·m⁻²)			
最大值（日下点峰值）	470	315	390
最小值（极区）	30	30	30

表 2-15 火星反照比分布

纬度/(°)	反照比最大值	反照比最小值
80~90	0.5	0.3
70~80	0.5	0.2
60~70	0.5	0.2

续表

纬度/(°)	反照比最大值	反照比最小值
50~60	0.5	0.17
40~50	0.28	0.17
30~40	0.28	0.18
20~30	0.28	0.22
10~20	0.28	0.25
0~10	0.28	0.25
−10~0	0.28	0.2
−20~−10	0.25	0.18
−30~−20	0.22	0.18
−40~−30	0.22	0.18
−50~−40	0.3	0.25
−60~−50	0.4	0.25
−70~−60	0.4	0.3
−80~−70	0.4	0.4
−90~−80	0.4	0.4

由水手航天器（Mariner）和海盗轨道器（Viking）获取的火星表面近日点和远日点的红外辐射如图2-14和图2-15所示。图中显示了近日点和远日点

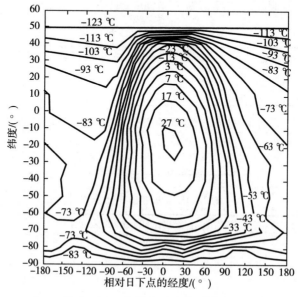

图2-14 火星近日点表面温度

火星等效黑体（发射率＝1.0）表面温度随经纬度的变化。这些数据是在没有尘暴的情况下获取的，如有全球的尘暴，反照会稍有增加，暗的区域会比亮的区域反照增加得多些。大气透明度变差也会抑制有效的日温度变化，使火星的红外辐射变得更缓和。

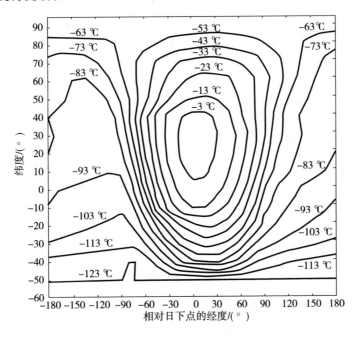

图 2-15　火星远日点表面温度

在 0.1 个火星半径高度的轨道上的参考球温度如表 2-16 所示。从表 2-16 中可以看出，"夜间"温度比"白天"温度低很多。因为火星的大气层很薄且少云，火星的红外辐射很容易透过，这种情况使得夜间表面温度很低，所以在 $\beta=0°$ 时参考球在阴影区的温度很低。这种变化与地球和金星均匀的红外辐照形成鲜明的对照，地球和金星有足够厚的大气层，阻止了从行星表面向空间的热辐射，使得地球和金星的白天和夜间的温度相对均匀。

表 2-16　参考球在绕火星轨道上的温度

温度	$\beta=0°$		$\beta=90°$	
	近日点/℃	远日点/℃	近日点/℃	远日点/℃
最大值	11	−16	0	−26
最小值	−162	−163	−32	−35
平均值	−63	−82	−22	−43

2.4.5 其他天体热环境

从木星到冥王星的其他天体，它们与太阳的距离已很远，太阳辐射、反照和红外辐射都已很小，热环境的特点是很冷。对于在室温下工作的航天器设备，这些行星的环境加热可以忽略，只有那些敏感的仪器、深冷辐射散热器等才需考虑环境加热的影响。表2-17给出了这些天体的轨道热环境。

表 2-17 其他天体的轨道热环境

行星	空间热流	近日点	远日点	平均值
木星	太阳辐射/$(W \cdot m^{-2})$	56	46	51
	反照比	0.343		
	行星红外辐射/$(W \cdot m^{-2})$	13.7	13.4	13.6
土星	太阳辐射/$(W \cdot m^{-2})$	16.8	13.6	15.1
	反照比	0.342		
	行星红外辐射/$(W \cdot m^{-2})$	4.7	4.5	4.6
天王星	太阳辐射/$(W \cdot m^{-2})$	4.09	3.39	3.71
	反照比	0.343		
	行星红外辐射/$(W \cdot m^{-2})$	0.72	0.55	0.63
海王星	太阳辐射/$(W \cdot m^{-2})$	1.54	1.49	1.51
	反照比	0.282		
	行星红外辐射/$(W \cdot m^{-2})$	0.52	—	—
冥王星	太阳辐射/$(W \cdot m^{-2})$	1.56	0.56	0.88
	反照比	0.47		
	行星红外辐射/$(W \cdot m^{-2})$	0.8	0.3	0.5

2.5 再入或进入段热环境

再入或进入段热环境是指大气环境下高速再入或进入过程产生的气动加热环境。近地轨道再入返回地球表面时一般再入速度约为 7.82 km/s，深空探测器返回地球表面再入过程中，再入器的速度甚至超过 11 km/s，其表面再入过程中将承受高热流密度的气动加热负载。为了防止气动加热对返回器（或返回舱）内部设备带来影响，此类航天器表面均有足够厚的起热防护作用的烧蚀层材料，通过烧蚀材料在高温下发生物理（熔融、蒸发、辐射等）和化学（分解、解聚等）等复杂变化过程带走热量，达到隔热的效果。即便如此，仍会有部分热量传递到航天器内部，这是热控制设计必须考虑的环境因素。考虑到再入段气动加热会引起内部设备的温升，可以考虑在再入前，通过预冷的方式给返回器或返回舱提前降温，以保证气动加热引起的设备温升不会超出指标要求。例如，实践十号卫星在返回前，通过流体回路预冷将返回舱内部的设备温度降到 10~15 ℃，考虑到气动加热引起的 3~4 ℃的温升以及返回过程中设备工作热耗导致的 3~4 ℃的温升，再入后的最高温度不会超过 25 ℃，满足了科学实验载荷正常的工作要求。

在深空探测任务中，着陆探测器在进入有大气环境的其他星球表面的着陆过程中，由于稀薄大气的存在，也存在类似的气动加热效应，例如火星着陆器。

此外，航天器再入地球或进入其他星表过程的加速度和重力场与发射阶段的影响类似，也会对热控制技术产生一定的影响。

2.6 诱导环境

空间环境是客观而独立存在的,不依托于航天器或设备的自身。而有些环境却是因为航天器特殊的工作模式、特殊的空间设备等方式所诱导的,在设计中必须加以考虑的额外或附加的环境因素。对于不同的主体而言,诱导环境不同,本节要论述的诱导环境主要包括发动机点火、航天器或设备自旋运动等产生的诱导或附加热环境。

2.6.1 发动机工作产生的诱导环境

发动机工作时,会产生高速、高温羽流,同时发动机喷管的温度会在数十秒内上升并平衡在非常高的温度水平,如图 2-16 所示。发动机工作时产生的高温羽流热和高温喷管壁面对航天器的热控制产生影响,需引起热控制工程师的关注。通常情况下,发动机的羽流热流要使用专业软件进行分析获得,必要的时候还要通过发动机羽流试验对分析结果进行验证。发动机羽流对航天器热控制的影响主要体现在热效应和污染两个方面。

热控制设计首先需要关注的是发动机羽流的热效应。对于不同类型的发动机,羽流的热效应差异很大,需针对具体发动机类型、发动机工作状态及布置状态进行详细、具体的分析。图 2-17 给出了嫦娥三号上 7 500 N 发动机工作

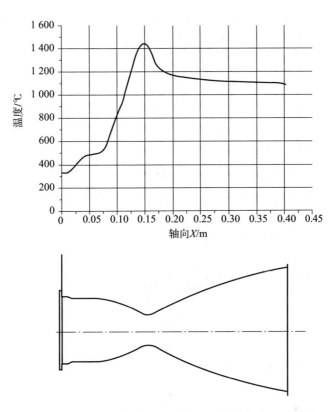

图 2-16　7 500 N 发动机工作时喷管沿轴向的温度分布

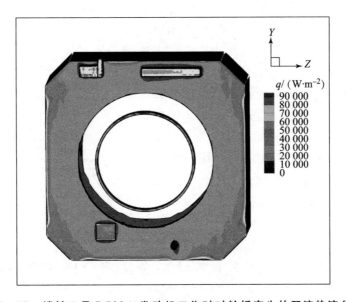

图 2-17　嫦娥三号 7 500 N 发动机工作时对舱板产生的羽流热流分布

时对舱板产生的羽流热流分布。在嫦娥三号着陆月球表面时，7 500 N发动机工作对着陆缓冲机构产生的羽流热流密度高达 $4.2 \times 10^5 \ \text{W/m}^2$，为此对着陆缓冲机构开展热防护设计就显得非常重要。

发动机羽流影响的另一方面是对热控涂层的污染。热控制设计需考虑发动机羽流对周围热控涂层的影响，尤其是对光学太阳反射镜（Optical Solar Reflector，OSR，通常称为二次表面镜）散热面涂层的影响。例如，通过研究发现，发动机羽流中的某些粒子会沉积到发动机附近的OSR上，在发动机两侧区域沉积量较多，在发动机背面区域沉积量相对较少，微粒沉积的过程是一个长期的不断积累的过程。粒子的沉积将使OSR涂层的太阳吸收比增加，从而提高了散热面的温度，散热效率降低。此外，羽流污染物沉积量与涂层表面的温度密切相关，提高涂层的表面温度，可以有效降低污染物的沉积量。

2.6.2 航天器自旋产生的诱导环境

航天器或仪器设备高速旋转将会产生离心力，该离心力将会影响热管内部工质的流动，从而影响依靠非常小的毛细力驱动工质流动的热管的工作，因为保证工质能够从冷凝段回流到蒸发段是热管正常工作的前提。对于自旋卫星，应充分考虑自旋产生的离心力对热管工质回流的影响，热管在设计和使用时应避免离心力阻止工质回流。避免或减小离心力影响的途径主要有两方面，一是从热管布局着手，使热管的布局有利于借助离心力的效应促进工质回流；二是降低航天器转速，减弱离心力的影响。

航天器自旋产生的离心力效应如果处理不当，将会导致热管不能正常工作，此类故障曾经在东方红二号0A卫星上出现。热管在该卫星上的应用方案如图2-18（a）所示，热管将行波管放大器（TWT）的热量传输到消旋组件罩上，卫星自旋速度为50 r/min。最初的设计如图2-18（b）所示，在热管的中间区域有一处向内的弯曲部位，

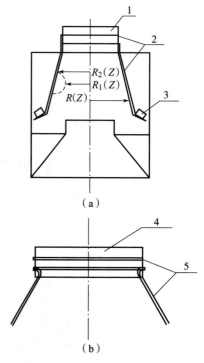

图2-18 自旋卫星用热管布局
1，4—消旋组件罩；2，5—热管；
3—TWT

正是该弯曲部位的存在，在消旋组件高速旋转产生的离心力作用下，热管冷凝段的工质无法回流到蒸发段，导致热管停止工作，行波管温度上升到60.7 ℃。具体原因以图2-18（a）中虚线所示的弯曲部位进行说明：由于卫星是自旋的，热管内工质在行波管处吸收热量后蒸发，到消旋组件罩处冷凝成液体，在离心力和毛细力的联合作用下，液体流回行波管处继续蒸发。若有局部反向弯曲（如图2-18（a）中虚线所示），则液体在离心力作用下可能自$R_2(Z)$处流向$R_1(Z)$处，在此处液体被阻断，无法流向热管蒸发段，导致工作失败。

参 考 文 献

[1] 胡其正，杨芳. 宇航概论［M］. 北京：中国科学技术出版社，2010.

[2] 侯增祺，胡金刚. 航天器热控制技术——原理及其应用［M］. 北京：中国科学技术出版社，2008.

[3] 徐玉貌，刘红年，徐桂玉. 大气科学概论［M］. 南京：南京大学出版社，2000.

[4] ［美］K. N. LIOU. 大气辐射导论（第 2 版）［M］. 郭彩丽，周诗健，译. 北京：气象出版社，2004.

[5] 闵桂荣，郭舜. 航天器热控制（第二版）［M］. 北京：科学出版社，1998.

[6] David G. Gilmore. Spacecraft Thermal Control Handbook，Volume I：Fundamental Technologies［M］. The Aerospace Press，EI Sequndo，California，2003.

[7] Robert D. Karam. Satellite Thermal Control for Systems Engineers［M］. American Institute of Aeronautics and Astronautics，. Inc. Virginia，1998.

[8] 沈志刚，赵小虎，王鑫. 原子氧效应及其地面模拟试验［M］. 北京：国防工业出版社，2006.

[9] 谭维炽，胡金刚. 航天器系统工程［M］. 北京：中国科学技术出版社，2009.

[10] 欧阳自远，肖福根. 火星及其环境［J］. 航天器工程，2012，29（6）：591－601.

[11] 徐春生，李洋，肖应廷，等. 一种卫星双组元推力器羽流热影响分析方法［J］. 航天器工程，2012，21（6）：43－48.

[12] 贺卫东，党海燕，许明艳，等. 地外天体起飞过程真空羽流导流力热效应研究［J］. 推进技术，2015，36（8）：1151－1156.

[13] 林骁雄，温正，陶家生. 离子推力器羽流钼原子沉积对卫星 OSR 片热控性能影响的放置分析［J］. 航天器工程，2016，25（3）：52－56.

[14] 林骁雄,陶家生,温正. 离子推力器羽流沉积对卫星热控影响研究 [J]. 火箭推进,2017,43(2):9-7.

[15] 孙威,田东波,闫少光. 羽流污染对某型号卫星热控涂层的影响分析 [J]. 航天器环境工程,2008,25(6):538-541.

第 3 章

航天器热控制系统设计

3.1 概　　述

航天器热控制就是根据航天器飞行任务的要求以及航天器在全寿命周期内所要经受的内外热负载的状况，系统地采取热控措施来组织航天器内外的热量交换过程，保证航天器设备、结构及航天员所处的环境温度等指标在规定的范围内。

一般而言，为了满足航天器各温度指标要求，可以采取多种热控制方案。热控制设计人员应从系统设计的角度出发，综合权衡各类指标，优选出最合理的方案。

本章介绍航天器热控制系统的任务特点、设计原则、系统设计方法等内容，在此基础上，简要介绍热控制系统研制的各个阶段及相应工作要点。

3.2 任务特点

对于热控制系统而言，应充分考虑从地面到在轨、再返回地面或着陆其他天体各个阶段，也即全寿命周期内的环境条件下，均能保证航天器对温度等指标的要求。不管采用何种针对性的措施，都必须考虑航天器的具体任务特点并适应其所经历的各种环境条件。

3.2.1 地面段

地面存在大气，此时航天器及其内部设备主要通过对流进行热交换。航天器地面温度控制的目的主要是保证航天器在地面加电测试的需要。这通常可以通过地面空调系统予以保障。即使当航天器位于发射塔架上时，也可以通过塔架上专门配置的空调系统给航天器提供合适的环境温度。不过地面保障系统必须充分考虑当地气候特征、塔架特点、航天器发射时间、航天器温度需求等各种因素，以确保整个空调系统具有充足的制冷或加热能力。

对于某些特殊情况，如温度要求较严格的蓄电池、原子钟，以及湿度要求较严格的太阳翼驱动装置（SADA）等，还应单独设置加热或对流制冷强化措施或装置。对于热控涂层等具有高洁净度要求的航天器，必须考虑地面、塔架及整流罩内部的洁净度要求。

在航天器发射时，考虑到运载火箭点火前当地气温的影响、主动段可能的温度变化，以及航天器加电所导致的温度变化，需要把一些设备的初始温度调节到规定范围，特别是对温度要求较严的有效载荷，有时需要专门的地面调温措施，严格控制发射前的初始温度。

3.2.2 主动段

主动段包括从点火发射起，以高速穿过稠密大气层后到航天器（当采用上面级时还包括上面级）与运载火箭分离这一阶段。这个期间航天器的工作状态（或工作模式）和外部环境条件与在轨运行时完全不同，也十分复杂。一方面为了保证航天器入轨电源的充裕，载荷及部分平台设备处于断电状态；另一方面，主动段航天器要经历气动加热和自由分子加热，尤其是对于无整流罩的航天器，在主动段中其表面直接与大气高速摩擦产生气动加热。

对于大多数带整流罩的航天器而言，该阶段航天器的温度一般呈下降趋势，尤其是在抛整流罩后。不过由于主动段持续时间较短，航天器内部的设备一般温度变化不大，变化大的一般是航天器外部的设备或部件，因此有时需要分析外部设备在主动段的温度变化情况。

对于无整流罩的航天器，气动加热会使航天器表面温度急剧上升。对于这类航天器，即使采取有效的隔热措施，设备的温升也会较为显著。

3.2.3 在轨段

在轨段需考虑的因素很多，包括空间环境、航天器任务特点、工作模式等。这些都导致在轨外部热辐射与内部热耗随时间、空间都发生变化。热控制系统需要充分考虑各种边界条件和内部热状态，以保证各部分温度在规定范围内。

对于低轨航天器，一般入轨即进入工作轨道。对于低轨一箭多星组网、高轨、行星际探测等航天器，一般需通过过渡轨道或转移轨道才能进入正式工作轨道，因此需仔细考虑这些中间轨道的热环境特点。航天器通常需要通过在轨测试才能正式工作，在轨测试期间一般是对部分平台设备及载荷进行性能测试，此时一般需通过补偿加热的方式来维持航天器内部的温度水平。

对于载荷工作稳定、姿态变化相对单一的航天器，一般考虑几种典型工况就可以涵盖整个在轨正常工作的状态，如高轨通信卫星只需要考虑冬至、夏至、春分点三个工况即可。对于载荷间断工作、姿态多变，甚至会运行在多个工作轨道的航天器，就必须考虑多种因素的组合，组合后的极端工况必须具有最大包络性，因此对于这类航天器而言，工况的选择需重点关注。

3.2.4 再入或进入段

需要再入地球或进入有大气层地外天体的航天器，再入或进入大气层时，将受到气动加热的影响，航天器表面温度一般会急剧升高，气动加热影响或温度升高幅度与大气稠密度、航天器飞行速度和姿态、航天器气动外形等有关。这个阶段的关键就是考虑高温防护及隔热，减少气动加热效应对航天器内部设备温度的影响。此外，航天器所处的环境压力由真空变化到地面或地外天体大气层压力，内外的对流热交换从无到有，用于真空条件下隔热的多层组件的隔热效果也会有所衰退，这些变化在热控制设计时需要一并考虑。

此外，再入或进入前，为了适应高速再入或进入，航天器的构型或组成一般也会有较大变化。例如，地球返回式卫星，在返回前需要和服务舱分离，载人航天器返回舱需要和推进舱分离。再入或进入过程中，根据任务需要，航天器内部载荷的工作状态和热耗也有所变化，同时推进系统工作时间一般较长，发动机喷管温度高，此时也会有羽流效应，热控制设计需要特别考虑。

因此，对于再入或进入段的航天器，航天器构型或组成，其与外部环境之间、航天器内部设备之间的热交换状态与在轨段相比有很大变化，这是该阶段的突出特点和热控制设计的关注重点。

3.2.5 着陆段

航天器再入返回地球表面后，尚有一段等待回收的时间。由于热惯性效应，航天器温度会继续上升一段时间。这时外部已为大气条件，气温因地域和季节而不同。为此，需要在这样的条件下对返回航天器进行温度控制。

对于在其他星球表面着陆的航天器，除了需考虑航天器工作状态外，还必须充分考虑着陆星球表面的状态，包括重力条件、大气状况、地形地貌、表面温度及热物理特性，等等。由于其他星球表面状态的不确定性，对于这类航天器一般需考虑足够的设计余量或采取具有高调节能力的热控制技术。

3.3 热控制设计的基本原则

热控制设计往往是个复杂的系统设计过程,需要考虑的因素很多,不同的设计师可能会采取不同的热控制解决方案,但热控制系统的功能和性能首先应满足设计指标要求并保证有一定的设计余量,还应该遵循可靠性、安全性、空间环境适应性、测试性、维修性、保障性等"六性"的设计要求,此外还需考虑以下设计原则。

1) 工艺性

设计中应注意热控制措施在工艺上的可行性,应顾及产品的加工、安装、测试、试验及发射前各个过程环节中所需实施的各种操作,同时需充分考虑这些操作对热控制系统的性能所带来的影响。

2) 继承性

尽量使用经飞行验证的技术和产品、标准化的技术和产品,以利于缩短研制周期,减少研制费用,提高可靠性。

3) 验证性

尽量采用可以通过仿真分析或热试验验证的热控制方案或技术,避免无法验证或难以验证的设计。

4) 适应性

因为航天器研制过程中不可避免地会有一些参数和接口的变化,如果没有一定的适应调整能力，往往会导致热控制设计频繁调整和更改。同时对于航天器在轨飞行时，当飞行热环境以及内热源状况在某种程度上偏离设计值时，热控制系统也需要有一定的适应能力。

5）先进性

恰当使用经过试验验证或鉴定合格的新技术和新产品，有利于提高热控制系统的性能，同时提高航天器的整体性能和竞争力。

6）经济性

经济性应该从两个方面进行考虑：一是在保证热控制系统功能和性能的条件下，应尽量控制研制费用，从设计费用、材料及器件费用、单机设备费用、试验验证费用等方面进行方案的优选及成本控制，同时优化研制流程，提高效率，缩短研制周期，节约人力和物力成本；二是尽量使热控制系统的质量最小，消耗的星上功耗资源最少，为整个航天器性能的提升创造条件。

3.4 热控制系统的设计方法

随着航天任务的多样化以及空间技术的发展，航天器的数量和种类越来越多。从质量上看，既有几十克甚至十克左右的手机卫星，又有十几吨甚至上百吨的大型航天器（如空间站等）。从运行轨道看，既有 200～300 km 的近地低轨航天器，又有 36 000 km 的地球同步轨道航天器，还有绕月飞行的月球探测器及绕太阳飞行的深空探测器等。从任务特点看，有针对地球表面或其他星体表面遥感的，有针对宇宙空间探测的，还有软着陆星体（如月球表面、火星表面等）表面实施勘探，等等。从是否有人员参与看，有无人航天器，有近地载人飞行器（如神舟系列飞船、天宫及空间站等），还有载人登月飞行器（如阿波罗系列飞船），等等。虽然不同航天器在质量、飞行高度、任务特点等方面均存在很大的差异，但从热控制系统角度看，一般都采用一些通用的设计方法和技术，例如，大多数航天器采用以被动热控制技术为主的设计，而载人航天器、深空探测器等则侧重于主动热控制技术，以提高航天器对任务多样性及复杂环境的适应性和自主调节能力。

3.4.1 热控制设计要求和条件

1. 设计要求

设计要求一般包括：

(1) 航天器设备的工作温度范围、储存温度范围、启动温度范围、温度均匀性（包括温度差、温度梯度）、温度稳定度、控温精度。
(2) 航天器密封舱气体环境的温度、湿度。
(3) 航天器密封舱流场。
(4) 质量。
(5) 功耗。
(6) 寿命。
(7) "六性"要求。
(8) 人机工程。
(9) 与航天器总体及其他系统、大系统的接口。

2. 设计条件

要开展热控制系统设计，一般应收集及把握以下基本条件或信息：
(1) 航天器的任务。
(2) 航天器的空间环境条件。
(3) 航天器的轨道参数。
(4) 航天器的飞行程序及姿态状况。
(5) 航天器的构型及结构。
(6) 航天器仪器设备的布局。
(7) 航天器各设备和部件的材料、尺寸、质量、热耗、热物性、工作模式等。
(8) 航天器测试、试验和发射场的环境条件。
(9) 相关技术规范。

充分了解、分析以上各项要求和条件，有利于航天器热控制系统各阶段的设计。例如，根据航天任务特点及空间环境的复杂性，在方案阶段明确是采用主动热控制技术为主，还是采用被动热控制技术为主。不过需要提及的是，在方案设计阶段，虽然很多细节尚未明确，但仍然需要进行热平衡的初步估算。估算的目的是初步确定航天器热控制的基本方针，即从航天器整体上来说是分舱热控制设计还是一体化耦合热控制设计，是保温设计还是散热设计（如果是散热设计，需要预估航天器外表面的辐射散热面积在给定的温度下是否足以排散掉航天器内的全部热量），航天器内部是采取以辐射/导热为主的方式还是采取以对流/导热为主的方式，等等。在初样阶段，则需要根据设计要求和设计的约束条件，完成热控制设计，并通过分析和试验验证热控制设计的符合性，必要时调整部分约束条件和技术指标，并以此为基础明确正样状态。正样阶段则需要在最终明确的设计要求、条件下，完成热控制设计、研制及试验验证等。

3.4.2 热控制设计工况的选择

1. 热控制设计工况的考虑因素

航天器从发射阶段到服役结束的全寿命周期内，将会经历多种不同的运行状态和外部环境。一般情况下，可据此将航天器的全寿命周期分为不同特点的任务阶段，例如，月球着陆巡视探测器可以分为发射段、地月转移段、环月段、动力下降段、月面工作段等不同阶段。而"工况"一般则是在航天器不同任务阶段对热控制需求的基础上，分析评估航天器内部热耗、外部热流以及散热等的热平衡状态。在整个运行期间，工况是不断变化的，而这种变化是由下列原因造成的：

（1）航天器热环境的变化。航天器往往会经历不同的热环境，一般包括待发段、主动段、运行段、进入大气层阶段和行星（或月球）表面巡视阶段、从行星（或月球）表面返回阶段等的地面环境、地球大气环境、环行星（或月球）轨道环境、行星（或月球）大气环境和行星（或月球）表面环境等不同的热环境，热环境的变化必然会影响到达航天器表面热流的变化；航天器在环行星（或月球）轨道上运行时，轨道高度、行星（或月球）与太阳的距离、太阳光与航天器表面的夹角、阴影和日照时间等因素的变化会影响到达航天器表面的太阳、太阳反照和行星辐射热流的变化；此外，航天器在行星（或月球）表面运行时，季节、行星（或月球）与太阳的距离、太阳光与航天器表面的夹角、昼夜、行星表面和大气环境以及地形地貌特征等因素也会影响航天器吸收的环境热流。

（2）航天器姿态和构型的变化。航天器依其任务特点，在轨运行中必须保持以某种特定规律变化的姿态。在这种姿态下，航天器能实现有效载荷对空间特定目标的定向、跟踪或扫描（如自旋稳定对地、三轴稳定对地、惯性定向对空间目标等），对某些系统进行局部指向控制（如对太阳翼进行对日定向控制）。姿态的变化直接影响到航天器各个表面到达热量的变化，与散热面的选择密切相关。实际上，还需要考虑在轨的姿态机动，即航天器从一种姿态转变到另外一种姿态，这也会带来外部吸收热流的变化。此外，在不同运行阶段航天器或航天器组合体的构型可能会变化，如多个航天器组合体、航天器舱段或模块的结合与分离，太阳翼、大型天线、机械臂、可展开辐射散热器等运动，构型的变化必然会影响到达航天器表面热流的变化。

（3）航天器表面热控涂层热物性参数的变化。空间环境复杂，航天器表面热控涂层会受到原子氧、带电粒子、紫外辐照、高真空及污染物等的综合影响。这些影响一般会引起涂层的太阳吸收比增大，导致航天器在轨吸收热量增多而整器温度上升。

（4）航天器内部热源发热状态的变化。大部分电子设备的发热属于常值热耗，而热耗波动的设备有三种情况：探测类传感器、数据存储/传输装置、发动机/推力器、发射机、电加热元件等发热往往呈现明显的间歇性；蓄电池等的发热功率因效率下降导致缓慢变化；内部带自主控温功能的原子钟、陀螺等，其发热功率随温度的变化而变化。

其中（1）、（2）、（3）与吸收外热流密切相关，而（4）与内热耗密切相关。由此可知，热控制设计的任务实际上是确保多个工况下航天器的温度始终保持在要求的范围之内。不过，要想针对这么多工况分别进行热控制设计，不仅会导致设计周期长，而且必要性不大。通常情况下，选择一些典型的、有代表性的工况开展设计。

2. 热控制设计工况的确定

由于航天器内部热耗、外部热环境的变化特点，绝大部分航天器在全寿命周期内都不存在严格意义上的"热平衡状态"，而是典型的瞬态热过程。这一特点使得航天器的热控制设计、热分析及地面试验验证面临诸多现实困难。因此，从工程的角度出发，热控制设计通常选择极端工况——最高温度工况和最低温度工况作为典型设计工况，并以此确定用于工程研制的、假设的高、低温"热平衡状态"进行设计、分析和试验验证，从而获得温度等设计指标的最大分析和试验验证包络，保证所有工况下热控制指标的符合性。这两种极端工况通常分别出现于吸收外热流和内热耗之和最大、最小的时候。不少情况下，航天器在某些时期会同时出现最大吸收外热流和最大内热耗，而在另外一些时期同时出现最小吸收外热流和最小内热耗。最大吸收外热流一般出现在航天器寿命末期，受晒因子最大的时候。最小吸收外热流通常出现在航天器寿命初期，受晒因子最小的时候。如果以最高温度工况和最低温度工况作为设计工况，则其他所有的工况都将包络在这两种工况之间。因此，通常针对这两种工况开展热控制设计。

1) 内热耗极端工况的确定

常规内热耗主要有三种情形：长期稳定热耗（如平台中的大部分设备）；规律性的短期热耗（如一些工作次数多的探测类载荷）；随机性的短期热耗

（如一些工作次数有限的探测类载荷）。

最小热耗工况一般容易界定，可只考虑长期稳定的热耗（甚至可以考虑安全模式下的最小内热耗情况）。最大热耗工况一般要考虑长期稳定热耗和多种短期热耗组合的瞬态工作模式。例如，对于低地球轨道航天器，最大热耗工况通常包括规律性的短期热耗在一个轨道周期内持续工作时间最长，以及一天之内连续工作周期最多这种组合情况，不少情况下还要额外考虑随机性的短期热耗。

2）吸收外热流极端工况的确定

吸收外热流极端工况的确定比内热耗极端工况的确定要复杂很多，一方面要考虑上节中所述的各种因素，另一方面还要考虑航天器自身的热控制设计状态，尤其是散热面布局及面积。例如对于β在0°～90°变化的三轴稳定对地定向六面体型航天器，不同表面上的散热面组合在一起时极端吸收外热流工况也会不同，对应的β也不同。

吸收外热流极端工况的确定一般可通过理论的方法，也可采用枚举法分析多个β、多个姿态的空间外热流，通过比较来确定吸收外热流的极端工况。一般情况下，极端吸收外热流工况的确定可考虑以下情况：

（1）最大/最小太阳辐射强度时刻。

（2）最大/最小｜β｜时刻。

（3）临界β时刻。

（4）零值β时刻。

（5）寿命初期（BOL）和末期（EOL）。

对于极端工况的确定，最后还需要补充说明以下情况：

首先，由于载荷的工作特性、电源系统工作模式等因素的影响，极端吸收外热流和极端内热耗的情况不一定同时出现，此时就需要分别考虑两种极端情况，找出吸收外热流和内热耗组合情况下的极值。

其次，航天器内的独立热控制设计的设备（如蓄电池、原子钟等）或舱段可能与整个航天器的极端工况出现的时刻不一致。此时可对选定的整器极端工况进行热控制设计之后，对这些仪器再进行分析校核。

3.4.3 系统设计方法的选择

热控制系统是航天器的重要组成部分，直接服务于整个航天器（包括载荷、单机设备等），因此热控制的系统设计离不开整器的总体设计，就应该在充分了解整器、载荷及单机设备布局特点的基础上开展相应工作。同时热控制系统还具有其特殊性，应在满足来自外部环境和航天器对热控制技术约束的前提下，综合运用合理的热控制技术，对热量的收集、传输、排散及蓄热等环节进行调节和管控，某些情况还会考虑采用补偿加热或低温制冷的方法，最终保证航天器热控制目标的实现。

1. 设计布局的选择

按照设计布局，可分为隔热布局设计和耦合布局设计两类。其中隔热布局设计又包含部件或单机间隔热、载荷平台间隔热、舱间隔热等多种方式。而耦合布局设计包含设备间耦合、舱间耦合、载荷平台一体化耦合等多种方式。

对于温度精度、稳定性或温度水平要求较高的设备或单机均采用隔热设计的方法，实现设备与其他设备或舱板之间的热隔离，同时为设备设置独立的散热面直接实现热量的排散。如为避免推进剂冻结，推进管路及相关组件（如压力传感器、发动机、自锁阀、过滤器等）都考虑与安装板之间的隔热。为了保证时频基准（如铷钟等）设备温度的稳定性，也需考虑这些设备与其他设备及舱板间的隔热。载荷与平台之间的隔热方式与部件或单机隔热方式类似。

在很多航天器系统设计中往往采用分舱独立设计的思路，一般包括平台舱（或服务舱）、载荷舱等多个舱段（有时还有推进舱或返回舱）。其中平台舱主要布置平台设备，一般为长期工作模式；载荷舱主要布置载荷设备，一般为间歇或间断工作模式。为了便于开展标准化、模块化以及通用化设计，一般多个舱体之间采用隔热设计的方法，这样每个舱体独立开展热控制设计，每个舱内的热量分别通过各自的散热面排散出去。

设备间采用热耦合的方式一般是为了通过等温化设计以减小设备之间的温差，同时也可以通过耦合在一起增大热容的方式减小设备短期工作的温度波动。由垂直于两个方向的多根热管组成的正交预埋热管网络就是一种热耦合方式，其中两个方向热管均预埋在蜂窝板里的正交预埋热管网络成为全正交预埋热管网络，这种方式对于设备的布局要求相对较宽松，但热管网络在加工及实施上却增加了难度。

舱间耦合热控制设计方法即通过各种热控制手段将不同舱段之间形成有效的热耦合，最终热量通过可控辐射散热器向空间排散，辐射器的热量可以通过旁路阀或装设百叶窗等方式进行动态调节。除采用流体回路技术外，两个舱之间的耦合在某些情况下也可以通过其他措施实现，如舱间对流通风措施。而对于舱内温度要求相对严格或功耗变化大的舱内设备，也可以通过某些具体的热控制技术（如环路热管、热开关等）实现与回路的热耦合。舱间耦合对于总体布局的要求相对要低些，从热控制角度看已经完全打破了舱与舱的物理隔离，从宏观上看，实现了航天器整个系统的等温化和热量的可控管理。

载荷平台一体化耦合是当前最主流的热控制设计方法和思路，即通过各种热控制手段将载荷与平台热耦合起来，将平台的一部分热量传递到载荷本体或载荷外围结构（如光学系统的遮光罩或遮光筒上），通过平台传递给载荷的热量维持载荷的温度水平，通过这种方式将大大降低载荷单独热控制设计时需要的补偿加热量，降低供配电系统的设计压力，这将优化及提升整个航天器的性能。

2. 热调节方式的选择

1) 热排散及蓄热

绝大多数航天器的热量最终都是通过辐射的方式排散到深冷空间，因此辐射散热器的设计及选择就显得很重要。应根据工况分析结果以及设备工作温度范围和储存温度范围要求，确定辐射散热器的安装位置、指向、面积及温度，还需要确定其类型、数量和表面热控涂层。

一般情况下，应优选到达的环境热流尽量少且较稳定的结构板表面为辐射散热器，同时还应尽量保证辐射散热器面向深冷空间的视场不被遮挡，如太阳同步轨道航天器一般优选朝阴面的结构板作为辐射散热器面，地球同步轨道航天器一般优选南北结构板作为辐射散热器。由于任务的特点难以规避太阳辐射或行星辐射对于散热面的影响时，可以考虑专门设计遮阳板、遮阳伞或者利用大型天线降低太阳辐射或行星辐射对航天器的热影响。

应根据辐射散热器吸收的环境热流、航天器设备的热功耗、工作温度范围和储存温度范围要求以及热源和辐射散热器的换热关系确定辐射散热器散热表面的面积和温度。

除了将航天器结构板作为基板的结构板式辐射散热器外，还可选择安装在航天器外表面上的一个独立结构件作为体装式辐射散热器，或者采用可展开式辐射散热器及其他类型辐射散热器的方式来进行热排散，实际上还可以考虑设计可展可收或可调向的辐射散热器来规避环境热流的影响，如大功率的通信卫星就已采用可展开式辐射散热器进行热量的排散。

使用热控涂层调节辐射散热器吸收来自环境的热流和向空间排散的热流是控制航天器温度的重要方法。应尽可能减小辐射散热器表面吸收的太阳辐射热流，尽可能增大向空间排散的热流，辐射散热器表面一般选低太阳吸收比、高发射率的热控涂层，如有机/无机白漆、二次表面镜涂层。

此外，辐射散热器排散的热流可以通过百叶窗、热开关、电动隔热屏、可变热导热管、环路热管、毛细泵回路、流体回路和热泵回路等进行调节。为了提高结构板式辐射散热器的散热效率，还可在结构板内预埋或结构板上安装热管。

此外，还有一种热排散的方式，即消耗型散热方式，通过蒸发或升华一种消耗性物质进入太空，利用这种物质的相变潜热，对设备或航天员进行冷却，如航天员的出舱活动就采用了这种热排散的方式。

有些情况下，常规的热排散方式无法抑制大功率设备瞬时工作时的温升或者想存储并利用废热对某些设备进行热补偿，此时就可以考虑采用相变蓄热技术，即利用相变材料的潜热来实现热量的存储，常用的相变材料是固-液型相变材料。

2）热收集及传输

通常情况下，可以利用航天器内部设备表面的高发射率涂层，直接或间接将热流通过辐射的方式传到辐射散热器上。

如果设备工作产生的热量难以通过辐射方式来有效控制温度，就可以通过接触传热的方式直接传给辐射散热器，或者通过高导热系数部件传至辐射散热器，如通信卫星舱内设备大部分直接安装在辐射散热器上。为强化接触传热，可在接触界面填充导热填料，也可以使用导热式热开关等对传热热阻进行调节。

如果设备发热功率过大而又无法直接布置在辐射散热器上，可以利用固定热导热管、流体回路、环路热管、毛细泵回路、对流通风回路及热泵回路等多种方式实现热量的收集和传输。在设备与辐射散热器之间通过固定热导热管收集和传输热流，收集和传输的能力取决于固定热导热管的传热能力，热阻主要取决于固定热导热管与设备、固定热导热管与辐射散热器的接触热阻。利用泵驱动的流体回路，收集安装在冷板、微通道热沉、射流或喷雾装置上的设备热量，并通过热交换器传输到辐射散热器，收集和传输的热流可以通过泵、阀等流体回路设备进行调节。利用环路热管或毛细泵回路的蒸发器收集设备的热功耗，并通过气管和冷凝器传输到辐射散热器。利用气体与设备间的强迫对流传热，进行热收集和热传输，最终将热流传至辐射散热器排散到空间，收集和传输的热流可以通过风量调节进行控制。利用热泵回路的蒸发器收集设备的热功耗，工质经泵压缩后传输到辐射散热器，以高于热源的温度排放热量并冷凝。

3）补偿加热

单纯靠隔热等热控制技术往往难以满足设备的最低工作温度需求，这时，就需要采用加热补偿的方法保证处于低温环境下的设备能够正常工作或者满足低温生存（设备不工作）要求。补偿加热方法是航天器热控制系统设计中最常用的设计方法，其操作是将电能或太阳能等转化为热能，对设备进行热量补偿。补偿加热方法包括电加热补偿、航天器废热利用、太阳能利用、同位素热源补偿等方法。

其中电加热补偿是最常规、最可靠、最稳定的方法，通常由控制器、电加热器等设备实现热补偿功能，可以采用恒电流不间断加热的方法，也可以采用地面遥控指令、程控指令和自控等方式对热补偿功能进行控制。目前几乎所有的航天器都采用这种方法。而同位素热源补偿一般运用到深空探测任务中，解决由于远离太阳或者较长期没有阳光而导致的能源不足问题，如火星探测航天器、月球着陆/巡视航天器等就采用了这种方法，采用该方法时需考虑采取必要的防护措施。

4) 低温制冷

低温制冷的方法一般是针对有低温需求的载荷，比如红外探测类器件或空间高能粒子探测仪器等。对于这种低温需求，一般应采用前一节所述的载荷平台间隔热的设计方法，尽量减小载荷与平台之间的热耦合，同时还需要对载荷采取单独的低温制冷技术，包括辐射式制冷器、热电致冷器、机械式制冷装置以及储存式制冷装置，采用不同的方法除了考虑低温温度水平、制冷量、制冷效率等需求之外，还应考虑可靠性、振动干扰、质量、体积等其他要求。

热电制冷装置及机械式制冷装置在设计时一般应考虑备份设计，否则会成为影响载荷性能的单点故障。对于存在运动的主动制冷方式，应考虑对振动源的减振设计，或者采用深冷环路热管耦合的方式降低压缩机等振动源对于探测器的影响。储存式制冷装置则利用航天器所携带的低温液体或固体在低温下的蒸发或升华来吸收设备的废热，并通过向空间排气带走废热。国外的空间红外卫星就采用了超流氦技术来维持探测器所需要的低温，不过这种方法是一种消耗式的制冷方法，在轨使用寿命有限，这种制冷装置设计的关键是需要考虑制冷工质存储器的结构及热控制设计，以及液体晃动对于航天器姿态的影响。

3.4.4 热控制技术的选择

航天器热控制技术种类也很多，目前约定俗成地将热控制技术分成被动热控制技术和主动热控制技术。

被动热控制技术具有实施简单、性能可靠、质量小、成本低、通用性好、使用寿命长等优点，但被动热控制技术对于航天器的总体布局和结构的依赖性强，适应性较差，不适用于热耗变化幅度较大的情况，尤其是内热耗变化的情况。一般而言，如果航天器外部热环境和内热耗变化不大，而且没有温度要求较高的仪器设备，可采用被动热控制技术实现热控制的目的。被动热控制技术是航天器热控制技术中主要的、基本的，也是使用最普遍的技术，是几乎所有的航天器都离不开的技术。被动热控制技术一般包括热控涂层技术、导热材料技术、界面强化传热技术、隔热技术、热管技术、相变储能技术等。

主动热控制技术对于航天器的总体布局和结构要求不高，具有可自主调节性，有很强的适应能力，但实施较复杂，可靠性相对较低，质量较大，成本较高，通用性不好。当航天器的外部热环境和内热耗随时间的波动较大时，或是设备的温度要求较高时，单独采用被动热控制技术不足以将航天器或设备的温度控制在规定的范围内，此时就可以采用主动热控制技术。主动热控制技术包括智能涂层技术、百叶窗技术、对流通风技术、流体回路技术、低温制冷技术等。

选择热控制技术的一般原则，通常是先考虑使用被动热控制技术，再考虑采用主动热控制技术。是选择被动为主的热控制技术还是主动为主的热控制技术，重点从任务及空间环境特点、温度需求、寿命要求、研制成本、能源条件等几个因素进行考虑。不过随着航天技术的发展，对于主动热控制技术的需求将会增加，同时随着科学技术水平的提升，主动热控制技术将向着结构简化、质量减小、可靠性增加、成本降低及使用方便等几个方面发展，主动热控制技术将会越来越广泛地应用到航天器热控制系统设计中。

3.5 热控制设计阶段及要点

航天器热控制设计阶段一般分为方案阶段、初样阶段、正样阶段和使用改进阶段。对于有一定继承性的航天任务，有时也会直接进入初样甚至正样研制阶段，对于装备星而言，有使用改进阶段。阶段流程如图3-1所示。

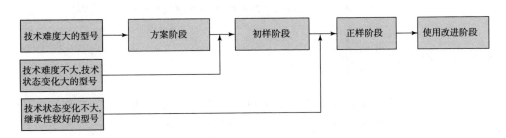

图 3-1 航天器热控制设计各阶段

热控制设计方案阶段的重点工作是完成关键技术攻关及工程样机的研制，初样阶段的重点工作是完成航天器热控制设计试验验证及产品鉴定，正样阶段的重点工作是进行热控制设计及产品的技术状态控制，使用改进阶段的重点工作是对热控制完善设计的论证及验证。

3.5.1 方案阶段

航天器热控制方案阶段研制的定义为：为了验证热控制方案的可能性，进行方案性试验，取得必要的性能数据及进行接口协调的研制阶段。

航天器热控制方案阶段的工作主要包括方案论证、仿真验证、方案性试验验证、提炼关键技术、制定关键技术攻关路线、完成关键技术攻关及方案阶段研制总结等工作。

其中，航天器热控制方案阶段的重点工作是热仿真分析验证和关键技术攻关工作。热仿真分析是方案阶段热控制设计研制的主要手段。关键技术一般是指支撑完成航天器任务的技术瓶颈，因此完成关键技术攻关，是型号转入下一阶段研制的必要条件。技术流程如图 3-2 所示。

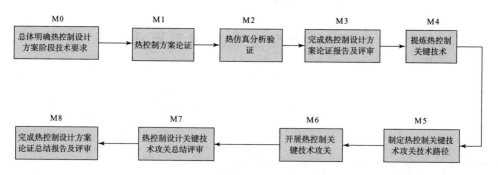

图 3-2 热控制方案阶段研制流程

3.5.2 初样阶段

航天器热控制初样阶段研制的定义为：为了验证热控制设计的合理性、正确性和系统间的协调性，以及进行各种模拟热试验，考核产品性能指标的研制阶段。

航天器热控制初样阶段的工作主要包括热控制详细设计、热控制总装设计、热控制初样及鉴定产品研制、参加航天器综合测试、初样热平衡试验验证、热分析模型修正、热控制研制总结等。

其中，航天器热控制初样阶段的重点工作是初样热平衡试验验证工作。初样热平衡试验对热控制进行全面验证，覆盖在轨高低温工况和故障工况，有时为了修正热分析模型或摸索热控制工作模式，会设置一些特定热试验工况。

需要说明的是，对于具有一定继承性的航天器，也可通过仿真分析开展热控制设计及分析验证工作，然后直接进入正样研制阶段，通过正样热平衡试验验证热控制设计的正确性和符合性。对于新研的热控产品、材料或者涂层等，要在初样阶段完成产品、材料或者涂层等的鉴定工作，才能转入正样研制工作。技术流程如图 3-3 所示。

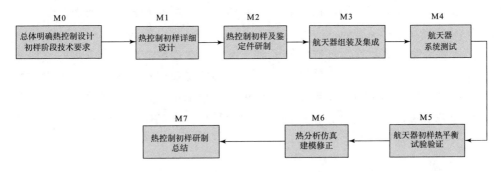

图 3-3　热控制初样阶段研制流程

3.5.3　正样阶段

航天器热控制正样阶段研制的定义为：热控制系统或热控产品经过改进全面符合技术性能指标，可进行空间飞行试验或应用的研制阶段。

航天器热控制正样阶段的工作主要包括热控制详细设计、热控制总装设计、热控制正样产品研制、参加航天器综合测试、正样热平衡及热真空试验验证、正样研制总结、发射场工作、在轨飞行控制及评估等。

其中，航天器热控制正样阶段的重点工作是技术状态控制和正样热平衡试验验证。航天器热控制要以正样的最终设计状态为基线，严格进行技术状态控制，并重点关注对外接口的影响。正样热平衡试验重点关注试验项目的完整性和充分性，验证方法的合理性和正确性，模拟试验条件的准确性及试验结果的符合性等。

需要说明的是，对于部分航天器，受研制周期和经费的制约或者同类航天器已经经过多次成功飞行应用，也可只通过热仿真分析进行热控制设计的验证，或者精简热平衡试验，只通过某个典型热平衡试验工况验证航天器热控制对技术指标的符合性。

3.5.4　使用改进阶段

航天器热控制使用改进阶段研制的定义为：航天器经轨道飞行试验后达到

预定的热控制性能要求，将航天器成果付诸使用，热控制技术状态稳定，经鉴定评审后，进行热控制改进设计的研制阶段。其中，航天器热控制使用改进阶段的重点工作是对改进设计的必要性、影响分析进行充分论证和试验验证。

　　航天器热控制使用改进阶段的工作主要包括热控制完善设计、热控制通用总装设计、热控制定型产品研制、综合测试、热平衡及热真空试验验证、出厂研制总结、发射场及在轨飞行控制等。

　　需要说明的是，对于批产的航天器，可以只在首发航天器上开展正样热平衡试验，首发航天器通过在轨飞行数据分析和验证后，在技术状态无重大变化的前提下，后续同类航天器可取消整星正样热平衡试验，只通过经过修正后的热仿真分析进行热控制设计验证，不过需加强热控产品研制、热控部装和总装实施过程的一致性控制，并可通过热真空试验进行间接验证。

参 考 文 献

[1] 闵桂荣，郭舜. 航天器热控制（第二版）[M]. 北京：科学出版社，1998.
[2] David G. Gilmore. Spacecraft Thermal Control Handbook，Volume I：Fundamental Technologies [M]. The Aerospace Press，EI Sequndo，California，2003.
[3] 赵欣. 卫星热设计中 β 角在不同轨道下的变化规律研究 [J]. 航天器工程，2008，3：57-61.
[4] 童靖宇，冯伟泉. 几种温控材料空间综合环境效应损伤退化研究 [J]. 第五届海内外华人航天科技研讨会论文集，2004，9：444-450.
[5] 宁献文，赵欣，杨昌鹏. 倾斜轨道卫星组合式散热面优化设计方法 [J]. 航天器工程，2012，5：48-52.
[6] 黄金印，赵欣，麻慧涛，等. 六面体微小卫星散热面最优化设计 [J]. 航天器工程，2013，22（6）：48-52.
[7] 张加迅，宁献文. 分舱耦合体系下的新型卫星热控平台技术 [J]. 航天器工程，2008，2：53-58.

第 4 章

航天器热控制"六性"设计

第 4 章 航天器热控制 "六性" 设计

4.1 概 述

航天器的可靠性、安全性、空间环境适应性、测试性、维修性、保障性(简称"六性")同其功能、性能等一样都属于航天器的固有特性,在航天器研制、使用中具有重要地位和作用。一件优质的产品不仅要在相应的工作环境下具备所需的性能,而且应能长期保持这种性能,要求它故障少、寿命长,故障发生后检测方便且易于维修,使用过程中保障容易,而且不出现危及产品和航天员安全的事故。因此,航天器不仅必须具有优良的性能,还必须具有优良的"六性"等特性。

与性能一样,航天器"六性"也是设计、生产、管理出来的,其中设计最为重要。如果在设计阶段不考虑"六性",到生产阶段之后发现问题再考虑,势必花费更多的时间和代价,有的问题则根本无法解决,带来"先天不足,后患无穷"的局面。因此从设计开始,"六性"工作就必须遵循预防为主、早期投入的方针,将预防、发现和纠正"六性"设计及元器件、材料和工艺等方面的缺陷作为工作重点,采用行之有效的"六性"设计技术,以尽可能降低航天器在轨运行风险。

本章分别介绍航天器热控制系统可靠性、安全性、空间环境适应性、测试性、维修性、保障性设计的一般要求和常用设计方法。

4.2 可靠性设计

4.2.1 可靠性概述

航天器的可靠性是指航天器在规定的条件下和规定的时间内，完成规定功能或任务的能力。可靠性的概率度量称为可靠度。可靠性是航天器的重要特性之一，也是热控制系统在设计中主要考虑的一个关键要素。

4.2.2 可靠性设计一般要求

1. 优先采用被动热控制技术

被动热控产品具有结构简单、无运动部件、无电子元器件等特点，依靠产品自身的热物理特性来发挥其功能，因此可靠性高，应优先采用。

2. 优先采用成熟技术和产品

为提高热控制可靠性，在满足热控制要求的前提下，一般情况下应优先采用已经验证或者成熟的热控材料、部件、电路和技术，特别是采用相关标准中推荐的热控材料、部件和电路。

为支持对提高产品可靠性有利的技术进步,鼓励采用新技术和产品。在采用新技术和产品时,应进行预先研究,并通过鉴定。

3. 简化设计

简化设计是提高可靠性的重要措施之一。某产品的复杂性指数越高,该产品的失效率就越大。因此,在满足热控制设计要求的前提下,应尽可能简化热控制设计,减少热控部件的种类和规格,实行标准化设计。

4. 避免单点故障

热控材料和部件应采用充分、合理的冗余设计,尽力消除单点故障,对技术上确难消除的单点故障必须通过设计降低其失效率,使之达到可接受的程度。

5. 留有足够的设计余量

一般情况下,设计余量越大,可靠性就越高。航天器热控制应按 GJB 2703A《航天器热控系统通用规范》、GJB 1029A《航天器热设计指南》等的规定对全寿命(包括设计寿命和储存寿命)周期中规定的环境条件和应力进行全面分析,设计时留有余量,具体规定如下文所述。

1)温度余量

(1)使用被动热控制方式的航天器设备,在航天器热分析模型通过热平衡试验验证后,温度余量一般为 11 ℃。长寿命地球同步轨道航天器设备的温度余量应不小于 5 ℃。深空探测器的温度余量一般应不小于 11 ℃。

(2)使用被动热控制方式的航天器设备,其计算温度范围无法通过热平衡试验验证时,温度余量一般为 17 ℃。如果 17 ℃ 的温度余量使航天器的质量和功率显著增加,可以将 17 ℃ 减小到 11 ℃。

(3)对于低于 -70 ℃ 时的被动控制的航天器产品,温度余量可按表 4-1 中的数值选取。

2)其他参数的余量

(1)对使用加热器控制的温度敏感设备,如蓄电池、精密时钟、相机等,热设计余量应为加热器的功率余量。在设备温度下限时加热器功率至少应有 25% 的余量作为热设计余量,即,使用比例式控制的加热器,加热器额定功率应不低于实际平均功耗的 1.25 倍;使用开关式控制的加热器,加热器的占空比应不超过 80%。

表 4-1 温度余量

计算温度/℃	温度余量/℃	
	验证前	验证后
>−70	17	11
−70～−87	16	10
−88～−105	15	9
−106～−123	14	8
−124～−141	13	7
−142～−159	11	6
−160～−177	9	5
−178～−195	8	4
−196～−213	6	3
−214～−232	4	2
<−232	2	1

（2）使用流体回路传输热流时，其热设计余量为流体回路的传热能力余量。在确保流体回路温度差要求的条件下，传热能力至少应有 25% 的余量，即设计的传热能力应不低于实际热负荷的 1.25 倍。

（3）对于通过消耗制冷剂或使用制冷机使温度控制在 −70 ℃ 以下的设计，其热设计余量为制冷能力余量，制冷能力至少应比实际的热负荷（包括寄生漏热）大 35%，即制冷能力应不低于实际热负荷的 1.35 倍。

（4）相对湿度控制范围的设计余量一般不低于 5%。

（5）风速一般应有 20% 的设计余量。

4.2.3 可靠性设计方法

随着航天器研制经验和教训的不断积累，航天器可靠性设计所涉及的内容已经由传统意义上的降额设计、冗余设计等逐渐扩大到包括抗力学环境设计、抗气动环境设计、电磁兼容性设计、微振动抑制设计、剩磁设计、发动机热防护设计、羽流热防护设计、防杂光设计以及防污染设计等。上述不少设计内容虽然也属于环境适应性设计范畴，如抗力学环境设计、电磁兼容性设计，但考虑到其与 4.4 节中所述的空间环境在含义上的不同，本书借鉴目前不少航天器的做法，将这部分内容纳入可靠性设计的范畴。

第4章 航天器热控制"六性"设计

1. 抗力学环境设计

力学环境一般来自航天器地面操作、发射、轨道运行、着陆、上升和返回的不同工作阶段的静载荷和动载荷。对于大多数航天器热控制而言,主要考虑对发射主动段力学环境适应性。抗力学环境设计常用措施为:

(1) 加热器的引线一般贴壁(仪器或结构件的表面)安装,并隔一定距离用卡箍或硅橡胶固定在壁面上。

(2) 外贴热管、流体管路尽可能沿壁面安装,并隔一定距离用卡箍或螺钉等固定。在需要架空时,适当设置固定支架。

(3) 对于以太阳屏为代表的膜类热控产品,安装和固定时考虑各种力学环境,尤其是噪声的影响。一般采用销钉/压片、尼龙搭扣或胶接等措施,避免其脱落、破损。

(4) 对于多层隔热组件,考虑发射主动段振动、冲击,以及航天器内部排气等因素综合作用的影响。除多层隔热组件开放气孔之外,还采取合适的安装固定方式,避免多层隔热组件脱落或局部鼓开,参见5.3.2节"放气孔的影响"。

(5) 对于循环泵、阀、风机、展开式辐射散热器、百叶窗(或转盘)等带运动机构的特殊热控部件,进行结构、机构、热等一体化设计。在满足热设计要求的前提下,确保活动部位具有足够的强度和安全间隙等,防止活动部位在振动与冲击载荷下因变形、位移而卡死。

(6) 对于使用了热管且温度稳定性高的情况,要充分考虑发动机工作时加速度对热管的影响,尤其当发动机推力方向与热管轴线平行时。若影响不能接受,则通过热管布局的调整来避免发动机工作的影响。

(7) 自旋稳定航天器热管布局时要考虑向心加速度对热管的影响,参见2.6.2节。

2. 抗气动环境设计

气动环境的影响包括力、热两方面。抗气动环境设计常用措施为:

(1) 对于无整流罩的航天器或航天器需进入有大气层的天体时,航天器外表面选择适应气动冲刷和气动加热环境的热控涂层。

(2) 对于在较低高度(通常抛罩高度在110 km以上)抛整流罩的航天器或航天器需进入有大气层的天体时,气流剪切力以及多层隔热组件鼓胀力有可能对航天器外表面多层隔热组件等造成破坏。此时航天器外表面的多层隔热组件,其面膜可采用复合薄膜等增强措施,并采取措施防止气流进入多层隔热组件内部,同时在多层隔热组件的背风面区域开设放气孔。

(3) 为防止主动段气动加热使无整流罩航天器设备温度过高,可在发射前用地面冷却设备为其建立较低的飞行初始温度。对于需要再入返回的航天器,考虑到返回气动热的影响,可以考虑在返回前采用措施进行预冷,实现提前降温。

(4) 考虑到气动热边界(包括气动加热热流、热防护层温度等)持续时间短的特点,可采用隔热、热容或相变装置储热等方式进行适应性设计。

3. 电磁兼容性设计

电磁兼容性(ElectroMagnetic Compatibility,EMC)是指电子设备或机电设备适应各种电磁环境而正常工作的能力,并且不对该环境中任何系统造成不能承受的电磁干扰。航天器热控制所采用的电子设备或机电设备主要包括控温仪、循环泵及其控制器、风扇、压力传感器等。这些设备的EMC设计详见其他专业书籍。本书简单介绍航天器热控制除上述设备之外的EMC设计。

航天器热控制EMC设计的目的主要是防止静电积累,从而抑制由静电放电所带来的干扰,并切断或减弱干扰的传递。一般情况下,为满足EMC设计要求,航天器热控制通常采取的措施如下:

(1) 超过一定面积(如某些航天器要求是3 cm^2)的孤立传导部件,包括可能由承载流动工质或机构运动摩擦产生静电积累的装置,均连接到航天器结构地。

(2) 结构板内的预埋热管等热控预埋件,以及超过一定面积(如某些航天器要求是200 cm^2)的非传导表面也与结构地连接。

(3) 所有承载液体的传导性导管、金属软管等均连接到结构地。

(4) 其他措施,详见4.4.3节"静电放电防护设计"中的(1)~(4)。

4. 降额设计

降额设计是指按照规范要求有意地降低元器件、材料、部件等承受的电、热和机械应力,以降低失效率,提高可靠性。航天器热控制通常采取的措施如下:

(1) 根据GJB/Z 35《元器件降额准则》,针对不同元器件选择适当的降额参数。一般情况下主要考虑热应力和电应力,不仅要考虑稳态,还要考虑瞬态情况。

(2) 通过合理的电设计、热设计,使电子元器件的降额因子符合相关标准规范的要求。长寿命航天器用电子元器件按Ⅰ级降额设计。常用热控材料、部件按照表 4-2 进行降额设计。

表 4-2 热控材料和部件的降额参数及降额因子

种类	降额参数	降额因子
热控涂层	最高使用温度 T_m/℃	最高许用温度 −30
	最低使用温度 T_L/℃	最低许用温度 +30
多层隔热组件	最高使用温度 T_m/℃	最高许用温度 −30
导热填料	最高使用温度 T_m/℃	最高许用温度 −30
聚酰亚胺薄膜型电加热器件	最高使用温度 T_m/℃	最高许用温度 −30
	最大热流密度	0.5
铠装型电加热器件	最高使用温度 T_m/℃	最高许用温度 −30
	最大热流密度	0.5
热管类产品	最高使用温度 T_m/℃	最高许用温度 −30
	最低使用温度 T_L/℃	最低许用温度 +30
	蒸发段最大使用热流密度	0.7
	最大使用传热能力	0.7

注：表中"降额因子"中未注明"+""−"项，其允许使用值均为额定值乘以降额因子。

5. 冗余设计

通常所指的冗余设计，是指所设计的系统由多个单元组成，这些单元在功能、性能上是相同的。这些单元可以同时工作，当所有单元全部或部分发生故障时整个系统才发生故障。或者，这些单元不同时工作，当工作单元失效时可以由不工作的单元自动或通过地面遥控接替工作。航天器热控制冗余设计通常采取的措施为：

（1）重要的加热器、测控温元件通常采用备份设计，同时重要加热器、测控温元件的引线采用双线制。为防止某一元件失效导致整个加热器失效，由多个加热元件组成的加热器尽可能不采用加热元件全部串联的回路，而采用加热元件并联或串并联混合的回路。重要加热器开关采用串并联混合方式，以消除加热器开关发生长断或长通故障的影响。

（2）热管一般采用主备份工作方式。例如蜂窝板内预埋热管采用双孔热管，双孔热管互为热备份。再如，正交热管网络中的平衡热管虽然多采用单孔热管，但在数量上进行备份。

（3）对循环泵、阀门、风机等机电合一的转动部件，采取备份措施，并通过相应的指令实施主备份切换，确保流体回路和通风回路运转正常。

6. 微振动抑制设计

一般情况下,航天器热控制对航天器微振动不敏感。不过,对采用流体回路或机械制冷部件的航天器来说,泵和制冷机属于微振动干扰源设备。在这种情况下,需要根据总体分配的干扰源设备微振动环境指标(一般为干扰源设备对安装界面产生的力谱和力矩谱允许的最大值,或等效的加速度频谱、角加速度频谱),进行微振动抑制设计、分析、试验。通常从设备内部设计、设备安装减振等方面来进行抑制。

另外,热颤振也属于一种微振动干扰源,必要时根据总体的要求对特定部件做针对性热设计以减弱热颤振影响。

7. 剩磁设计

一般情况下航天器热控制对地球磁场不敏感,主要是根据总体提出的磁洁净度控制指标进行剩磁、剩磁矩设计与控制。控制剩磁的常用措施如下:

(1) 热控材料尽量选择无磁性材料,尽量避免使用软磁材料。

(2) 在设计电加热片时,合理设计加热片内部合金箔条的走向和布局,必要时采用双层加热片,上下两层加热片中合金箔条的走向和布局完全相同,但电流走向相反以控制剩磁。

(3) 在设计电加热带时,采用双丝并排、电流走向相反的方式。

(4) 加热器供电线路采用双绞线,或使正、负电缆尽量靠近。

(5) 选用零磁热敏电阻,且热敏电阻引脚焊接引线时需要焊接双绞线。引脚与热敏电阻引线之间的环路面积控制在一定大小。

8. 发动机热防护设计

发动机热影响包括对安装支架的导热影响,以及发动机壁面对周围的热辐射影响。一般情况下发动机热防护设计措施如下:

(1) 在发动机和安装支架之间使用隔热垫,并使用低导热系数螺钉,减轻对安装支架的导热影响。

(2) 在发动机外表面包覆高温多层隔热组件,或使用热防护筒,减轻对周围的热辐射,参见 6.3.1 节。

(3) 在受发动机热辐射影响的部位表面包覆多层隔热组件,并根据辐射热流选择低温、中温或高温多层隔热组件。

9. 羽流热防护设计

一般情况下，发动机羽流热防护设计措施如下：

（1）通过布局的设计，尽可能减轻羽流热影响，在羽流影响严重区域不布置散热面。

（2）在受羽流热影响的部位表面包覆多层隔热组件，并根据羽流热流选择低温、中温及高温多层隔热组件。当使用高温多层隔热组件时，其面膜一般应选用带抗高温氧化涂层的不锈钢箔。

（3）当羽流热效应具有持续时间短的特点时，可考虑利用材料的热容储热等方式进行适应性设计。

10. 防杂光设计

一般情况下，航天器热控制对杂散光不敏感，主要是根据总体或其他系统的要求，进行杂散光抑制设计，避免对其他系统造成杂光干扰。常用的防杂光设计措施如下：

（1）为防止在航天器光学敏感器视场范围内及在光学设备内造成杂光干扰，一般采用高太阳吸收比的热控材料，如黑色聚酰亚胺膜、黑漆等。

（2）尽量采用漫反射涂层，避免或减轻太阳光朝特定方向的反射。必要时采取特定的构型，使太阳光朝特定方向反射，从而减轻对其他方向的反射。

11. 防污染设计

一般情况下，航天器热控制从设计到在轨飞行全寿命周期内都需要考虑对污染的预防和控制。防污染设计常用措施为：

（1）选用总质量损失不大于1%，可收集的可凝挥发物不大于0.1%的热控薄膜、涂层、胶黏剂、胶带、导热填料等材料。必要时进一步采取措施减轻热控材料可能对自身或其他系统造成的污染。如遥感系列卫星在正样多层隔热组件装星前进行真空、加热放气预处理，或者把多层隔热组件储存在抽真空容器或充纯净氮气的容器内。对于有较高防污染要求的仪器设备（如光学器件、光学敏感器等），一般慎用导热脂类材料。

（2）多层隔热组件的放气通道尽可能远离对污染特别敏感的材料，如低太阳吸收比涂层和低发射率涂层，使其免受排出气体的冲刷。充分考虑羽流、放气等航天器诱导环境对这些材料可能造成的污染，并采取防羽流罩等措施，减少以致消除污染。

（3）采取措施防止或减轻航天器在轨出气对散热面涂层的污染。如通信和导航卫星在发射初期的转移轨道阶段维持散热面温度在较高的水平，以减少挥发物在其表面的沉积。

（4）对在其他天体上着陆的航天器，考虑在着陆过程中制动发动机喷流、表面巡视器和航天员行走等扬起星尘对散热面涂层热辐射性能的影响。为减小其影响，可采取在散热面上加活动遮挡盖、用气体吹除等方法减少星尘等的沉积。

（5）对污染特别敏感的材料在航天器上实施后，在洁净度优于十万等级的环境中随航天器进行后续测试和试验。必要时为这些材料设置特别的保护措施，如保护膜等。在发射前尽可能进行清洁，以去除地面污染物。

（6）当航天器在高湿、高盐雾地区总装、测试或发射时，考虑盐雾环境对某些类型热控材料的影响，并采取必要的防护措施。

4.3 安全性设计

4.3.1 安全性概述

航天器的安全性定义为不导致人员伤亡,不危害健康及环境,不造成航天器、其他系统或设备损坏和财产损失的能力。安全性是通过设计赋予的一种产品特性。对于航天器热控制而言,热控产品的安全性不仅要考虑地面研制过程中的安全性设计及防护,最为重要的是还必须考虑在轨运行中的安全性。

4.3.2 安全性设计一般要求

一般情况下,航天器热控制的安全性设计应在危险分析的基础上遵循下列设计要求:

(1) 对已识别的潜在危险,按消除危险、危险最小化、采用安全装置、采用报警装置、采用特殊规程的处理次序进行。采取的措施不应降低产品可靠性,亦不能带来新的危险或增加危险严重性。

(2) 通过合理的设计保证系统固有的安全性,使可能发生的意外事故所造成的人员伤害或设备损坏的严重程度降低到可接受的水平。

（3）避免或降低故障从主份向备份传播或从备份向主份传播的可能性。

（4）最大限度地减少某一产品的故障向其以外部分的故障传播。

（5）应具备对一定数量的故障或人为操作差错的容错能力，控制因系统功能故障或操作差错而导致的灾难性或严重危险的发生。

（6）考虑在可能的最坏环境组合情况下满足安全性要求，并留有必要的安全裕度。

4.3.3 安全性设计方法

航天器热控制安全性设计常用措施有：

（1）为保护航天器电源安全，每个加热器回路中串接两个并联的快速熔断器。按相关标准规范设计加热器正负极之间距，包括加热器件正负极之间距。

（2）为确保热管、环路热管、两相流体回路的使用安全，设计管壁或壳体厚度时，使其充工质后所经历的最高压力远低于其爆破压力，安全系数一般不低于 2.0。

（3）为确保单相流体回路（包括流体回路上的泵、冷板、补偿器、液滤、阀门等）的使用安全，设计管壁或壳体厚度时，使其充工质后所经历的最高压力（要考虑主动段过载、高温下工质膨胀、器间分离冲击、深空探测器着陆缓冲等引起的压力变化）远低于爆破压力，安全系数一般不低于 2.0。

（4）所使用热控材料尽量选用阻燃型，如必须使用可燃热控材料，则采取可靠的隔离措施，所选用的热控材料的燃点一般比最高环境温度高出 40 ℃ 以上。同时，所选用的热控材料一般为化学净化型，不使用能释放有毒有害气体的热控材料。

（5）在载人航天器中，对航天员可能接触到的温度较高或较低的表面采取隔离措施，在不能隔离的情况下加以标识；流体回路和热管工质选用对人体无危害或危害小的材料；热控设备结构不带尖角和突起以免伤害航天员；外露加热器温度则不高于 60 ℃。

（6）对深空探测器使用的同位素热源壳体进行专门的结构设计，防止在意外事故中发生破裂造成泄漏。

4.4 空间环境适应性设计

4.4.1 空间环境适应性概述

航天器的空间环境适应性定义为:航天器在其寿命期预计可能遇到的各种空间环境的作用下能实现其所有预定功能和性能并不被破坏的能力。空间环境适应性是航天器产品的一个重要特性。除了需要考虑地面储存、运输过程中的环境外,最为重要的是要考虑在轨各种空间环境,这一点与地面其他武器装备尤为不同。空间环境因素包括微重力、真空、空间辐射、原子氧、微流星与空间碎片等。

航天器热控制的空间环境适应性包括两个方面:一方面是热控制自身对于各种空间环境的适应性,以维持其功能或性能;另一方面是热控制应尽可能避免对其他系统带来新的环境效应或影响。

4.4.2 空间环境适应性设计一般要求

航天器热控制空间环境适应性设计一般要求如下:
(1) 优先选用已通过飞行验证和环境适应性验证的热控产品。

(2) 热控新产品应通过环境适应性验证后才能在航天器上应用。热控产品的使用环境发生变化时,应重新进行环境适应性验证才能在航天器上使用。

(3) 应考虑在可能的最坏环境组合情况下的适应性设计。

4.4.3 空间环境适应性设计方法

1. 微重力或变重力环境适应性设计

微重力是失重与低重力的统称。低重力是指物体的重力加速度在大于零、小于$1g$时的状态。航天器热控制一方面要适应微重力环境,另一方面也要避免自身设计产生不可接受的加速度。有些热控制措施,如下文(2)、(3)和(4)中所述,在地面$1g$重力与在轨失重环境下的特性是不同的,或者是不受失重环境影响但受地面$1g$重力的影响,需要考虑地面验证的有效性,本书也给出了一些措施。一般情况下,航天器热控制微重力环境适应性设计需要考虑的因素或采取的措施如下:

(1) 对于采用液固、气液相变装置的航天器,考虑失重环境对相变过程中工质分布的影响。

(2) 对于采用环路热管、泵驱两相流体回路的航天器,分析地面重力环境和在轨失重环境下的差异,并采取理论分析、仿真和试验等方法对设计的有效性进行验证。

(3) 对于采用热管的航天器,在地面试验时考虑重力的影响,可使热管处于水平状态或利用重力。试验过程中,若有必要可利用加热器辅助热管的运行(热管不处于水平状态时)。

(4) 对于带有密封舱且采用风机来实现对流换热的航天器,在地面试验时采取措施减小或消除自然对流的影响。

(5) 对于微重力条件要求高的航天器,需要根据总体的要求控制微重力环境水平,避免采用工质消耗型散热技术(如水升华器)、泵驱流体回路等。

2. 真空环境适应性设计

一般情况下,真空环境适应性设计措施为:

(1) 热控材料和元器件,包括热控薄膜、漆类涂层、导热填料、胶、电加热片、电缆等,优先从总质损和可收集可凝挥发物指标满足要求的材料中选择,并考虑材料出气等质损的影响。

(2) 对于在轨无须密封的产品(包括多层隔热组件),采取一定的排气措

第 4 章 航天器热控制"六性"设计

施(如放气孔等),使产品内部气体快速泄放,以尽快平衡产品内外气压。

(3)对在高真空环境中工作的运动部件,如热控百叶窗、电动隔热屏等,采取必要的防冷焊、防真空干摩擦措施,如采用固体润滑方式等。

3. 抗辐射设计

航天器热控制电子设备的抗辐射设计包括抗电离总剂量防护设计、位移损伤效应防护设计、单粒子效应防护设计、高能电子内带电效应防护设计等。这些设备的抗辐射设计详见其他专业书籍,本书主要介绍一些热控材料的抗辐射设计。

空间辐射一般考虑电子辐射、质子辐射和太阳紫外辐射。太阳紫外辐射只对受太阳照射的材料产生影响。对常用热控材料而言,一般只需考虑电离总剂量效应和表面充放电效应,因此对应的抗辐射设计包括电离总剂量效应防护设计和表面充放电效应防护设计。

电离总剂量效应防护设计常用方法如下:

(1)对航天器用热控薄膜、热控涂层、电加热片、单相流体回路工质、有机密封材料、胶及胶带等,根据设计寿命、轨道选择相应的耐辐射材料或考虑辐射的影响。

(2)必要时进行辐照试验,证明热控材料性能满足要求或获得参数变化规律后再用于设计。

表面充放电效应防护设计应根据总体的要求进行,常用方法如下文所述。

4. 静电放电防护设计

除满足地面环境中静电敏感设备在制造、装配、测试等过程中与静电放电防护有关的要求之外,为防止航天器在轨运行期间表面静电积累而引起表面放电,航天器尤其是中高轨道航天器热控制通常采取如下措施:

(1)航天器散热面使用带氧化铟锡(Indium Tin Oxide,ITO)导电层的玻璃型二次表面镜(Optical Solar Reflector,OSR),并通过导电胶粘贴 OSR,实现 OSR 与航天器结构地连接。

(2)航天器外部多层隔热组件面膜使用带 ITO 导电层的薄膜或使用导电的黑色聚酰亚胺膜,并将面膜与结构地连接。多层隔热组件的所有金属化反射屏,也通过直接连接或经本地机架/接地板搭接等方式连接到结构地。

(3)天线反射器等部位使用的聚酰亚胺太阳屏其朝外的一面镀金属锗,并采用导电铜箔等使镀锗层与结构地连接。

(4)航天器外部导电部件(如天线)表面如果采用喷涂白漆的热控制措

施，则采用防静电白漆。

5. 原子氧防护设计

针对飞行高度在 1 000 km 以下的航天器，一般应开展原子氧防护设计，确保航天器外表面热控材料在寿命期内可承受轨道原子氧剥蚀并满足功能和性能要求。常用的原子氧防护设计措施如下：

（1）根据在轨期间面临的原子氧总通量，选择不同的航天器外部多层隔热组件面膜；使用带 ITO 镀层的 F46 膜或聚酰亚胺膜（虽然 ITO 膜不能避免原子氧的剥蚀，但可在一定程度上减缓原子氧对面膜的剥蚀）；使用防原子氧型聚酰亚胺膜，参见 2.3.2 节；使用玻璃纤维布；通过增加面膜的厚度以提高耐原子氧能力。

（2）散热面涂层优先选用 OSR。一般情况下，原子氧对 OSR 的影响可忽略。

（3）对于无抗原子氧能力指标且无在轨应用经验的材料，进行原子氧试验，获取剥蚀率、热光学参数等变化规律后再用于设计。

6. 微流星体与空间碎片防护设计

微流星体与空间碎片会对航天器的运行构成严重威胁，必要时需要考虑对外露在空间的热控产品进行防护设计。一般情况下，使用流体回路的航天器应考虑对微流星体与空间碎片的防护设计，尤其是载人航天器。常用方法如下：

（1）在布局设计时，尽可能利用航天器结构作为防护层，如将流体管路布置在热辐射板或舱板的内表面（即不直接暴露在外部）。采用流体回路和热管辐射散热器相结合的方式，以尽量减少流体管路直接暴露在器外的长度。在质量允许的前提下，采用冗余设计、增加管壁厚度、加设专用防护层等方法。

（2）可以采用金属防护网、金属壳体防护或者特殊多层（多层外表面面膜为 2 层或者多层 β 布）来进行防护。

需要指出的是，微流星体与空间碎片撞击属于概率事件，不能不计质量等代价去进行完全的防护设计。所做防护设计只需将击穿概率降至可接受的程度即可。

4.5 测试性设计

4.5.1 测试性概述

航天器的测试性定义为：航天器能及时、准确地确定其状态（可工作、不可工作或性能下降程度），并隔离其内部故障的一种设计特性。测试性不等于测试覆盖性，是产品的一种设计特性，是设计时赋予产品的一种固有属性，是产品为故障诊断提供方便的特性。测试性设计的主要目标是通过研制过程的工程设计，提供所需的测试能力，实现对系统和设备的功能与性能检查及监测。

航天器热控制测试性设计是为了提高热控产品自诊断和外部诊断能力，能方便有效地确定产品状态，发现和隔离故障。

4.5.2 测试性设计一般要求

航天器热控制测试性设计一般要求如下：

（1）应在设计阶段早期就关注测试性设计，并在过程中不断完善和补充测试性设计。

（2）应根据产品使用特点，把测试性设计到系统或设备中去。

(3) 测试项目、测试参数、测试点应能够满足对系统或设备的功能及性能测试、故障检测和故障隔离要求。

(4) 可以采用地面检测设备完成对系统或设备的检测。

(5) 尽可能使用通用测试设备，降低对专用测试设备的需求。

4.5.3 测试性设计方法

一般情况下，航天器热控制测试性设计（不包括软件的测试性设计）常用措施如下：

(1) 在航天器上布置一定数量的温度传感器（一般为热敏电阻，以简化测量电路），并通过器上设备测量航天器的温度。由于航天器上不可能布置大量的热敏电阻（以节省资源），可以额外布置一些热电偶，在航天器热平衡试验时利用地面设备测量航天器的温度（在热平衡试验后拆掉热电偶）。通过热敏电阻和热电偶获得航天器所有典型部位的温度。

(2) 在加热器回路上设置电流传感器以及开关状态测量电路，测量加热器开关状态和工作时的电流。

(3) 在单相流体回路上布置压力/压差传感器、液位传感器、泵转速测量电路、阀门状态测量电路等，为评估流体回路性能提供数据。另外，可在地面测试阶段利用流量计测量流体回路流量。必要时在流体回路泵安装面处布置振动传感器，以获取与泵转动相关的力学参数。

(4) 在通风系统上设置风压传感器、风速传感器、风机转速测量电路等，为评估通风系统性能提供数据。

(5) 在热控电子设备中设计相关或重要参数测量电路，为评估电子设备功能及性能、故障检测及定位提供数据。

(6) 在航天器上布置涂层监测器，为评估热设计参数——太阳吸收比提供数据。

(7) 对于需要借助地面设备测试热控设备的情况，预留测试接口，在设备布局时考虑与地面设备连接的可操作性。如加热器和热敏电阻连接电缆均通过接插件连接到测量设备，这样可以很方便地在地面测试阶段对加热器、热敏电阻的阻值和绝缘情况等进行测量。

(8) 在热管布局设计时，考虑航天器热平衡试验时热管应都能工作的需要，使所有热管轴线都平行于由两根坐标轴构成的平面，尽量避免个别热管轴线与此平面相交的情况。若出现这种情况，要合理布局设备，必要时设计辅助热管运行加热器，保证热平衡试验时热管能够运行。

第 4 章 航天器热控制 "六性" 设计

|4.6 维修性设计|

4.6.1 维修性概述

航天器的维修性定义为：航天器在地面使用或在轨运行过程中发生故障时，在规定的条件下和规定的时间内，按规定的程序和方法或者制定的在轨故障预案进行修复时，保持或恢复到规定状态的能力。

按照维修的特点与性质，热控制系统的维修可分为地面维修与在轨维修两类。地面维修是指热控产品出厂后至发射前，产品发生故障后，为保持或恢复产品状态进行的拆除与更换材料、器件、组件或设备，更换模块，重新加工/焊接/组装等工作。在轨维修是指航天器产品在轨运行过程中，产品发生故障后，为保持或恢复产品状态，通常进行的自主复位、自主切机、遥控切机、遥控加断电、软件在轨更改等工作，目前在很多情况下，在轨维修是通过切换备份实现的。对于载人航天器或带机械臂的无人航天器，其在轨维修也慢慢具备地面维修的功能，如在轨泵的更换等。

4.6.2 维修性设计一般要求

航天器热控制维修性设计一般要求如下：

（1）可达性。要求维修部位看得见、摸得着，拆装方便，不影响上下左右，同时有足够的维修作业空间。

（2）标准化。要求产品通用化、系列化和组合化，减少维修备件的品种。

（3）模块化。要求产品按功能或结构划分，尽可能增加互换性。

（4）防差错及识别标记。要求有完善的防差错措施及识别标记，以防止差错，杜绝事故。

（5）维修安全。要求实施维修作业时不会发生人员伤亡、设备损坏等事故。

（6）减少维修内容和降低维修技能。要求减少维修工作量，缩短维修时间和人员培训时间，降低对专用工具和专用测试设备的需求，尽可能使用通用工具和测试设备。

（7）人机工效学。要求产品设计符合人机工效学需要，提高维修工作的质量和效率。

4.6.3 维修性设计方法

对非载人航天器来说，主要考虑地面阶段的维修性设计。对载人航天器来说，还要考虑在轨阶段的维修性设计。常用的维修性设计方法和措施如下：

（1）采用简单、易于获取的热控制措施。如采用热控薄膜、漆类涂层等被动热控材料，依靠材料自身的物性实现热控制目的，可在一定程度上减少维修或减少维修技术的复杂性。

（2）同类热控产品的规格尽量统一。例如，通信卫星上大量使用热管，不少热管在外形和长度上可能只存在很小的差异，在布局、质量等允许的情况下，可以统一热管的规格，以保证备份热管数量充足，提高维修性；在设计加热片时，尺寸和阻值接近的加热片尽可能统一。

（3）优选具有互换性的热控产品。这样现场可更换单元、轨道可更换单元发生故障时，可通过更换完成修复。例如，温度传感器选用互换性较好的热敏电阻。

（4）对于具有多个舱段的航天器，尽可能分舱热设计，减少热控硬件的舱间连接，这样便于各个舱段热设计的维修。在维修任一舱段时，不拆卸、不移动或少拆卸、少移动其他部分。

（5）设备和安装面之间的导热填料尽量选用导热脂而非硅橡胶，以便设备拆卸。同样的，在保证其他效果的情况下，外贴热管和安装面之间尽可能使用导热脂而非硅橡胶，以保证自身可更换，或需要更换安装板时热管可拆卸。

（6）一般情况下，热控电子设备应具有遥控切机、遥控加断电、软件在轨更改等功能，能应对在轨运行过程中的异常或故障，通过地面操作（发送遥控指令等）恢复产品工作状态以保证热控制系统正常运作。

（7）流体回路中故障概率高的部件应便于拆卸，如泵阀组件与上下游流体管路的连接采用柱塞接头连接而非焊接。同时，流体管路连接件、管路材料按照系列化、通用化、组合化原则设计。另外，在流体回路阀件上设计方向指示，避免维修时连接错误。

（8）载人航天器的热控产品维修性设计应考虑到航天员维修操作的特殊环境，不应要求航天员进行持续的主动监视和操作，以降低航天员的疲劳程度。需在轨更换的热控产品，如泵阀组件，布置在航天员易于到达、操作的位置。

4.7 保障性设计

4.7.1 保障性概述

所谓保障性,是指航天器固有的使用特性和必备的保障资源能够发挥航天器效能的能力。保障性含义包括两个方面:一是航天器应具有良好的内在使用特性,即航天器好用;二是航天器以外必须具有完备的保障资源条件。从本质上来说,保障性属于可用性范畴,只是强调了保障资源条件的完备性。对航天器热控制而言,保障性定义为:热控产品的使用特性和计划的保障资源保证产品交付航天器后连续稳定运行的能力。

4.7.2 保障性设计一般要求

航天器热控制保障性设计一般要求如下:

(1) 在设计的早期阶段就应考虑保障问题,使有关保障的要求有效地影响热控制设计。同时应充分进行保障性分析,权衡并确定保障性设计要求,并以合理的费用满足要求。

(2) 在研制阶段及寿命周期内,应注意各保障性要素(包括人力资源,供应保障,保障设备,技术资料,培训保障,保障基础设施,包装、装卸、储存和运输保障等)的协调。

(3) 应充分利用现有资源,并强调标准化要求。

(4) 保障资源应与热控制系统及其设备同步研制,同步交付。

4.7.3 保障性设计方法

航天器热控制常用的保障性设计措施如下:

(1) 热控材料和产品均优选国内单位配套。常用热控材料均由两家或两家以上国内单位供货。优先选用供货周期短、易于运输、储存周期长、储存条件易于实现的热控材料。热控材料配套时一般考虑一定的余量。

(2) 优先采用被动热控制技术和成熟热控制技术,尽量继承性设计和简单设计,降低对保障设备和保障基础设施的要求。

(3) 在热控产品研制中同步研制备件。例如,热管研制时,同时投产一定数量的备份热管;生产加热片时也多生产一些作为备用件。

(4) 在热控产品研制中同步研制保障设备,并考虑保障设备的通用性,考虑地面质量问题和在轨异常处置所需设备。

(5) 热控制系统提供的资料包括但不限于:产品使用说明书,遥控指令准则,遥测参数处理方法,遥测参数正常值范围,故障及预案,应急处理程序,流体回路加注操作程序、飞控监视细则,长期管理要求等。

(6) 在人员配置上,一般实行双岗制,至少有一人具有热控制系统全周期研制经历和所需的技能。必要时,开展设计人员、测试人员、发射场试验队员、飞行试验测控人员、航天器长期管理人员等的培训,以及流体回路工质加注演练。

参 考 文 献

[1] 彭成荣. 航天器总体设计（第二版）[M]. 北京：中国科学技术出版社，2011.
[2] 周正伐. 可靠性工程基础 [M]. 北京：中国宇航出版社，2009.
[3] 康锐. 可靠性维修性保障性工程基础 [M]. 北京：国防工业出版社，2014.
[4] 吕川. 维修性设计分析与验证 [M]. 北京：国防工业出版社，2016.
[5] 赵廷弟. 安全性设计分析与验证 [M]. 北京：国防工业出版社，2014.
[6] 石君友. 测试性设计分析与验证 [M]. 北京：国防工业出版社，2015.
[7] 马麟. 保障性设计分析与验证 [M]. 北京：国防工业出版社，2012.
[8] GJB 2703A—2006 航天器热控系统通用规范 [S]. 2006.
[9] GJB 1029A—2016 航天器热设计指南 [S]. 2016.
[10] GJB/Z 35—1993 元器件降额准则 [S]. 1993.
[11] 任红艳，赵欣. 低空环境中多层隔热组件的破坏机理研究及防护 [J]. 航天器环境工程，2008，25（6）：523-525.

第 5 章

航天器常用热控制技术

5.1 概 述

航天器常用热控制技术主要包括传热技术、隔热技术、加热技术、制冷技术、测控温技术等。其中,传热技术主要包括导热材料、热管、导热填料、热控涂层、流体回路、对流通风装置、辐射散热器、消耗型散热装置、相变储能装置、热开关等;隔热技术主要包括基于多层的辐射隔热、基于隔热材料的导热隔热、基于微孔材料的气体环境隔热等;加热技术主要包括电加热技术和同位素加热技术;制冷技术主要包括辐射制冷器、热电致冷器、低温制冷机、存储式制冷系统;测控温技术主要包括基于热敏电阻等温度传感器的测温技术、基于控温仪及相关控制策略的控温技术。

航天器研制过程中,通常是根据航天器的总体任务、飞行轨道、姿态、总体构型、载荷热耗及其对温度的具体要求,综合运用本章介绍的多种热控制技术,实现航天器中仪器设备、结构部件、密封舱内空气等的温度控制。

本章将重点介绍每种热控制技术的功能及工作原理、类别及特性、选用原则,最后以应用案例的形式进一步说明每种热控制技术的使用方法。期望能够对航天器热控制设计师对热控制技术的选用和应用具有较好的指导意义。

5.2 传热技术

5.2.1 简介

传热技术是航天器热设计中普遍采用的技术手段，其作用是将仪器设备、航天员等产生的热量带走，从而确保仪器设备、密封舱空气等的温度不超出允许的上限。传热技术一般应用于设备热耗较大的场合。航天器热设计时，在下列情形下经常需要采取传热设计：

(1) 当仪器设备依靠自身的辐射散热不能实现预期的温度控制目标时，需要采用额外的传热强化技术，增强散热能力。例如，在设备的安装界面处采用传热技术，也即导热连接，通常在界面涂覆导热硅脂等界面传热强化材料。此外，设备的安装板一般也应为导热较好的材料，例如铝合金材料，必要时还需采用高导热材料或热管类两相传热技术进行扩热。

(2) 当仪器安装板作为固定式辐射散热器时，往往需要对安装板内部进行传热强化。例如，在安装板内预埋热管或者在安装板表面外贴热管，实现整个安装板温度的均匀化，以提高仪器安装板的辐射散热效率。当然，是否采用热管以及如何布局取决于热设计是否需要。

(3) 当大功率设备无法安装在作为辐射散热器的仪器安装板上时，需要采用传热技术。例如，航天器舱内大功率仪器设备通常采用热管、环路热管、流体回路等传热技术，将废热收集并传输至航天器的辐射散热器上，通过辐射散热器实现热量向空间的排散。对于密封舱结构的航天器，也可以采用对流通风技术，实现舱内设备之间、设备与散热面、设备与换热器之间的热量传输，实现航天器内部的热管理和设备的温度控制。

（4）当设备间歇工作或者设备温度受外热流交变影响较大，且设备工作温度范围较窄时，需要采用具备调节功能的传热技术。例如，可采用相变装置来抑制设备热耗或外热流波动的影响，也可以采用可变热导热管、热开关、环路热管、流体回路等具备调控能力的传热技术实现温度控制。

（5）当设备一次性短期工作或航天器为短期任务时，可以采用支持短期任务的特殊传热技术。例如，可采用升华器或蒸发器这一类消耗型散热技术，以减小对辐射散热器等其他资源的需求，特殊情况则可解决无辐射散热器时的散热问题。

5.2.2 导热材料

1. 功能及工作原理

导热材料广泛应用于航天器热控制，其功能是发挥热量快速传递的作用，支持相关设备温度控制目标的实现。随着航天技术的快速发展，电子设备的元器件性能不断提升，尺寸不断向轻、薄、短、小发展，其热耗及功率密度显著提高，设计领域的技术瓶颈对材料的高导热性能产生迫切需求，使得具备超高导热性能的高效热控材料在航天器中不断得到使用和验证。

导热材料在航天器中发挥的功能一般包含两类，一类是面向大功率发热设备、器件等对象的扩热，另一类是面向点对点的热量传输。两类典型应用的工作原理如图5-1、图5-2所示。

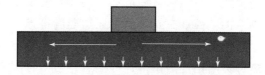

图5-1 导热材料扩热示意图

图5-2 导热材料点对点传热示意图

2. 类别及特性

航天器常用导热材料主要包括金属材料和非金属材料两大类。金属材料主要包括铝及铝合金、铜等，非金属材料主要包括铝基碳化硅、高导热石墨、金刚石、高导热碳纤维、铝基金刚石等。其中，铝及铝合金是传统的高性能导热材料，由于其工艺成熟、价格低廉、可加工性能良好，因此，在航天器中得到了非常广泛的应用。随着材料制备技术的发展，以碳纤维材料、金刚石等为代表的超高性能导热材料得到快速发展，在航天器大功率、高热流设备/器件的温度控制与热管理系统中实现了初步应用。该类材料具有低热膨胀率（CTE）、超高导热系数以及低密度等特点，是铝、铜材的优选替代材料。常用金属材料的典型物性如表5-1所示，非金属材料的典型物性如表5-2所示。

表5-1 常用金属材料的密度、比热容、导热系数、膨胀系数（20 ℃）

材料名称（牌号）	密度/$(g \cdot cm^{-3})$	比热容/$(J \cdot g^{-1} \cdot K^{-1})$	导热系数/$(W \cdot m^{-1} \cdot K^{-1})$	膨胀系数/$(ppm[①] \cdot K^{-1})$
纯铝（1060）	2.70	0.900	234	23.6
锻铝（6063）	2.70	0.900	218	23.4
防锈铝（5A06）	2.64	0.924	118	24.7
防锈铝（3A21）	2.73	1.092	181	23.2
硬铝（2A12）	2.78	0.924	151	22.7
铜	8.96	0.385	398	16.4
镁锂合金（LS141）	1.33	1.449	80	21.7

表5-2 常用非金属材料的密度、比热容、导热系数、膨胀系数（20 ℃）

材料名称（牌号）	密度/$(g \cdot cm^{-3})$	比热容/$(J \cdot g^{-1} \cdot K^{-1})$	导热系数/$(W \cdot m^{-1} \cdot K^{-1})$	膨胀系数/$(ppm \cdot K^{-1})$
高定向热解石墨	2.250～2.266	0.709	1 600～2 200（面内）	−1（面内）20（法向）
C-C复合材料	1.60～1.98	0.71	400～700（面内）20～70（法向）	0～1（轴向）6～8（径向）
金刚石	3.51～3.52	0.507 9	900～2 320	1.0～1.5
高导热泡沫碳	0.5	0.7	135（法向）45（面内）	2

[①] 1 ppm＝10^{-6}。

3. 选用及应用案例

1）选用原则

导热材料的选用，从技术层面需根据传热需求和应用场合的约束条件进行。选用时需要关注的事项主要包括：

（1）材料的导热系数是否满足对应温度条件下的传热需求。

（2）材料密度是否满足重量约束。

（3）尺寸及精度要求。

（4）材料的加工工艺性。

（5）导热材料与被控对象材料膨胀系数的匹配性。

（6）材料表面是否会在服役过程中产生多余物，如脱落粒子、掉粉等。

（7）材料是否存在可凝挥发物，总质损和可凝挥发物指标是否满足要求。

（8）若采用胶接或焊接，需考虑导热材料的表面特性是否符合要求，是否需要进行表面改性处理。

（9）材料的导电特性，关注应用场合是否有电绝缘或导通要求。

（10）材料的力学特性是否满足安装应力、发射或着陆过程的力学环境要求，如抗压强度、抗弯强度、屈服强度、弹性模量等。

（11）材料的导热系数、力学参数、形貌尺寸等在服役环境下是否稳定。

2）应用案例

（1）案例1：铝及铝合金导热材料的应用。

一般情况下，铝及铝合金构件可同时作为承载结构材料和热功能材料，即实现结构与热的一体化设计和使用，例如航天器中的铝蜂窝板、机箱等。特殊情况下，铝及铝合金材料作为单一的热功能材料使用，例如大功率设备安装面处使用的铝扩热板。图5-3所示为卫星结构用铝蜂窝板，其内部蜂窝结构及面板均采用铝合金材料。图5-4所示为典型的电子设备机箱，其框架结构也采用铝合金材料。

图5-3 卫星结构用铝蜂窝板

图5-4 典型的电子设备机箱

(2) 案例 2：铜导热材料的应用。

铜的导热系数高，具有较好的力学性能，且加工工艺性好等，用于航天任务时，密度大是其缺点，主要应用于特殊部位或有特殊要求的场合。热功率较大且安装空间受限的场合，可采用铜作为导热材料，例如天线 TR 组件阵列的散热，如图 5-5 所示。当被控对象与散热面之间需要柔性连接时，例如需要侧摆的相机，其内部器件向固定散热面的传热，则可采用铜丝编制的导索，实现热量的柔性传输。卫星用典型铜导索如图 5-6 所示。

图 5-5　铜导热条用于 TR 组件阵列散热

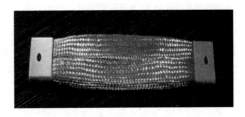

图 5-6　卫星用典型铜导索

(3) 案例 3：高导热石墨、高导热碳纤维复合材料的应用。

高导热石墨、高导热碳纤维复合材料质量小，导热系数高，热膨胀系数小，其在航天器中的应用，可以实现热量的高效传输，降低结构重量。高导热石墨按合成方法分为两类：高定向热解石墨和高结晶度石墨膜（块）。高定向热解石墨（Highly Oriented Pyrolytic Graphite，HOPG）是热解炭或热解石墨在高温高压（3 400～3 600 ℃，10 MPa）下处理得到的，形成沿石墨片层方向高度取向的多晶石墨。1963 年，英国首先采用高温高压工艺制备了 HOPG，而后此工艺在美国得到推广。高定向热解石墨的密度一般为 2.250～2.266 g/cm^3，面内方向导热系数可达到 1 600～2 200 W/(m·K)，非常接近单晶石墨的性能。由于该材料对最终处理温度要求较高，一般在 3 000 ℃ 以上，成本高，制备难度大，应用受到一定限制。高结晶度石墨膜是将高度定向的有机高分子薄膜（如聚酰亚胺薄膜等）在惰性气体条件下高温石墨化（2 800～3 200 ℃），得到的产物具有与高定向热解石墨类似的高度择优取向和高石墨化度。这种高结晶度和完美的取向排列使其沿薄膜表面方向具备很高的导热系数，如日本科学家 Murakami 等在 1987 年采用聚酰亚胺薄膜制备的石墨膜导热系数可达 1 800 W/(m·K)，并在 1992 年进一步制备了高导热石墨块，导热系数可达 400～800 W/(m·K)。目前制备工艺较为成熟，国内工业化产品导热系数最高可达 1 900 W/(m·K)。上述两种材料在使用过程中容易产生导电多余物，如脱落粒子、掉粉等，因此，其表面需做特殊防护处理，比如采用金属封装的方式。

我国某遥感卫星上的三线阵测绘相机是卫星的主要载荷,其成像质量是判读卫星飞行任务成败的关键。作为高分辨率空间相机,相机的光学性能除了取决于相机光学系统的设计之外,对温度的变化也非常敏感,相机各部件温度水平和温度梯度引起的零部件热变形,是影响相机光学性能不可忽视的重要因素。相机所处的空间环境外热流变化剧烈,对相机温度场的均匀性和稳定性都有很大影响。虽然外表面包覆的多层隔热材料组件具有良好的隔热性能,但仍造成镜筒周向温差超过指标要求。为了解决这一难题,提高镜筒部分的周向均匀度,应用高导热石墨膜(图5-7),用于强化相机镜筒部分的周向导热,从而减小各部位的温差和温度波动。2012年1月,该材料成功应用于我国第一颗立体测绘卫星,实现了最大周向温差<0.4 ℃,轨道周期内径向温差稳定度<0.1 ℃的指标。

图5-7 用于相机结构均温的高导热石墨膜

高导热碳纤维复合材料也可用于结构热控一体化设计和应用。日本在ETS-Ⅷ号卫星上采用了基于环路热管的可展开式辐射散热器(图5-8),辐射散热器采用高导热碳纤维作为蒙皮的蜂窝板,高导热碳纤维蒙皮的面向导热系数达到200 W/(m·K)以上,膨胀系数小于3 ppm/K,从而使得热辐射面板的温度更加均匀,提高了辐射散热器的散热效率。目前高导热碳纤维的制备工艺难度大,存在的主要问题是力学性能较差,有一定的脆性。

(4)案例4:金刚石材料的应用。

纯净的金刚石单晶导热系数极高,最高可达2 300 W/(m·K),为铜和银的5倍左右,并且具有极高的硬度和良好的绝缘性能,是一种非常理想的导热材料。人工制备的金刚石薄膜是20世纪90年代开始发展起来的超高导热材

第 5 章　航天器常用热控制技术

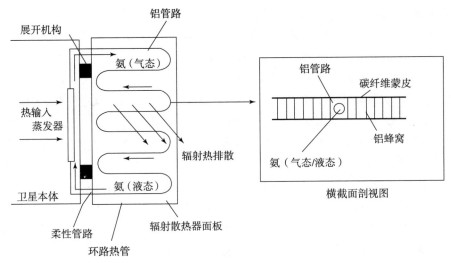

图 5-8　高导热碳纤维复合材料用于辐射散热器

料，目前欧美可以制备直径为 100 mm、厚度为 2 mm 的透明金刚石材料，导热系数高于 2 000 W/(m·K)。国内制备的金刚石薄膜，直径一般在 100 mm 以内，厚度一般在 1 mm 以下，厚度方向（金刚石膜生长方向）导热系数可达 1 800 W/(m·K) 左右，面内导热系数在 1 500 W/(m·K) 左右。金刚石材料一般用于结构尺寸受限的局部区域，用于导热或扩热。使用前，金刚石材料需要根据具体需求进行切割、研磨、表面改性（如金属化等）等加工，以符合实际应用要求。此外，金刚石具有低膨胀特征，单晶金刚石的膨胀系数为 1.1 ppm/K，在黏结或焊接使用时，需要特别关注与被控对象之间膨胀系数的匹配性以及黏结剂、焊接材料的选用，以适应温度交变导致的界面应力疲劳。金刚石材料的典型应用如图 5-9、图 5-10 所示。

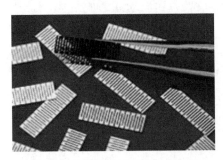

图 5-9　铜基底金刚石散热器

图 5-10　激光二极管金刚石散热片

（5）案例 5：高导热泡沫碳的应用。

高导热泡沫碳以合成中间相沥青为原料，经高温高压发泡成型、炭化和石墨化制备而成，由连续网状石墨化带状结构构成。高导热泡沫碳制备过程中，受气体挥发影响，中间相晶体倾向于在法向择优取向，因此其导热系数呈现各向异性的特征，法向的导热系数会略高于面内方向。橡树岭实验室制备的中间相沥青基泡沫碳呈现出较高的导热系数，可达 175 W/(m·K)，密度为 0.6 g/cm³。受热处理状态影响，其骨架的导热系数可达 1 500 W/(m·K) 以上。利用其轻质、高孔隙率、高导热性能、一定的结构强度、易于与其他材料复合和低膨胀系数等特点，可将其用于相变储能装置，高空隙率利于储存相变材料，高导热性能利于传热强化。

针对卫星相控阵天线和武器系统高功率设备瞬时操作的热管理应用需求，美国空军 Wright-Patterson 基地对泡沫碳/石蜡相变复合材料和基于泡沫碳/相变复合材料的 VCTES 系统进行了系统的理论研究、模拟和样机演示，同时美国 NASA 喷气动力实验室也对泡沫碳/硝酸锂相变复合材料进行了研究。美国军方认为，该材料在热控制系统中的应用将对航空航天领域产生巨大的影响。

5.2.3 热管

1. 功能及工作原理

热管是基于相变过程进行传热的装置，具有高效传热的突出特点。热管主要用于航天器中发热设备与散热面之间的热量传输，航天器不同部位或同一部件内部温度的均匀化等。

热管是以毛细结构的抽吸作用来驱动工质循环流动的蒸发、冷凝传热装置。热管一般由金属外壳、毛细芯、工质组成，外壳为包容毛细芯和工质的壳体，毛细芯为热管中为液体工质回流提供毛细抽吸力和流动通道的结构，工质为热管内用于传输热量的工作介质。

1）轴向槽道热管

轴向槽道热管按照工作温区划分，一般包括常温、低温轴向槽道热管等，其中以氨为工质的常温轴向槽道热管在航天器中应用最为普遍，本节以介绍该类热管为主。

轴向槽道热管主要包括管壳、与管壳结构一体化的轴向毛细槽道（毛细芯）、工质，管壳一般为铝合金或纯铝材料（6063 或 1060）。轴向槽道热管毛细槽道形状主要包括矩形槽道、梯形槽道和"Ω"形槽道。

轴向槽道热管中一个完整的传热过程包括：热管蒸发段加热，液态工质受热蒸发为气体，气态工质流向冷凝段，并在冷凝段凝结为液态工质，液态工质在毛细抽吸力的驱动下回流至蒸发段，如此往复，实现热量的高效传输。

典型的轴向槽道热管工作原理如图 5-11 所示。典型轴向槽道热管截面如图 5-12 所示。

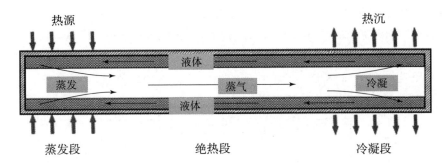

图 5-11　典型轴向槽道热管工作原理示意图

图 5-12　典型轴向槽道热管截面示意图
（a）矩形槽道热管；（b）"Ω"形槽道热管

2）环路热管

环路热管按照工作温区，可以分为常温环路热管、低温/深低温环路热管。其中常温环路热管最为常用，本章所涉及内容也仅限于常温环路热管（以下简称环路热管）。

环路热管的组成主要包括蒸发器、冷凝器、储液器、蒸气管路和液体管路。环路热管最显著的特点是毛细结构布置的局部化，它只在蒸发器吸热区域布置毛细芯，毛细芯的孔径可达微米量级，能够有效克服重力的影响，同时又不会产生增加液体回流阻力压降的负面影响。储液器与蒸发器相连，可实现液态工质的排出与吸入，调节冷凝器中气液界面的分布，以适应热负荷、热沉环境的变化以及温度控制的需求。与常规轴向槽道热管相比，具有热传输距离远、传热能力大、管路布置灵活、逆重力工作能力强以及单向传热的特性。因此，环路热管特别适合于将仪器设备（热源）的热耗远距离传输至散热面（热沉）进行排散，从而实现仪器设备的温度控制。

环路热管中一个完整的传热过程包括：液态工质在蒸发器中的毛细芯外表面蒸发，吸收热量，产生的气态工质经蒸气管路流向冷凝器，在冷凝器中释放热量，凝结成液体并过冷，过冷液态工质流经储液器后，通过液体管路向蒸发器毛细芯内部供应液态工质，液态工质流经毛细芯，最后到达毛细芯表面再次受热蒸发，如此完成一个循环。环路热管的工作原理如图5-13所示。

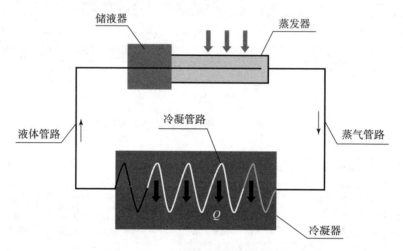

图 5-13 环路热管工作原理示意图

环路热管的主要工作模式包括：

（1）启动运行模式。

环路热管启动并运行后，可将仪器设备热耗传输至散热面进行排散，实现仪器设备与散热面的热连接。启动过程一般需要蒸发器上单独安装的辅助启动加热器，热流密度一般不低于 $1\ \mathrm{W/cm^2}$；启动过程还可以通过安装于储液器上的半导体致冷器等，对储液器进行制冷，以实现环路热管的顺利启动；为加快启动过程，还可以将辅助启动加热器和致冷器同时打开。环路热管启动后，可将辅助启动加热器关掉，若回流液的过冷度足够，也可将致冷器关掉。环路热管典型启动运行曲线如图5-14所示。

从图5-14可见，在热负载加载在环路热管蒸发器上后，由于蒸发器与储液器之间存在一定量的漏热，蒸发器温度（TC7）和储液器温度（TC5）同步上升，蒸发器出口温度（TC9）维持不变，没有蒸气通过，说明此时环路热管尚未启动。经过一段时间，当蒸发器温度高于储液器温度形成一定过热度后，环路热管蒸发器内工质开始蒸发吸热，蒸发器温度和储液器温度骤降，蒸发器出口温度骤升，此时环路热管成功启动。

第 5 章 航天器常用热控制技术

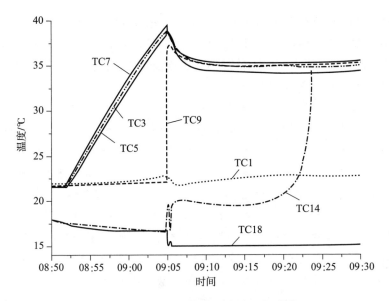

图 5-14 环路热管典型启动运行曲线

(2) 阻断模式。

当仪器设备不工作或处于温度下限时,可以通过阻断模式切断仪器设备和散热面之间热量的传输,实现仪器设备与散热面之间的热隔离。通过关闭储液器上的致冷器,同时打开储液器上的加热器,将储液器升温(高于蒸发器温度),此时,液态工质从储液器中逐渐排出,当液态工质占满冷凝器管路内部空间时,不再有气态工质在冷凝器中冷凝放热,环路热管即可逐渐停止运行。典型的环路热管阻断运行曲线如图 5-15 所示。

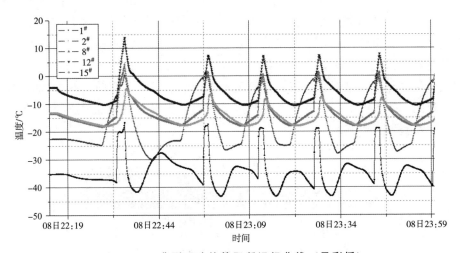

图 5-15 典型环路热管阻断运行曲线(见彩插)

从图 5-15 环路热管多次阻断运行过程可见，对环路热管储液器加热，当储液器温度（12#）高于蒸发器温度（8#）后，冷凝器温度（1#）从 -20 ℃左右快速降到 -40 ℃附近，说明此时环路热管没有明显的热量从蒸发器传输至冷凝器，环路热管成功阻断。

3）可变热导热管

可变热导热管是一种随热负荷变化而改变冷凝面积的大小，使热管蒸发段的温度保持基本恒定的热管，可变热导热管主要包括储气室受热沉温度控制的冷储气室可变热导热管、储气室受热源温度控制的热储气室可变热导热管、机械反馈式可变热导热管等种类。本书将只对冷储气室可变热导热管进行介绍，其他种类的可变热导热管可以参考热管类专业书籍。

冷储气室可变热导热管（以下简称可变热导热管）主要包括热管管体、储气室、传热工质、控制气体等。热管管体一般可采用轴向槽热管管材。此种可变热导热管可被用作航天器内部仪器设备的散热和温度控制，可用于制造具有可变辐射能力的辐射散热器。与常规热管工作时一直保持良好的等温性不同，可变热导热管内部充有控制气体，控制气体在热管的工作温度范围内不冷凝，并形成一定的分压力，可变热导热管工作过程中，内部可分为传热工质区、过渡区和控制气体区，其中控制气体区不参与冷凝换热，可以认为是热管的无效段。可变热导热管的工作过程和原理如下：

当可变热导热管加热段的热负载升高或热沉温度升高时，可变热导热管蒸发段的温度上升，传热工质饱和压力随之攀升，压缩控制气体（遵循理想气体状态方程），使控制气体与工质蒸气混合的过渡段向冷端（控制气体端）移动，从而增加可变热导热管有效传热的长度，可变热导热管与辐射散热器耦合连接，则增加了辐射散热能力，如图 5-16 所示。反之，设备热耗降低或者热沉温度降低时，过渡段向热端（工质端）移动，从而减小可变热导热管有效传热的长度，降低辐射散热器的散热能力，若设计合理，可以将可变热导热管的控制气体区全部覆盖辐射散热器，从而阻断辐射散热器与可变热导热管之间的传热，如图 5-17 所示。理论上，可变热导热管辐射散热器的散热能力可在 0～100% 的范围自适应调节。

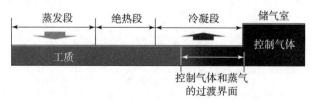

图 5-16　可变热导热管工作原理示意图（一）

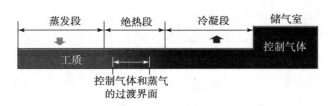

图 5-17　可变热导热管工作原理示意图（二）

4）柔性热管

柔性热管是某一段管壳和管芯均具有柔性的热管，属于固定热导热管范畴。柔性热管主要包括管壳（含刚性段和柔性段）、柔性毛细芯、工质，其突出特点是具有一定的弯曲能力，在一定范围内能够自由摆动或扭转，因此可以实现热源与热沉之间的高效率柔性热连接。

在航天器工程实践中，柔性热管主要用于解决冷、热端相对振动或经常活动的场合。例如，需要侧摆的相机散热、对日定向转动装置等，这些场合要求柔性热管能在指定的方向上反复弯曲摆动或扭转，柔性热管需具有很好的抗疲劳能力，能在弯曲过程中运行工作。

柔性热管摆动示意如图 5-18 和图 5-19 所示。

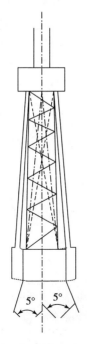

图 5-18　柔性热管绕中心位置
做±5°往复摆动示意

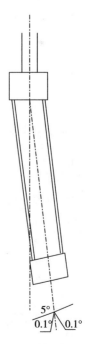

图 5-19　柔性热管以 5°位置为
中心做±0.1°往复摆动示意

5) 相变材料热管

相变材料（Phase Change Material，PCM）在相变过程中通过吸收或释放一定量的相变潜热而自身温度没有明显变化。结合氨轴向槽道热管和相变材料的特点，将氨轴向槽道热管与相变材料结合起来，即采用附加有填充相变材料腔体的热管，来增大氨轴向槽道热管的热容，在实现仪器废热排散的同时，可达到抑制仪器设备温度波动的目的，该类热管称为相变材料热管。相变材料热管典型截面如图 5-20 所示。

图 5-20 相变材料热管典型截面

2. 类别及特性

1) 热管的类别

航天器常用热管如表 5-3 所示，其中工质可根据需要进行选择，表 5-3 中推荐工质只作为参考。

表 5-3 航天器常用热管种类及特性

热管名称	工质	推荐工作温区/℃	备注
轴向槽道热管	氨	-60～80	适于微重力环境，逆重力能力差
	乙烷	-125～0	适于微重力环境，逆重力能力差
环路热管	氨	-60～80	适于热量的远距离传输，适于微重力环境，逆重力能力强，可实现对蒸发器的温度控制
	乙烷	-125～0	适于热量的远距离传输，适于微重力环境，逆重力能力较强
	丙烯	-125～45	适于热量的远距离传输，适于微重力环境，逆重力能力较强
	氮	-200～-160	适于热量的远距离传输，逆重力能力较强，常温下内部工质处于超临界状态，使用前需经过特殊的超临界启动过程
可变热导热管	氨/不凝结控制气体	-60～80	适于微重力环境，逆重力能力差（采用轴向槽道时），变热导能力可根据环境温度变化范围约束及热负载功率变化范围要求进行设计，不凝结控制气体一般为氮气、氖气、氩气等

续表

热管名称	工质	推荐工作温区/℃	备注
柔性热管	氨	－60～80	适于微重力环境，有一定的逆重力能力，柔性段（含内部毛细芯）的抗疲劳特性一般需要经过专门试验验证
相变材料热管	氨/相变材料	－60～80	适于微重力环境，逆重力能力差，热管部分对应传热需求，相变材料部分对应蓄热及放热需求

2）热管的特性

热管典型特性指标主要包括传热能力、传热温差、临界热流密度（径向热流密度或轴向热流密度，不特别注明时一般指径向热流密度）、安全性、可靠性、使用寿命等，具体指标随其规格的不同而有所区别。对于航天器热设计来讲，显然应特别关注热管的传热能力、传热温差、临界热流密度等与传热相关的特性。

（1）传热能力。

热管作为高效传热装置是存在传热能力极限的，不同种类热管在不同工作温度条件下的传热能力极限类型不同，热管的传热能力极限一般可分为声速传热极限、黏性传热极限、携带传热极限、毛细力传热极限以及沸腾传热极限。航天器常用热管，如氨轴向槽道热管，其传热能力极限为毛细力传热极限。热管中工质的循环流动是依靠毛细芯与液态工质之间产生的毛细力（又称为毛细压头）来维持的，由于毛细力取决于液态工质的表面张力、接触角及毛细槽道尺寸，因此毛细力是有限的，工质循环流动速度达到一定值时，热管的传热量也达到一定值，当热管内气态、液态工质的循环流动压力降与最大毛细力达到平衡时，此时的传热能力即毛细力传热极限。以毛细力传热极限为典型特征的热管，其传热极限（又称为最大传热能力）随温度的变化呈现出抛物线形规律，这与工质的潜热、表面张力、黏度、密度等物性随温度的变化有关。以氨为工质的轴向槽道热管最大传热能力随温度的变化曲线如图5-21所示。

轴向槽道热管的毛细结构尺度（槽宽）一般在几百微米左右，采用氨为传热工质时，常温范围内该类型毛细结构提供的毛细力一般在百帕量级，因此反重力工作能力较差，但非常适于空间微重力环境下的应用。图5-22所示为某典型氨轴向槽道热管反重力高度从0到9mm时最大传热能力的变化规律，从图中可以看出，热管最大传热能力随反重力高度的增加呈现典型的线性下降趋势。反重力高度指热管冷凝段头部与蒸发段头部之间的高度差。

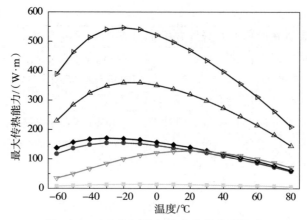

图 5-21　几种氨轴向槽道热管传热能力

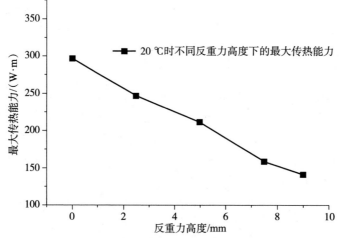

图 5-22　热管最大传热能力随反重力高度的变化规律

（2）传热温差。

氨轴向槽道热管在航天器常用的温度范围内，其当量导热系数一般可以认为恒定，因此该类型的热管有时也称为固定热导热管，在热分析计算中，也常取一个固定值，并不考虑温度的影响，热管的传热温差与热负载呈线性关系。由于热管具有很高的蒸发与冷凝传热效率，因此，在最大传热能力范围内，热管的传热温差很小，这也是其作为高性能传热技术而得到广泛应用的主要原因。

环路热管的运行模式还分为固定热导传热模式和可变热导传热模式。环路热管具有可变热导和固定热导两个工作状态，当环路热管储液器内部为两相状态时，通过对储液器温度的升降可以实现冷凝器内两相冷凝界面位置的调节，从而改变环路热管的冷凝热阻，也即热导可变，此时一般对应较小热负载的情况，可变热导状态下，环路热管可以实现较为精确的温度控制。随着热负载的增大或者对储液器制冷降温，环路热管储液器内部逐渐被液态工质填充满，此时两相冷凝界面位置不能再向冷凝器出口方向移动（忽略液态工质的降温收缩效应），此时就进入了固定热导工作状态，环路热管的工作温度将随着热负载的增加而线性升高（忽略液态工质的升温膨胀效应）。某氨环路热管在可变热导、固定热导模式下的典型温度特征如图 5-23 所示，不论在可变热导还是在固定热导模式下工作，环路热管的传热温差均不大，但当蒸发器安装界面热流密度较大时，蒸发器自身（包括鞍座）的传热温差会较大。

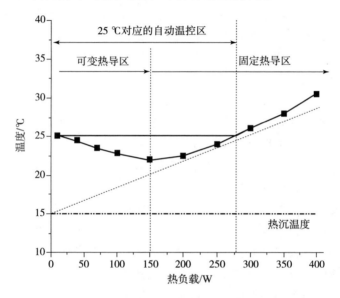

图 5-23　环路热管可变热导与固定热导

（3）临界热流密度。

热管的另一个关键特性是其临界热流密度，此时的热流密度是指沿着热管径向的热流密度。一般来讲，当加载到热管上的径向热流密度达到较高值时，热管毛细槽道内的液态工质不再以表面蒸发为主进行换热，液态工质内部由于过热度增大而产生气泡，进而产生沸腾现象，从而破坏了原有的工作状态，表现为温度的大幅度波动甚至迅速升高，此时的径向热流密度称为热管的临界热流密度。

3．选用原则及应用案例

1）选用原则

热管产品在选用时需结合热管自身的特点及使用条件下的不同约束条件进行。其中共性原则如下：

（1）选型：尽量选择经过飞行验证的热管类型。

（2）工作温度范围：热管的工质决定了工作温度范围，选用时工作温度范围应覆盖使用条件。对于以氨为工质的热管，一般为 $-60 \sim 60$ ℃，特殊需求上限可放宽至 80 ℃。

（3）传热能力及极限热流密度：选用的热管应满足使用条件下的传热能力和热流密度要求，并留有必要的工程余量。

（4）工艺性：热管类产品的外形结构一般需要根据使用条件约束进行单独设计，选用时需要考虑其工艺可实现性和工艺稳定性。

（5）环境适应性：热管需要满足航天器的力学、热循环等环境应力要求，热管内部的压力与温度直接相关，热循环导致的环境应力有其特殊性。

（6）备份使用：在应用时要有适当的备份，如何备份应根据热控制系统的具体热设计及可靠性设计确定。

（7）寿命：使用寿命应满足地面存放及在轨使用的全周期要求。

不同类别的热管有其特殊性，选用时建议参考以下个性原则。

氨轴向槽道热管选用时应考虑以下个性原则：

（1）适用范围：用于仪器安装板、辐射散热器等结构的等温化，仪器设备与散热面之间的热量传输等。

（2）安装接口及外形：经过飞行验证的热管截面形状和尺寸是固定的，热管长度及形状可按需求定制；热管安装面的平面度、热管的直线度应根据需求和工艺水平提出；在设计非直线型热管时需考虑热管的管型是否能满足平面弯曲或空间弯曲的要求，一般情况下热管不能扭曲加工，必要时，需要进行安全性、传热能力等试验验证，此时推荐选用纯铝热管管材。

（3）热管安装：根据具体用途不同，采用加压连接、胶接、预埋或插入等安装方式。

（4）传热能力：热管的传热能力除与管型直接相关外，还与温度、长度、是否弯曲及弯曲数量、所处力学环境相关，选用时应注意。热管的传热能力与工作温度相关，为抛物线形关系，一般在 $0 \sim 30$ ℃ 范围内出现传热能力峰值；热管能够传输的热量与其长度成反比关系；弯曲热管传热能力有一定程度的衰减，必要时弯曲热管传热能力需要进行试验验证；航天器自旋、变轨等产生的加速度对热管的传热能力有影响，若加速度方向与热管的传热方向相同，则利于热管传热，否则将导致热管传热能力衰减直至丧失传热能力；热管在重力场（地球、月球等）中，可以在水平或重力辅助状态下工作，特殊情况可在一定的反重力高度限制条件下使用，此时热管的传热能力会有衰减；选用时传热能力需降额使用。

（5）热流密度：需考虑热管极限热流密度的限制要求。常用氨轴向槽道热管的极限热流密度一般在 4 W/cm² 以下，选用时热流密度需降额使用。

（6）等温性：应依据使用要求或相关标准，明确规定测试条件下的等温性能指标。

（7）液塞效应：热管工作温度较高时，其冷凝段头部（微重力或水平姿态下）会有一段长度被液态工质堵塞，该部分将不参与热量交换，可作为无效段处理。

氨环路热管选用时，应考虑以下个性原则：

（1）适用范围：大功率单机载荷散热、可展开式辐射散热器、与氨轴向槽道热管网络耦合实现散热面等温化等。

（2）安装接口及外形：蒸发器长度可根据热接口尺寸定制，管路长度根据热传输距离及布局确定，冷凝器可根据需要单独设计定制；环路热管蒸发器安装面和环路热管冷凝器安装面平面度应根据需求和工艺水平提出；环路热管蒸气管线和液体管线一般为退火状态不锈钢材质，在使用时可根据实际布局进行灵活弯曲。

（3）传热能力：环路热管的传热能力除与蒸发器直接相关外，还与温度、管线长度、管线是否弯曲及弯曲数量、所处力学环境相关，选用时应注意，但环路热管的传热能力对管线长度及弯曲不如氨轴向槽道热管敏感。环路热管在地面状态下可逆重力工作，即蒸发器位置高于冷凝器，但其传热能力会随逆重力高度的增加而衰减，具体衰减程度应根据实际情况采用分析计算或者试验的方法具体确定。选用时传热能力需降额使用。

（4）热流密度：需考虑环路热管的极限热流密度限制要求。环路热管的极限热流密度一般在 8 W/cm² 以下，选用时热流密度需降额使用。

（5）传热热阻：应根据热设计需求和环路热管的指标特性，提出适宜的传热热阻要求。

（6）控温特性：环路热管具有控温功能，可以在环路热管储液器上安装半导体致冷器和薄膜加热器对环路热管进行控温设计，控温精度一般可优于±2 ℃。

（7）对热载荷的适应性：环路热管一般不适用于小功率的应用场合，具体功率适用范围与环路热管的具体设计有关系，一般通过试验确定。环路热管的启动运行有一定的时间过程，因此对于间歇工作的载荷热控，连续工作时间一般不应少于 30 min，必要时可通过加热器补偿加热的方法，以维持环路热管热负载的持续性。

可变热导热管选用时，应考虑以下个性原则：

（1）适用范围：设备热功率或散热面外热流周期变化的场合。

（2）选型：热管管材一般可以从氨轴向槽道热管管型中选取，储气室根据具体情况单独设计，影响因素包括传热能力变化范围、散热面温度变化范围、工作温度范围、控温范围要求、储气室安装接口位置、热管冷凝段长度等。

（3）控制气体：可变热导热管工作时冷端经历的最低温度及此时热管内的压力决定了控制气体的选择，即要求此时控制气体不能凝结。

（4）安装接口及外形：可变热导热管的管体长度及形状可按需求定制，应注意储气室的安装接口的特殊要求。

（5）储气室热接口：储气室应在适宜的温度条件下工作，以便更好地实现控温功能，必要时应对储气室进行单独的热设计和温度控制。

（6）传热能力：一般略低于相同管型氨轴向槽道热管。

（7）热流密度：一般与相同管型氨轴向槽道热管相同。

柔性热管选用时，应考虑以下个性原则：

（1）适用范围：柔性热管可用于解决刚性热管安装中的配合问题，或实现具有相对运动或振动的两个部件之间的传热。

（2）安装接口及外形：刚性段（蒸发器及冷凝器）的长度可根据热接口尺寸定制，柔性段长度可根据热传输距离、布局及需要的弯曲、摆动、振动要求确定。

（3）传热能力：传热能力除与热管设计直接相关外，还与温度、所处力学环境相关，选用时应注意；柔性热管的反重力工作能力强于氨轴向槽道热管，但也有一定限制；选用时传热能力需降额使用。

（4）热流密度：需考虑热管的极限热流密度限制要求，极限热流密度一般在 4 W/cm^2 以下，选用时热流密度需降额使用。

（5）柔性段疲劳特性：柔性段有最小允许弯曲半径、弯曲角度及最大允许弯曲次数限制，具体需要根据实际情况确定，一般情况下，需要进行柔性段的弯曲疲劳试验。

相变材料热管选用时，应考虑以下个性原则：

（1）适用范围：一定热量传输要求，控温精度要求较高，且发热设备间歇工作或散热面外热流波动较大的场合。

（2）安装接口及外形：热管长度、形状、安装接口可按需求定制。

（3）传热及相变储能功能的选择：热管部分遵循热管选用准则；相变材料的蓄热及放热要求遵循相变装置的选用原则。

（4）相变材料的选择：注意根据载荷热耗及变化、散热面外热流变化及控温精度要求核算相变材料的潜热是否满足要求；固-液相变点一般应在被控对象控温阈值范围内。

（5）温度范围：热管部分同氨轴向槽道热管；相变装置部分，实际工作点在相变材料固-液相变点附近，允许存在固态相变材料过冷或液态相变材料过热，过冷或过热时除需要考虑氨热管的温度范围限制条件外，还应注意相变材料膨胀可能引起的安全性问题。例如,热管需要预埋胶接时,必须考虑蜂窝板的胶接固化温度对安全性的影响。

2) 应用案例

(1) 氨轴向槽道热管应用案例。

氨轴向槽道热管广泛应用于航天器热控制,可以用于仪器设备内部的热连接、仪器设备与散热面之间的热传输、仪器设备安装板的等温化、卫星不同方位散热面之间的等温化等。

①案例1:热管用于仪器设备内部的热连接。

用于仪器设备内部时,一般选择小型或微型氨轴向槽道热管。图5-24所示为某卫星CCD相机的应用案例。微型热管将导热铜板两端连接起来,目的是减小不同CCD器件之间的温度差。

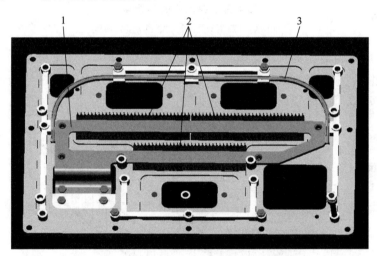

图 5-24 微型氨轴向槽道热管应用于仪器设备内部热控制

1—导热铜板;2—CCD器件;3—微型氨轴向槽道热管

②案例2:热管用于仪器设备与散热面之间的热传输。

当仪器设备不能与散热面直接耦合安装时,可采用氨轴向槽道热管实现仪器设备与散热面之间的热连接。图5-25所示为某卫星星敏感器采用氨轴向槽道热管与辐射散热器之间热连接的案例,星敏感器内部的热量通过2根热管传递给辐射散热器,与其他热控制措施结合,一同实现了星敏感器的温度控制。

③案例3:热管用于仪器安装板的温度均匀化。

卫星内部的仪器设备大部分安装在仪器安装板(蜂窝板)上,为了实现对仪器设备温度的统一控制,提高安装板的辐射散热能力(当仪器安装板同时作为辐射散热面时),一般采用氨轴向槽道热管实现蜂窝板的等温化设计。

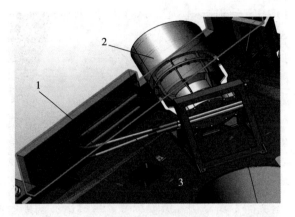

图 5-25 氨轴向槽道热管应用于仪器设备与
辐射散热器之间的热传输

1—辐射散热器；2—星敏感器；3—热管

图 5-26 所示为典型的等温化设计蜂窝板示意图。其中，蜂窝板内部为预埋热管，实现了热管与蜂窝板的结构热控一体化，外部为外贴热管，与预埋热管正交布局，形成正交热管网络。

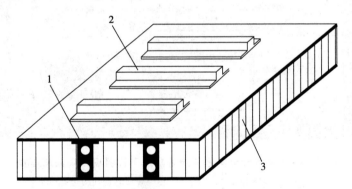

图 5-26 氨轴向槽道热管应用于仪器安装板的等温化

1—预埋热管；2—外贴热管；3—蜂窝板

④案例 4：热管用于不同散热面的热耦合。

当卫星的不同散热面之间的外热流、热负荷不均衡较为明显时，可采用具有大传热能力的氨轴向槽道热管，将不同的辐射散热器连接起来，实现热量在不同散热面之间的输运和管理。该措施可以增大卫星的整体散热能力，同时还可以减小低温面的加热补偿功率。图 5-27 所示为氨轴向槽道热管应用于嫦娥一号的案例，采用氨轴向槽道热管将卫星±Y 方向的两个辐射散热器连接起来，并分别与辐射散热器内部的预埋热管进行热耦合，较好地实现了提升卫星

第5章 航天器常用热控制技术

图 5-27 氨轴向槽道热管应用于卫星不同
散热面之间的热耦合连接

1—外贴热管；2—预埋热管；3—南北板耦合连接热管

整体散热能力和减小低温面加热补偿功率的工程目的。

（2）环路热管应用案例。

①案例1：环路热管的首次飞行验证。

1989年，俄罗斯在Gorizont卫星上进行了环路热管的第一次飞行试验。3套蒸发器并联，蒸发器直径为ϕ24 mm，冷凝器安装在辐射散热器上，蒸气和液体管路直径为ϕ6 mm，长0.6 m。蒸发器与一块100 mm×100 mm的平板贴合，平板可模拟40 W、80 W和120 W的热源。工质为Freon-11，试验件如图5-28所示。

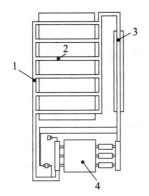 

图 5-28 环路热管的第一次飞行试验

1—蒸气管路；2—冷凝器；3—液体管路；4—蒸发器组件

该次飞行试验验证了环路热管在空间环境中运行的可行性。但同时，试验中也发现了一个重要问题，环路热管在低温工况无法启动，当航天器处于地球阴影中时，对于工质 Freon-11 而言，环路热管温度过低而无法正常启动。

环路热管的首次在轨试验不完全理想，由于辐射散热器在空间环境中温度变化大，工质密度随温度的变化较大，导致环路热管的运行对工质充装量很敏感。环路热管冷凝器出口附近有足够的过冷段（管路被过冷液态工质充满）是环路热管正常运行的条件之一。而当温度过低时，由于液态工质密度增大明显，在储液器、蒸发器及液体管路内部的液态工质的质量明显增大，导致冷凝器中工质不足，此时气态工质会冲出冷凝器（过冷段消失），进入液体管线甚至蒸发器内部，导致环路热管运行不稳定。上述问题的发生源于环路热管工质充装量的设计问题，因此，在工程应用中，应结合实际工况，根据环路热管的温度分布精确计算充装量，并针对最冷工况、最热工况进行校核，使气液分布能适应运行规律及传热量需求。

② 案例 2：环路热管的首次空间应用。

环路热管的第一次真正意义上的空间应用应该是在 1994 年俄罗斯发射的 Obzor 卫星上，应用 2 套氨工质和 1 套丙烯工质环路热管参与控制光学仪器和星敏感器的温度，其设计传热量为 100 W。如图 5-29 所示，3 套环路热管分别用于光学仪器、星敏感器和辐射散热器热控制。其中，光学仪器通过热管将热量传输给环路热管蒸发器。

这 3 套环路热管在轨运行了近一年的时间，环路热管无温度测点，通过有效载荷的成像效果来判断，环路热管运行正常。

③ 案例 3：环路热管用于大功率激光载荷散热。

2003 年 1 月 12 日，美国发射的 ICESAT 航天器，如图 5-30 所示，安装了一套借助激

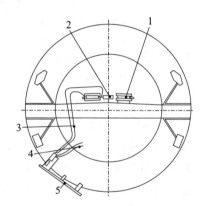

图 5-29 环路热管应用于
Obzor 卫星光学仪器的
温度控制

1—光学仪器；2—干道热管；
3—光学仪器环路热管；
4—星敏感器环路热管；
5—辐射散热器环路热管

光测距系统探测南北两极冰层厚度的 GLAS（Geo-science Laser Altimetry System），环路热管被用于解决电子设备及激光器的散热问题。该散热系统通过热管网络将发热设备与环路热管的蒸发器进行热耦合，环路热管冷凝器与辐射散热器耦合，实现热量的收集、传输与排散。

热控制系统共使用 2 套丙烯工质的环路热管，一套用于电子设备的散热，

包括陀螺仪、电源等,热耗为 330 W;另一套用于激光系统的散热,每个激光器的热耗为 120 W,激光器交替工作,激光器所发出的热量被热管收集,传输到环路热管蒸发器上。蒸发器吸收的热量最终在辐射散热器上排散,如图 5-31 所示。

图 5-30　ICESAT 航天器示意图
1—辐射散热器;2—太阳翼

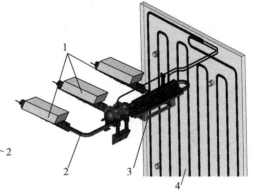

图 5-31　环路热管应用于 GLAS 的热控制系统
1—激光器;2—热管;3—环路热管;
4—辐射散热器

环路热管的储液器上布置了 2 套加热器:控温加热器(Operational Heater)和生存加热器(Survival Heater)。控温加热器可以根据设定温度点进行环路热管的控温,设计控温目标为 (17 ± 0.2) ℃,以应对在轨外热流变化、热控涂层退化等问题。生存加热器在设备温度过低时启动截断环路热管的运行,蒸发器温度低于 -8 ℃后开始对储液器加热,高于 -3 ℃ 则停止加热。另外,环路热管还设置了辅助启动加热器(60 W)以解决启动问题。

2003 年 8 月 17 日,发现用于设备控温的环路热管蒸发器温度逐渐上升,开启辅助启动加热器,温度加速上升,导致设备超温保护而自动停机。NASA 的技术人员最终认为,不凝气体或气泡被吸入蒸发器内部的液体干道是导致环路热管温度升高的原因。

④案例 4:环路热管用于载荷散热和高精度温度控制。

SWIFT 是 NASA 于 2004 年 11 月 20 日发射的一颗 600 km 轨道高度的近地卫星,用于探测空间伽马射线爆,如图 5-32 所示。伽马射线爆望远镜 BAT(Burst Alert Telescope)为其核心部件,望远镜系统由 16 组探测模块阵列组成,探测阵列的总热耗为 208 W,探测模块表面需控制在 (20 ± 0.5) ℃。热控制系统使用了8根以氨为工质的轴向槽道热管，实现不同探测模块间的温度均匀化，2套互为备份的丙烯工质环路热管横跨在8根热管上，将收集的热量导向辐射散热器，实现热量的排散和温度控制，如图5-33和图5-34所示。

为了实现探测模块的温度控制精度，SWIFT采取了三级控温设计：

a. 通过可变热导热管将环路热管液体管线与蒸发器热耦合起来，实现粗略的控温，回流液体过冷较大时，可以将蒸发器部分热量抵消，以减小储液器上控温加热器所需功耗，如图5-35所示。

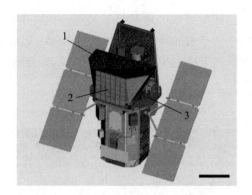

图5-32 SWIFT卫星示意图
1—伽马射线爆望远镜组件；2—辐射散热器；3—探测阵列板

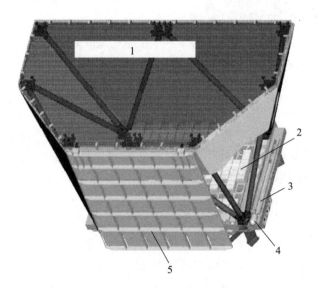

图5-33 伽马射线爆望远镜组件
1—编码掩模成像；2—探测器模块；3—环路热管蒸发器；
4—环路热管储液器；5—环路热管辐射散热器（双回路）

b. 环路热管储液器上安装控温加热器，实现对环路热管的精确控温。控温加热器的反馈温度测点布置在储液器上，当环路热管工作温度低于设定点时，通过加热储液器即可实现环路热管工作温度的精确控制。

c. 采用探测阵列板控温加热器（DAP operating heater），实现阵列板温度

第 5 章 航天器常用热控制技术

的控制。探测阵列板上布置了 2 个加热器回路，总加热功率为 30 W。探测阵列板下预埋了 8 根热管，以拉平温度和收集热量。

如图 5-35 所示，每套环路热管组件除包括蒸发器、冷凝器、储液器、蒸气管路、液体管路、流量调节器等部件外，还包括 1 根可变热导热管、2 根热管、1 个热交换器、3 类加热器。其中，2 根热管安装在蒸发器集热座下面，与 8 根预埋热管正交耦合，实现热量的收集；热交换器用于液体管路与可变热导热管之间的热交换；加热器分别用于蒸

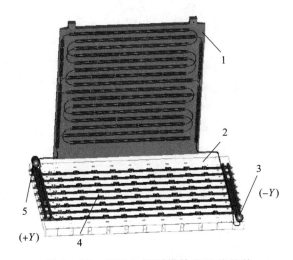

图 5-34 SWIFT 探测模块用环路热管
1—辐射散热器；2—探测阵列板；
3—环路热管#2；4—探测阵列板中预埋的
8 根热管；5—环路热管#1

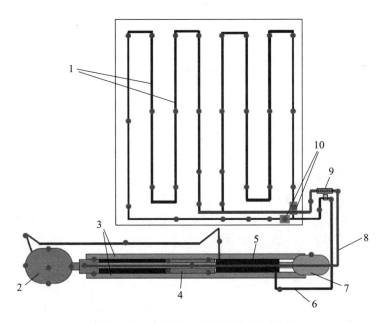

图 5-35 使用可变热导热管进行控温
1—安装在辐射板上的冷凝管路；2—储液器；3—（固定热导）热管；
4—环路热管蒸发器；5—热交换器；6—液体管路；7—可变热导热管；
8—蒸气管路；9—柔性管路；10—流量调节器

133

发器启动加热、储液器控温、环路热管运行阻断加热。环路热管的工作温度控制在 9 ℃，单套环路热管设计传热量为 253 W，实际工作中为两套环路热管同时运行，但单套环路热管失效不会影响有效载荷正常工作。

在轨数据表明，热控制系统实现了最初的设计目标，实现的探测阵列控温温差为 0.38 ℃。SWIFT 环路热管的应用，具有参考意义的内容如下：

a. 环路热管的应用中设置了三类加热器以实现对环路热管的完全控制，并可根据实际工况进行在轨调整。这三类加热器包括：

蒸发器上安装的辅助启动加热器：可辅助环路热管启动，还可在某些情况下提供额外模拟热源；储液器上安装的控温加热器：正常运行过程中，当设备温度低于设定值时，可控制环路热管温度，使设备温度稳定在一定范围；储液器上安装的阻断加热器：极端情况下，当设备温度低于某一设定值时，启动阻断加热器，可阻断环路热管运行，系统不再向外排散热量。

b. 采取三级控温策略实现最终的精确控温。

c. 采用双环路热管互为备份的设计以提高可靠性。

d. 采用流量调节器的并联冷凝器结构可减小系统阻力。

SWIFT 环路热管的应用设计中还暴露出了部分问题：

a. 辐射散热器设计余量过大，某些工况下，特别是当只有单套环路热管运行时，回流液体的过冷量过大，储液器上的控温加热器需要更大的功率。

b. 可变热导热管对环路热管的运行状态变化响应不够迅速，导致系统的温度波动。

⑤案例 5：环路热管用于返回再入航天器。

在嫦娥五号月地高速再入返回器任务中，为了解决返回器陀螺仪（Inertial Measurement Unit，IMU）设备不同阶段大功率散热、小功率保温与高速返回过程高温隔热之间的矛盾，采用 2 套氨工质环路热管，将激光 IMU 与返回器外壁面耦合起来，如图 5-36 所示。返回器内壁面全部包覆多层隔热组件，使环路热管成为内部设备与外部散热面之间的唯一热通路。通过环路热管的在轨控温运行模式、阻断模式的可逆切换与热导自适应能力，可以在热控补偿功耗几乎不变的前提下，适应 IMU 设备在轨热耗从工作时 70 W 到不工作时 0 W 的变化，IMU 的控温指标为 $-10 \sim 45$ ℃。

2014 年 10 月 24 日，月地高速再入返回器从西昌卫星发射中心发射，经历了地月转移段、月球近旁转向段、月地转移段、返回再入段和回收着陆段后，于 11 月 1 日成功返回内蒙古四子王旗。在轨数据表明，两台 IMU 关机时，温度处在 $3.7 \sim 6.0$ ℃；工作过程中，光纤 IMU 温度稳定在 $3.7 \sim 8.6$ ℃，激光 IMU 温度稳定在 $10.8 \sim 14.5$ ℃。整个飞行过程中环路热管运行特性与预

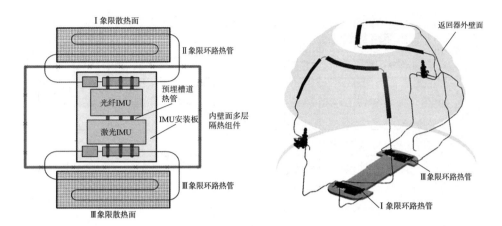

图 5-36　返回器散热面与环路热管布局示意

期一致。环路热管及 IMU 在轨飞行温度数据如图 5-37、图 5-38、图 5-39 所示。

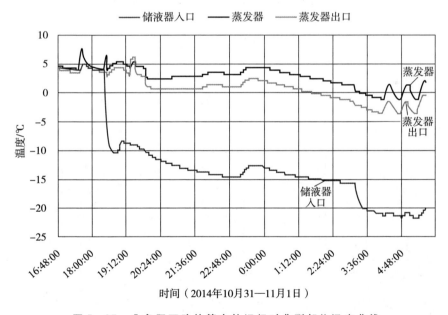

图 5-37　Ⅰ 象限环路热管在轨运行时典型部位温度曲线

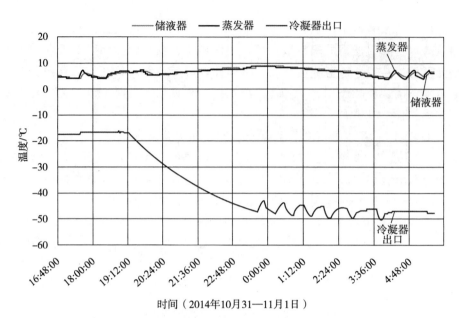

图 5-38　Ⅲ象限环路热管在轨阻断时典型部位温度曲线

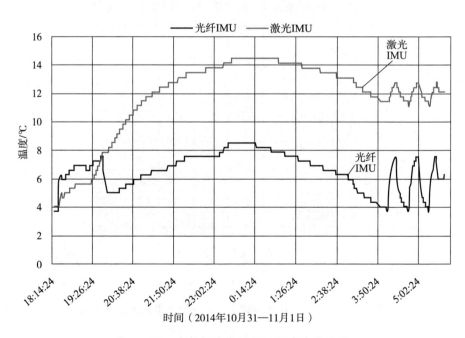

图 5-39　在轨标定期间 IMU 温度变化曲线

（3）可变热导热管应用案例。

可变热导热管是一种随热负荷变化而改变冷凝面积的大小，使热管蒸发段的温度保持基本恒定的热管。此种热管已被广泛用作温度控制技术，可用于制造具有可变辐射能力的辐射散热器；用作热负荷变化较大而温度控制要求较高的元器件、装置、设备的传热元件。因此，可变热导热管在航天器热控制领域有着独特的地位和作用，尤其是在深空探测和热功率难以准确确定的热控制设计上独具优势。

①案例1：可变热导热管用于阿波罗月面实验装置。

从1969年11月至1972年12月，美国先后发射的阿波罗12至阿波罗17（阿波罗13任务失败）载人登月航天器中，搭载了阿波罗月面实验装置（Apollo Lunar Surface Experiments Package，ALSEP），如图5-40所示。ALSEP供电采用同位素温差电源（Radioisotope Thermoelectric Generator，RTG），为了给ALSEP中电池组件的加热控温，阿波罗计划单独研制了同位素热源（Radioisotope Heater Unit，RHU）。RHU安装在电池组件外壳上，并通过具备散热能力调控功能的可变热导热管与辐射散热器一起调节电池的温度。

图5-40 阿波罗月面实验装置

在保证电池组等设备温度符合要求的前提下，月昼期间，要求辐射散热器的散热能力等于RHU的热功率、电池组热功率、环境漏热等总热量之和；月夜期间，要求RHU的功率等于通过多层隔热材料、可变热导热管等的漏热量之和。

RHU、辐射散热器、可变热导热管在ALSEP电池组件的安装如图5-41所示。热管为Z字形，热管低端安装在电池组件外壳上，热管高端安装在辐射散热器上。在月夜条件下，可变热导热管的气体界面向低端移动，限制辐射散热；在月昼条件下，热管的控制气体界面向高端移动，实现热管与辐射散热器之间的传热和传热能力调控；在极端高温工况下，热管内的控制气体全部进入热管的储气室，实现最大热排散能力。这也是到目前为止可变热导热管在航天领域为数不多的典型应用案例。

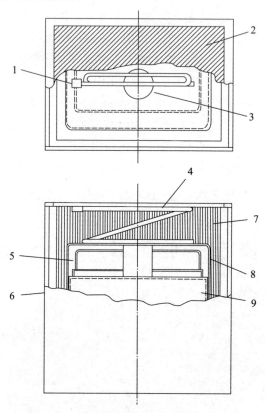

图 5-41　ALSEP 电池组件热控示意图

1—控制气体；2—辐射散热器；3—同位素热源；4—充电控制器；5—玻璃纤维蜂窝板箱体；6—可变热导热管；7—多层隔热组件；8—传热板；9—电池

②案例 2：可变热导热管用于嫦娥三号着陆器。

在嫦娥三号任务中，为实现着陆器散热与漏热控制的自适应调控，采用了基于可变热导热管的可变热导辐射散热器技术，如图 5-42 所示。可变热导热管传热工质为氨，控制气体为氦气。月昼期间，可变热导热管可将设备热量高效率传递给辐射散热器，实现散热控温；进入月夜后，随着舱内设备温度逐渐下降，可变热导热管与辐射散热板耦合连接的冷凝段有效传热长度逐渐减小，直至完全截止，舱内设备与辐射散热面之间的散热通道被阻断，月夜仅剩热管管壁和管内气体自然对流漏热,从而实现月夜期间的漏热控制。其中,可变热导热管在着陆器+Y舱及+Y辐射散热器上的布局如图5-43所示。此外,在辐射散热器中增加了部分氨工质固定热导热管,并与可变热导热管进行热耦合,以提高月昼期间辐射散热器的温度均匀性和散热能力。

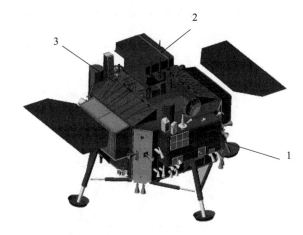

图5-42 可变热导热管在着陆器上的布局

1—着陆器;2—月球车;3—可变热导热管

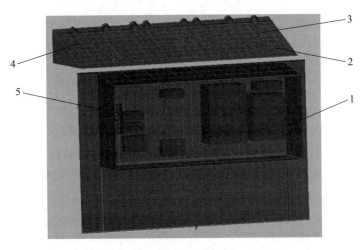

图5-43 可变热导热管在+Y舱及
+Y辐射散热器上的布局

1—+Y舱;2—+Y辐射散热器;3—可变热导热管;4—热管;5—舱内设备

嫦娥三号着陆器在其中一根可变热导热管的储气室、冷凝段中部、蒸发段区域布置了测温点,用于监视可变热导热管的在轨温度情况。选取了四个典型阶段的数据进行分析，地月转移段、环月段、两器分离段、典型月昼期间可变热导热管温度分别如图5-44～图5-47所示。

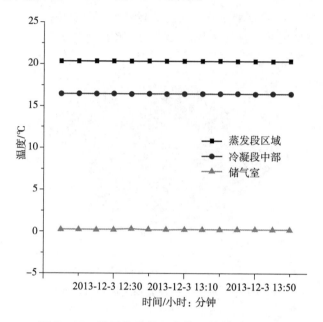

图5-44 地月转移段可变热导热管温度分布

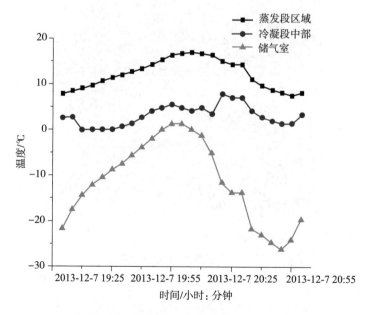

图5-45 环月段可变热导热管温度分布

第 5 章 航天器常用热控制技术

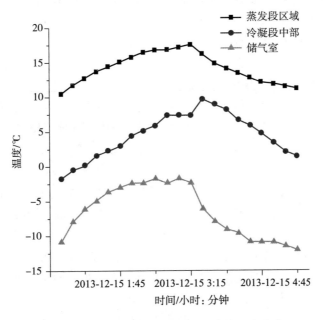

图 5-46 两器分离段可变热导热管温度分布

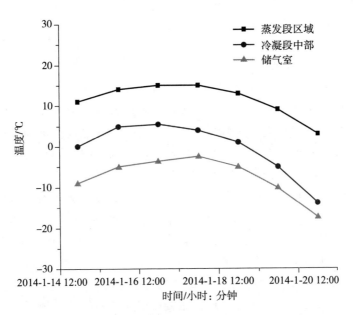

图 5-47 典型月昼期间可变热导热管温度分布

图 5-44 表明，可变热导热管启动后工作状态比较稳定，这源于地月转移段外热流和设备内热耗情况比较稳定。其中，冷凝段中部的温度与蒸发段区域温度比较接近，与储气室温差比较大，说明控制气体还没有阻塞到这个位置，冷凝段中部为氨工质，可有效散热。图 5-45 表明，在环月阴影区冷凝段中部的温度与蒸发段区域温度非常接近，储气室温度随着热流的变化大幅波动，而冷凝段中部的温度并没有随储气室温度变化，说明控制气体还没有阻塞到这个位置，冷凝段中部同样为氨工质，可有效散热。地月转移段和环月段为微重力状态，可变热导热管的工作状态与设计状态一致。图 5-46 表明，月昼阶段两器分离过程中，可变热导热管在蒸发段区域温度较低时，冷凝段中部接近储气室温度，说明此位置被控制气体占据，而随着蒸发段温度不断升高，冷凝段中部温度逐渐变化为更接近蒸发段的温度，说明冷凝段中部的控制气体逐渐被氨工质代替，具备了散热能力。图 5-47 表明，月午附近，可变热导热管冷凝段中部与蒸发段的温度差最小，说明此阶段实现了散热能力的最大化自适应调节；接近早上和晚上的时间段，该温差明显增大，也即有效辐射散热面积由于控制气体的影响而自动减小，说明可变热导热管实现了散热能力的自适应调节。在着陆器经历过的月昼期间，可变热导辐射散热器均实现了自适应控温和散热量调配功能。

至 2017 年 5 月，着陆器顺利度过 40 个月昼和月夜，说明研制的可变热导辐射散热器很好地实现了自适应调控功能。

(4) 柔性热管应用案例。

①案例 1：柔性热管用于振动热源散热。

最早见报道的是 F. E. Bliss 于 1970 年制作的铜/水柔性热管，用来实现从振动热源向固定冷源的传热。绝热段采用黄铜波纹管，内垫 4 层 304 不锈钢丝网构成毛细芯，用不锈钢弹簧固定于内壁。该热管可实现 90°的弯曲，水平放置时，不论弯曲与否，都可实现 4 000 W·in（101.6 W·m）的传热能力。

②案例 2：柔性热管用于柔性安装。

为改善某卫星上一个陀螺线路盒的散热，并适应舱板柔性安装的要求，我国于 2003 年研制了以氨作为工质的柔性热管，如图 5-48 所示。其中柔性段采用不锈钢波纹管，毛细芯采用不锈钢丝网。该柔性热管在 30 ℃附近传热能力约为 30 W，总热阻为 0.17 K/W。

③案例 3：柔性热管用于摆动相机散热。

2006 年，我国研制了天宫一号可见光相机用柔性热管，用于满足相机调焦移动的需求，如图 5-49 所示。柔性热管工作温度范围为 −20～60 ℃，在 20 ℃条件下，传热能力不小于 20 W。柔性热管经过了 ±5°摆动角度、25 000

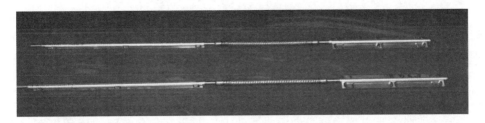

图 5-48　氨柔性热管

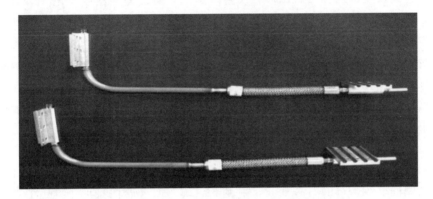

图 5-49　天宫一号可见光相机用氨柔性热管

次的摆动试验和偏离中心 5°位置、±0.1°摆动角度、20 000 次的摆动试验，摆动频率低于 40 次/min。

（5）相变材料热管应用案例。

采用正十二烷和氨轴向槽道热管相耦合的相变材料热管，于 2007 年在嫦娥一号上首次使用，用于解决 CCD 立体相机的散热和温度波动控制问题，在轨遥测数据表明，相变材料热管的应用达到了散热与抑制温度波动的目的。相变材料热管如图 5-50 所示。

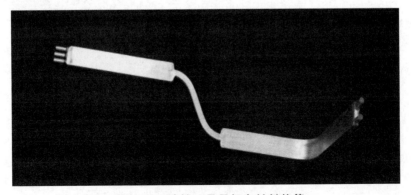

图 5-50　嫦娥一号用相变材料热管

5.2.4 导热填料

1. 功能及工作原理

导热填料广泛应用于电子设备、器件的安装界面，用于强化固体界面之间的换热。其原理是通过导热填料，改善两固体壁面之间的接触，增大有效接触面积，有效降低了界面的接触热阻，从而强化了界面的换热。

接触热阻是由于两接触面微观上的凹凸不平或者宏观上的平面度指标较差，使得接触不完全而产生的热阻。在一定压力下，两表面接触时，有效接触面积是接触材料表面状态及物性、表面平整度、粗糙度以及接触压力的函数。接触热阻的形成，是由于两接触表面的实际接触面积只是两表面表观接触面积的很小一部分，如图5-51所示。

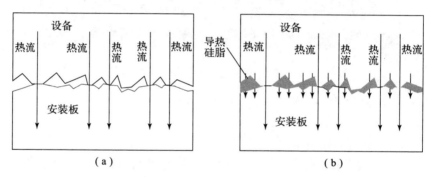

图5-51 固-固表面间接触的典型微观视图
(a) 设备与安装板间干接触；(b) 设备与安装板间涂导热硅脂

接触热阻的大小与接触表面的材料、连接方式、表面状况、接触压力大小和接触面处的温度等多种因素有关。接触热阻较容易成为航天器热分析中的不确定因素。

2. 类别及特性

导热填料主要包括导热脂类、导热胶类、导热垫类三种类型。其中导热脂类产品在涂覆后不会固化，方便设备的再次拆装，航天器中一般使用导热硅脂产品；导热胶类产品涂覆后会固化，不方便设备的再次拆装，航天器中一般使用常温固化硅橡胶产品；导热垫类产品方便设备的再次拆装，航天器中一般使用硅橡胶垫、铟箔等产品。除铟箔外，其他均为非金属导热填料。

导热填料作为界面换热强化手段,具有以下基本特性:

(1) 加压后容易变形,以保证固-固安装界面良好的填充效果。

(2) 导热系数或接触传热系数是关键指标,不同类别差异较大。

(3) 不同导热填料对温度的适用范围有所不同,例如,导热硅脂适用温度上限一般不超过 80 ℃,而硅橡胶垫则可提高到 200 ℃以上。

(4) 非金属导热填料有质损特性,不同导热填料有所差异。

3. 选用原则及应用案例

导热硅脂、硅橡胶、硅橡胶垫、铟箔等导热填料作为界面传热强化手段,在航天器工程实践中发挥了重要作用,其中导热硅脂、硅橡胶在航天器装配过程中得到了普遍应用。

1) 选用原则

导热填料的选用一般应遵循以下基本原则:

(1) 满足仪器设备热设计要求,设备安装面是否采用导热填料强化换热或者采用哪种导热填料,取决于设备温度要求、热耗指标、安装部位、表面状态、安装情况等因素,不存在唯一准则,最终状态需通过热分析确定,即以分析出的温度水平加上设计余量落在温度指标范围内为设计合格判据,以此确定安装状态及导热填料的种类。

(2) 对于以对流散热为主的设备、热耗/表面积之比较小的高红外发射率设备,安装状态一般可考虑干接触,而不采用导热填料。

(3) 对于热耗/表面积之比较大或者安装界面热流密度大于 $1\,000\,\text{W/m}^2$ 的情况,安装界面一般需要选择导热填料强化换热。

(4) 导热硅脂、硅橡胶、硅橡胶垫、铟箔等的接触传热系数不同,应根据热设计需要做出选择。

(5) 光学设备、大功率微波开关、OSR 等,对导热填料可凝挥发物、爬油(导热硅脂)造成的污染敏感,选用时应根据应用部位的特点进行甄别。

(6) 铟箔熔点低、相对易碎、导电,使用时应注意并采取针对性防范措施。

(7) 设备需要多次拆装的,建议选用导热硅脂、导热硅橡胶垫、铟箔等。

2) 应用案例

(1) 案例 1:导热硅脂。

某卫星电源控制器热耗为 110 W,安装面热流密度为 $0.12\,\text{W/cm}^2$,为强化设备与结构板安装面间的换热,在安装面上涂敷 RKTL-DRZ-1 牌号导热硅脂,如图 5-52 所示。根据在轨飞行温度遥测数据,电源控制器一年内的工作温度范围为 20~32 ℃,满足不超过 45 ℃的要求,在轨工作良好。

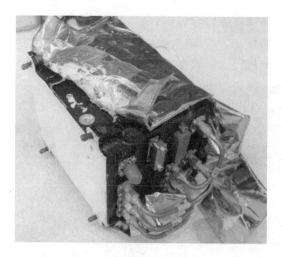

图 5-52　电源控制器涂敷导热硅脂

（2）案例 2：硅橡胶垫。

针对某航天器在轨维修更换的需求，充放电调节器采用硅橡胶垫强化其与冷板之间的换热，如图 5-53 所示。该设备热耗为 125 W，安装面热流密度为 0.1 W/cm²。根据热平衡试验数据，充放电调节器工作过程中温度不超过 23 ℃，与冷板温差为 2.5 ℃，设备温度满足不超过 40 ℃ 的要求。

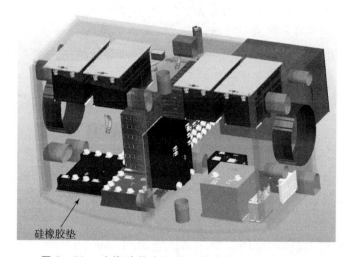

图 5-53　硅橡胶垫在充放电调节器上的安装情况

（3）案例 3：硅橡胶。

实践十三号卫星载荷舱热控制设计过程中，采用了 4 组 8 根 U 形氨轴向槽道热管实现 ±Y 舱板的热耦合，单个热管传热量为 80 W，热流密度为 0.3 W/cm²。

为强化 U 形氨轴向槽道热管安装面与±Y 舱板之间的换热，在安装界面处涂敷 GD414 硅橡胶，如图 5-54 所示。根据在轨飞行温度遥测数据，载荷舱南板和北板间的温差在 5～10 ℃之间。

图 5-54　硅橡胶用于氨轴向槽道热管的安装

（4）案例 4：铟箔。

某卫星在进行热控制设计时，服务舱和载荷舱设备与仪器板内预埋热管接触区域采用铟箔进行强化换热。根据在轨飞行遥测数据，该卫星在轨一年的时间内，所有设备温度均满足要求，工作良好。

5.2.5　热控涂层

1. 功能及工作原理

在日常生活中，人们常常利用物体表面的颜色来调节物体的温度。例如，炎热夏天穿白色的衣服比穿深色衣服更凉爽，而寒冷冬天深色衣料则可以从太阳光中吸收更多的热量；夏天停车的时候，在汽车玻璃后面放一块表面镀铝的挡光板可以反射大多数太阳光，从而降低车厢内的温度；食品冷藏车的表面通常涂覆白色或银灰色的油漆；太阳能热水器的表面通常是高吸收率的黑色。这些颜色的选择，实际上就是利用材料表面的热光学性能来实现控制温度的目的。

在航天领域中，通常把这些材料叫做热控涂层。热控涂层的表面热光学特性通常称为热辐射性能。由于宇宙空间超高真空的特点，航天器与外部空间的热交换基本上都以辐射形式进行。因此，航天器表面的热控涂层对其温度控制起着非常关键的作用。

对于真空环境下的航天器而言，辐射换热是航天器内部和外部的主要热交换形式，而航天器的结构部件或设备的表面热物理性质对辐射换热状态起着决定性的作用。因此，在航天器的热设计中对相关的结构部件或设备会有专门的表面材料或热物理性质的规定，这些表面材料通常称为热控涂层。

对于无人航天器而言，几乎所有可见的外表面都是热控涂层材料。实际上，所有的物体都以辐射的形式吸收和排散能量。热控制设计的功能就是通过合理地选择涂层，组织航天器内外表面的热交换路径、过程与换热量，从而使得设备和结构达到需求的平衡温度值。

对于一个在地球轨道的等温物体，如果只考虑太阳直接辐射，而忽略其他星球（包括地球、月球等）对它的太阳反照和红外辐射，以及物体内部热源的影响，当达到热稳定状态时，它所吸收的太阳光的热流量将等于它所辐射的热量：

$$\alpha_s A_s E_s = \sigma \varepsilon A_\varepsilon T^4 \qquad (5-1)$$

物体的表面温度 T 为

$$T = [(\alpha_s A_s E_s)/(\sigma \varepsilon A_\varepsilon)]^{1/4} \qquad (5-2)$$

式中，α_s 为物体表面太阳吸收比；E_s 为太阳投射到物体表面的热流，单位为 W/m²；A_s 为垂直接受太阳光照射的物体表面面积，单位为 m²；A_ε 为物体的辐射表面积，单位为 m²；σ 为斯蒂芬-玻尔兹曼常数，其值为 5.67×10^{-8} W/(m²·K⁴)；ε 为物体表面的红外发射率（如无特殊说明，本书中的红外发射率均指半球发射率）；T 为物体的热力学温度，单位为 K。

选择热控涂层的时候，必须考虑环境因素对涂层性能的影响。根据使用部位的不同，热控涂层可分为内部涂层和外部涂层。航天器内部没有阳光的照射，热交换以红外辐射的形式进行，只需要考虑其红外发射率性能。对于外部涂层，由于暴露在太空中，将会同时受到太阳、地球甚至其他星体的热作用。一方面将受到太阳光的直接或间接照射，另一方面也可能受到地球或其他星体的红外辐射。最终在太阳直射、地球等对阳光的反射、地球等的红外辐射以及航天器自身的红外辐射等能量的综合作用下达到热平衡。涂层的太阳吸收比和红外发射率，对平衡温度有决定性的作用。通常我们用吸辐比 α_s/ε 来描述涂层的特性。

2. 类别及特性

热控涂层的分类方法很多，通常按照材料工艺或热光学性质（通常用吸辐比来表征，也称热辐射性能）等方法分类。热控涂层最重要的两个性能参数包括太阳吸收比 α_s 和红外发射率 ε。应该说，任何材料都有其自身的太阳吸收比和红外发射率，其功能不只限于热控专用，关键是看怎样利用该材料的特性。因此，按照材料工艺来进行分类是比较系统和客观的方法。

1) 金属基材型热控涂层

直接利用金属基材的表面状态来调节其热辐射性能，是最简单的一种热控涂层使用方法。对于同一种金属，因为表面状态的不同，其热辐射性能可以有很大的差异。实际应用时，应选择热辐射性能稳定的工艺。通常有抛光和喷砂两种处理工艺。

（1）抛光金属表面。

经机械、化学或电抛光处理的金属表面，对太阳光的反射很强烈，太阳吸收比为 0.10～0.20，但其红外发射率的值更低，因此通常具有很高的吸辐比 α_s/ε。抛光的金属表面具有很好的稳定性，对污染很敏感，使用前必须仔细保护。部分常用抛光金属表面的热辐射性能如表 5-4 所示。

表 5-4 常用金属抛光表面的热辐射性能

材料	太阳吸收比 α_s	红外发射率 ε	吸辐比 α_s/ε
不锈钢	0.20	0.09	2.2
银	0.07	0.02	3.5
铝	0.15	0.04	3.8
镁	0.27	0.07	3.9
钛	0.51	0.08	6.4
金	0.21	0.02	10.5

（2）喷砂金属表面。

喷砂表面比较粗糙，通常具有较高的太阳吸收比和红外发射率。例如，喷砂的不锈钢表面，其太阳吸收比为 0.58，红外发射率为 0.38，比抛光表面高 2～3 倍。由于喷砂后的金属表面比较粗糙，比较耐磨损，因而稳定性比抛光金属表面好。不过喷砂处理时，金属会产生变形，特别是薄金属件影响明显，所以限制了它的应用。

2) 电化学型热控涂层

（1）阳极氧化涂层。

大部分金属暴露在空气中，表面都会形成一层氧化膜。这层氧化膜对可见光是透明的，但对红外线有较强的吸收。因此氧化膜增大了金属表面的红外发射率，却没改变金属底材的太阳吸收比。随着氧化膜厚度的增加，其红外吸收率呈上升趋势。因此，可以利用这个特点来调节金属表面的吸辐比。

自然形成的氧化膜往往组织疏松、不牢固，为了得到致密稳定的氧化膜，就需要采用特殊的阳极氧化处理工艺。

阳极氧化是一种电解氧化过程，通过这种工艺在金属或合金表面形成一层氧化膜。这层氧化膜具有保护性、装饰性或其他功能特性。

除了普通的阳极氧化工艺，还有"着色"阳极氧化，即利用着色工艺将氧化膜变成不同的颜色，制备成高太阳吸收比和不同发射率的涂层。

航天上常用的有铝合金本色阳极氧化、铝合金黑色阳极氧化、钛合金微弧氧化等。

（2）电镀涂层。

电镀涂层是一种常用的金属涂层制备工艺，即在材料上用专门工艺镀一层相应的金属膜。根据镀层金属的不同，改变基材的表面物性，获得不同的太阳吸收比和红外发射率。航天上常用的有电镀金、电镀黑镍等，其热辐射性能如表 5-5 所示。

表 5-5　常用电镀金属涂层的热辐射性能

材料	太阳吸收比 α_s	红外发射率 ε	吸辐比 α_s/ε
铝	0.12	0.04	3.0
银	0.15	0.05	3.0
金	0.28	0.04	7.0
黑镍	0.96	0.07～0.16	13.7～6.0

3）蒸镀及溅射型金属膜

通过真空蒸发-沉积（蒸镀）、磁控溅射等工艺可以得到铝、银、金、铜、铬、镉、铂、铑等各种金属涂层。有些金属材料，如铝、银、铜等，很容易与氧等发生反应，因此该镀膜工艺通常都在高真空条件下完成。

镀膜的基材可以是各种金属或非金属。所形成的金属膜的热辐射性质与金属抛光表面性质相近，在使用中也需要注意污染防护。常用蒸镀金属涂层的热辐射性能如表 5-6 所示。

4）涂料型热控涂层

涂料型热控涂层是应用最广的一类热控涂层，通常由基料和颜料两部分组成。采用不同的颜料和配比，可以得到一系列不同热辐射性能的热控涂层。通常分为有机漆和无机漆涂层。

表 5-6 常用蒸镀金属涂层的热辐射性能

材料	太阳吸收比 α_s	红外发射率 ε	吸辐比 α_s/ε
铝	0.08	0.014	5.7
金	0.19	0.014	13.7
铜	0.17	0.014	12.3
银	0.05	0.02	2.5
镍	0.38	0.04	9.5
钛	0.52	0.27	4.3

（1）有机漆。

有机漆的适用范围广，可用于各种金属或非金属底材。有机漆的施工工艺简单，既可以喷涂也可以涂刷。固化后的涂层具有良好的附着性能和可清洗性能。配以不同的颜料，可以得到一系列诸如白漆、灰漆、黑漆、灰绿漆、有机金属漆，以及其他各种颜色的有机漆，吸辐比变化范围为 0.2~3.3。航天上常用的有机漆种类有 S781 白漆、SR107 白漆、SR107-ZK 白漆、ACR-1 白漆、E51-M 黑漆等。

（2）无机漆。

无机漆是由无机基料和无机颜料配制而成的。与有机漆类似，采用不同的配比，可以得到一系列各种颜色或各种热辐射性能的无机漆。航天上常用的无机漆有 KS-Z 白漆等。

5）二次表面镜型热控涂层

与普通的表面涂层不同，二次表面镜型热控涂层是一种由两个表面的特性决定其热辐射性能的热控涂层。其中一个是对可见光透明、对红外线有较强吸收的透明面层，另一个是对可见光有很强反射的金属底层。可见光穿过透明面层到达不透明的金属底层，其太阳光的吸收特性 α_s 就由金属底层决定；而红外发射率 ε 则由对红外线有较强的吸收率的透明面层决定。前面说到的铝光亮阳极氧化热控涂层实际上也是一种二次表面镜，表面的氧化膜就是透明面层，而未氧化的抛光铝基材就是金属底层。

航天常用的二次表面镜通常分为玻璃型、塑料薄膜型、涂料型、蒸发-沉积型。

（1）玻璃型二次表面镜。

玻璃型二次表面镜是一种用玻璃材料做透明面层的二次表面镜型热控涂层。玻璃材料一般是石英玻璃，其透光率高，但非常脆，实施的时候容易破碎。为了增加玻璃的韧性，后来开发了掺了金属"铈"的石英玻璃，可操作性得到较大的改善。二次表面镜的红外发射率随着玻璃的厚度增加而增加,例如石英玻璃的厚度为 2 μm 时,涂层的红外发射率约 0.6;当厚度达到 50 μm 时,红外发射率可达 0.8。

金属底面通常是在玻璃的一面通过蒸镀或溅射等工艺形成的一层金属薄膜,常用的有铝和银,太阳吸收比通常小于 0.1。

玻璃型二次表面镜具有优良的抗紫外辐射和空间粒子辐射性能,也就是说空间稳定性好,因而在航天上的应用非常广泛,尤其是用作暴露在空间的散热涂层。

(2)塑料薄膜型二次表面镜。

塑料薄膜型二次表面镜是一种用塑料薄膜为透明面层的二次表面镜热控涂层。根据不同的需要选择不同的面层,通常有 F46 膜、聚酰亚胺膜等。通常塑料薄膜的透明度不如石英玻璃,因此薄膜型二次表面镜的太阳吸收比比玻璃型的高,其红外发射率也随着面层材料的不同而有所差异。

一般来说,塑料薄膜型二次表面镜的空间环境稳定性比玻璃型的差,在航天上使用,必须考虑寿命末期材料热辐射性能的退化对整体热控制设计的影响。

(3)涂料型二次表面镜。

在金属底材上,直接喷涂一层透明的高聚物可以得到一种涂料型二次表面镜。这类二次表面镜不必进行粘贴等二次工序,因而特别适合形状复杂不规则的曲面。但普通的高聚物,如 RTV602 室温硫化硅橡胶耐辐射性能较差,使用时需要考虑。

洛克希德公司发明的一种名为"spraylon"的碳氟高聚物,可喷涂、浸渍、涂刷,红外发射率根据厚度的不同变化范围为 0.1～0.8。具有优异的耐紫外辐射性能,实施起来非常方便。

(4)蒸发-沉积型二次表面镜。

对于形状比较复杂的表面,还可以在底材上直接采用蒸发-沉积介质薄膜的工艺来制备蒸发-沉积型二次表面镜。

铝-二氧化硅、铝-氧化铝都是比较容易实现的蒸发-沉积型二次表面镜,附着性良好,并且耐紫外辐射。

6)热控带

热控带不是某种特殊性能的涂层,而是不同涂层的一种载体形式。

通常热控带由基体薄膜(如铝箔、聚酯薄膜、聚酰亚胺薄膜、F46 薄膜,等等)和涂层(如真空蒸发-沉积的铝、银、金,喷涂的漆膜,等等)组成。为了实施方便,往往在热控带的背面复合有压敏胶(如橡胶、丙烯酸树脂胶、硅树脂胶等）。也有直接用金属箔当涂层、背面复合压敏胶膜的，此时的热辐射性质就是金属箔的性质。

由于热控带的涂层性能可选，实施操作简便灵活，因此使用非常方便，已经形成系列产品，主要包括镀金热控带、单面镀铝聚酯膜热控带、单面镀锗聚酰亚胺膜热控带、聚酰亚胺镀铝热控带、铝基胶带、铜基胶带，等等。

目前国内航天器用热控涂层已有满足不同需求的多种系列产品，特殊需求也可根据需要进行单独研制。国内航天器常用热控涂层材料如表 5-7 所示。

表 5-7　常用热控涂层

序号	涂层名称	α_s	ε
1	铝和包铝光亮阳极氧化热控涂层	$(0.12\sim0.16)\pm0.02$	$(0.10\sim0.68)\pm0.02$
2	2A12T4 铝合金光亮阳极氧化热控涂层	$(0.28\sim0.32)\pm0.02$	$(0.10\sim0.68)\pm0.02$
3	3A21 铝合金光亮阳极氧化热控涂层	$(0.14\sim0.21)\pm0.02$	$(0.10\sim0.68)\pm0.02$
4	铝合金黑色阳极氧化	参考值为 0.90	$\geqslant 0.88$
5	铝合金镀金抛光热控涂层	0.23 ± 0.02	$\leqslant 0.03$
6	铝合金镀金刷光热控涂层	0.26 ± 0.02	$\leqslant 0.05$
7	铝箔光亮阳极化热控涂层	$(0.12\sim0.14)\pm0.02$	$(0.10\sim0.66)\pm0.02$
8	黑镍涂层	0.94 ± 0.02	0.82 ± 0.02
9	高比值黑镍涂层	0.88 ± 0.02	$\geqslant 0.3$
10	不锈钢电镀黑镍	$0.88\sim0.97$	$0.08\sim0.84$
11	铝镀黑镍	$0.85\sim0.96$	$0.13\sim0.86$
12	不锈钢箔灰色化学转换热控涂层	0.79 ± 0.02 (1Cr18Ni9Ti)；0.84 ± 0.02 (8Cr18Ni10Ti)	0.78 ± 0.02
13	不锈钢箔高比值热控涂层	0.79 ± 0.02	0.16 ± 0.02
14	镁合金黑色化学转换热控涂层	参考值为 0.90	$\geqslant 0.80$
15	钛合金微弧氧化热控涂层	0.40 ± 0.03	$0.88\sim0.92$
16	镁合金微弧氧化热控涂层	0.40 ± 0.03	$\geqslant 0.85$
17	F650 白漆	—	$0.84\sim0.87$
18	S956-Z 白漆	0.19 ± 0.03	0.87 ± 0.02
19	SR107 白漆	0.17 ± 0.02	0.87 ± 0.02

续表

序号	涂层名称	α_s	ε
20	S781 白漆	0.18±0.02（底漆为 F650 白漆） 0.21±0.02（底漆为环氧白漆）	0.87±0.02
21	S853 白漆	0.19	0.86～0.89
22	KS-Z 白漆	0.14±0.02	0.92±0.02
23	S901-ZK	0.18	0.87
24	S902-ZK	0.17	0.87
25	SR107-ZK 白漆	0.16±0.03	0.87±0.03
26	PS-17 灰漆	0.60	0.83
27	S956 灰漆	0.78±0.02	0.87±0.02
28	S781 浅绿漆	0.31±0.02	0.87±0.02
29	S781ZC-48 绿漆	0.48	0.87
30	S956-ZC	0.63±0.02	0.87±0.02
31	S956ZC-48 绿漆	0.48	0.87
32	S851 浅绿漆	0.18～0.33	0.87
33	ES665-ZC 绿漆	0.25～0.69	0.86±0.02
34	ES665-NC 深绿漆	0.85±0.02	0.85±0.02
35	ES665-NCZA 耐高温漆	0.76±0.02	0.80±0.04
36	ES665 漆（G86）	0.66	0.76～0.82
37	S956 黑漆	0.93	0.88
38	SR107-S731 室温固化黑漆	0.92±0.02	0.89±0.02
39	LTV-M 黑漆	0.94	0.93
40	618-M 黑漆	0.95	$\varepsilon_N = 0.95$
41	E51-M 黑漆（ERB-2 黑漆）	0.93±0.02	0.88±0.02
42	SR107-E51 黑漆	0.93±0.02	0.88±0.02
43	665 黑漆	0.93	$\varepsilon_N = 0.93$
44	107 黑漆（170 μm）	0.93	$\varepsilon_N = 0.95$
45	聚氨酯弹性体黑漆	0.92	0.90
46	ES665CSG 漆	0.82	0.75
47	S1152 铝灰漆	0.56	0.54
48	S781 铝粉漆	0.25	0.31

续表

序号	涂层名称	α_s	ε
49	S781 铝灰漆（S781-C）	0.50～0.60	0.40～0.60
50	S852 灰漆	0.38	0.38
51	ES665ACS 漆	0.67	0.58
52	ACR-1 防静电白漆热控涂层	0.21±0.04	0.85±0.04
53	SR-2 白漆热控涂层	0.17±0.02	0.87±0.02
54	SR-1 铝灰漆热控涂层	0.25～0.27	0.27～0.29
55	SR-1A 铝灰漆热控涂层	0.19～0.21	0.17～0.20
56	SR-1B 铝灰漆热控涂层	0.19～0.22	0.39～0.42
57	KS-ZA 白漆	0.15±0.02	0.92±0.02
58	SAL-1 热控涂层	0.19±0.02	0.20±0.02
59	GAR-1 防静电漆（SR781-G）	0.22±0.03	0.87±0.02
60	GAR-2 防静电漆（SR107-G）	0.22±0.03	0.87±0.02
61	ERB-2B 黑漆	0.94±0.02	0.87±0.02
62	黑色聚酰亚胺薄膜	≥0.90	≥0.78
63	防原子氧聚酰亚胺镀铝二次表面镜	≤0.40	0.60～0.76
64	聚酰亚胺镀锗膜	≤0.45	0.79±0.03（25 μm） 0.81±0.03（50 μm） 0.83±0.03（100 μm）
65	镀膜型导电黑色聚酰亚胺膜热控涂层	≥0.90	≥0.78
66	高透明导电聚酰亚胺镀铝二次表面镜	≤0.25	≥0.65
67	防静电石英玻璃镀铝二次表面镜	一般不大于 0.12	一般不小于 0.78
68	石英玻璃镀铝二次表面镜	一般不大于 0.10	一般不小于 0.78
69	防静电石英玻璃镀银二次表面镜	一般不大于 0.10	一般不小于 0.78
70	石英玻璃镀银二次表面镜	一般不大于 0.08	一般不小于 0.78

续表

序号	涂层名称	α_s	ε
71	防静电铈玻璃镀铝二次表面镜	一般不大于0.15	一般不小于0.80
72	铈玻璃镀铝二次表面镜	一般不大于0.13	一般不小于0.80
73	防静电铈玻璃镀银二次表面镜	一般不大于0.11	一般不小于0.80
74	铈玻璃镀银二次表面镜	一般不大于0.09	一般不小于0.80
75	强化超薄型二次表面镜	≤0.09	≥0.79
76	二氧化硅-铝二次表面镜	0.09	0.10～0.50
77	防静电F46薄膜镀铝二次表面镜	≤0.15	≥0.60
78	F46薄膜镀铝二次表面镜	≤0.15	≥0.60
79	防静电F46薄膜镀银二次表面镜	≤0.15	≥0.60
80	F46薄膜镀银二次表面镜	≤0.15	≥0.60
81	防静电聚酰亚胺薄膜镀铝二次表面镜	≤0.44	≥0.60
82	聚酰亚胺薄膜镀铝二次表面镜	≤0.40	≥0.60
83	镀金热控带	0.19±0.04	0.02～0.05
84	外用无毒阻燃布（黑）	≥0.92	—
85	外用无毒阻燃布（白）	$\alpha_s/\varepsilon=0.26±0.08$	0.80±0.08
86	外用无毒阻燃布（灰）	$\alpha_s/\varepsilon=0.60±0.08$	0.80±0.08
87	防原子氧外用阻燃布	$\alpha_s/\varepsilon=0.26±0.3$	0.83±0.03
88	CCAl热控薄膜	≤0.23	≥0.73
89	铝合金磷酸阳极化	≤0.15	0.30～0.50

注：ε_N 为法向发射率。

3. 选用原则及应用案例

1）选用原则

（1）热量和温度控制。

在比较和选择热控涂层时，应考虑的主要因素包括热控涂层的热辐射性能是否满足热设计的要求。太阳吸收比越高的涂层，吸收的太阳能越多。红外发射率越大,则辐射的热量越多。吸辐比的大小直接影响太阳光照射下的表面温度的高低。增大表面的吸辐比则可以提高表面的温度。

（2）耐辐射性能。

对于运行在地球同步轨道等离地球高度 10 000 km 以上的航天器,空间电离效应不可忽视,需重点考虑紫外辐射及空间带电粒子等对涂层的作用,选择具有相应防护能力的涂层。

热控涂层的选用,还需要考虑涂层的应用环境特性对它的影响。不同的环境会改变涂层的热辐射性能和物理性能,比如导致热辐射参数、涂层的致密度或附着力等的变化。长期的紫外辐射和空间带电粒子等的辐射可能会导致涂层变脆而龟裂甚至脱落,太阳吸收比的增加等。实践证明,玻璃型二次表面镜的空间环境适应性最好；其次是塑料薄膜型二次表面镜、阳极氧化、无机漆等；真空蒸发-沉积型二次表面镜等涂层也有较好的抗辐射性能,而有机漆和涂料型二次表面镜性能一般。在选用时需要考虑涂层应用的环境特点。

（3）抗原子氧。

对于运行轨道低于 1 000 km,尤其是 600 km 以下的航天器（通常称为低轨道航天器）,必须考虑原子氧对表面热控涂层的侵蚀和氧化作用,选择具有抗原子氧防护涂层的材料。

（4）防静电性能。

为了避免物体表面静电电荷的累积而引起的电磁干扰、放电、绝缘破坏等不良影响,有时候会要求热控涂层具有防静电功能。如采用带 ITO 导电涂层的二次表面镜,包括玻璃型二次表面镜、F46 二次表面镜和聚酰亚胺膜等。

ITO 涂层是应用较多的一种透明导电涂层,通常会在玻璃型或薄膜型二次表面镜上沉积一层 ITO 涂层,增加导电性能的同时,对光学性能没有显著的影响。

此外,天线反射器上的散热涂层一般使用具有防静电功能的 ACR-1 白漆或者使用镀锗聚酰亚胺膜,在透波的同时还能起到防静电的作用。

（5）涂层退化。

选择航天器外部涂层时,除了要考虑其热光学参数外,还要考虑其耐空间环境的能力和自身热参数在空间环境因素作用下的退化性能,初期和末期甚至中期,热控涂层的太阳吸收比是不同的。

（6）放气率。

有机涂料在真空中会有气体逸出,放气产物如果在精密光学表面上重新凝结将带来很多问题,如光学表面性能退化、电接触元件失灵,等等。为了避免材料放气引起的污染问题,对于航天材料的放气率有严格的规定：真空总质损小于 1%,可凝挥发分小于 0.1%。

2) 应用案例

(1) 案例1：高发射率热控涂层的应用。

宇宙空间是高真空状态，热量的传递主要通过传导和辐射两种方式。航天器舱体内的设备热耗各不相同甚至差异很大，强化相互之间的热辐射换热可以有效地平衡不同设备的温度。因此，舱板的内表面、设备壳体表面均选择高发射率表面，通常要求 $\varepsilon \geqslant 0.85$。

舱板是铝蜂窝板，表面是铝合金蒙皮，如果没有涂层，其红外发射率 ε 约为 0.05，属于低发射率，显然不满足强化辐射换热的要求，因此会在铝合金表面喷涂 SR107 有机白漆，$\varepsilon = 0.86 \pm 0.02$。舱内设备也是同样的高发射率热控涂层，通常用的有喷涂 E51-M 黑漆或者铝合金表面黑色阳极氧化。高发射率热控涂层典型应用如图 5-55 所示。

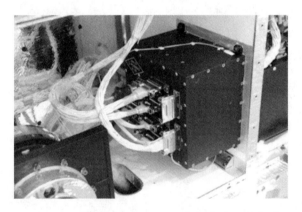

图 5-55　舱板内表面 SR107 有机白漆，设备外
表面为 E51-M 黑漆

(2) 案例2：低发射率热控涂层的应用。

除了设备之间增强辐射热交换外，有些设备需要减少和外部的热交换。例如镉镍电池组，与普通的电子设备不同，镉镍电池需要在一个温度相对稳定的环境下工作，因此不能受其他设备的太多影响。此时就要减少它与其他设备的热交换。比如，将镉镍电池组放在一个单独的小舱内。舱板的内表面可以为铝合金抛光状态或者粘贴一层单面镀铝聚酯膜热控带，保持红外发射率 $\varepsilon \leqslant 0.1$。

(3) 案例3：散热涂层的应用。

散热涂层的特点是低太阳吸收比、高红外发射率，也就是低吸辐比。用在有太阳照射的地方，可以降低阳光能量的吸收，增加自身向外的辐射能力。常用的散热涂层主要包括 SR107-ZK 白漆、玻璃型二次表面镜、F46 膜二次表面镜等。散热涂层的典型应用如图 5-56 所示。

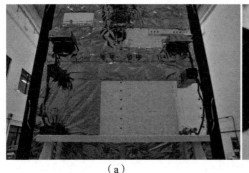 

（a） （b）

图 5-56 散热涂层的典型应用
（a）舱板外表面为铈玻璃镀银二次表面镜；
（b）旋转关节外表面为 SR107-ZK 白漆

（4）案例 4：特殊热控涂层的应用。

热控涂层不仅要考虑热控制功能，有时也要兼顾产品的其他特殊功能需求。例如数传天线的抛物线接收面通常会喷涂散热涂层白漆，但由于天线对防静电有较高要求，此时的涂层除了吸辐比要求外还要有防静电功能，因此不能用一般的白漆，而要采用 ACR-1 防静电白漆，如图 5-57 所示。

图 5-57 天线表面为防静电的 ACR-1 白漆

有的天线需要高发射率热控涂层，却又要求透波率比较大，因此选用具有透波效应的材料，如镀锗的聚酰亚胺膜。针对此种热控状态做热分析时，热特性参数除了太阳吸收比和红外发射率外，还需考虑其太阳透射比。

（5）案例 5：热控涂层的组合使用。

同一部位的热控涂层不一定是单一的。例如刚性的玻璃型二次表面镜（如石英玻璃镀银二次表面镜、石英玻璃镀铝二次表面镜等）强度低、脆性大，因此要求安装底面必须是平面；柔性薄膜型二次表面镜（如 F46 膜镀银或镀铝二次表面镜）用作散热涂层时，通常作为玻璃型二次表面镜的辅助材料，用在曲面或形状不规则表面，或在航天器总装阶段用于散热面的局部修复。

不同颜色的涂料型热控涂层具有不同的太阳吸收比，通过不同颜色涂层的组合将获得一个综合的太阳吸收比，以提高涂层的灵活性。

5.2.6 流体回路

1. 功能及工作原理

流体回路是航天器热控制的重要技术手段，其功能是将航天器内部的废热进行收集、传输，并最终通过辐射散热器等排散到外部太空，实现航天器的综合热管理。

1）机械泵驱动单相流体回路

机械泵驱动单相流体回路主要包括机械泵及其控制器、旁路调节温控阀、补偿器、过滤器、管路、冷板等。机械泵驱动单相流体工质在回路内循环流动，冷工质通过冷板与发热设备进行热交换，工质升温并以显热的形式带走热量；热工质通过辐射散热器或中间热沉/冷板将收集的热量释放排散，恢复为冷工质，回流到机械泵，从而形成一个流动和换热循环。其中，旁路调节温控阀用于调节流经辐射散热器或中间热沉的热工质流量，实现系统的温度控制。当热负载及外部热环境变化时，会引起流体工质温度的变化，进而导致工质的收缩和膨胀，补偿器的作用是适应上述情况向流体回路补偿或回收液态工质，同时也适应工质微量泄漏的补偿等；此外，补偿器的背压可以保持流体回路内部一定的静压力，确保工质在进入机械泵之前的气蚀余量符合工程要求。典型机械泵驱动单相流体回路原理如图 5-58 所示。

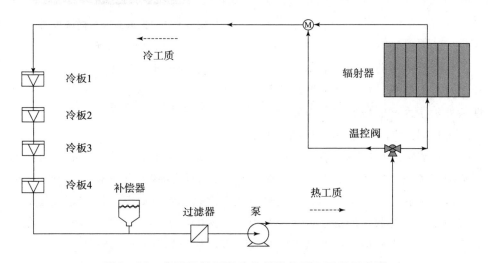

图 5-58　典型机械泵驱动单相流体回路原理示意图

2) 机械泵驱动两相流体回路

机械泵驱动两相流体回路主要包括机械泵及其控制器、储液器、蒸发器、过滤器、管路、冷凝器等。机械泵驱动单相工质流向与发热设备耦合的蒸发器，在蒸发器内单相工质吸热蒸发，转变为气液两相态，气液两相工质通过冷凝器与辐射散热器或其他热沉进行热交换，将从发热设备收集的热量释放排散，恢复为过冷单相工质，回流到机械泵，从而形成一个流动和换热循环。其中，储液器用于向流体回路补偿或回收液态工质，以适应热负载及外部热环境变化引起的流体工质温度变化、气液分布变化以及微量泄漏等。正常状态下，储液器和蒸发器内部一直处于气液两相态，由克劳休斯-克拉贝龙方程可知，气液两相工质的温度与压力为一一对应关系，因此，对于确定的工质，储液器与蒸发器之间的温差就取决于两者之间的压力差。所以，储液器的另一主要功能是通过自身的温度控制（加热和制冷调节）实现对蒸发器的温度控制，从而可以控制发热仪器设备的温度。典型机械泵驱动两相流体回路原理如图 5-59 所示。

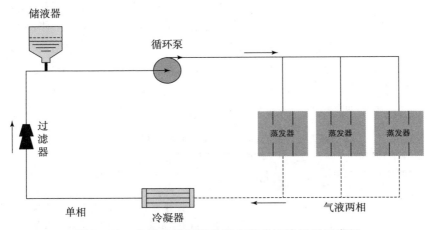

图 5-59 典型机械泵驱动两相流体回路原理示意图

3) 重力驱动两相流体回路

重力驱动两相流体回路一般由蒸发器、蒸气管路、冷凝器、液体管路、储液器、控制阀等组成，形成一个闭合回路。系统利用重力场驱动，如月球、火星等重力场，回路内部工质通过蒸发器从热源（发热仪器设备、同位素热源等）吸热蒸发，工质由液态转变为气态或气液两相，从而造成管路中工质的密度差，在重力场下会形成自然循环流动，气态工质在冷凝器中放热并冷却为液态，通过液体管路回流至蒸发器再次吸热蒸发，如此实现热量的收集、传输和排散。重力驱动两相流体回路原理如图 5-60 所示。

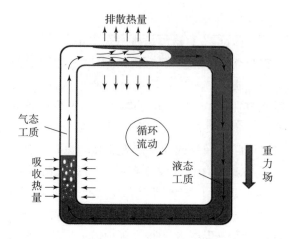

图 5-60 重力驱动两相流体回路原理示意图

2. 类别及特性

航天器用流体回路宏观上分为单相流体回路和两相流体回路两大类,其中,两相流体回路包括机械泵驱动两相流体回路和重力驱动两相流体回路。

流体回路典型特性指标主要包括外观、尺寸、质量、工作温区、传热能力、控温指标、热流密度、工质漏率、功耗、使用寿命以及安全性、可靠性、维修性等"六性"要求,具体指标随产品及其用途的不同而有所区别。航天器用流体回路的类别及特性如表 5-8 所示,其中工质为选用参考。

表 5-8 航天器用流体回路的类别及特性

流体回路名称	工质	推荐工作温区/℃	特别说明
机械泵驱动单相流体回路	水	4~50	工质无毒性、比热大、导热系数高、密度较小,适于有航天员活动的密封舱热控制。需特别关注水工质与流体回路材料的化学相容性、细菌滋生以及低温工况或故障工况的结冰问题
	氨	−60~40	工质有毒性、密度小、温区较宽、压力高,适于载人航天器除了密封舱以外部位的应用或无人航天器。需特别关注氨工质与流体回路材料的化学相容性问题以及安全性问题
	乙二醇水溶液	−20~60	工质有微毒性、密度小、比热较大,适于载人航天器内回路的应用或无人航天器。需特别关注乙二醇水溶液与流体回路材料的化学相容性问题以及泄漏后的安全性问题

续表

流体回路名称	工质	推荐工作温区/℃	特别说明
机械泵驱动单相流体回路	有机硅油 PMS-1.5	−70~50	工质无毒性、密度较小、温区较宽，适于载人航天器外回路的应用或无人航天器
	氟利昂 CFC-11	−100~100	工质无毒性、温区宽、压力较高，适于载人航天器外回路的应用或无人航天器。需特别关注安全性问题
	全氟聚醚 H-Galden Zt85	−50~100	工质无毒性、温区宽、不爆炸、耐受空间环境好，适于载人航天器外回路的应用或无人航天器
	全氟三乙胺	−100~50	工质无毒性、温区宽、不爆炸，适于载人航天器外回路的应用或无人航天器。需特别关注空间辐射环境适应性
	全氟环醚	−100~80	工质无毒性、温区宽、不爆炸，适于载人航天器外回路的应用或无人航天器。需特别关注空间辐射环境适应性
机械泵驱动两相流体回路	氨	−60~80	工质有毒性、密度小、温区较宽、压力高，适于载荷热流密度高、不同设备之间温度一致性要求高的航天器。需特别关注氨工质与流体回路材料的化学相容性问题、安全性问题以及蒸发器出口工质干度控制问题
	二氧化碳	−40~25	工质无毒性、温区较窄、压力高，适于载荷热流密度较高、不同设备之间温度一致性要求高的航天器。需特别关注安全性问题以及蒸发器出口工质干度控制问题
重力驱动两相流体回路	氨	−60~80	工质有毒性、密度小、温区较宽、压力高，适于月球、火星等重力场适宜的着陆/巡视航天器。需特别关注氨工质与流体回路材料的化学相容性问题、安全性问题以及不同重力场下的传热能力及其地面等效验证问题

3．选用原则及应用案例

1）选用原则

流体回路技术主要应用在载人航天、深空探测、大功率卫星等领域。选用原则如下：

(1) 机械泵驱动单相流体回路及两相流体回路适于有远距离大功率热量收集、传输及排散需求的航天器,例如载人航天器、大功率通信卫星。

(2) 机械泵驱动单相流体回路及两相流体回路属于典型的主动热控制技术,特别适合于空间环境变化复杂或未知、载荷具有多种工作状态的航天器,例如深空探测航天器等。

(3) 重力驱动两相流体回路适于月球、火星等重力场适宜的着陆/巡视航天器。

(4) 流体回路工质的选择取决于工作温区、传热量等需求,受约束于空间环境适应性、硬件配套产品成熟度等多方面因素,需综合考虑。

(5) 流体回路中的工质与系统材料体系之间的相容性,特别是化学相容性是影响流体回路使用寿命、可靠性的关键因素,选用和设计时应确认,必要时安排试验验证。

(6) 机械泵驱动单相流体回路及两相流体回路的核心部件为机械泵,选用时应特别关注其寿命和可靠性是否满足需求,关注导致机械泵失效的关键因素,系统设计和应用过程必须予以重视。机械泵一般采用备份设计。

(7) 补偿器或储液器是保证流体回路全寿命周期内适应空间环境变化、工作负载变化以及工质缓慢泄漏的关键部件,其设计应与系统需求匹配。

(8) 载人航天器选用机械泵驱动流体回路时,还应特别关注模块化设计和维修性设计。

(9) 机械泵驱动两相流体回路在使用过程中,蒸发器出口工质的干度不能太高,否则容易引起温度波动和系统失稳,工质的干度一般在 0.3 以下为宜,具体数据需根据地面试验确定。

(10) 两相流体回路在地面的换热与空间微重力或其他重力场环境下有所区别,例如由于重力场导致两相流型的变化,进而影响蒸发和冷凝换热,特别是冷凝换热受影响较大,国内外的研究结论较为一致,即微重力下冷凝换热系数降低,目前试验结果显示降低幅度在 23%~26%,这将影响到冷凝器的设计和地面等效试验验证。

2) 应用案例

(1) 案例 1:单相流体回路用于火星探测器。

1996 年 12 月 4 日发射的火星探路者(Mars Pathfinder,MPF),是 NASA 发现计划的第二次发射,目标是演示将来要使用的关键技术和设计概念。火星探路者的热控制系统如图 5-61 所示。在巡航阶段,通过机械泵驱动单相流体回路热排散系统(Heat Rejection System,HRS)将火星探路者内部热量传递到辐射散热器进行散热,为了调节内部温度,使用了石蜡驱动的温控阀来调节外回路与旁路之间的流量分配；在着陆阶段，流体回路内部工质排空，并与巡视探测器分离，流体回路任务结束。

火星探路者是首次在星际探测中采用单相流体回路的案例。其中，单相流体回路工质为 CFC-11，工质流量为 0.2 g/min，工作温度范围为 −30~40 ℃，运行压力为 0.689 MPa；泵组件为双泵，互为备份，单泵功率需求为 10.6 W，泵组件总质量为 8 kg，设计寿命为 3 年。

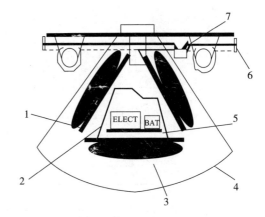

图 5-61 火星探路者热控制系统组成
1—着陆器；2—隔热部件；3—气囊；
4—热防护层；5—热排散系统管道；
6—热排散系统辐射器；7—泵组件

作为成功的热控制系统，火星探路者热控制系统奠定了美国火星车热控制系统设计的基础，其试验成功的机械泵驱动单相流体回路系统成为后续火星车热控制设计的基础。后续发射的勇气号、机遇号及好奇号等火星车的热控制系统都以此为基础进行的优化和改进设计。

火星科学实验室（Mars Science Laboratory，MSL）由美国的喷气推进实验室（Jet Propulsion Laboratory，JPL）抓总研制，于 2011 年 11 月 26 日发射，2012 年 8 月 6 日使好奇号火星车登陆火星盖尔撞击坑。它使用多使命同位素电源（Multimission Radioisotope Thermoelectric Generator，MMRTG）供电，可以长时间提供 110 W 的电能，但是约有 2 000 W 的废热需要优化管理，当 MSL 处于高温工况时进行废热排散，当处于低温工况时将废热回收利用，为火星车和其他科学仪器载荷保温。MSL 继承了探路者热控制系统的单相流体回路技术，并在此基础上进行了较大的改进。火星科学实验室设计了 2 条机械泵驱单相流体回路，其流体工质都为氟利昂（CFC-11），如图 5-62 所示。一条主要用于巡航阶段整个飞行器的温度控制，称为巡航阶段热排散系统（Heat Rejection System-Cruise，HRS-C）；一条用于好奇号火星车在火星表面巡视阶段的温度控制，称为巡视阶段热排散系统（Heat Rejection System-Surface，HRS-S）MMRTG 和单相流体回路的使用，使整个飞行器具有很强的环境适应性，能够在火星上任何季节、南北纬 60°范围内工作。

将火星科学实验室探测器单相流体回路结构示意图转换为原理图，如图 5-63 所示。

火星科学实验室探测器巡航阶段 HRS-C 及火星车在火星表面巡视阶段 HRS-S 的基本参数如表 5-9 所示。

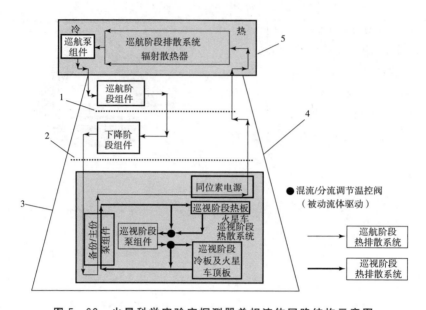

图 5-62 火星科学实验室探测器单相流体回路结构示意图

1—减速与巡航阶段界面；2—下降与巡视阶段界面；3—同位素电源安装门；
4—减速再入阶段；5—巡航阶段

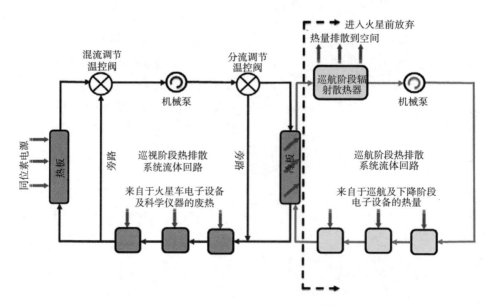

图 5-63 火星科学实验室探测器单相流体回路原理图

表 5-9 HRS-C 与 HRS-S 基本参数

项目	HRS-C	HRS-S
散热能力/W	约 2 000	约 350
工质类型	氟利昂（CFC-11）	氟利昂（CFC-11）
工质工作温度范围/℃	0～100	−100～100
泵阀工作温度范围/℃	−35～50	−40～100
额定流量/(L·min^{-1})	1.5	0.75
温控阀	无	设置分流和混流调节温控阀
设计寿命/年	1	3

HRS-C 在 MSL 从地球发射后到进入火星大气 1 h 前这段时间内工作，其主要作用是将同位素电源、火星车和其他设备产生的废热通过巡航器的外置体装辐射散热器排散掉。之后，HRS-C 的流体工质将排散掉，同时其泵阀等设备也与着陆器分离。HRS-C 主要由泵组件、巡航器辐射散热器、同位素电源换热器以及管路等组成，其三维布局如图 5-64 所示。

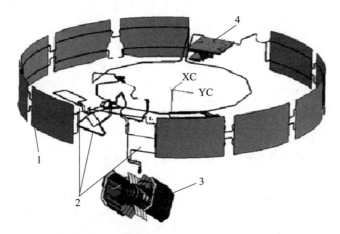

图 5-64 巡航器 HRS-C 流体回路三维布局
1—巡航阶段辐射散热器；2—热交换器管路；
3—热交换器；4—集成泵组件

火星车 HRS-S 单相流体回路主要包括泵组件、流量调节温控阀、管路、同位素电源热交换器等，用于收集同位素电源的废热及仪器板上的大功耗设备散热，其三维布局如图 5-65 所示。HRS-S 单相流体回路泵组件包括一台主泵和一台备份泵，在泵组件外还设计了一台独立的机械泵，以满足泵组件内的两台

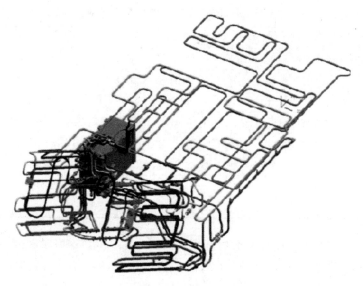

图 5-65 火星车 HRS-S 流体回路三维布局

泵均故障的情况,任意时刻只有一台泵工作。泵组件中还包括补偿器、压力传感器、过滤器、服务阀等。流体回路工作温度点设置为 15 ℃,并通过温控阀实现流量分配调节,进而实现温度控制。在火星表面工作时,为保证内部设备不低于最低工作温度要求,流体回路通过换热板吸收同位素电源产生的废热,然后将热量传递到仪器板热交换器;当仪器板的温度超过 15 ℃ 时,温控阀调整流过仪器板和冷板的流量,使 95% 的工质流量通过冷板,将热量散到外界环境中;当仪器板的温度低于 15 ℃ 时,温控阀调整流过仪器板和冷板的流量,使 95% 的工质流量通过仪器板,将热量传递给仪器设备。

与同位素电源进行热交换的换热器是由两个一样的铝蜂窝板以及流体管路组成的,如图 5-66 所示。蜂窝板的内侧称为热板(Hot Plates),主要通过辐射吸收同位素电源的废热;外侧称为冷板(Cold Plates),冷板一侧的 HRS-C 的管路和 HRS-S 的管路相互接触换热,同时作为辐射散热器将热量排散出去。

在 MSL 项目研制过程中,JPL 除完成

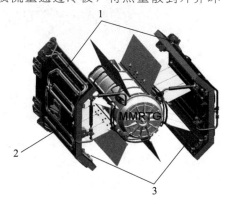

图 5-66 同位素电源及其换热器三维设计图

1—冷板;2—HRS-C 和 HRS-S 管路;3—热板

系统设计和泵组件等关键单机的研制外,还同步开展了工质相容性试验和流体回路寿命试验,如下文所述。

①流体回路寿命试验。

MSL 为了验证机械泵驱动单相流体回路的长寿命设计,在地面搭建了一套常温下工作的流体回路寿命试验台,如图 5-67 所示。试验台中包括机械泵、补偿器、过滤器、流量调节阀、压力传感器、服务阀等实际回路中都有的设备以及流体工质、管路材料、密封接头等。对于导管,通过导管绕圈的方式模拟实际流动阻力,同时,绕圈的导管能够方便地拆下而不影响试验的进行,以便对导管内的工质进行取样化学分析,以判断工质是否有性能降级的现象发生。

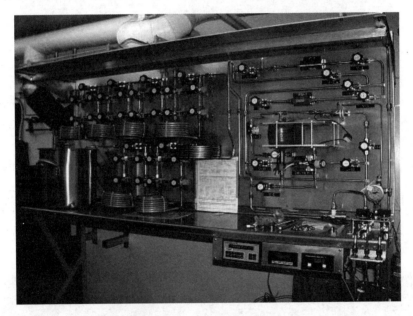

图 5-67　MSL 流体回路长寿命试验台

为了考核流体工质和机械泵在高温下长时间的工作性能,JPL 设计了铝合金导管的流体回路,工质温度保持在高温 90 ℃下,让机械泵连续工作 4 000 h,如图 5-68 所示。结果证明,机械泵没有明显的指标变化。对铝合金绕圈导管在 2 000 h 和 4 000 h 分别取样进行表面腐蚀检查,结果表明,铝合金导管内表面尺寸最大的腐蚀痕迹不超过 50 μm,远小于导管管壁的厚度 700 μm。然后对这些导管试件进行了耐压试验,压力提高到飞行压力 200 psia(13.8 bar)的 25 倍,密封性仍然良好。

②工质相容性试验。

工质与管路材料的化学相容性是非常重要的。JPL 选取了三种导管材料,

图 5-68 机械泵、导管和工质高温寿命试验台

分别是铝合金、不锈钢以及铝合金不锈钢接头,管路内充满氟利昂工质,试件存放在 100 ℃ 的恒温箱中,试件以及内部的工质按照计划在 30 天、60 天、90 天、180 天、360 天、720 天、1 080 天进行取样测试或者化验,如图 5-69 所示。结果表明,氟利昂的性能降级可以忽略,一年时测试结果显示,铝合金导管内的卤化物含量小于 110 ppm。

图 5-69 工质与管路材料化学相容性试验

（2）案例2：单相流体回路用于大型通信卫星。

早在1993年，欧空局（European Space Agency，ESA）便启动了先进卫星通信系统（Advanced Research in Telecommunications Systems，ARTES）研究项目，作为一个长期发展计划来资助通信卫星领域的相关科研活动。其中，ARTES 8专项旨在资助AlphaBus卫星平台的联合开发，AlphaBus卫星平台的论证始于2000年，在ESA的主持下，于2002年立项并进入方案阶段，AlphaBus卫星平台的首发星Alphasat I-XL于2012年发射。

在AlphaBus卫星平台前期开发过程中，共确立了22项关键技术预研项目，为AlphaBus卫星平台的研制及其未来的扩展做准备。其中一项即机械泵驱动单相流体回路（Single-Phase Loop，SPL）热控子系统，目标是解决大功耗载荷的散热问题。该子项目由荷兰的Bradford Engineering B.V.公司负责抓总，荷兰的国家航空航天实验室（National Aerospace Laboratory，NLR）、瑞士的Realtechnologie与Reusser AG公司参与研制。其中，NLR将其热控制系统及分析专业技术引进该项目，并为环境试验提供支持，瑞士的Realtechnologie、Reusser AG公司负责机械泵和补偿器的研制。

AlphaBus流体回路主要由五个部分组成，分别是泵组件、旁路组件、载荷换热器、辐射散热器、工质，原理如图5-70所示。系统可支持3 000 W的散热能力，未来可扩展到6 000 W。工作温度范围为−45～90 ℃，设计寿命大于15年。

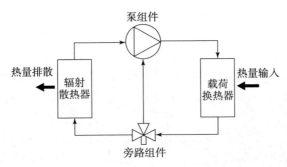

图5-70 AlphaBus流体回路原理图

泵组件包括互为备份的离心泵、控制器、补偿器、隔离阀、流量计、温度和压力传感器，如图5-71所示。其中，控制器用于泵电机驱动、速度控制和监视，每个泵配备2套控制电路盒，互为备份；隔离阀用于选择主份或备份支路。泵组件通过卫星数据总线向地面提供失效监视信息。泵组件与卫星母线、数据总线、冷却回路的其他部件等都有接口。需特别指出的是，机械泵为系统最为关键的部件，异常严格的可靠性和寿命要求（大于15年）对泵的研制是很大的挑战。

旁路组件包括两个互为备份的步进电动机驱动的三通调节阀，其中三通调节阀上安装了一个位置敏感器和一个被动终止开关，如图5-72所示。其中，三通调节阀将泵组件的流体分为两个支路，一路流过辐射散热器，一路流过支路，三通调节阀根据泵入口工质的温度来调节流过辐射散热器的工质流量，该三通调节阀可以从0调节到100%，从而达到控制所排散热量的目的，最终实现对载荷换热器上各载荷设备的温度控制。

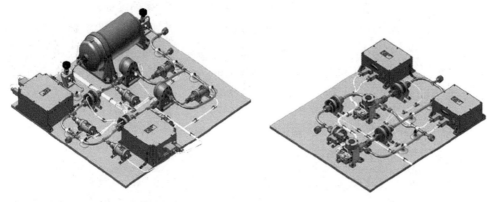

图5-71　流体回路泵组件　　　　图5-72　流体回路旁路组件

载荷换热器为预埋在铝蜂窝仪器板中的并联流体管路，总长度为70 m，工质的平均流速为1 m/s，整个载荷换热器的压降为0.35 MPa，系统所含工质为7 L。

流体回路载荷换热器收集到的热量最终由辐射散热器排散到太空中。AlphaBus的辐射散热器为可展开式辐射散热器，共计两块，每块都是双面散热，每侧散热面积为 4.5 m^2，辐射散热器总的散热面积为 18 m^2，辐射散热器的热关节为金属软管。

除了机械泵以外，工质的选择亦为关键环节。工质的筛选考虑了以下条件：工作压力、相容性、可操作性及安全性、耐辐射特性、凝固点、导热系数、工质质量、补偿器体积、泵的工作点等。

AlphaBus流体回路研制团队考虑了异辛烷、氨、氨水混合物、H-Galden Zt85（hydrofluoropolyether）和R134a五种备选工质。考虑到氨和氨水混合物的工作压力过高以及材料兼容性问题而被排除；异辛烷和R134a分别需要很大的管路直径和补偿器体积，且在自然状态下异辛烷容易爆炸，也被排除；研制团队最终确定选择 H-Galden Zt85 作为冷却工质，就工质性能、流体回路系统特性等方面而言，这确为一个折中的解决方案。

H-Galden Zt85 通过了专业鉴定，关注由于空间环境辐射和热循环而导致的液体性能退化。开展了 1.5×10^7 rad（Si）的地面辐照试验，证明其满足 15 年 GEO 轨道辐射环境总累积剂量的要求。此外，加速热循环试验表明流体性能的退化是可以忽略的。H-Galden Zt85 由意大利 Solvay Solexis 公司生产。H-Galden Zt85 的热物理性质如表 5-10 所示。

表 5-10　H-Galden Zt85 的热物理性质

沸点/℃，1 bar	倾点/℃	密度/(kg·L^{-1})，20 ℃	比热容/(J·kg^{-1}·K^{-1})，20 ℃	导热系数/(W·m^{-1}·K^{-1})，20 ℃
85	-120	1.6	1 236	0.102

AlphaBus 卫星流体回路鉴定件在 NLR 进行了性能及加速寿命试验，两组试验采用同一套试验装置。流体回路试验台按照 3 000 W 热耗指标搭建，真实模拟载荷换热器发热以及辐射散热器散热，如图 5-73 所示。为了研究传热传质特性，管路长度、流量、容积等均与工程设计一致。运行过程中检测传热能力、温度梯度、流量、压差以及泵的功耗等参数。加速寿命试验采用机械泵不同转速与工质不同温度组合的方式，在大气环境下进行，开始于 2009 年 3 月，为期 1 年。

图 5-73　流体回路长寿命试验台

（3）案例 3：单相流体回路用于国际空间站。

国际空间站是采用单相流体回路作为热控制核心手段的典型代表。国际空间站流体回路系统从任务分工上大体分为俄罗斯段和美国段，这两部分基本相互独立。其中俄罗斯段主要为空间站中的俄罗斯舱提供温度控制支持，而美国段则为美国舱、欧洲舱、日本舱提供温度控制支持。此外,国际空间站的电池模块还有独立的流体回路进行控温,这部分是由美国完成的。

国际空间站美国段的流体回路分为外回路和内回路。其中内回路布局于各个舱内,为各个压力舱内的设备提供冷却;外回路位于舱外,主要功能是对内回路进行冷却,同时为一些舱外设备提供冷却。美国段的外回路设计是采用一个公共的回路,然后各个舱段的内回路通过中间换热器连入外回路,最后热量通过与外回路连接的辐射散热器辐射到外部空间中去。

美国段的内回路是机械泵驱动水工质单相流体回路。用水的原因,一是水是良好的热量传输材料,二是水比较安全。整个美国段,包括美国实验舱的destiny、节点舱2、JEM舱、Clumbus舱、节点舱3都含机械泵驱动单相流体回路,回路结构类似。

外部流体回路系统在自由号空间站和国际Alpha空间站论证阶段,采用的是机械泵驱动氨工质两相流体回路。两相流体回路与单相流体回路相比较,在类似的冷却要求下,两相流质量流较小,工质质量小,功耗低,同时,管路系统与横截面以及泵系统也简单和小型化;两相流体回路能反映热负载的变化,快速进行调节,能对冷凝器和蒸发器提供近于等温的条件。考虑当时两相流系统在满足可靠运行10~15年的要求方面还没有取得突破,所以在国际空间站论证阶段,外部主动热控制系统的设计继承了航天飞机的单相流体回路系统,采用的工质是氨。

由于压力舱内部环境与舱外环境对回路控温水平、工质性能的要求不同,内回路位于舱内温度水平较高,工质要求无毒;外回路流体的温度水平较低,工质的冰点要求比较低。因此,在国际空间站的流体回路系统一般采用内、外回路相结合的形式。图5-74所示为一个典型的以单相流体回路为核心的国际空间站主动控温示意图。

下面以美国实验舱为具体案例进行说明。

美国实验舱的内回路包括两个回路,分别是低温回路和中温回路,这种方法有利于热负荷的分离,有利于热管理,并且在设备故障时提供冗余。低温内回路工作在4 ℃,主要服务于工作在较低温度的设备,如环控生保系统的舱内空气组件及部分载荷;中温内回路工作在17 ℃,为平台设备和部分载荷提供冷却。在正常情况下两个回路独立工作,称为双回路模式(Dual-Loop),在某些特殊情况下,如某一个回路中的泵失效时,或者内外回路的中间换热器发生故障时,两个回路可以连通,从而保证关键设备的工作,内回路最大可以收集和传输25 kW的热量。内回路在发射到运行之前一段时间内,利用加热器来保证工质不发生冻结。

第 5 章 航天器常用热控制技术

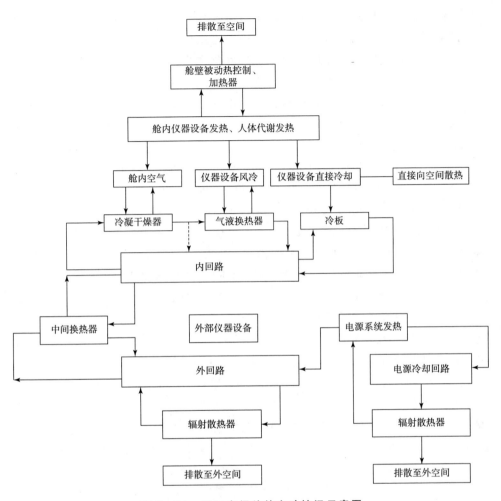

图 5-74 国际空间站的主动控温示意图

内回路按照功能可以划分为：热量收集组件（Heat Collection ORUs）、热量传输组件（Heat Transportation ORUs）和热量排散组件（Heat Rejection ORUs）。热量收集组件包括冷板和换热器，换热器除了收集设备释放的热量，还可以用于冷凝空气中的水分。内回路中还包括一个回热换热器，这一换热器用于单回路模式，其作用是在低温回路液体流经高温回路之前对其进行预热，以免发生冷凝。热量传输组件包括离心泵组件、管路、补偿器、过滤器、快速断接器、阀、气体捕集器、流量计、温度和压力传感器等。内回路的热量排散组件是中间换热器。中间换热器是两个内回路与外回路的热量交换的装置。

外回路是一个以氨为工质的泵驱动单相流体回路，它为整个美国段服务。外回路通过水-氨中间换热器为各个舱提供散热，这些中间换热器位于舱外。

工质先流经低温换热器，然后从低温换热器出来后进入中温换热器。由于进入中温换热器的工质的温度取决于低温换热器的换热量，因此在中温水循环要有温度控制，防止在低温回路热负荷少时在中温回路产生凝结。中间换热器是一个紧凑式板翅式换热器，设计换热为 14 kW，适应最高 25 kW 的换热量需求。外回路有一个储氨罐和一个储氮罐。储氨罐用来在发射时存储液氨，入轨后用来在回路启动时加注，并且可以对回路工质进行补充。储氮罐里存储高压氮气，用来控制氨罐和回路的压力。

国际空间站实行在轨组装，设计寿命比较长，因此对于在轨维护更换的要求高。在流体回路的设计过程中，很多组件都集成在一起，设计成为一个在轨可替换单元（Orbital Replacement Units，ORUs）。NASA 定义 ORU 为"在轨可移动和更换的最底层组件或子系统硬件"。ORU 的形状一般为盒状，设计上具有故障诊断和隔离功能。根据设备特点和系统要求，在设计上不同设备的 ORU 有不同的要求，一个功能子系统可由多个 ORU 组成。ORU 的内部具有很高的模块化设计，自身具有电源控制能力，设计上尽量减少与其他设备和系统的数据和供电连接，可通过插拔操作对内部模块进行维护。国际空间站上的 ORU 最主要的就是 Heat Collection ORUs、Heat Transport ORUs、Heat Rejection ORUs，这些单元在使用的过程中都是通过快速断接器接入流体回路。

在轨运行过程中，每次航天飞机执行任务都会对内回路工质进行采样，并带回地面进行微生物和 pH 变化监测。NASA 后来在内回路中的每个支路都增加了一个过滤器，其中含有银离子微生物去除装置，成功地克服了回路中微生物的繁衍。此外，高的 pH 值有利于防止管道腐蚀和微生物滋生，但监测发现工质 pH 值在运行过程中会变小，经分析，判断为 CO_2 通过特氟龙软管进入了回路。

（4）案例 4：两相流体回路用于科学探测航天器。

2011 年 5 月 16 日，高精度粒子探测器——"阿尔法磁谱仪 2（AMS-02）"搭乘美国"奋进号"航天飞机，成功发射，并运行于国际空间站。AMS-02 粒子探测器采用的机械泵驱动两相流体回路系统，是国际上首套在轨运行的、代表空间热控制技术未来重要发展方向的关键技术。

AMS-02 是由著名美籍华裔科学家丁肇中教授领导的大型国际合作科学实验项目，寻找反物质和暗物质，其中的粒子探测器是 AMS-02 的关键科学探测载荷，共包括 192 个硅微条探测器件，每个器件热耗 0.75 W，总热耗 144 W。为了保证探测精度，需要对硅微条探测器散热并实现高温度稳定度和均匀度控制。AMS-02 粒子探测器如图 5-75 所示。

AMS-02 采用了机械泵驱动两相流体回路系统实现硅微条探测器件的散热和温度控制，工质为 CO_2，系统共含四个机械泵（冗余设计）。采用 CO_2 两相系

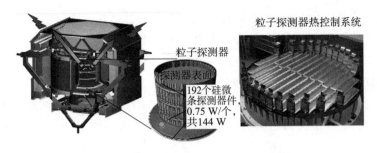

图 5-75　AMS-02 粒子探测器示意图

统的主要原因是：CO_2 为高压工质，一定的压力差范围内，饱和温度变化很小，利于实现 192 个器件温度一致性的要求；同时两相系统可以将蒸发器小型化（实际上为细管路），利于实现粒子探测器的高度集成。AMS-02 粒子探测器要求两相流体回路的工作温度范围为 -15～25 ℃，储存温度范围为 -20～40 ℃，192 个探测器件每个轨道周期温度稳定度优于 3 ℃，温度一致性优于 1 ℃/9 m（与探测器件耦合的蒸发器管路长度），每层探测器件之间最大温差小于 10 ℃。机械泵驱动两相流体回路原理如图 5-76 所示，主要包括机械泵、储液器、回热器、蒸发器、冷凝器、预加热器、管路等。

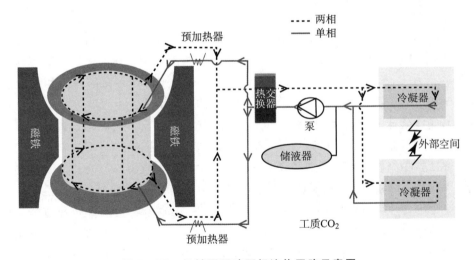

图 5-76　机械泵驱动两相流体回路示意图

（5）案例 5：两相流体回路用于嫦娥三号月球探测器。

嫦娥三号月球探测器月夜生存采用"RHU + 月球重力驱动两相流体回路"的热量供给方法。其中，RHU 提供热量，并安装在探测器外部，月球重力驱动两相流体回路蒸发器与 RHU 耦合，吸收 RHU 热量，冷凝器与探测器内部耦合，将热量释放到探测器内部，从而实现热量的供给，如图 5-77 所示。

两相流体回路的运行依靠月球重力场驱动,是集热收集、热传输与热排散功能一体化的装置,工质为氨。月昼期间,两相流体回路控制阀关闭,回路不运行,实现 RHU 与探测器内部的热隔离;昼夜转换时,接通两相流体回路控制阀,回路依靠月球重力驱动启动运行,将 RHU 的热量传递到探测器内部,保证整个月夜期间的热量补充;夜昼转换时,通过控制阀关闭回路,保证月昼期间切断 RHU 与探测器内部的热连接,如图 5-78 所示。

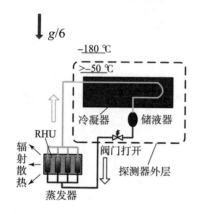

图 5-77 月夜供热系统工作示意图

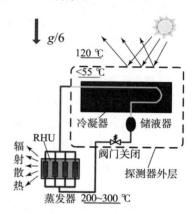

图 5-78 月昼供热系统关闭示意图

在月球重力驱动两相流体回路研制过程中,围绕两相流体回路传热能力的实现、传热温差的保证,开展了重力场对氨工质两相流动与换热的影响、地面等效试验验证方法、运行稳定性、性能衰退规律及抑制技术等方面的理论和试验研究。理论分析表明,对于探测器采用的两相流体回路系统,流动阻力在月球 $1/6g$ 重力场下比地球 $1g$ 重力场下略大,但不超过 10%,以此为基础建立了传热能力地面等效试验验证方法,试验结果表明研制的两相流体回路传热能力满足工程要求;基于两相流模型的分析结果表明,在工作温度范围内系统可以长周期稳定运行,并得到了试验验证;高温环境下氨分解等生成的不凝气体是导致系统性能衰退的主要原因,并表现为传热温差增大,研究结果表明,在蒸发器温度不超过 235 ℃ 的限制条件下,传热温差增量小,寿命末期两相流体回路的传热性能可满足工程要求。上述基础研究工作有力地支撑了月球重力驱动两相流体回路的工程研制。

嫦娥三号月球探测器供热系统的主要特点是:质量小,仅 15 kg,其中着陆器 10 kg,巡视器 5 kg;运行依靠月球重力驱动,不需要电源,适于月夜无电供应的特殊情况;没有长期运行部件,固有可靠性高。

嫦娥三号月球探测器于 2013 年 12 月 2 日发射,至 2017 年 5 月,着陆器顺利度过 40 个昼夜循环和 6 个月食。热控制系统工作正常、各项功能和性能满足要求,其中月球重力驱动两相流体回路开启、关闭正常,运行稳定,RHU 温度及供热稳定，着陆器月夜生存热量供给系统为探测器任务的持续开展提供了非常重要的保障。

5.2.7 对流通风装置

1. 功能及工作原理

对流通风装置应用于带有密封舱结构的航天器，该类装置广泛应用于载人航天器中，部分深空探测器、返回式卫星中也有应用。其通过风扇驱动形成的气体强迫对流循环，实现密封舱内不同设备以及换热器或散热面之间的热量交换。对于载人航天器，部分对流通风装置还要与冷凝干燥器联合工作，实现有人活动密封舱内湿度的控制。因此，对流通风装置的服务对象为发热的仪器设备和航天员。基于对流通风技术的航天器典型流场如图5-79和图5-80所示。

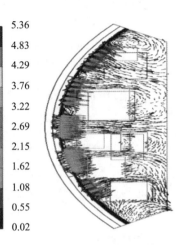

图5-79 设备、舱壁之间的对流通风换热

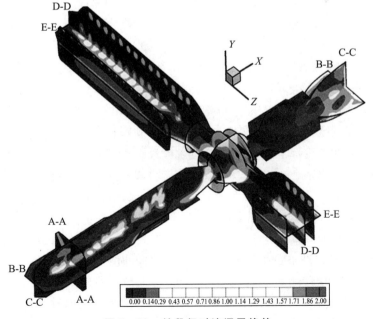

图5-80 舱段级对流通风换热

2. 类别及特性

对流通风装置一般由气体处理设备（包括风扇、换热器、过滤器等）、气体输送管道和气体分配装置等组成，按气体处理设备的设置情况可分为集中式通风和分布式通风两种。在集中式通风系统中，所有气体处理设备都设在一个集中的密闭区域内，气体通过通风管道送入舱内。分布式通风系统是指把气体处理设备和冷/热源布置在一起，不配置气体输送管道和气体分配装置，可以按照需要，灵活而分散地设置在舱内，不需要单独的密闭空间。

3. 选用原则及应用案例

1）选用原则

（1）集中式对流通风装置具有温度调节控制方便、准确、适应性强和效率高的优点。这种形式适合于长期在轨驻留、仪器区与人活动区分开设计，且对温度控制精度要求高的密封舱。

（2）分布式对流通风装置是开放式强制对流通风换热，具有系统简单、设备少和质量小的优点，适用于短期在轨驻留、仪器区和人活动区一体设计且温度控制精度要求较低的密封舱。

2）应用案例

（1）案例1：集中式对流通风装置。

集中式对流通风装置一般用于空间站等大型载人航天器。美国试验舱是国际空间站的核心舱段，采用了集中式对流通风和主动流体回路为主的热控制设计，图5-81给出美国试验舱内的通风系统示意图。舱内设置空气通风装置（Common Cabin Air Assembly，CCAA），其中，风扇从舱内底部左右侧的回风格抽吸舱内空气，同时从舱间段通风回风管道抽吸节点舱1舱内的空气，两种空气混合后进入冷凝干燥器组件（与低温流体回路耦合）降温除湿，随后通过舱内顶部左右两侧的送风管道，经空气分配器吹入试验舱内，带走设备和航天员产生的热量，形成循环，部分经过降温除湿的空气通过舱段间通风管道送入节点舱舱内。

（2）案例2：分布式对流通风装置。

分布式对流通风装置一般用于返回式卫星密封舱、中小型空间实验室及运输飞船，苏联的月球车、密封舱结构卫星及我国飞船皆采用此种形式。

苏联在1970年11月10日发射的Lunar 17探测器携带了历史上第一辆月面巡视探测器月球车1号（Lunokhod 1）。图5-82所示为月球车1号的热控制系统示意图。月球车质量为750 kg，其中密封结构和供热系统约150 kg。月球

第5章 航天器常用热控制技术

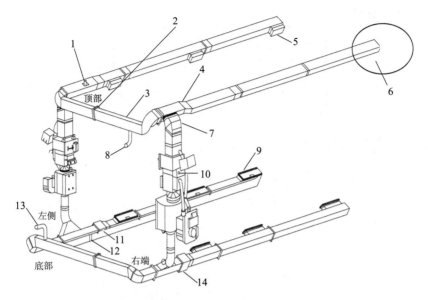

图 5-81 美国试验舱内的通风系统示意图

1, 4—手动调节阀; 2, 11, 14—手动截止阀; 3—交叉连通管; 5—送风口 (6个);
6—临时睡眠区送风口位置; 7—过渡管组件; 8—舱间通风管路出口; 9—微生物过滤器
组件 (6个); 10—空气净化装置; 12—空气循环系统回风口; 13—舱间通风管路入口

车1号采用了以密封舱、对流通风、同位素电源 (Radioisotope Thermoelectric Generator, RTG) 为主的热控制技术体系, 平台设备和有效载荷设备放置在密封舱内, 利用对流通风换热技术, 使气体工质 (氮气) 在密封舱内进行循环, 热控制系统在同位素核能源的支持下成功地保障了设备的正常运转。月球车1号在月面上生存了10.5个月球日, 利用合理的能源管理成功地保障了设备的正常运转, 体现了苏联深空探测器独特的设计思路。

月夜期间: 月球车1号的太阳翼闭合, 挡住散热面, 减小系统漏热; 利用RTG提供少量电功率驱动风扇运转, 实现密封舱内的气体循环流动; 调节换向阀门, 使舱内循环流动的气体流经RTG, 实现气体与RTG之间的热交换, 被加热的气体进入舱内, 完成与设备的热交换, 实现月夜期间的热量供给。

月昼期间: 月球车1号的太阳翼打开, 恢复辐射散热器的散热功能; 调节换向阀门, 使舱内循环流动的气体不再流经RTG, 阻断循环气体与RTG之间的热交换; 通过安装于风道中的混合器活门打开通风换热系统与辐射散热器之间的换热风道。通过以上措施, 实现了舱内设备散热。

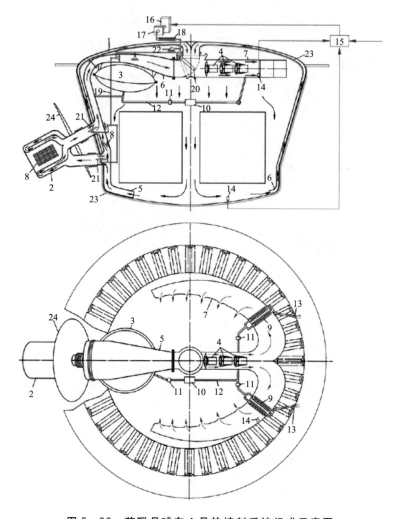

图 5-82 苏联月球车 1 号热控制系统组成示意图

1—辐射冷却器；2—加热组件；3—水箱；4—三级风扇；5—热回路导气管；6—冷回路导气管；7—收集器；8—RTG；9—蒸发热交换器；10—电动活门；11—过滤器；12—管道；13—蒸汽管道；14—敏感部件；15—热控制系统控制组件；16—步进机构；17—气门传动装置；18—弹簧拉杆；19—气门控制拉杆；20—主气门；21—加热组件气门；22—传感器；23—隔热层；24—加热组件屏蔽

此外，通过混合器活门和换向阀门的调节，还可以将两股通风按照一定比例混合，适应月球早、晚温度较低时热控制的需求。月球车 1 号可以很好地兼顾月夜和月昼的热控制需求，是一个非常成功的案例。

我国某返回式卫星密封舱热控制系统采用了对流通风和主动电加热为主的热控制技术，载荷布置在密封舱仪器板上，部分壁面为散热面，在风扇的驱动下，形成对流循环，将仪器板上设备产生的热量带到舱壁，辐射到太空中，低温下通过电加热保证舱内设备温度满足要求。密封舱风扇布局如图 5-83 所示。

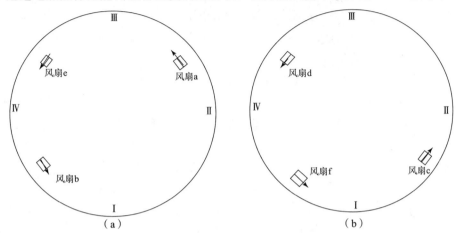

图 5-83 密封舱风扇布局示意图
(a) 2 层风扇布局图；(b) 3 层风扇布局图

5.2.8 辐射散热器

1. 功能及工作原理

对于运行于真空环境中的航天器，其废热绝大多数由辐射散热器排散到外空间中去，辐射散热能力的大小取决于辐射散热面的面积、红外发射率、太阳吸收比和温度水平。绝大多数辐射散热器的表面选用高红外发射率和低太阳吸收比的涂层，以便最大限度地向外排热，同时减少来自太阳的热负荷。辐射散热能力是温度的强函数，与温度的四次方成正比，辐射散热能力随温度的增加而迅速增加。

2. 类别及特性

辐射散热器通常按照是否可展开进行分类，包括固定式辐射散热器和可展开式辐射散热器。

固定式辐射散热器通常利用航天器表面的结构板，此时，该结构板具备了结构和热控的双重功能。特殊情况下，也可以单独设计固定式辐射散热器，此时仅具有热控的功能。可展开式辐射散热器是发射阶段收拢，入轨后展开的辐射散热器，主要用于大功率航天器的热量排散，是航天器通过固定式辐射散热器散热的重要补充和散热能力的拓展。从热量传输方式的角度，可展开式辐射散热器还可以分为基于环路热管的辐射散热器、基于泵驱单相流体回路的辐射散热器和基于泵驱两相流体回路的辐射散热器。

辐射散热器从散热能力是否可以调控的角度，还可以分为被动式辐射散热器和主动式辐射散热器。

航天器上大部分常用固定式辐射散热器均属于被动式辐射散热器，其辐射散热能力不能主动调控，例如预埋、外贴氨轴向槽道热管的固定式辐射散热器。部分情况下，固定式辐射散热器的散热能力也可以调控，例如采用可变热导热管、环路热管、机械泵驱动两相或单相流体回路进行热量传输的固定式辐射散热器，再如采用百叶窗、智能涂层来改变辐射面特性的固定式辐射散热器。其中，采用可变热导热管、环路热管及机械泵驱动两相流体回路进行热传输的固定式辐射散热器，是通过调节热传输系统两相冷凝段与辐射散热器的热耦合长度或者面积来实现辐射散热能力调控的。采用机械泵驱动单相流体回路进行热传输的固定式辐射散热器，则通过温控阀和旁路系统调节通过辐射散热器的工质流量，实现散热能力的调控。采用百叶窗的固定式辐射散热器，通过调节被百叶窗叶片遮挡的辐射散热面的面积，来实现辐射散热能力的主动调节。基于智能涂层的固定式辐射散热器则通过改变红外发射率和太阳吸收比来实现辐射散热能力的调控。可展开式辐射散热器一般属于主动式辐射散热器范畴，与其热耦合的环路热管、流体回路等均具备调控能力。

辐射散热器标志性的指标主要包括总散热能力、单位重量散热能力、工作温度范围、总重量、散热面积、散热能力调控范围等。评价辐射散热器性能的优劣，一般是在相同的温度基准上，考核比较单位重量的散热能力指标，当然，散热能力需要调控的场合，辐射散热能力的调控范围也是关键性指标。

3. 选用原则及应用案例

1）选用原则

（1）在综合考虑航天器轨道及姿态、设备布局、温度水平、表面涂层特性的前提下，通过合理设计和热分析评估，如果将航天器表面结构（一般为仪器安装板）作为辐射散热器，可以将所需排散的热量排散至空间，则可以选取固定式辐射散热器，这是大多数航天器所采用的辐射散热方式。此外，必要时航天器或者其外部设备也可单独设计一个固定式辐射散热器。

（2）当设备热耗、外热流变化范围很大时，可以考虑采用基于可变热导热管、环路热管、流体回路、百叶窗、智能涂层的具备调控能力的固定式辐射散热器，以减小对电加热补偿功率的需求。

(3) 当航天器的热耗很大，单独采用固定式辐射散热器无法满足散热需求时，还需要采用可展开式辐射散热器作为辐射散热的补充手段，甚至是主要的散热途径。可展开式辐射散热器可以选取基于环路热管的辐射散热器、基于泵驱单相流体回路的辐射散热器和基于泵驱两相流体回路的辐射散热器。一般来说，基于环路热管的辐射散热器更适合于大功率点热源，如果是分布式热源，还需通过槽道热管将热量收集起来，传热链路复杂，系统传热温差较大。分布式热源推荐使用基于泵驱单相流体回路的辐射散热器和基于泵驱两相流体回路的辐射散热器。从系统质量的角度，基于环路热管的辐射散热器和基于泵驱两相流体回路的辐射散热器较基于泵驱单相流体回路的辐射散热器更轻。

2）应用案例

(1) 案例1：基于航天器表面结构的固定式辐射散热器。

最普遍和最简单的辐射散热器如图5-84所示，为固定式辐射散热器，利用航天器表面已有的铝蜂窝板，它作为结构的一部分，又起到辐射散热器散热的作用。其内部一般有预埋热管或者外贴热管，必要时预埋及外贴热管都采用，用以拉平辐射散热器的温度，提高其辐射散热能力。电子设备安装在固定式辐射散热器的内表面，而外表面则作为辐射散热面，热量通过铝蜂窝芯及热管从辐射散热器内表面传输到外表面，最终实现热量的辐射热排散。

 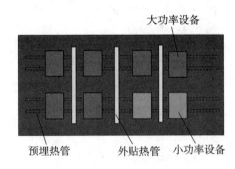

图 5-84　固定式辐射散热器

此外，部分航天器外部载荷有时需要单独的固定式辐射散热器进行散热，载荷与辐射散热器之间一般采用热管进行热耦合（参见图5-25）。

(2) 案例2：基于百叶窗的固定式辐射散热器。

当辐射散热器的外表面（散热面）与百叶窗配合使用时，辐射散热器具备了散热能力的调控功能，该类型辐射散热器适于外热流、仪器设备热耗变化大的空间应用场合。如前文所述，基于百叶窗的固定式辐射散热器，是通过调节被百叶窗叶片遮挡的辐射散热面的面积，来实现辐射散热能力主动调控的，工程上以辐射散热表面的当量发射率变化量表征其调控能力。通常叶片表面为低发射率热控涂层，例如，采用表面镀金抛光，其红外发射率在 0.02～0.03；辐射散热面为高发射率涂层，例如采用 OSR，红外发射率约为 0.79。通过发射率的高、低搭配以及叶片的开、合，就可以实现较大范围的当量发射率调控。当量发射率的定义为：在没有外热流的条件下，从百叶窗表面辐射出去的净换热量与相同温度下的黑体辐射热量之比。此外，当量吸收率也是百叶窗的一个重要热辐射参数，其定义为：入射到百叶窗表面的太阳能被其单位面积吸收的份额。

百叶窗一般由叶片、驱动器、轴和轴承、框架等组成，如图 5-85 所示。其中，叶片是百叶窗中调节当量发射率的主要元件，通过叶片开合角度的变化可以实现发射率的连续调节，百叶窗当量发射率变化量一般在 0.6～0.8。驱动器是使叶片转动的装置，其转动角度的大小由温度控制要求约束。百叶窗的驱动方式有多种，如双金属驱动、波纹管驱动、电机驱动、记忆合金驱动等。

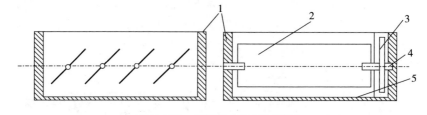

图 5-85 百叶窗原理示意图

1—框架；2—叶片；3—驱动器；4—轴承；5—底板

国内，百叶窗已在实践一号、实践二号和神舟飞船上使用过。神舟飞船轨道舱有在轨自主飞行和留轨两种状态，在这两种状态下，轨道舱内热负荷变化大。为满足这两种状态下热控制的任务需求，在轨道舱外壁辐射面上对称安装了两组电动百叶窗，每组面积近 1.5 m²，质量约 10 kg。电动百叶窗由框架、叶片、步进电动机、谐波减速器、角位移传感器、拉杆、拉杆支撑装置、连杆和百叶窗控制器组成。叶片表面粘贴打孔的 F46 镀铝膜，其红外发射率为 $\varepsilon=0.05$。电动百叶窗对应的舱壁散热面，喷涂 KS-Z 白漆，其红外发射率为 $\varepsilon=0.92$。百叶窗开、关角度范围为 0.5°～89.5°，当量发射率变化范围为 0.16～0.80。在低热负荷的自主飞行期间，叶片处于关闭状态并覆盖散热面，而在高热负荷的留轨飞行期间，则处于打开状态，露出蒙皮上的散热面，以满足舱内仪器散热的要求。

ESA 研制的轻量化百叶窗采用记忆合金驱动，叶片为垂直型的百叶窗结构,如图 5-86 所示。样机由 144 个叶片和 300 个记忆合金驱动器组成,尺寸为 0.5 m^2。目标是将单位面积质量从现有机械式百叶窗 5 kg/m^2 量级降低到 0.5 kg/m^2,温度控制范围为 30 ℃(全开)至 40 ℃(全关),在 2 000 W/m^2 太阳辐射和 460 W/m^2 地球红外辐射的条件下,百叶窗漏热量小于 15 W/m^2,功耗不超过 5 W/m^2。

图 5-86　ESA 设计的轻量化百叶窗

(3)案例 3:基于泵驱单相流体回路的可展开式辐射散热器。

与传统的固定式辐射散热器相比,可展开式辐射散热器突破了星表面积的约束,并且一般具有双面散热能力。在发射时,可展开式辐射散热器锁紧在航天器表面,入轨后通过展开机构展开。图 5-87 所示为东方红五号卫星平台研

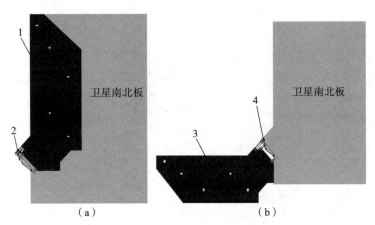

图 5-87　东方红五号卫星平台可展开式辐射散热器示意图
(a)收拢状态;(b)展开状态
1,3—辐射板;2,4—展开机构

制的基于泵驱单相流体回路的可展开式辐射散热器示意图,每块辐射散热器散热能力超过 1 700 W。辐射板由蜂窝板及预埋在其中的流体管路构成,管路与辐射散热器外的流体回路通过金属软管连接,工作时,循环泵驱动单相工质进入流体管路来传递热量,辐射散热器表面粘贴有玻璃型镀银二次表面镜实现热量的排散。

(4) 案例 4:基于环路热管的可展开式辐射散热器。

图 5-88 所示为美国休斯公司 702 平台上开发的基于环路热管的可展开式辐射散热器,每块辐射散热器散热能力为 800 W。采用环路热管作为传热部件,弹簧结构的金属管作为柔性热关节,冷凝管道串联预埋在辐射板内形成辐

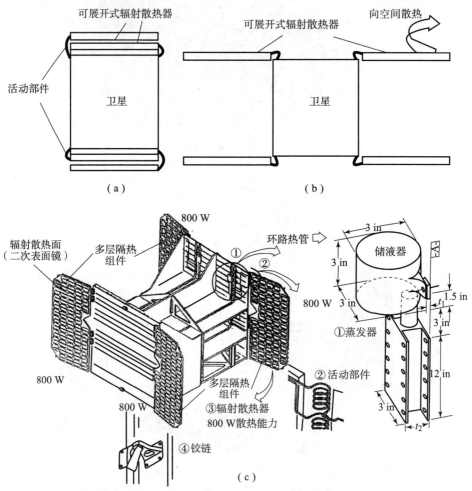

图 5-88 休斯公司 702 平台的可展开式辐射散热器
(a) 平台布局;(b) 可展开式辐射散热器示意图;(c) 可展开式辐射散热器详细结构

射散热器,辐射散热器背面包裹多层隔热组件,向空间单面散热。

1999年12月21日,HS702平台的首发星发射成功,可展开式辐射散热器于2000年2月15日顺利展开。卫星示意图如图5-89所示。

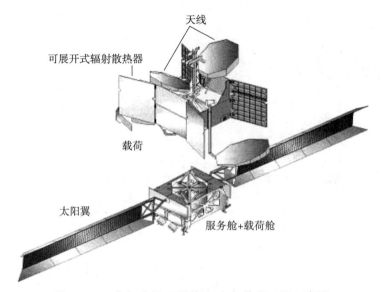

图5-89 休斯公司研制的HS702首发卫星示意图

5.2.9 消耗型散热装置

1. 功能及工作原理

辐射散热是航天器对外太空热量排散的最主要方式,特殊航天器还采用消耗型散热装置进行热量的排散,并作为辐射散热的补充。升华器和蒸发器是两种典型的消耗型散热装置,其工作原理是通过蒸发或升华一种消耗性物质进入太空,利用这种物质的相变潜热,对设备进行冷却。

升华器中典型的相变过程为液态-固态-气态的转化,蒸发器中典型的相变过程为液态-气态的转化。在上述相态的转化过程中,伴随着相变潜热的吸收和释放,如图5-90所示。

考虑到相变潜热、工作温区、三相点压力、安全性等方面的因素,在真空中使用时,消耗性物质以水为主,所以常见的有水升华器、水蒸发器。当应用于亚轨道时(此时有一定大气背压),也可以采用氨、氟利昂等高压工质。

1) 升华器组件

升华器组件是一种将热收集、热传输、热排散功能集成为一体的消耗型

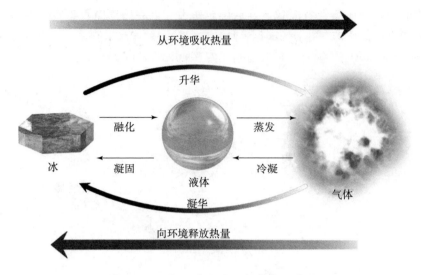

图 5-90 气、液、固三相转化示意图

散热装置，主要包括工质储箱、加排阀、液体减压阀、自锁阀、升华换热器、管路、工质等。升华器组件构成如图 5-91 所示。

水升华器组件各部件功能如下：工质储箱用于升华工质的存储和供给；加排阀用于储箱内气体/液体工质的加注和排放；压力传感器用于监测工质进入升华换热器升华冷板前的压力；自锁阀用于控制升华器的关闭与开启；液体减压阀用于工质减压，并满足升华换热器升华冷板工作时所需的压力；升华换热器用于实现工质的蒸发/升华散热过程；管路为储箱向升华换热器提供工质的通道。其中，水升华器组件的核心功能部件是水升华换热器。

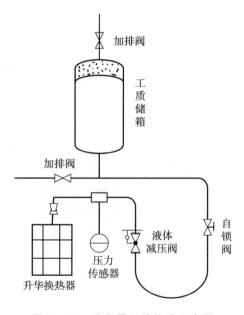

图 5-91 升华器组件构成示意图

水升华器需要在真空环境下才能正常工作，水升华换热器多孔板外表面需暴露在真空环境之中。对于以水为工质的升华器，工作时，给水在一定的压力作用下进入水升华换热器给水腔，换热器从循环冷却回路吸收所要排散的热量，并传输至给水腔中的水。进入给水腔或不断渗透进入多孔板的水在真空环境下将快速蒸发降温，当给水腔或多孔板内水的饱和蒸汽压达到（或低于）三相点压力时，靠近真空一侧的水将凝固成冰，并升华变成水蒸气排散到真空环境中，形成稳定的升华过程，以此带走设备废热。水升华器的工作原理示意图如图5-92所示。

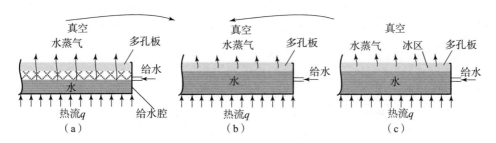

图5-92　水升华器工作原理示意图

水升华器根据热负荷等条件的不同，分为四种工作模式：

（1）升华模式：冰层在多孔板的内表面（给水一侧）形成，并在冰和多孔板交界面处升华。当热负荷较低或外部环境压力足够低时，升华所产生的蒸汽流经多孔板产生的压降较小，使得升华表面的蒸汽压力低于水的三相点压力，冰在多孔板内侧不断升华。冰层的厚度取决于热负荷和升华产生的蒸汽流经多孔板的压降。在冰升华的同时，给水以同样的速率在水-冰界面处凝结。冰层在供水压力的驱动下，会产生向多孔板方向的连续滑移，可保证升华界面的物理位置相对稳定。升华模式是水升华器最期望的工作模式。

（2）蒸发模式：当热负荷和环境压力较大时，升华产生的蒸汽流经多孔板的压降就有可能高于三相点压力，就不会有冰形成，水可以直接进入多孔板。水在多孔板的孔中会产生一定的表面张力，可以使水在多孔板中滞留，这时升华器就通过水的蒸发进行散热。但水-孔交界面的表面张力是和孔的大小成反比的，若多孔板的孔径过大或给水压力较大，就会发生"击穿"，即水不经过相变过程直接穿过多孔板进入真空环境，从而使升华器失去散热能力。

（3）混合模式：由于实际的多孔板中孔的形状和尺寸是千差万别且随机分布的，所以当热负荷增加时，就会出现一些孔内没有冰形成，以蒸发方式进行相变，而另一些孔内有冰产生，按升华模式相变的现象，称之为混合模式。但研究表明，这种模式只有在多孔板材料是不被水润湿的情况下才能发生，而大多数多孔板其材料都是可以被水润湿的。

（4）周期模式："周期模式"的概念是J. Alan首先提出的，当流经多孔板的蒸汽压降大于三相点压力时，冰就不可能在给水腔内形成，水将进入多孔板的毛细孔内，直到通过孔剩余部分的压降小于三相点压力，这时水就会凝结成冰。此时冰界面在多孔板内以升华模式进行传热传质。当冰层升华导致升华界面后退至蒸汽压力高于水的三相点压力时，冰消失，这时水在孔内重新向压力较低的方向流动，并瞬时产生蒸发效应，当蒸汽压力重新达到三相点压力时，界面温度降低至冰点，再次进入升华传热传质状态，开始新的周期循环。周期模式也即升华与蒸发的交替运行组合模式。一般情况下，由于多孔板微细孔的阻碍作用，冰层在多孔板内不会在供水压力的驱动下产生滑移，只存在冰层界面的后退。而当供水压力较大时，则可能伴随冰层的滑移过程。

2) 蒸发器组件

与升华器组件一样，蒸发器组件也是一种将热收集、热传输、热排散功能集成为一体的消耗型散热装置，主要包括工质补偿器、加排阀、泵、液体减压阀、背压调节阀、蒸发器、管路、工质等。蒸发器组件构成如图 5-93 所示。

蒸发器组件各部件功能如下：工质补偿器用于循环回路及蒸发工质的存储和供给；加排阀用于气体/液体工质的加注和排放；压力传感器用于监测工质进入蒸发器前的压力；背压调节阀用于控制蒸发器的工作背压；液体减压阀的功能和升华器中的相同，用于液体工质的减压，并满足蒸发器工作时所需压力；蒸发器用于实现工质的蒸发散热过程；管路为整个循环系统向蒸发器提供工质的通道。其核心功能部件是蒸发器。

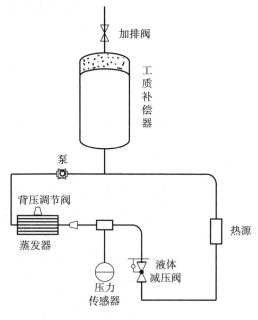

图 5-93 蒸发器组件构成示意图

蒸发器靠将工质通过特殊的多孔结构蒸发到外部环境而带走热量，当多孔结构外环境压力足够小时，液态工质在多孔结构表面沸腾，吸收热量。而产生的蒸气排出腔体外，只要蒸气排出速率足够快，不至于引起腔体内压力升高，则相变过程就能够持续进行，进而达到冷却工质自身温度的作用。蒸发器具有较好的环境适应性，不仅可以在真空环境中工作，而且可以在一定的大气环境中工作。蒸发器工作原理示意如图 5-94 所示。

2. 类别及特性

消耗型散热装置包括升华器和蒸发器两类。由于是基于工质消耗模式，因

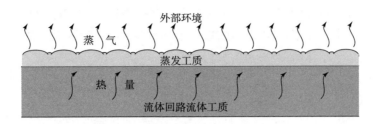

图 5-94 蒸发器工作原理示意图

此不适于长期任务,而主要用于短期大热耗的散热需求,例如月球探测、天地往返航天器等。

升华器技术具有体积小、效率高、耗费少、在失重和热负荷变化的条件下能够可靠工作的特点,曾在航天器热控制及生保系统中得到多次成功应用。升华器和蒸发器的典型指标主要包括散热功率、工作温度、工质利用效率、运行稳定性、连续工作能力、重量等。

3. 选用原则及应用案例

1) 选用原则

(1) 升华器适于在真空或稀薄大气环境中使用,稀薄大气的压力应较明显低于工质的三相点压力,具体是否适用,需根据分析或试验确定。

(2) 蒸发器在真空和大气环境下均可使用,工质在工作温度范围内的饱和蒸气压力应较明显高于大气环境压力,具体是否适用,需根据分析或试验确定。

(3) 蒸发器和升华器工质一般选择汽化潜热高的工质,以降低携带工质量,如水、氨等。

(4) 蒸发器和升华器选用时,除需关注热源的热耗、温度水平、工作时间等要素外,还需关注加速度、重力场等因素的影响。

(5) 关注工质气体排放对航天器姿态的影响。

2) 应用案例

20 世纪 60 年代美国率先开始了水升华器的研究,并在随后的阿波罗计划中得到第一次实际应用。美国航天飞机、阿波罗登月舱、双子星探测、舱外航天服等都有水升华器的应用,俄罗斯 Orlan 航天服也采用水升华器作为主要热控制方案。20 世纪 90 年代初,欧洲进行的 Hermes 计划中热控制系统也是采用水升华器作为热控制方案。目前针对水升华器研发的机构主要集中在美国,如 NASA 的 Johnson 空间中心、Glenn 研究中心、美国太空研究联合会及 Paragon

太空研究所等。我国的出舱航天服也采用水升华器作为辅助热控制手段，此外嫦娥五号月球探测器热控制系统也采用水升华系统，作为辐射散热的重要补充。

（1）案例1：水升华器在航天服中的应用。

图5-95所示为水升华器用于航天员出舱航天服的示意图。出舱航天服也称作舱外移动单元（EMU），是最早研究开发并应用到载人航天出舱任务中的，现在仍在很多载人航天器，如航天飞机中应用。目前，许多研究机构仍在进行该系统的仿真计算或试验以改善系统。

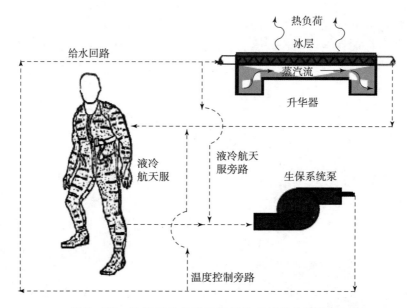

图5-95 航天员出舱航天服散热系统简化示意图

出舱航天服水升华器的主要作用是控制人体的温度，即通过回路中的工质水将人体新陈代谢产生的热量带走进入水升华器，通过冰的升华将热量散入外部空间。一般情况下，将上述系统与供氧系统和除湿系统等相结合，集成在一个系统中，则整个系统具有空气净化、供氧循环及温度调节功能。

对于在轨维护舱外活动单元（EVA）热系统，如果只采用水升华器进行散热，其工作过程中大部分水将消耗到太空中，单次活动将耗水3.6 kg。近年来，美国TDA公司针对载人着陆器EVA热控制系统只采用水升华器耗水量大的问题，提出了一种通过小型换热器实现辐射散热器和水升华器互补散热的方案（RAFT-X），如图5-96所示。

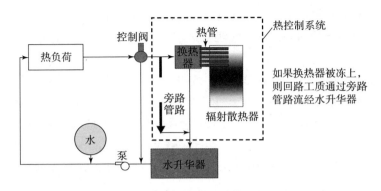

图 5-96 TDA 新型水升华器系统 RAFT-X 示意图

2004 年，TDA 研究所对所提出的辐射＋水升华器的热控制系统（RAFT-X）开展了设计和初步测试。其在 NASA 约翰中心开展的真空热试验表明，系统在月球及火星环境中散热量可达 260 W。水升华器功能良好，散热效率稳定，RAFT-X 系统可很好地适应航天员散热变化大（70～730 W）的问题。

（2）案例 2：水升华器/Freon 蒸发器在阿波罗计划中的应用。

美国的阿波罗计划于 1961 年 5 月—1972 年 12 月执行了 6 次载人登月任务。阿波罗飞船登月舱热控制生保系统如图 5-97 所示。热控制系统包括舱内热控制及航天员热控制两个子系统，两个系统通过泵驱动的单相流体回路集成在一起，实现散热的耦合，并采用两个水升华器对月面辐射散热进行必要的调

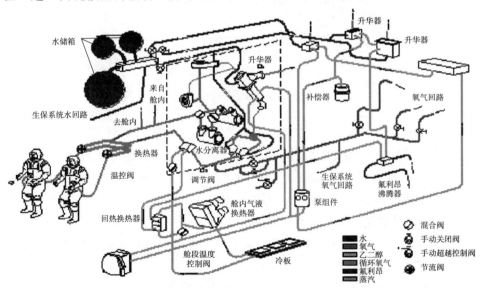

图 5-97 阿波罗登月舱热控制生保系统示意图（见彩插）

节与补充。登月舱流体回路冷却系统使用的工质为乙二醇水溶液,用于收集舱内热量并通过升华器排散出去,然后通过 Freon 蒸发器为乙二醇工质流体回路提供辅助冷却。

Apollo 飞船指令舱与服务舱热控制系统采用以流体回路、通风系统、蒸发器为核心的热控制设计方案。"Apollo"指令舱与服务舱的流体回路耦合了一个蒸发器进行辅助散热,系统水源主要是燃料电池发电产水。燃料电池每产生 1 kW·h 的电能生成 350 g 的水,水存储系统由一个 16.3 kg 容量的可移动水箱和一个 25.4 kg 容量的废水储箱组成。阿波罗指令舱热控制系统如图 5-98 所示。

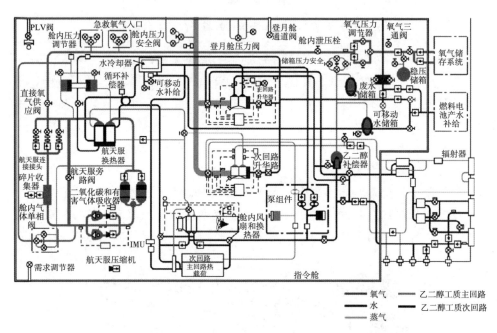

图 5-98 阿波罗指令舱热控制系统示意图(见彩插)

(3)案例 3:水蒸发器在苏联的"月球"计划中的应用。

20 世纪 70 年代,苏联的 Lunar-16、Lunar-20 及 Lunar-24 探测器在月球无人采样任务中取得成功。其环形仪表舱采用了以密封舱、通风换热系统、辐射散热器、蒸发器等为核心的热控制系统,蒸发器子系统包括水箱、热交换蒸发器、电气阀、过滤器、管道等。蒸发器用于冷却探测器校正、制动和月面工作期间舱内的大功率设备散热,在换热气体入口温度为 35 ℃时,该系统的制冷能力达到 470 W。

(4)案例 4:水升华器在嫦娥五号中的应用。

我国水升华器技术研究起步于 20 世纪 90 年代,并在我国载人航天任务中的航天服热控制系统中得到成功应用。嫦娥五号是我国首颗月球采样返回的航天器，嫦娥五号月球着陆器和上升器热控制热收集与排散系统主要包括机械泵驱动单相流体回路、水升华器、热管、辐射散热器等，其中水升华器主要包括水储箱、液体减压阀、自锁阀、压力传感器、水升华换热器等。整个系统共采用 2 组水升华换热器，可以单独或组合工作，以实现散热能力的调控。水升华器主要用于探测器月午工作期间的辅助散热，并保障上升器起飞前的低温需求。为了适应月表的高温环境，并尽可能发挥辐射散热器的散热潜力，水升华器具备 40 ℃高温启动和运行的能力，每组升华换热器的散热能力最大约为 400 W。嫦娥五号水升华器系统示意图如图 5-99 所示。

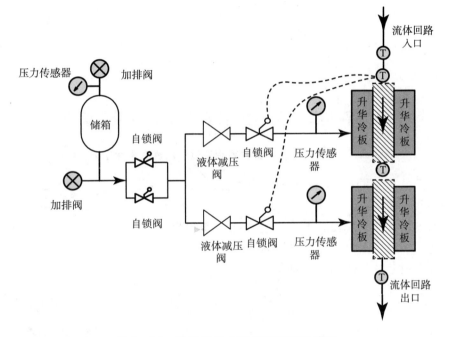

图 5-99　嫦娥五号水升华器系统示意图

5.2.10　相变储能装置

1. 功能及工作原理

相变材料又称潜热储能材料，是指物质发生相变时能够吸收或放出热量而该物质本身温度不变或变化不大的一种材料。该类材料在温度高于相变点时吸收热量而发生相变（储能过程），相反当温度下降，低于相变点时发生逆向相变（释能过程）。由于相变材料的这种特点，可将它们用于内热源或外部环境发生周期性变化的航天器，以保持仪器设备温度相对稳定，在某些特殊任务中还可以利用相变材料实现能源储存与利用。相变储能装置正是利用相变材料在相变过程中存储或释放热量的特性实现对仪器设备温度控制的装置，相变储能装置具有能量储存和温度控制的功能。典型的相变材料相变过程温度变化如图 5-100 所示。

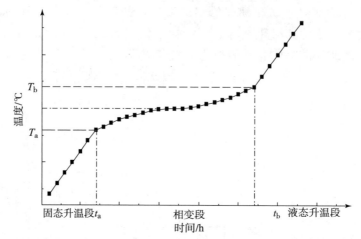

图 5-100　典型相变材料相变过程温度变化示意图

航天器发射和再入阶段短期工作的设备使用相变材料进行热控制最简单。虽然这类设备只用一次，但它们的热耗大，为防止因过热而失效，必须排出这些热量。相变材料能够对这种设备提供热防护，电子设备产生的热量被相变材料以熔化潜热的形式吸收，而使设备温度不会显著升高。这种系统是完全被动的，非常可靠。短期使用电子设备 PCM 热控制系统示意图如图 5-101 所示。

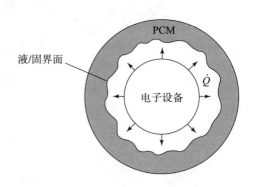

图 5-101　短期使用电子设备 PCM 热控制系统示意图

相变材料通常用于周期性工作的电子设备的热控制，如图 5-102 所示。在这个装置中，设备在开机工作时产生热量，热能通过相变储存在相变材料中。在设备关机时，熔化热能量通过辐射散热器、热管、导热带或其他方法排出，使相变材料冷却下来，准备下一次开机时再使用。相变材料交替地熔化、凝固，可使设备的工作温度控制在较窄的范围内。

2. 类别及特性

相变材料的相变形式主要有四种：固-固相变、固-液相变、液-气相变、

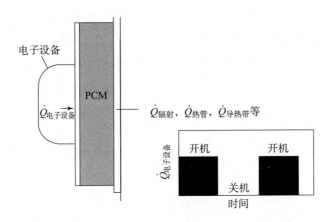

图 5-102 周期性工作设备的 PCM 热控制系统

固-气相变。一般来说按上述顺序，相变潜热逐渐增大，由于后两种相变过程中产生大量气体，相变物质体积变化很大，因此很少用来蓄热。目前应用最普遍的是固-液相变材料。

相变材料可分为无机相变材料、有机相变材料和混合相变材料三类。无机相变材料包括结晶水合盐、熔融盐、金属合金和其他无机物。有机相变材料包括石蜡、脂酸和其他有机类。混合相变材料主要是有机和无机共融相变材料的混合。

相变材料按相变温度的不同又可以分为低温相变材料（<200 ℃）和高温相变材料（≥200 ℃）。高温相变材料主要采用高温熔化盐类、混合盐类、金属及合金等。常用的高温熔化盐类有氟化盐、氯化物、硝酸盐、碳酸盐等，这些盐类相变温度覆盖范围宽广，熔化潜热大，但腐蚀性较强，会在容器表面发生化学反应。低温相变材料主要采用有机类相变材料，其中应用最广泛的是石蜡类。

石蜡主要是由直链烷烃混合而成，通用分子式为 C_nH_{2n+2}，其中短链烷烃熔点较低，如乙烷（C_6H_{14}）为 -95.4 ℃，随着碳链增长熔点升高，开始增长较快，而后增长较慢（如 $C_{30}H_{62}$ 熔点为 65.4 ℃，$C_{40}H_{82}$ 是 81.5 ℃），最后将趋于一定值。随着链的增长，烷烃熔解热也增大。石蜡作为一种相变材料，具有很多优点，如相变点在室温附近，相变潜热大，无过冷现象，无腐蚀性，熔融和结晶易重复，化学、物理性质稳定等，因此石蜡类相变材料在航天器热控制领域得到广泛的应用。但是石蜡类相变材料存在导热系数小、密度低等缺点，为了增加相变储能装置导热系数，可通过设计导热填料改善相变材料的导热性能，一般选用金属、石墨等材料，金属材料以铝的综合性能最好，形式一般为泡沫、肋片和蜂窝等。常用的石蜡类相变材料的热物理性质如表 5-11 所示。

表 5-11 常用石蜡类相变材料热物理性质

相变材料名称		结构式/分子式	相变潜热/$(kJ \cdot kg^{-1})$	相变温度/K
正十一烷	n-Undecane	$CH_3(CH_2)_9CH_3$	141	248.2
正十三烷	n-Tridecane	$CH_3(CH_2)_{11}CH_3$	155	267.5
正十五烷	n-Pentadecane	$CH_3(CH_2)_{13}CH_3$	205	283.0
正十八烷	n-Octadecane	$CH_3(CH_2)_{16}CH_3$	243	301.2
正十九烷	n-Nonadecane	$CH_3(CH_2)_{17}CH_3$	187	305.1
正二十一烷	n-Heneicosane	$CH_3(CH_2)_{19}CH_3$	161	313.5
正二十二烷	n-Docosane	$CH_3(CH_2)_{20}CH_3$	158	317.4
正二十三烷	n-Tricosane	$CH_3(CH_2)_{21}CH_3$	129	320.6
正二十四烷	n-Tetracosane	$CH_3(CH_2)_{22}CH_3$	162	323.9
正二十五烷	n-Pentacosane	$CH_3(CH_2)_{23}CH_3$	164	326.7
正二十六烷	n-Hexacosane	$CH_3(CH_2)_{24}CH_3$	256	329.4
正二十七烷	n-Heptacosane	$CH_3(CH_2)_{25}CH_3$	159	332.5
正二十八烷	n-Octacosane	$CH_3(CH_2)_{26}CH_3$	164	332.5
正二十九烷	n-Nonacosane	$CH_3(CH_2)_{27}CH_3$	240	336.7
正三十烷	n-Triacontane	$CH_3(CH_2)_{28}CH_3$	251	338.9

3. 选用原则及应用案例

1) 选用原则

（1）相变储能装置设计的关键是相变材料的选择和相变装置的传热性能。相变储能装置主要是用于航天器内仪器设备的温度控制，因此相变材料的选择首先要考虑其相变点是否在仪器设备工作温度附近，而仪器设备的工作温度受多个因素影响，如航天器运行的轨道及姿态、散热面位置及大小、仪器设备工作模式等。

（2）相变材料的导热系数通常较小，因此如何设计和选择相变装置，使其在满足结构紧凑、质量小的条件下，能在仪器设备工作或外热流较大时将热量存储，并在仪器设备不工作或外热流较小时将热量完全释放是至关重要的。

2) 应用案例

（1）案例 1：相变储能装置用于外热流变化的抑制。

遥感九号卫星利用相变传热板解决了空间外热流剧烈变化条件下铷钟的控温问题，铷钟的热控制设计如图 5-103 所示，相变装置（即相变传热板）与蜂窝板连接，接触面之间填充增强导热填料，另一侧朝向深冷空间，表面为低太阳吸收比、高红外发射率的涂层，使设备的热量能够散出。相变材料选用正十三烷，铷钟在轨温度波动优于 2 ℃/轨，相变装置实物如图 5-104 所示。

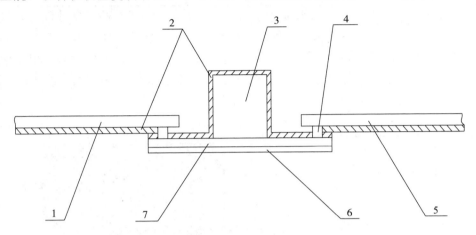

图 5-103　遥感九号卫星铷钟控温系统示意图

1，5——Z 板；2—多层隔热罩；3—铷钟；4—螺钉及隔热垫；6—相变传热板；7—铷钟安装板

图 5-104　遥感九号卫星相变传热板

（2）案例 2：相变储能装置用于热量的储存与利用。

在我国火星探测任务中，热控制系统设计了高温相变储能装置和低温相变储能装置，相变储能装置均预埋在设备安装板中。高温相变储能装置是用来抑制短期大热耗工作设备的温升；低温相变储能装置是用来在火昼期间储存太阳能集热器收集的太阳能，火夜期间释放储存的热量用于设备的保温。高温相变储能装置选取正十八烷作为相变材料，低温相变储能装置选取正十一烷作为相变材料。

由于火星探测项目对重量的要求非常苛刻，而传统的焊接加工方式相变材料占总重比例不到30%，为此需采用新的结构形式。为了提高相变材料的充装比，火星车相变储能装置采用三维点阵结构增材制造技术一体成型，综合考虑熔焊性能和材料强度特性，选用AlSi10Mg粉末为3D打印的基体材料，相变材料的充装比可以达到60%以上。火星3D打印相变储能装置壳体如图5-105所示，装置内部3D打印的导热蜂窝结构如图5-106所示。

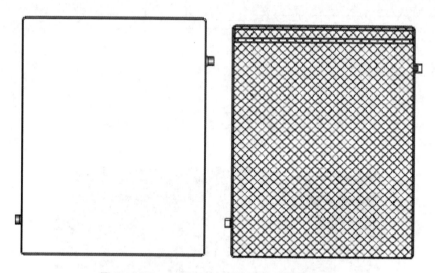

图5-105　火星3D打印相变储能装置壳体

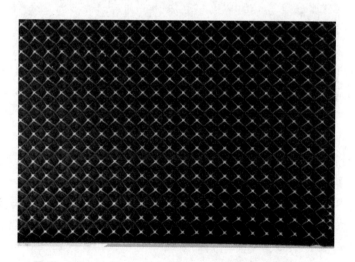

图5-106　火星3D打印相变储能装置内部蜂窝结构

5.2.11 热开关

1. 功能及工作原理

热开关是一种能够建立和切断两个部件之间的热连接的热控制装置,它能够根据需要自动导通或断开传热路径。热开关技术对于解决那些需要频繁机动或外部环境变化剧烈的航天器热控制设计的难题具有重要作用,它能够被动地控制电子设备或仪器的温度,而不需要使用恒温控制器和加热器,因此降低了对功率、加热器控制电路和控制软件的需求,对于优化航天器的热管理具有重要意义。

热开关建立两个被连接部件之间的热连接和切断,通常有三种模式。第一种是通过具有温度、磁、静电等效应的装置、材料产生的驱动力或变形,使热开关中活动部件伸缩或位移,从而改变活动部件与固定部件的接触状态,实现传热链路的导通或断开,例如石蜡驱动热开关、记忆合金驱动热开关、微膨胀热开关、静电驱动热开关等,这一类热开关可定义为"界面接触式热开关",其他文献中习惯称之为"机械式热开关";第二种是通过在热开关内部间隙中填充或移除用于建立热连接的气体或液体,实现传热链路的导通或断开,例如气隙/液隙热开关,这一类热开关可定义为"介质填充式热开关";第三种是通过特殊物理效应大幅度改变热开关内部连接材料的导热系数,实现传热路径的导通或断开,例如超导热开关,这一类热开关可定义为"导热系数可调式热开关"。此外,可变热导热管、环路热管等也具有热开关特性,但从分类上将其纳入热管范畴。

下面分别以石蜡驱动热开关、微膨胀热开关、静电驱动热开关、气隙热开关、超导热开关为例,具体介绍不同类型热开关的工作原理。

1) 石蜡驱动热开关的工作原理

石蜡驱动基座式热开关的结构如图 5 - 107 所示。中间波纹管腔体内装有石蜡,当热开关热端热负荷较小或者无热负荷时,波纹管腔体内的石蜡相变材料温度较低,处于固体状态,中间波纹管腔体和它上面的承压冷板会被一个小间隙隔

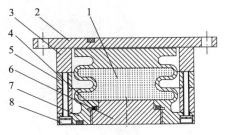

图 5 - 107 石蜡驱动基座式热开关结构示意图

1—相变材料;2—冷端;3—支撑座;
4—密封垫;5—螺母;6—堵头;
7—热端;8—螺钉

离,热开关热端到冷端的传热路径仅有外支撑结构的隔热材料与间隙的辐射"漏热",热导很小,从热端到冷端的漏热量就会很小,即处于"断开"状态。当热开关热端热负荷较大时,会使波纹管腔体内石蜡熔化,从而迫使波纹管膨胀,承压冷板和波纹管腔体之间的间隙闭合,热开关热端与冷端之间主要传热关系演变为导热,热导变大,也就是热开关处于"接通"状态。热开关的"接通"热导可以自动调节,即温度越高,石蜡熔化的比例越大,界面的压力越大,而界面的接触热导与施加的压力相关,当热负荷逐渐增加时,会使热导不断增大。

此外,石蜡型热开关还包括隔膜式薄板热开关、紧固件式热开关、垫圈式热开关,其工作原理大体与基座式热开关类似。

2) 微膨胀热开关的工作原理

微膨胀热开关是利用不同材料在不同温度时的热膨胀系数不同而产生长度差,从而使传热面闭合和断开,完成热开关的开和关的动作。图 5-108 所示为巴西 Santa Catarina 联邦大学卫星热控实验室 F. H. Milanez 等人研制的微膨胀热开关结构及工作原理示意图。它包括两个螺帽、一根螺纹杆和一个盘状体。盘状体形似一个厚的垫圈,由高热膨胀系数的材料制成,放置在两个螺帽之间。螺纹杆由低热膨胀率的材料制造。一个螺帽固定在卫星结构上,另一个与低温敏感面连接。当低温敏感面冷却时,螺纹杆和盘状体收缩率的不同使螺帽和盘状体之间的接触压力减小,从而接触面的接触热阻增大,热开关的综合热阻就相应增大。当接触压力达到零时,热开关的综合热阻达到最大值且保持不变,综合热阻是热开关平均温度的函数。热开关的断开温度在 111.4 K 到 104.7 K 之间。

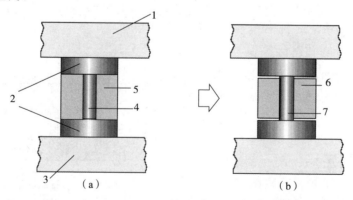

图 5-108 微膨胀热开关结构及工作原理示意图
(a) 热开关接通状态;(b) 热开关断开状态
1—卫星本体结构;2—螺帽;3—敏感面;4—螺纹杆;5—盘状体;
6—高热膨胀系数材料;7—低热膨胀系数材料

3）静电驱动热开关的工作原理

为了适应高度集成化微小卫星的热控制设计要求，T. Slater 等人研制了静电驱动热开关辐射散热器，如图 5-109 所示。静电驱动热开关是采用异性电荷相吸的原理，采用静电力驱动两个相距 10~20 μm 的板相吸接触而导热，接触面积 2 in²。在静电压 12 V 时，板的中心部位开始接触，当静电压增大到 40 V 时，导热路径完全接通。静电驱动热开关的辐射面通常面积很小，因此在使用时需要将静电驱动热开关辐射散热器采用阵列的形式大面积布置，以增大热量传递和热开关安全备份。

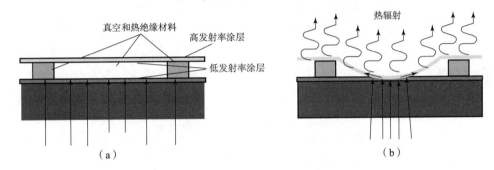

图 5-109 静电驱动热开关工作原理
(a) 静电驱动热开关断开状态；(b) 静电驱动热开关接通状态

虽然静电驱动热开关结构简单、控制方便，但要应用到空间工程中还存在以下主要问题：接触面上的低发射率涂层、辐射面上的高发射率涂层的研制；热开关需要电控回路，而且整个热开关的两个接触板间存在电压，会对飞行器的电磁环境产生干扰；热开关的接触板很薄，容易被高能粒子、微流星击穿，被破坏的热开关对其他热开关可能会产生影响，其影响视电路的设计而定。

4）气隙热开关的工作原理

图 5-110 所示为 JPL 为制冷机应用最新研制的一种气体-间隙式热开关剖面图，它冷端温度为 60 K，热流不超过 8 W。热量通过圆锥形狭窄间隙从热端流向冷端。当间隙处于真空状态时，只有很少的热量通过间隙以辐射的形式或者通过很薄的波纹管支撑结构和中心支柱以导热的形式传递。但是，当间隙充满氢气时，大量的热则通过气体导热传输。为了将热开关闭合和断开，需要从储气室吸收或释放气体，储气室含有锆镍氢化物、活性炭或其他吸附材料，材料的选择取决于使用温度。这些材料在低温下吸收气体，高温下释放气体。当吸附床受到主动加热时，如用粘贴到吸附床储气室外壳上的电阻加热器加热，则气体被释放，致使间隙的压力变大，热开关接通。当加热器断开时，吸附床

变冷而吸收气体并使间隙处于真空状态，热开关传热路径断开。这种热开关的转换时间约为 5 min，热导开关比为 700∶1。

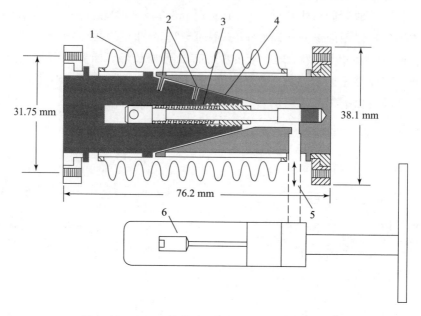

图 5-110　JPL 的气体-间隙式热开关工作原理
1—波纹管；2—圆锥形间隙（2/6）；3—弹簧；4—0.038 mm 间隙；5—氢气流；6—氢气吸附床

5）超导热开关的工作原理

超导体中的电子不参加热传递，因此，超导体的热导仅依赖于超导体中数量较少的声子。通过在超导体上加磁场可以破坏超导性能，使电子参与热传递，其材料的热导可以增大 1 000 倍，超导热开关正是利用这种机理研制而成的。超导热开关需要在非常低的温度下工作，因此也是超低温设备中实现热导通和断开功能的关键部件。常用的超导材料有铅（Pb）、锡（Sn）、铟（In）、铝（Al）、锌（Zn）等，在这些材料中，后两种常在温度低于 1 K 时使用，因为它们的超导转换温度很低。

2. 类别及特性

如上文所述，按照热开关建立和切断热连接的物理机制，本书将热开关分为界面接触式热开关、介质填充式热开关、导热系数可调式热开关；而按照工作温区分类，习惯上热开关又分为常温热开关与低温热开关两大类。航天器设计时，通常会首先按照热开关的工作温区进行选择，而后再关注热开关的开关比、响应时间等性能指标及使用过程所需资源或约束条件。

不论按照哪种方式分类，热开关的基本特性主要包括工作温度范围、开关比、导通热导、断开热导等。其中开关比为导通热导与断开热导的比值，是表征热开关导热调控能力的指标，当热控制需要大范围的调控时，需要大的开关比。导通热导是表征热开关导通时单位温差下传递热量能力的指标，单位为W/℃，通常当设备的热耗较大时，需要高的导通热导。断开热导是表征热开关断开时单位温差下漏热特性的指标，单位为W/℃，通常当航天器外部为深低温环境时，为减小系统漏热，断开热导越低越好。

3. 选用原则及应用案例

1) 选用原则

热开关的导通热导指标一般较小，通常仅适合于仪器设备的热耗较小时的特殊情况，此外热开关也较常用于深空探测航天器，以适应环境温度大范围变化。选用原则如下：

（1）不同类型热开关的适用温度范围、开关比等指标及所需辅助资源等不同，选用时应根据实际需求进行。

（2）石蜡驱动热开关等通常适于常温范围，且无须额外能源，特别适于能源特别紧张的深空探测航天器。

（3）气隙热开关、微膨胀热开关、超导热开关属于低温热开关，一般应用于深低温载荷。

2) 应用案例

热开关技术是随着空间探测器的发展，尤其是深空探测器的发展而出现的，在经过40多年的发展后，出现了微膨胀热开关、气隙热开关、石蜡驱动热开关等多种热开关，热开关的运行温度覆盖 0.1～300 K 的大多数温度区间。

（1）案例1：石蜡驱动基座式热开关。

在众多热开关类型中，石蜡驱动基座式热开关的应用最为成功。其成功应用于美国火星探测漫游者（Mars Exploration Rover，MER）计划中的勇气号（Spirit）和机遇号（Opportunity）火星探测器上，用来控制蓄电池组的温度，取得了圆满成功。图 5-111 所示为热开关实物与实际应用原理。

我国在石蜡驱动基座式热开关方面也开展了一定的研究工作，并在 XY-1 新技术试验卫星上进行了搭载，相变材料选择正十七烷，相变点 22 ℃，实测质量 159.56 g，体积 ϕ56.03 mm×27.27 mm，如图 5-112 所示。

图 5-113 所示为该热开关在轨测试过程中的温度变化曲线，热开关 30 ℃ 以上热导大于 0.3 W/K，18 ℃ 以下热导小于 0.025 W/K，"开关比"能够达到

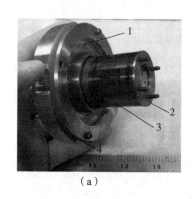
(a)

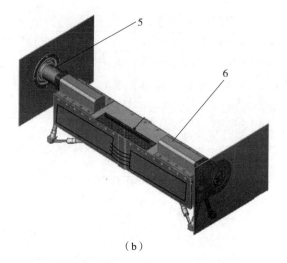
(b)

图 5-111　用于火星探测器电池热控制的石蜡驱动基座式热开关

1—振动框密封；2—热开关；3—防尘套筒；4—集成固定；5—热开关；6—同位素核热源

图 5-112　国内石蜡驱动基座式热开关应用实物

12 以上，在轨共计进行 50 次开关功能验证。

（2）案例 2：双金属片驱动热开关。

美国勘查者（Surveyor）系列中的 5 个登月器上各使用了 15 个双金属片驱动热开关，用于控制两个热控舱的温度，使其经受住了月球恶劣的环境条件。双金属片驱动热开关结构示意图如图 5-114 所示。

这种热开关的开关比可达 300∶1，导通时最大热导为 0.176 W/℃，断开时最小热导为 0.000 586 W/℃。但是在 Surveyor Ⅰ、Ⅲ、Ⅴ、Ⅵ 与 Ⅶ 使用过程中，分别出现了 4、11、1、7 与 2 个热开关接通后粘接而断不开的现象，使得蓄电池出现部分性能下降的情况，所幸并未影响主任务。

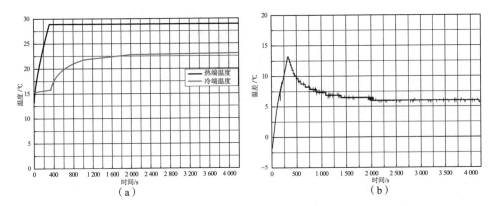

图 5-113 在轨测试中热开关热端、冷端温度变化曲线

（a）热端、冷端温度随时间变化曲线；（b）热端、冷端温差随时间变化曲线

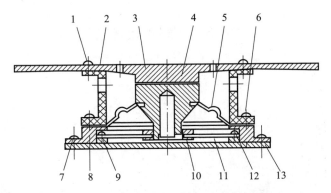

图 5-114 双金属片驱动热开关结构示意图

1，6，7，12—扁圆头螺钉；2—绝热支架；3—辐射盖；
4—接触塞；5—热传导束；8—开关座；9—安装环；
10—调节螺母；11—热双金属条；13—加热底板

5.3 隔热技术

5.3.1 简介

在下列情形下经常需要采取隔热设计：

（1）不同设备温度指标相差较大，当各设备耦合热设计代价较大时，可在对温度要求更苛刻的设备与周围设备之间隔热。例如，一般情况下蓄电池组不仅要求维持在较窄的温度范围之内，允许的最高工作温度也比其他设备低不少。这时蓄电池组与周围设备之间进行隔热设计属于较优的一个方案。

（2）小热耗设备布置在散热面上或温度波动大的结构上时一般隔热安装。通常情况下散热面会经历较低的温度。若小热耗设备直接安装在散热面上，则其温度也会较低。为了改善该设备在低温工况下的温度条件，可在设备和散热面之间采用隔热措施。

（3）为了减小航天器外高温或低温设备对航天器内部的热影响，可采取隔热设计。例如，航天器天线经历的温度范围非常宽，高温/低温水平会远高于/低于内部，这时一般需要在天线和航天器本体之间进行隔热。再如，航天器姿轨控发动机工作时其温度非常高，也需要在发动机和航天器本体之间采取隔热措施。

(4) 设备有恒温控制需求时,一般需要隔热。例如,北斗导航卫星的原子钟要求一个轨道周期内的温度波动维持在±1 ℃之内。为此对原子钟单独热控制,且与周围设备之间隔热,以减小原子钟热控制所需的功率、质量和散热面积。

(5) 航天器外表面不全是散热面时,非散热面区域需要隔热设计。航天器内部和外空间的温度条件差别非常大,除航天器外表面散热面区域外,非散热面区域一般要采用隔热设计,以减少该区域与外空间之间的换热。

传热的基本方式包括传导、对流和辐射换热。因此,隔热设计主要是抑制传导、对流和辐射换热。航天器热控制经常用到的是传导隔热、气体环境下隔热和辐射隔热。工程中最常用到的是辐射隔热设计,有时也组合采用上述隔热措施中的两种甚至全部。

此外,5.2节中介绍的环路热管、可变热导热管、流体回路以及基于上述三种传热技术的辐射散热器、热开关、升华器及蒸发器除了实现传热或散热的主要功能外,还同时具备主动或被动的调控能力,极端情况下可以阻断传热路径,从而实现隔热的功能。例如环路热管可通过开启储液器上的加热器,使环路热管停止运行,从而实现设备与散热面之间的隔热。具体可参见5.2节的相关内容,本节不再赘述。

5.3.2 辐射隔热

1. 功能及工作原理

1) 基本原理

辐射隔热的目的是抑制物体与周围环境的辐射换热。假设物体为等温体,参与换热的表面符合漫灰体以及有效辐射均匀假设,则物体向周围的净辐射热可以用下式表示:

$$q = \varepsilon E_b - \alpha G \tag{5-3}$$

式中,q 为物体向周围的净辐射热;E_b 为与物体温度相同的黑体辐射力;G 为物体表面的投射辐射;α 为物体表面对投射辐射的吸收比。

若 G 为红外辐射,则 $\alpha = \varepsilon$;若 G 为太阳辐射,则 α 为物体表面太阳吸收比。

由式(5-3)可知:

(1) 隔热设计最重要的是尽可能减小 ε 和 α,即对物体表面的热光学参数进行特殊设计,以减小自身向周围环境的热辐射,降低对周围环境热辐射(包括红外辐射、太阳辐射)的吸收。

（2）当 εE_b 与 αG 相当时 q 也会很小。对于这种特殊情况，并不意味着无须再采取辐射隔热措施，或者说所采取的辐射隔热措施其效果会不明显。若 αG 显著改变物体温度的话，还应采取辐射隔热措施，如下文所述。

假设物体热耗为 0 且仅通过辐射与周围进行换热，则式（5-3）中的 q 为 0，物体的绝对温度 T 可由下式给出：

$$T = \sqrt[4]{\frac{\alpha}{\varepsilon \sigma} G} \qquad (5-4)$$

如果物体温度 T 不在允许的范围之内，则需要对 ε 和 α 进行调节，一些措施，如降低 ε 或 α，就属于辐射隔热的范畴。常用的辐射隔热措施为多层隔热组件隔热。

2）多层隔热原理

多层隔热组件（Multilayer Insulator，MLI）是航天器最常用的辐射隔热措施，一般由具有低发射率的反射屏和低导热系数的隔离层相互交替叠合而成，如图 5-115 所示，其隔热原理如图 5-116 所示。由于多层隔热组件在低于 1×10^{-3} Pa 的真空环境下其辐射隔热性能非常好，而宇宙空间自身就是一个真空度极高的环境，所以多层隔热组件是航天器上一种常用材料，用于屏蔽高温或低温环境对仪器设备的影响。

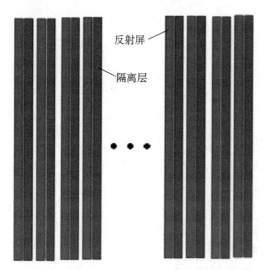

图 5-115 多层隔热组件组成示意图

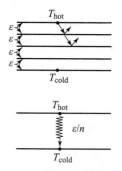

图 5-116 多层隔热组件隔热原理示意图

式（5-5）给出真空状态（或气体压力低于 1×10^{-3} Pa）下无限大的两平行表面之间放置 N 层互不接触的反射屏的辐射热流计算公式：

$$q = \frac{\sigma(T_h^4 - T_c^4)}{(N+1)\left(\dfrac{2}{\varepsilon} - 1\right)} \quad (5-5)$$

式中，T_h、T_c 分别为两表面的热力学温度，即图 5-116 中的 T_{hot} 和 T_{cold}。

由上式可见，在反射屏层数足够多、表面发射率足够小时，通过多层隔热组件的辐射，换热量可以控制在很低的程度。

3）多层隔热组件等效处理方法

实际上，通过多层隔热组件的换热既包括反射屏之间的辐射换热，还包括通过隔离层及反射屏相互接触的传导换热。当存在气体时，气体的热传导和对流也会增加通过多层隔热组件的换热。因此，一般情况下很难通过式（5-5）直接计算通过多层隔热组件的换热。为满足工程设计的需要，提出了各种等效参数来表征多层隔热组件的隔热性能，具体如下文所述。

（1）当量导热系数模型。

当量导热系数模型是将多层隔热组件视为厚度为 δ、导热系数为 λ_{eq} 的连续介质，并用傅里叶定律来描述通过多层隔热组件冷热面之间的传热：

$$q = \lambda_{eq} \frac{T_h - T_c}{\delta} \quad (5-6)$$

（2）当量换热系数模型。

当量换热系数模型用下式描述多层隔热组件冷热面之间的传热：

$$q = h_{eq}(T_h - T_c) \quad (5-7)$$

式中，h_{eq} 为多层隔热组件当量换热系数。

（3）当量辐射率模型。

当量辐射率模型用下式描述多层隔热组件冷热面之间的传热：

$$q = \varepsilon_{eq} \sigma(T_h^4 - T_c^4) \quad (5-8)$$

式中，ε_{eq} 为多层隔热组件当量辐射率。

（4）有效发射率模型。

有效发射率模型将多层隔热组件等效为附着在热面上的涂层，其发射率为 ε_{eff}，热面通过该涂层直接与外部换热。所谓"等效"，是指真实多层隔热组件状态和假设的涂层情况下，热面温度相同。

（5）对几种模型的评价。

上述前三种模型把被多层隔热组件包覆对象的表面以及多层隔热组件的外表面视为无限大平行表面，通过多层隔热组件的传热分别视为这两个无限大平面之间的一维导热、辐射和接触传热。

由式（5-6）～式（5-8）可知，当量导热系数和当量换热系数不应视为与温度无关的常数。追求精确的话，应该通过试验标定出它们与温度的关系，并在热分析中将其作为受温度影响的参数进行迭代。目前工程上很少能做到这一点，更多的情况是在分析中视为常数。不过这又不能保证应用条件与试验测定条件一致，从而导致分析误差，而且温差越大误差就越大。对于工程应用来说，当量导热系数模型和当量换热系数模型都存在方便性和准确性难以兼顾的缺点。此外，当量导热系数模型还有一个附加的缺点，即引入了多层隔热组件厚度这个参数。事实上真实多层隔热组件的厚度对于当量导热系数的测定结果有影响，就算应用条件与试验条件中多层隔热组件理论厚度一致，实际厚度也不可能精确一致。这些因素在当量导热系数模型中都不能体现。

相比之下，在一定的温度范围内，当量辐射率可近似是常数。不过正如上文所述，实际的多层隔热组件并不是理想的、只存在辐射换热的隔热屏，因此当量辐射率也只能来自于试验测定。一般情况下，只要多层隔热组件与试验件构成相同并忽略安装实施的差异，不管冷热面温度是否与测定状态相同，都可以使用测定值。这也是当量辐射率模型适用范围更广的原因。有效发射率模型虽然工程上也经常应用，但其主要是出于计算上的方便而引入的一种模型。

（6）当量辐射率模型与有效发射率模型的关系。

本节通过一个简单的例子给出当量辐射率模型和有效发射率模型二者之间的关系。

如图 5-117 和图 5-118 所示，假设被多层隔热组件包覆对象的温度为 T_h，多层隔热组件外表面的温度为 T_c，多层隔热组件外表面的半球发射率为 ε，多层隔热组件外表面没有任何外热流（即 $q_e=0$）。

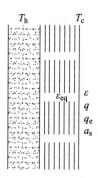

图 5-117　多层辐射传热当量
辐射率模型示意图

图 5-118　多层辐射传热
有效发射率模型示意图

根据当量辐射率模型，通过多层隔热组件的热流 q 为

$$q = \varepsilon_{eq} \sigma (T_h^4 - T_c^4) \tag{5-9}$$

根据有效发射率模型,通过多层隔热组件的热流 q 为

$$q = \varepsilon_{\text{eff}} \sigma T_{\text{h}}^4 \tag{5-10}$$

多层隔热组件外表面的能量平衡关系如下:

$$q = \varepsilon \sigma T_{\text{c}}^4 \tag{5-11}$$

由上述三式可以得到

$$\varepsilon_{\text{eq}} = \frac{\varepsilon_{\text{eff}}}{1 - \dfrac{\varepsilon_{\text{eff}}}{\varepsilon}} = \frac{\varepsilon \cdot \varepsilon_{\text{eff}}}{\varepsilon - \varepsilon_{\text{eff}}} \tag{5-12}$$

或者

$$\varepsilon_{\text{eff}} = \frac{\varepsilon_{\text{eq}}}{1 + \dfrac{\varepsilon_{\text{eq}}}{\varepsilon}} = \frac{\varepsilon_{\text{eq}}}{\varepsilon + \varepsilon_{\text{eq}}}\varepsilon \tag{5-13}$$

当航天器外表面多层隔热组件采用有效发射率模型时,还需要引入有效太阳吸收比 α_{eff},以体现太阳光这一类外热流的影响。下文给出 α_{eff} 与多层隔热组件有效发射率、多层隔热组件外表面半球发射率 ε 和太阳吸收比 α_{s} 的关系。

仍然利用上文的例子,假设多层隔热组件外表面到达的太阳热流为 q_{s},红外热流为 0,则根据有效发射率模型得到的能量平衡关系如下:

$$q + \alpha_{\text{eff}} q_{\text{s}} = \varepsilon_{\text{eff}} \sigma T_{\text{h}}^4 \tag{5-14}$$

多层隔热组件外表面的能量平衡关系变为

$$q + \alpha_{\text{s}} q_{\text{s}} = \varepsilon \sigma T_{\text{c}}^4 \tag{5-15}$$

把由式 (5-14)、式 (5-15) 获得的 T_{h}^4 和 T_{c}^4 代入式 (5-9) 可以得到

$$q_{\text{s}} \left(1 - \frac{\varepsilon_{\text{eq}}}{\varepsilon_{\text{eff}}} + \frac{\varepsilon_{\text{eq}}}{\varepsilon}\right) = \left(\frac{\alpha_{\text{eff}}}{\varepsilon_{\text{eff}}} - \frac{\alpha_{\text{s}}}{\varepsilon}\right) q_{\text{s}} \tag{5-16}$$

将式 (5-12) 代入式 (5-16),可以得到式 (5-16) 的左边等于 0,因此

$$\frac{\alpha_{\text{eff}}}{\varepsilon_{\text{eff}}} - \frac{\alpha_{\text{s}}}{\varepsilon} = 0 \tag{5-17}$$

由此可见

$$\frac{\alpha_{\text{eff}}}{\varepsilon_{\text{eff}}} = \frac{\alpha_{\text{s}}}{\varepsilon} \tag{5-18}$$

或

$$\alpha_{\text{eff}} = \frac{\alpha_{\text{s}}}{\varepsilon} \varepsilon_{\text{eff}} \tag{5-19}$$

将式 (5-13) 代入上式可得

$$\alpha_{\text{eff}} = \frac{\varepsilon_{\text{eq}}}{\varepsilon_{\text{eq}} + \varepsilon} \alpha_{\text{s}} \tag{5-20}$$

由上文的分析可知，多层隔热组件当量辐射率模型更接近实际情形，除多层隔热组件外表面与被包覆对象之间的当量辐射率为虚拟参数外，所用的外表面热物性均为真实参数。因此没有改变多层隔热组件与周围的辐射换热，不管到达外表面的热流是红外辐射还是太阳光类型。

有效发射率模型中 ε_{eff} 和 α_{eff} 均为虚拟参数。基于漫反射-漫灰表面假设，且到达表面的热流均为红外辐射时，多层隔热组件与周围的辐射换热接近实际情形。若到达热流中的有太阳光类型，多层隔热组件与周围的辐射换热会与实际相差较大，主要原因在于不少情况下有效太阳吸收比远小于多层隔热组件外表面真实太阳吸收比。因此按照有效发射率模型处理的话，太阳光类型热流到达多层隔热组件表面后绝大部分仍会以太阳光类型反射。这与实际情况相差较大。根据当量辐射率模型，到达的太阳光类型热流，其一部分会被吸收进而以红外热流的形式向周围辐射。两种模型中离开多层隔热组件外表面的太阳光类型热流占总热流的比例不一样，因而对周围的辐射影响不一样。严重时有效发射率模型会导致所计算的周围温度与实际情况相差很大，尽管多层隔热组件包覆对象的温度与实际误差不大。

实际上到目前为止，尚未能严格证明多层隔热组件有效发射率模型，从理论上来说其只是在特定情况下才成立，对于更一般的情况，问题明显更为复杂，因此应当谨慎使用有效发射率模型。

2. 类别及特性

按照耐温能力的不同，多层隔热组件通常划分为低温、中温和高温多层隔热组件。

1) 多层隔热组件的类别

（1）低温多层隔热组件。

①镀铝聚酯膜/涤纶网间隔层型多层隔热组件。

航天器所用低温多层隔热组件的反射屏一般采用平整光滑的双面镀铝聚酯膜，间隔层一般采用涤纶网，通常一层反射屏和一层间隔层组成一个单元，如图 5-119 所示。

国内航天器常用双面镀铝聚酯膜的性能参数如表 5-12 所示，常用涤纶网由 20d/1F 涤纶丝编织而成，其面密度约为 9.16 g/m²，长期使用温度不超过 120 ℃。

由式（5-5）可知，理论上多层隔热组件的隔热效果与层数加 1 的倒数成正比。不过，当层数增加到某一数值后，隔热性能不会无限提高。这是因为随着层数的增加，辐射传热与层间导热及其他热损失相比会变得很小。考虑到这

图 5-119　镀铝聚酯膜/涤纶网间隔层型
多层隔热组件

些因素，一般采用 25 单元左右以实现最佳隔热效果。工程设计时，考虑到各类航天器对通过多层隔热组件漏热的敏感程度不同，航天器外表面多层隔热组件一般为 10～30 单元。

表 5-12　常用双面镀铝聚酯膜的性能参数

序号	厚度/μm	单位面积质量/$(g \cdot m^{-2})$	镀层厚度/μm	半球发射率	太阳吸收比	长期使用温度/℃	短期使用温度/℃	表面电阻率/$(\Omega/\square)$
1	6	8.3	0.09± 0.01	$0.04^{+0.02}_{-0.01}$	0.09± 0.02	-196～120	≤150	3
2	12	16.6						
3	18	25						
4	20	27.7						

②中空玻璃微球间隔层多层隔热组件。

为了减轻多层隔热组件的质量，国内中科院理化所采用低导热系数、轻质高强度中空玻璃微球做原料，通过特殊工艺将其胶粘于双面镀铝聚酯薄膜上，制备出不带间隔层的轻质多层隔热组件，结构形式详见图 5-120。由于采用中空微球替代原有的涤纶网结构，因此该多层隔热组件在保证较好隔热性能的同时，降低了多层隔热组件的质量。与传统的"6 μm 双面镀铝聚酯膜＋涤纶网"结构相比，每单元的面密度由约 20 g/m^2 下降至约 11 g/m^2，但其当量辐射率仍不大于 0.02，在工程上可接受范围之内，如表 5-13 所示。

③凸纹型反射屏多层隔热组件。

凸纹型反射屏多层隔热组件采用压出凸纹的双面镀铝聚酯薄膜自身作为间隔层。该类型多层隔热组件的特点是反射屏与间隔层实现了一体化，此种做法

图 5-120 显微镜下中空玻璃微球黏结在
镀铝聚酯膜上图案照片

的目的同样是降低多层隔热组件的质量。由于压出了凸纹，每层间只有几点接触，因此减少了层与层之间的热传导。双面镀铝使得聚酯膜起到低导热系数间隔物的作用。JPL做过的试验表明，与传统的平整镀铝聚酯膜/涤纶网间隔层型多层隔热组件相比，这种压凸纹型反射屏且无间隔层的多层隔热组件，其当量辐射率提高了19%。

表 5-13　15单元传统多层隔热组件与中空玻璃微球型多层隔热组件性能测试结果

功率/W	传统多层隔热组件			中空玻璃微球型多层隔热组件		
	高温面温度 T_H/℃	低温面温度 T_C/℃	当量辐射率 ε_{eq}	高温面温度 T_H/℃	低温面温度 T_C/℃	当量辐射率 ε_{eq}
0.25	21.6	−68.7	0.012 7	17.6	−38.1	0.018 3
0.3	35.4	−62.7	0.012 8	30.8	−28.3	0.018 3
0.4	52.7	−54.9	0.013 1	46.4	−16.8	0.019 2
0.5	71.4	−46.3	0.013 1	60.7	−8.8	0.020 0

采用热压成型工艺的凸纹型镀铝聚酯膜，如图5-121所示。与中空微球镀铝聚酯膜相比，同样厚度的凸纹型反射屏面密度更小，与相同厚度的平整镀铝聚酯膜一样，因此取消间隔层后减重效果更为明显。

表5-14和表5-15分别给出传统及凸纹型多层隔热组件隔热性能测试结果。其中，多层外表面半球发射率为0.67。

图 5-121　凸纹型双面镀铝聚酯膜（左：凸纹膜；右：光滑平整膜）

表 5-14　传统 10 单元多层隔热组件隔热性能测试结果

试件温度/℃	有效发射率 ε_{eff}	当量辐射率 ε_{eq}	根据式（5-12）计算的 ε_{eq}
-10.3	0.013 0	0.013 3	0.013 3
2.2	0.012 6	0.012 8	0.012 8
20.7	0.011 4	0.011 6	0.011 6
40.1	0.011 2	0.011 4	0.011 4

表 5-15　凸纹型 10 单元多层隔热组件隔热性能测试结果

试件温度/℃	有效发射率 ε_{eff}	当量辐射率 ε_{eq}	根据式（5-12）计算的 ε_{eq}
-11.1	0.017 8	0.018 1	0.018 3
0.8	0.017 6	0.017 9	0.018 1
19.8	0.016 9	0.017 2	0.017 3
39.9	0.016 1	0.016 3	0.016 5

由上述数据可以看到，凸纹型多层隔热组件和中空玻璃微球型的隔热效果都要比传统多层隔热组件的差，不过其隔热性能都还在工程上能接受的范围之内，可以用于航天器隔热设计。在追求减重和隔热性能时可以权衡是否采用这些轻质多层隔热组件。需要说明的是，由于取消了间隔层，多层隔热组件对压缩负荷或包裹的松紧程度比较敏感。因此这些多层一般适用于大面积平板上的

隔热设计，原因是容易保证多层隔热组件处于自然疏松的状态。

④低温多层隔热组件面膜的选择。

在制作低温多层隔热组件时，为了尽可能减小质量，内部的反射屏一般选用 6 μm 左右厚度的双面镀铝聚酯薄膜。为了保证多层隔热组件具有足够的强度以适应后续安装等操作，两侧的外表面一般选用较厚的薄膜。

对于航天器内部多层隔热组件，表面薄膜一般选用 20 μm 左右厚度的双面镀铝聚酯薄膜。若被包覆对象有绝缘防护方面的要求，朝向包覆对象的一面宜采用单面镀铝膜且非镀铝面朝向被包覆对象，或者采用两面都不镀铝的绝缘薄膜。

当多层隔热组件用于航天器外部时，朝向包覆对象的一面仍然用 20 μm 左右厚度的双面镀铝聚酯薄膜，而对朝向空间的面膜（一般称为外表面膜）要考虑其对空间环境的适应性。通常考虑的因素包括温度、辐射（带电粒子辐射、紫外辐射等）、原子氧等。从航天器总体设计角度，通常还要求外表面膜具备防止静电积累、抑制杂散光等功能。对于受太阳照射的情况，外表面膜应该是不透光的，否则会导致次外层反射屏的温度偏高。为了使太阳照射对包覆对象的热影响尽可能小，需要采用低 α_s/ε 的薄膜。由于镀铝表面的 α_s/ε 比 1 大得多，不适于作为外表面膜。因为在太阳正照的情况下，外表面膜的温度会非常高，即使对包覆对象的热影响可以接受，薄膜自身（包括镀铝层）在高温下的可靠性也会受到影响，甚至受到损伤而功能丧失。需要注意的是，尽管单面镀铝聚酯膜其 α_s/ε 也很低，但是并不适于作为外表面膜，原因在于其耐紫外辐射能力差。

对于航天器外部低温多层隔热组件，国内航天器常用的外表面膜如表 5-16 所示。值得国内航天器热设计借鉴的是，国外航天器表面低温多层隔热组件外表面膜选用 F46 膜时，将其粘贴到坚固的支撑材料，如聚酰亚胺上，因为在带电粒子和热循环的长期作用下 F46 膜将失去机械强度。国外航天器用 F46 膜在轨确实发生了这种故障，如 20 世纪 70 年代 NATO Ⅱ 卫星镀铝 F46 膜太阳屏失效，以及 20 世纪 90 年代哈勃空间望远镜多层隔热组件外表面的 F46 膜发生了断裂。

（2）中温多层隔热组件。

中温多层隔热组件之"中温"通常指长期不超过 300 ℃。在这么高的温度下，聚酯膜型反射屏不再适用，反射屏一般采用双面镀铝聚酰亚胺薄膜，其长期允许使用温度不超过 300 ℃，短时允许使用温度不超过 400 ℃。国内航天器常用双面镀铝聚酰亚胺膜的性能参数如表 5-17 所示。

表5-16 常用低温多层隔热组件外表面膜性能参数

材料 性能	ITO型单面镀铝聚酰亚胺膜	ITO型单面镀银F46膜	黑色聚酰亚胺膜	防原子氧复合膜（灰色）	防原子氧复合膜（白色）
描述	朝外的一面镀透光的氧化铟锡（ITO），朝内的一面镀铝	朝外的一面镀透光的氧化铟锡（ITO），朝内的一面镀铝	聚酰亚胺裸膜，一般情况下两面均没有镀层	编制的玻璃纤维布，用含4%纳米二氧化硅的聚四氟乙烯浸渍	
常用厚度/μm	25	75	27	50	
膜面太阳吸收比	≤0.44	≤0.15	≥0.90	0.51	0.21
膜面半球发射率	≥0.60	≥0.62	≥0.78	0.83	0.81
膜面电阻率/(kΩ/□)	≤250	≤250	$1 \times 10^3 \sim 1 \times 10^8$	—	—
体积电阻率/(Ω·m)	—	—	$10 \sim 1 \times 10^5$		
单位面积质量/(g·m^{-2})	35	195	38	120	
环境相容性	短期的原子氧，长期的质子、电子和紫外辐射	短期的原子氧，长期的质子、电子和紫外辐射	短期的原子氧，长期的质子、电子和紫外辐射	短期的原子氧，长期的质子、电子和紫外辐射	

表5-17 常用双面镀铝聚酰亚胺膜性能参数

序号	厚度/μm	单位面积质量/(g·m^{-2})	镀层厚度/μm	半球发射率	太阳吸收比	长期使用温度/℃	短期使用温度/℃	表面电阻率/(Ω/□)
1	12	16.8	0.09±0.01	$0.04^{+0.02}_{-0.01}$	0.09±0.02	$-196 \sim 300$	≤400	3
2	20	29.4						
3	25	38.3						
4	50	83.3						

中温多层隔热组件可选用的间隔层不是很多。国内航天器通常选用高温多层隔热组件的间隔层——玻璃纤维布或硅酸铝布。虽然间隔层的耐温性能不是问题，其允许使用温度远高于聚酰亚胺反射屏，但付出了质量代价。

借鉴低温多层隔热组件减重思路，利用热压成型工艺将双面镀铝聚酰亚胺反射屏挤压出凸纹，则可以取消间隔层。实际上也可以考虑只采用平整型反射屏，通过增加反射屏层数保证所需的隔热性能。通常这种设计只适用于实施后容易保证呈疏松状态的情况。

中温多层隔热组件一般不单独使用，通常与高温多层隔热组件联合使用，整个组件在制作时一般缝合或铆接得比较紧密以保证力学性能，使得多层隔热组件的压缩负荷较大。因此中温多层隔热组件的间隔层不能轻易取消。近年来，随着聚酰亚胺纤维工艺的成熟，其成本不断下降，可以将聚酰亚胺纤维编织成网状结构作为中温多层隔热组件的间隔层。这样既实现了反射屏和间隔层耐温性能的匹配，也可以大幅度减小质量。

对于航天器外部单独使用的中温多层隔热组件，其外表面膜一般选用表 5-16 中的 ITO 型单面镀铝聚酰亚胺膜、黑色聚酰亚胺膜或 β 布。

（3）高温多层隔热组件。

当长期使用温度超过 300 ℃ 时，就要考虑使用高温多层隔热组件。高温多层隔热组件的反射屏一般为各种低发射率的金属箔，包括铝箔、镍箔、不锈钢箔、钨箔等。兼顾质量约束和强度要求，金属箔的厚度一般为 $10\sim15~\mu m$。典型金属箔的耐温性能如表 5-18 所示。

表 5-18 典型金属箔最高允许使用温度

材料	铝箔	镍箔	不锈钢箔	钨箔
最高允许使用温度/℃	550	900	1 400	3 000

国内航天器高温多层隔热组件的间隔层一般为玻璃纤维布和硅酸铝布。玻璃纤维布的允许使用温度一般可以到 900 ℃，硅酸铝布的允许使用温度可以到 1 400 ℃。当所要求的温度更高时，可以考虑使用钼丝、不锈钢丝、钨丝等制成的网状结构作为间隔层，如钨丝网的允许使用温度可以达到 3 000 ℃。

高温多层隔热组件一般用于航天器发动机工作时的高温辐射防护或羽流热防护。当高温多层隔热组件最外表面有可能存在发动机羽流时，外表面金属箔一般需要通过特殊工艺制备上高温抗氧化涂层，以避免高温情况下羽流中残余的氧化剂或其他产物腐蚀表面金属箔。国内航天器高温多层隔热组件通常采用的一种涂层是不锈钢箔灰色化学转换涂层，其基本信息如表 5-19 所示。

表 5-19 不锈钢箔灰色化学转换涂层基本信息

基本信息 \ 基材	1Cr18Ni9Ti 不锈钢箔	8Cr18Ni10Ti 不锈钢箔
常用基材厚度/μm	50，200	
基材长度与宽度/mm	最大宽度：500；长度：270	
太阳吸收比	0.79±0.02	0.84±0.02
半球发射率	0.78±0.02	
耐温性能	1. 在 800~900 ℃ 的常压环境内保温 2 h，涂层外观均匀，无裂纹、无气泡、无脱落，没有影响热辐射性质和机械强度的斑点，太阳吸收比和半球发射率的变化不超过 0.02。 2. 在常压环境下，经过连续 150 次液氮浸泡 30 s 和 900 ℃ 烘烤 90 s 的冷热交变后，涂层外观均匀，无裂纹、无气泡、无脱落，没有影响热辐射性质和机械强度的斑点，太阳吸收比和半球发射率的变化不超过 0.02	

2）多层隔热组件功能、性能影响因素

（1）气体压力影响。

由多层隔热组件的隔热原理可知，在高真空条件下（压力低于 1×10^{-3} Pa）才能发挥其最佳隔热性能。随着气体压力的增加，多层隔热组件内部通过气体导热的漏热所占比例越来越高。当气压从 1×10^{-3} Pa 上升到大气压时，气体导热成为多层隔热组件内部的主要传热方式。常压下，多层隔热组件的当量导热系数基本上保持不变，其大小约等于气体的导热系数。

采用图 5-122 所示的试验装置测试了多层隔热组件当量导热系数随真空度的变化。试验采用一维绝热型平板测试法：用薄膜型加热器作为热流模拟加热器，布置于基板表面；将已制作的被测多层隔热组件覆盖热流模拟加热器，并在被测多层两侧粘贴冷热边界测点；在基板另一侧安装跟踪控温加热器和绝热边界多层。基板加热器施加一定电流时，基板和多层隔热组件同时升温，达到稳态时，若跟踪控温点与热边界点温度一致性较好，则认为热量仅通过多层隔热组件传出。由于气体导热随压力增加所占比例越来越高，宜采用当量导热系数模型。

测试多层隔热组件选用 5 单元、10 单元、15 单元和 20 单元 4 种，包含面膜、反射屏、间隔层和缝合线。面膜和反射屏分别选用 18 μm、6 μm 厚的双面镀铝聚酯膜，间隔层选用经热定形处理的涤纶网（单位面积质量 10 g/m²，4 孔/cm）。试验用多层隔热组件放气均布（孔径为 3 mm），开孔率 0.5%。图 5-123 给出多层隔热组件当量导热系数测量值随真空度变化曲线。表 5-20 给出当量导热系数测试结果。

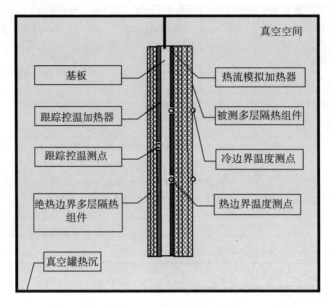

图 5-122 测试装置示意图

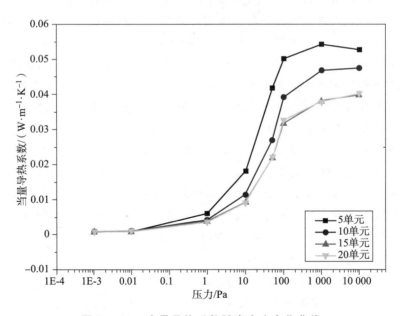

图 5-123 当量导热系数随真空度变化曲线

表 5-20 当量导热系数试验结果 W/(m·K)

多层单元数	0.001 Pa	0.01 Pa	1 Pa	10 Pa	50 Pa	100 Pa	1 000 Pa	10 000 Pa
5	9.75×10^{-4}	1.01×10^{-3}	6.16×10^{-3}	1.82×10^{-2}	4.19×10^{-2}	5.02×10^{-2}	5.43×10^{-2}	5.28×10^{-2}
10	8.33×10^{-4}	9.78×10^{-4}	4.42×10^{-3}	1.15×10^{-2}	2.70×10^{-2}	3.92×10^{-2}	4.70×10^{-2}	4.75×10^{-2}
15	8.50×10^{-4}	9.26×10^{-4}	3.78×10^{-3}	9.43×10^{-3}	2.25×10^{-2}	3.17×10^{-2}	3.80×10^{-2}	3.99×10^{-2}
20	1.03×10^{-3}	1.01×10^{-3}	3.68×10^{-3}	9.06×10^{-3}	2.21×10^{-2}	3.10×10^{-2}	3.79×10^{-2}	4.01×10^{-2}

由图 5-123 和表 5-20 可以得出：

①多层隔热组件在 0.1~100 Pa 的压力范围内，当量导热系数变化最为明显，导热系数随压力增大而增大。

②在中真空环境下，多层隔热组件较高真空环境下隔热性能显著下降。对 15 单元、20 单元多层，当真空度由 1 Pa 变为 100 Pa 时，当量导热系数增大 8.4 倍。

③多层隔热组件层数越少，真空度对其当量导热系数的影响越大。对于单元数大于 15 的多层，不同层数对导热系数的影响较小。

④多层隔热组件的真空度至少要高于 10^{-2} Pa，才能忽略气体导热的影响。

⑤当压力优于 10^{-3} Pa 时，当量导热系数的变化趋近于零。当压力在 0.1~100 Pa 区间时，当量导热系数急速增大。当压力大于 100 Pa 时，真空度的变化对导热系数的影响变小。

（2）温度的影响。

温度的变化会影响多层隔热组件中反射屏的表面发射率、反射屏和间隔层的导热系数，以及层间接触热阻等参数，进而影响多层隔热组件的当量传热参数。式（5-21）给出低温多层隔热组件当量辐射率随温度变化关系：

$$\varepsilon_{eq} = \left(0.000\ 136 \cdot \frac{1}{4\sigma T_m^2} + 0.000\ 121 \cdot T_m^{0.667}\right) \cdot f_N \cdot f_A \cdot f_P \quad (5-21)$$

式中，T_m 为多层隔热组件的层平均温度，其定义为

$$4T_m^3 = (T_h^2 + T_c^2)(T_h + T_c) \quad (5-22)$$

f_N 为与多层隔热组件单元数相关的系数；f_A 为与多层隔热组件面积相关的系数；f_P 为与多层隔热组件单元数相关的系数。

当 T_m 的值在 133～413 K 时，式（5-21）是正确的。对于特定的多层隔热组件，f_N、f_A、f_P 为常数。定义 f_T 如下：

$$f_T = 0.000\,136 \cdot \frac{1}{4\sigma T_m^2} + 0.000\,121 \cdot T_m^{0.667} \qquad (5-23)$$

图 5-124 给出了 f_T 随 T_m 变化的曲线。由此图可见，随着多层隔热组件层平均温度的上升，f_T 呈下降趋势。当 T_m 由 130 K 上升到 410 K 时，f_T 由 0.039 下降到 0.010。

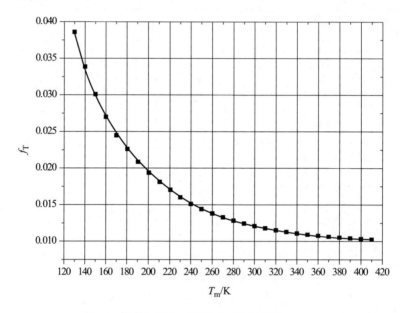

图 5-124 f_T 随 T_m 变化曲线

假定多层隔热组件的 T_h 或 T_c 不变，则随着 T_c 或 T_h 的上升，多层隔热组件的层平均温度均会升高，相应地隔热性能均会提高。由式（5-22）可以得到

$$\frac{\mathrm{d}(4T_m^3)}{\mathrm{d}T_h} - \frac{\mathrm{d}(4T_m^3)}{\mathrm{d}T_c} = 2(T_h^2 - T_c^2) \gg 0 \qquad (5-24)$$

这说明低温多层隔热组件热面温度的变化对当量辐射率的影响比冷面温度变化的影响要大得多。

下面简单讨论低温多层隔热组件当量传热系数随层平均温度的变化关系。根据式（5-7）和式（5-8）可得到

$$h_{eq} = 4\varepsilon_{eq}\sigma T_m^3 \qquad (5-25)$$

将式（5-22）代入式（5-25）可以得到

$$h_{eq} = (0.000\,136 \cdot T_m + 0.000\,484\sigma \cdot T_m^{3.667}) \cdot f_N \cdot f_A \cdot f_P \qquad (5-26)$$

显然，根据式（5-26）可知，低温多层隔热组件的当量传热系数随温度的

升高而升高。定义 f'_T 如下：

$$f'_T = 0.000\,136 \cdot T_m + 0.000\,484\sigma \cdot T_m^{3.667} \quad (5-27)$$

图 5-125 给出 f'_T 随多层隔热组件层平均温度变化的曲线。由该图可以看到，当 T_m 由 130 K 上升到 410 K 时，f'_T 由 0.019 上升到 0.16。f'_T 随层平均温度的变化幅度要比 f_T 的大得多。图 5-126 和图 5-127 分别给出法宇航所测的 10 单元低温多层隔热组件当量辐射率和当量传热系数随层平均温度变化曲线，其规律同上文所述一致。

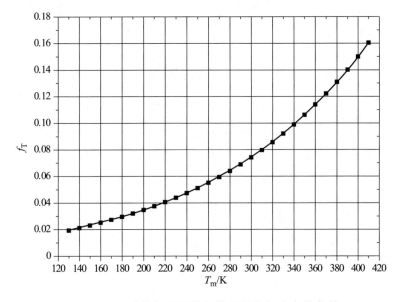

图 5-125 f'_T 随多层隔热组件层平均温度变化曲线

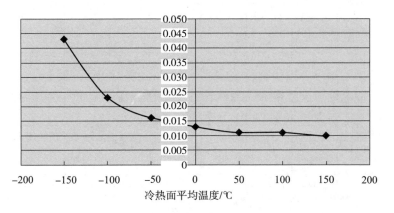

图 5-126 当量辐射率随层平均温度变化曲线

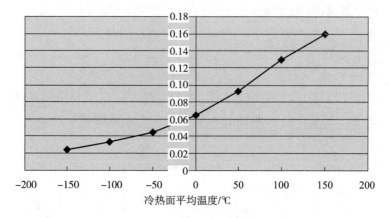

图 5-127 当量传热系数随层平均温度变化曲线

由于中温多层隔热组件的最高工作温度同低温多层隔热组件相比仅增加约 100 ℃，并不是很高，因此其当量辐射率和当量传热系数随层平均温度的变化规律与低温多层隔热组件的一致，即当量辐射率随层平均温度的升高而降低，而当量传热系数随层平均温度的升高而升高。

高温多层隔热组件的最高工作温度远高于中温和低温多层隔热组件。高温下反射屏的表面发射率、反射屏和间隔层的导热系数以及层间接触热阻等参数与常温下相比变化更明显，诸多变化综合在一起导致高温多层隔热组件当量辐射率的变化规律与中、低温多层隔热组件的不同。图 5-128 给出高温多层隔热

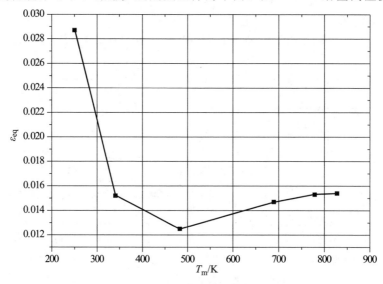

图 5-128 高温多层隔热组件当量辐射率随层平均温度变化曲线

组件当量辐射率测量值随层平均温度的变化曲线。表 5-21 给出当量辐射率和当量传热系数测试结果。所用高温多层隔热组件的反射屏为 15 μm 厚的镍箔，间隔层为 100 μm 厚的高硅氧玻璃布，共 5 个单元。测试采用图 5-122 所示的一维绝热型平板测试法。

表 5-21　高温多层隔热组件当量辐射率和当量传热系数测量值

试验工况	热面温度/K	冷面温度/K	层平均温度/K	当量辐射率	当量传热系数/(W·m^{-2}·K^{-1})
工况 1	294.2	200.7	250.359 763	0.028 7	0.129
工况 2	431.7	231.2	341.263 731	0.015 2	0.137
工况 3	626.0	303.7	482.772 146	0.012 5	0.318
工况 4	891.3	437.7	689.361 235	0.014 7	1.095
工况 5	1 006.7	495.0	778.852 717	0.015 3	1.637
工况 6	1 069.8	526.0	827.661 201	0.015 4	1.987

由图 5-128 可以看到，高温多层隔热组件的当量辐射率先随层平均温度的上升而下降，在层平均温度约 480 K 左右（对应的热面温度约 620 K，冷面温度约 300 K），当量辐射率降至最低，然后随着层平均温度的上升而上升。由表 5-21 可见，在测量温度范围内，高温多层隔热组件的当量传热系数随着层平均温度的上升而上升。

（3）安装方式的影响。

低温多层隔热组件的常用安装方式有尼龙网兜扎、尼龙搭扣搭接和销钉-压片组件固定，如图 5-129～图 5-131 所示。

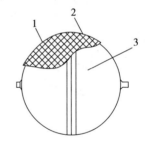

图 5-129　尼龙网兜扎方式示意图
1—尼龙网；2—多层隔热组件；3—设备

尼龙网兜扎一般用于形状复杂构件的多层隔热组件固定，如球体、圆柱体、圆锥体及其组合体等表面多层隔热组件的固定。由于被包覆对象多为曲面结构，尼龙网兜扎的松紧度不易控制，往往导致多层隔热组件的隔热性能有所下降。

尼龙搭扣搭接和销钉-压片组件固定一般用于需要多次拆装的多层隔热组件的固定，尤其是大面积平面多层隔热组件的固定。这两种固定方式虽然容易保证多层隔热组件处于自然疏松状态，但通过销钉或尼龙搭扣的漏热也很可观。在对多层隔热组件漏热比较敏感的情况下应予以关注。表 5-22 给出通过销钉或尼龙搭扣的漏热测量结果。

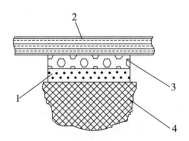

图 5-130 尼龙搭扣搭接方式示意图

1—尼龙搭扣"钩";2—多层隔热组件;
3—尼龙搭扣"圈";4—航天器本体结构

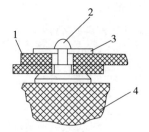

图 5-131 销钉-压片组件
固定方式示意图

1—多层隔热组件;2—销钉;
3—压片;4—舱板

表 5-22 销钉、尼龙搭扣漏热量

多层固定方式	多层隔热组件热面温度/℃	漏热量
尼龙搭扣	0.7	0.27 W/m
	37.2	0.39 W/m
销钉-压片组件	1.1	0.021 W/个
	37.4	0.028 W/个

(4) 放气孔的影响。

研究表明,当使用的多层隔热组件尺寸较大时,通过多层隔热组件边缘的抽吸放气变得困难。为保证地面真空热试验和发射后,多层隔热组件层间气体尽快排放出去以实现高真空进而获得所需的隔热性能,常在反射屏及面膜上穿孔,减小气体排放阻力。不过在膜上打孔降低了反射,减小了热阻,这会在一定程度上影响多层隔热组件的隔热性能。一般情况下,需要从抽气和隔热效果两个方面进行综合权衡。

在相同的开孔率(开孔面积占总面积的百分比)下,通过具有小孔的多层隔热组件的热流大于通过具有大孔的多层隔热组件的热流,尽管小孔有利于放气和抽气。不过当孔径与热辐射波长之比小于 0.4 时(例如,在温度低于 300 K 时,6～12 μm 厚的铝箔或镀铝聚酯薄膜反射屏上孔径为 2～50 μm),由于衍射现象,热辐射实际上不透过小孔,但抽气条件却得到很大改善。工程上,薄膜放气孔的直径一般在毫米级。

相关研究表明,开孔率对通过多层隔热组件的热流大小起着重要影响。在开孔直径不变的情况下,多层隔热组件当量辐射率测量值随开孔率的变化关系如图 5-132 所示。所测试多层隔热组件试件均为 45 个单元,厚度为 10 mm,外表

第 5 章　航天器常用热控制技术

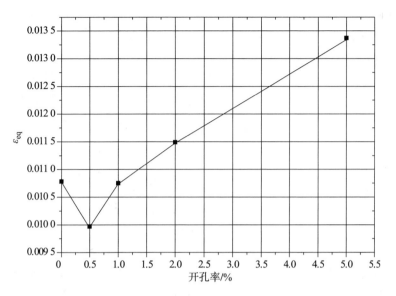

图 5-132　多层隔热组件当量辐射率随开孔率变化曲线

面膜均为单面镀铝聚酯膜（膜面朝向热沉），薄膜放气孔的直径为 1.5 mm。图 5-133 给出多层隔热组件试验件热面温度（试验件加热功率均相同）。

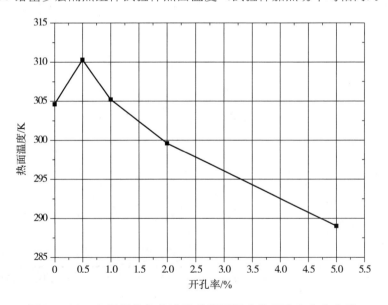

图 5-133　多层隔热组件试验件热面温度随开孔率变化曲线

由图 5-132 和图 5-133 可见，所测试试验件在放气孔径相同的情况下，存在一个最佳的开孔率，在此开孔率时多层隔热组件的隔热性能最好，表现为当量辐射率最小或热面温度最高。总体上来说，当开孔率在 0~1% 时，能够保证多层隔热组件的隔热性能最优；当开孔率大于 1% 后，随着开孔率的增加多层隔热组件的隔热性能下降，即当量辐射率随开孔率而增加。

由上文可知，气压对多层隔热组件的性能影响很大，为此设置排气孔以加速多层隔热组件内部气体的排出，尽快建立多层隔热组件工作所需要的真空环境。从另外一个角度来看，这提高了多层隔热组件对发射主动段降压过程的适应性。

主动段卫星外部气体压力下降非常快，图 5-134 给出我国 CZ-3 和 CZ-5 运载火箭在主动段整流罩内柱段压力随时间的变化情况。由该图可见，整流罩内压力在 100 s 左右就会从一个大气压下降到极低的压力，最大降压速率约为 6.8 kPa/s。当航天器表面多层隔热组件内部的气体向外排放流动阻力大时，内部压降速度会低于整流罩内的压降速率，从而造成多层隔热组件内部和整流罩内存在一定的气压差，尤其是考虑到航天器内部相当多的气体也会通过多层隔热组件向外排放。因此设计多层隔热组件时必须充分考虑排气通道的设计，否则在主动段气压快速下降时多层隔热组件会鼓胀，严重时可能会损坏或者与航天器脱离。图 5-135 给出了欧洲 ATV 货运飞船多层隔热组件在发射主动段遭受破坏的情况。

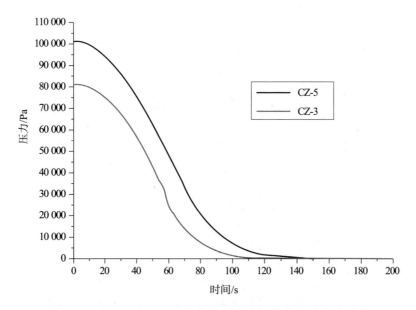

图 5-134 CZ-3/CZ-5 飞行主动段整流罩柱段压力变化曲线

JPL 的研究表明，为每升滞留气体提供 0.11 cm² 的排气孔面积时，可以满

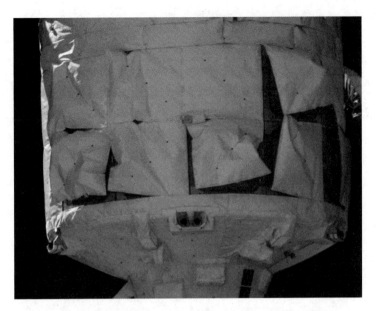

图 5-135　ATV 货运飞船多层隔热组件在主动段后状态

足压力下降速率 8.6 kPa/s 的要求。当以 15 kPa/s 的速率进行压力衰减试验时，按照上述准则设计的多层隔热组件没有出现鼓胀现象。

中国空间技术研究院利用图 5-136 所示的试验系统开展了多层隔热组件对发射主动段降压过程适应性研究。尺寸为 1 400 mm×550 mm×550 mm 的封闭箱体放在图 5-136 所示的真空罐中。封闭箱体除多层隔热组件覆盖的一面上有开孔外，六个面的结合缝隙均用胶带进行密封。多层隔热组件各层膜的开孔率均为 0.5%，相当于为每升滞留气体提供 0.09 cm² 的排气孔面积。试验结果表明，当使用尼龙搭扣固定多层隔热组件、压降速率超过 6.8 kPa/s 时，多层隔

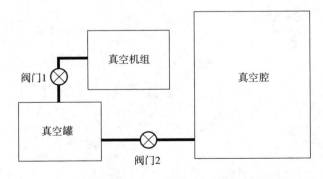

图 5-136　多层隔热组件对发射主动段降压过程适应性
研究试验系统示意图

热组件固定好，没有脱落，且没有局部撕裂等损伤；在同样的压降速率下，利用销钉-压片组件固定的多层隔热组件虽然也没有脱落，但不少销钉孔处多层隔热组件被撕裂。由此可见，在合适的固定方式下，为每升滞留气体提供 0.09 cm² 的排气孔面积时，能够适应长征系列火箭发射主动段的降压环境。

3. 选用原则及应用案例

1) 选用原则

（1）需根据应用场合特点选用低温、中温、高温多层隔热组件，或者三者的组合应用方式。

（2）低、中温多层隔热组件的面膜需根据航天器内、外特点进行选择。对于航天器外表面用多层隔热组件的面膜，必要时要考虑极低温度条件下面膜收缩的影响。

（3）多层隔热组件的层数需根据热设计、质量约束及实施工艺性等因素综合确定。

（4）多层隔热组件在应用过程中，必要时应关注气体压力、温度、放气孔、安装方式等的影响。

2) 应用案例

（1）案例1：星内低温多层隔热组件的应用。

图 5-137 给出 DFH-4 平台气瓶外表面包覆多层隔热组件的状态。由于安装在卫星内部，外表面膜为 20 μm 厚双面镀铝聚酰亚胺膜。多层隔热组件包覆

图 5-137　DFH-4 平台气瓶多层隔热组件包覆图

在球形曲面上时不易做到贴体，为此通过尼龙网把其固定在气瓶表面，以便多层隔热组件服帖，没有局部翘起等现象。

（2）案例2：星外低温多层隔热组件的应用。

图5-138给出DFH-4平台卫星外表面局部低温多层隔热组件状态。卫星

图5-138　DFH-4平台卫星星体表面低温多层隔热组件状态

本体多层隔热组件面膜为带ITO镀层的单面镀铝聚酰亚胺膜。天线反射器背部多层隔热组件面膜则为黑色聚酰亚胺膜，主要目的在于消除天线展开状态下对其附近太阳敏感器的杂散光干扰。

（3）案例3：中温及高温多层隔热组件的应用。

图5-139给出发动机隔热屏构成示意图。隔热屏对着发动机的最外几层使用高温多层隔热组件，根据温度降低情况，逐步过渡为中温和低温多层隔热组件。这样既保证了隔热效果，又有利于降低整个隔热屏的质量。图5-140给出某航天器发动机附近高温隔热屏面膜状态，该面膜采用不锈钢材料，表面带有抗高温氧化涂层。

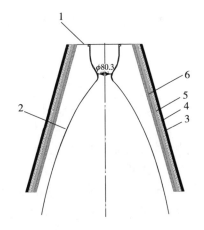

图5-139　发动机隔热屏构成示意图

1—与结构隔热连接；2—发动机喷管；
3—隔热屏支架；4—低温多层；
5—中温多层；6—高温多层

图 5-140 某航天器高温隔热屏面膜状态

5.3.3 导热隔热

1. 功能及工作原理

在某些情况下需要限制通过接触面的导热，以减少热量传递，保证某一侧的温度满足要求，这就属于导热隔热设计。式（5-28）给出两接触表面之间的传热公式：

$$Q = h \cdot A \cdot \Delta T \quad (5-28)$$

式中，A 为接触面积；h 为传热系数；ΔT 为两接触面之间的温差。

由式（5-28）可见，减小接触面积或传热系数均可以降低通过接触面的热传递。导热隔热设计就是采取措施以减小接触面积或传热系数，从而减小两接触面之间的热导或增大两接触面之间的接触热阻。最简单最常用的导热隔热措施是在两个面的连接点处使用低导热系数的垫片（隔热垫），如图 5-141 所示。

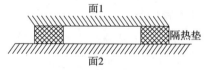

图 5-141 两接触表面之间使用隔热垫示意图

增加隔热垫之后，原本直接接触的两个表面就只有连接点处存在接触了，接触面积大为减小。由于隔热垫采用低导热系数材料，且隔热垫与面1和面2均存在接触热阻，因此连接点处的热阻也会比没有隔热垫时增加不少。图 5-142 给出设备安装耳片处常见的隔热垫使用方式（为清晰起见，省去了螺钉安装时使用的垫片）。由该图可以看到，连接点处的传热实际上包括通过隔热垫的传热和通过螺钉的传热。有时尽管螺钉的导热系数也比较低，但通过其传热的影响也不容忽略，因此会采用图5-142（b）所示的方式，在螺钉和设备之间也使用隔热垫。

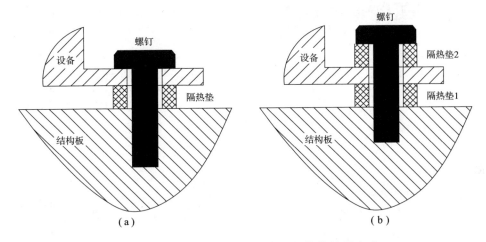

图 5-142　设备安装耳片处常见隔热垫使用方式

针对图 5-142（b）所示的隔热方式，可以给出连接点处的热阻网络，如图 5-143 所示。该图中 T_1 和 T_2 分别代表设备和结构的温度，R_{11}、R_{12}、R_{13}、R_{21}、R_{22}、R_{23}、R_{24} 的含义如表 5-23 所示。显然，增加隔热垫的厚度，减小隔热垫的截面积，选用低导热系数的材料都能增大连接点处的总热阻。在力学性能等条件允许的情况下，螺钉采用导热系数更低的材料（如将钛合金螺钉更换为聚酰亚胺螺钉）也有助于增大总热阻。如果各接触面处的接触热阻也占相当的比例，则在力学性能、稳定度等条件允许的情况下，把一个厚隔热垫替换为几个薄隔热垫以增大接触热阻也是经常采用的措施。

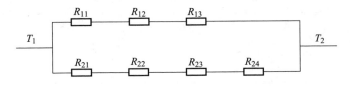

图 5-143　连接点处热阻网络示意图

2. 类别及特性

隔热垫常用的材料包括聚酰亚胺、玻璃钢（或环氧-玻璃纤维）、TC4 钛合金、304L 不锈钢等。表 5-24 给出常用隔热材料的性质。

表 5-23 各热阻含义及计算公式

热阻	含义	计算公式	备注
R_{11}	隔热垫 1 与耳片之间的接触热阻	$R_{11} = (h_{11} \cdot A_{11})^{-1}$	h_{11}—隔热垫 1 与耳片之间接触传热系数； A_{11}—隔热垫 1 与耳片接触面积
R_{12}	隔热垫 1 的导热热阻	$R_{12} = \dfrac{L_1}{\lambda_1 A_1}$	L_1—隔热垫 1 的厚度； λ_1—隔热垫 1 导热系数； A_1—隔热垫 1 的截面积
R_{13}	隔热垫 1 与结构之间的接触热阻	$R_{13} = (h_{12} \cdot A_{12})^{-1}$	h_{12}—隔热垫 1 与结构之间接触传热系数； A_{12}—隔热垫 1 与结构的接触面积
R_{21}	隔热垫 2 与耳片之间的接触热阻	$R_{21} = (h_{21} \cdot A_{21})^{-1}$	h_{21}—隔热垫 2 与耳片之间接触传热系数； A_{21}—隔热垫 2 与耳片接触面积
R_{22}	隔热垫 2 的导热热阻	$R_{22} = \dfrac{L_2}{\lambda_2 A_2}$	L_2—隔热垫 2 的厚度； λ_2—隔热垫 2 导热系数； A_2—隔热垫 2 的截面积
R_{23}	隔热垫 2 与螺钉之间的接触热阻	$R_{23} = (h_{23} \cdot A_{23})^{-1}$	h_{23}—隔热垫 2 与螺钉之间接触传热系数； A_{23}—隔热垫 2 与螺钉的接触面积
R_{24}	螺钉的导热热阻	$R_{24} = \dfrac{L_3}{\lambda_3 A_3}$	L_3—螺钉的长度； λ_3—螺钉的导热系数； A_3—螺柱的截面积

表 5-24 常用隔热材料一览表

材料	密度/ (kg·m^{-3})	热膨胀系数/ (ppm·℃$^{-1}$)	导热系数/ (W·m^{-1}·℃$^{-1}$)	参考使用 温度/℃
聚酰亚胺	1 400	0.55	0.3	≤200
玻璃钢	2 000	—	0.3	≤100
钛合金（TC4）	4 400	9.3	6.8	≤350
不锈钢（1Cr18Ni9Ti 或 304L）	7 900	17.2	16.3	≤700

3. 选用原则及应用案例

1) 选用原则

隔热材料选用原则如下：

（1）材料的耐温性能应同隔热对象的温度条件匹配，隔热性能满足要求，必要时要考虑导热系数随温度变化的影响。

（2）在使用温度范围内，材料的力学性能应满足安装应力、发射或着陆过程的力学环境要求，稳定性能够满足设备安装精度要求。

（3）材料的加工工艺好，尺寸及精度易满足要求。

（4）材料与隔热对象、连接螺钉等材料热膨胀系数匹配。

（5）材料总质损和可凝挥发物指标应满足要求。

2) 应用案例

（1）案例1：非金属隔热垫。

常用非金属隔热垫为玻璃钢隔热垫和聚酰亚胺隔热垫。一般情况下，二者的力学性能、稳定性能均能满足使用要求，主要区别在于耐温性能的不同。玻璃钢隔热垫一般适用于100 ℃以下的温度条件。聚酰亚胺隔热垫的耐温性能优于玻璃钢，可用于200 ℃以下的温度条件。不过，玻璃钢材料要比聚酰亚胺便宜。因此，玻璃钢隔热垫大量用于电子设备安装点、天线安装点等温度不高于100 ℃部位的隔热，聚酰亚胺隔热垫则主要用于温度较高部位的隔热。例如，在我国的通信卫星上，聚酰亚胺隔热垫用于10 N推力器安装耳片以及第一代490 N发动机安装耳片处的隔热。这些部位的温度有可能高于100 ℃，但一般情况下不会超过200 ℃。

（2）案例2：金属隔热垫。

常用金属隔热垫为TC4钛合金隔热垫和304不锈钢隔热垫。二者的使用温度比非金属隔热垫高得多，但隔热性能大大逊于非金属隔热垫，因此往往通过增加厚度或数量来满足隔热性能。TC4钛合金隔热垫的导热系数比304不锈钢隔热垫的低，因此在满足温度条件的前提下，优选TC4钛合金隔热垫。例如，我国的第二代490 N发动机点火时其安装耳片处的温度有可能高达260 ℃，这时使用聚酰亚胺隔热垫已有风险，因此选TC4钛合金隔热垫，由第一代490 N发动机时的1个厚度1 mm的聚酰亚胺隔热垫改为2个厚度分别为1 mm的钛合金隔热垫。

（3）案例3：低热导设计的特殊产品。

在航天器热设计时经常遇到一些情况需要特殊隔热设计，如通信卫星中有些波导其一段在星外，一段在星内，星外的那段波导温度范围往往很宽且变化剧烈，若不采取措施的话，会导致与星内波导相连的设备温度波动幅度大，极端情况下会导致设备温度不满足要求。针对这种情况，要求波导全程不能全部采用通常所用的铝合金波导，而是在穿舱部位使用一段低导热系数的波导，如殷钢波导或钛合金波导（一般选用殷钢波导，因其适于表面镀银工艺，而钛合金表面不易镀银），以抑制星外波导对星内的热影响。另外，航天器内部的一些结构件，如推进管路支架，为满足管路隔热要求，往往整个结构件都全部采用低导热系数材料（如聚酰亚胺）加工而成。

5.3.4 气体环境下的隔热

1. 功能及工作原理

载人飞船、空间站等航天器均带有密封舱。行星着陆器、巡视器或大气探测器任务常常需要在气体环境下工作。这些航天任务都对气体环境中的隔热提出了需求。例如载人飞船密封舱要求向舱壁的传热尽可能小，火星探测任务一般要求探测器与火星大气之间的对流换热尽可能小。

航天器在气体环境中的隔热措施与地面环境中的类似，一般采用低导热系数的多孔隔热材料覆盖在舱板上，隔热材料和舱板之间没有气体（如隔热材料和舱板通过胶接等方式复合在一起）或气体对流影响可以忽略。这样总的传热就限制在通过低导热系数材料和气体的导热，以及可能穿过隔热材料表面、在隔热材料结构内部发生多次吸收和发射的热辐射。多孔隔热材料的隔热原理如图 5-144 所示。

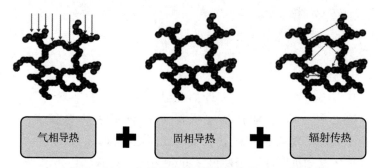

图 5-144 多孔隔热材料的隔热原理示意图

另外在某些情况下，如果环境气体的密度和导热系数都很低，而且重力也足够小，简单地将气体滞留在密闭的空间内可以抑制对流的影响，也能够获得良好的隔热性能。

2. 类别及特性

气体环境中常用多孔隔热材料包括泡沫塑料和气凝胶。泡沫塑料用得比较多的是聚氨酯泡沫塑料和聚酰亚胺泡沫塑料,如图 5-145 所示。气凝胶是世界上密度最小的固体之一,目前最轻的氧化硅气凝胶仅有 3 kg/m³,所以也被称作"冻结的烟"(Frozen smoke)或"蓝烟",如图 5-146 所示。

图 5-145　泡沫塑料实物照片
(a) 聚氨酯泡沫;(b) 聚酰亚胺泡沫

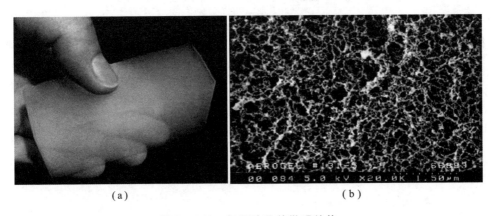

图 5-146　气凝胶及其微观结构
(a) 气凝胶;(b) 气凝胶微观结构

1) 泡沫塑料

泡沫塑料是一种闭室型松孔结构(孔腔互不相通)或开室型松孔结构(孔腔相通)的多孔性材料。由于泡沫塑料内部的孔径小(3 mm 以下),气体对流传热可忽略不计,因此泡沫塑料的传热方式是:内部小孔壁的热传导,小孔内气体的热传导,孔壁之间和孔与孔之间的热辐射。

图 5-147 给出德国 BASF 公司 Basotect 开室型泡沫在地面大气压下气体导热、辐射和固体导热对总导热系数的贡献。一般来说,闭室型泡沫在低气压下性能不好,因为在闭室型泡沫内残存的气体压力高,气体导热贡献大。对开室型泡沫塑料的研究表明,在一个大气压下气体导热对通过隔热层的传热贡献最大,当气体压力降低时,泡沫导热系数大幅度下降,如图 5-148 所示。这是由于随着气体压力的降低,微孔内气体导热作用减弱导致的。

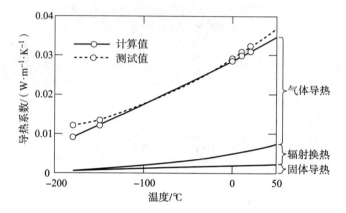

图 5-147　德国 BASF 公司 Basotect 开室型泡沫在地面 1 个大气压下的导热系数

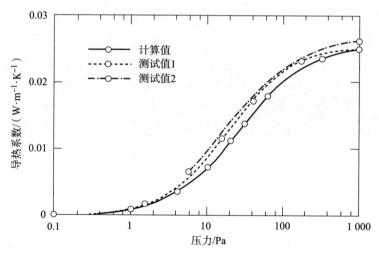

图 5-148　德国 BASF 公司 Basotect 开室型泡沫导热系数与压力的关系

一般情况下，泡沫材料的导热系数随温度的下降而下降。图 5-149 给出密度为 15 kg/m³ 的软质聚酰亚胺泡沫其导热系数在空气环境中室温以下的变化情况。这个现象出现的原因在于，随着环境温度的降低，泡沫中空气的导热系数也降低，从而使得整个泡沫材料的导热系数降低。从图 5-147 中也可以看出，气体导热系数随温度下降幅度要比辐射传热和固体导热系数随温度下降的幅度大得多。由图 5-149 可见，$-150\ ℃$时导热系数下降到不到室温时的一半。因此在航天器低温环境下使用这类隔热材料时应充分考虑温度对导热系数的影响。

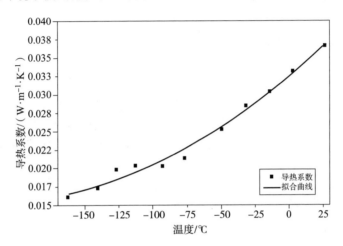

图 5-149　密度为 15 kg/m³ 软质聚酰亚胺泡沫导热
系数随温度变化曲线

2）气凝胶

与泡沫塑料一样，在气体环境下，气凝胶中气体对流传热可以忽略，其内部热量传输主要有三种途径：沿着固体骨架的热传导、气凝胶开孔结构中存在的气体导热以及辐射换热。气凝胶是一种低密度纳米多孔非晶态材料，具有连续无规则网络结构，如图 5-146 所示。气凝胶的空隙率高的结构特性使气凝胶中固体含量非常低，这样就降低了通过固相传导的热量，而且固相弯弯曲曲的结构也有利于降低热传导。一般来说，气凝胶中的特征空隙尺寸远小于微米量级，这就使得气凝胶结构中气体的传热远小于在自由气体中的传热。因此气凝胶具有实现总的导热系数小于环境温度下自由空气 0.026 W/(m·K) 的导热系数的潜力。

气凝胶本身的半透明结构难以抑制辐射的发生，但通过在气凝胶中加入红外辐射吸收物质可以削弱气凝胶材料的辐射特性。例如，常温常压下掺碳气凝胶的导热系数可降低到 0.013 W/(m·K)；掺入二氧化钛可使硅气凝胶成为新型高温隔热材料,800 K 时的导热系数仅为 0.03 W/(m·K);二氧化硅气凝胶在室温下,密度为 100 kg/m³ 时导热系数为 0.02 W/(m·K),低于空气的导热系数。

气凝胶是非常理想的隔热材料,不过气凝胶独特的网络结构及高孔隙率和低密度等特点导致气凝胶具有很大的脆性。在温度较高的环境中,半透明的气凝胶材料很难阻抗辐射换热的影响,因此在很多领域中,气凝胶需要与其他材料复合才能达到实际的使用效果。气凝胶复合隔热材料主要有纤维复合气凝胶隔热材料、遮光剂气凝胶复合材料,实际使用中通常将气凝胶与遮光剂和纤维增强体共同复合使用。

3. 选用原则及应用案例

1) 选用原则

多孔类隔热材料在使用过程中,需遵循以下基本原则:

(1) 在确认隔热性能是否满足热设计要求时,除考虑材料自身属性外,还需关注温度水平、大气或真空环境影响、稳定性等因素对隔热性能的影响。

(2) 综合考虑质量约束、实施工艺性、力学环境适应性等因素。

(3) 考虑总质损、可凝挥发物的约束,有人参与的航天器,还要考虑材料的毒性等因素。

2) 应用案例

(1) 案例 1:泡沫塑料在我国载人飞船上的应用。

由于聚氨酯软泡沫塑料除具有较好的隔热性能外,还具有使用方便、易切割改变形状、质量小、稳定性好等一系列优点,因此在我国神舟系列载人飞船上被用于密封舱内的隔热。舱壁内表面所用聚氨酯泡沫塑料的厚度一般为 20 mm,密度不大于 20 kg/m³,采用聚丙烯酸酯压敏胶粘贴在舱壁上,泡沫塑料朝向舱内的一面再粘贴一层阻燃布。表 5-25 给出神舟系列飞船上所用几种聚氨酯泡沫塑料的性能参数。

表 5-25 神舟系列飞船上聚氨酯泡沫塑料性能参数

性能指标 \ 规格	C-1	X-1	C-2
密度/(kg·m⁻³)	≤20	20~35	≥35
导热系数/(W·m⁻¹·K⁻¹)	常温、常压:≤0.04	常温,0.5 atm:≤0.04 常温,0.3 atm:≤0.035	常温、常压:≤0.05
拉伸强度/kPa	≥70	≥90	≥90
断裂伸长率/%	≥50	≥60	≥60

续表

性能指标 \ 规格	C-1	X-1	C-2
气味等级	≤1.5	—	≤1.5
毒性/(μg·g^{-1})	总有机物挥发物：≤100 CO 含量：≤25	—	总有机物挥发物：≤100 CO 含量：≤25
撕裂强度/(N·m^{-1})	≥100	≥120	≥100
回弹率/%	20～25	25～35	35～40
质量损失/%	≤1	≤1	≤1
可凝挥发物/%	≤0.1	≤0.1	≤0.1
吸湿率/%	≤15	根据需要确定	根据需要确定
抗辐射剂量/rad（Si）	≥10^4	≥10^6	≥10^4
耐温性能	150 ℃烘烤 3 h 不变色	－196～120 ℃冷热交变 300 次时隔热性能不变	120 ℃烘烤 3 h 不变色
使用温区/℃	－100～150	－196～120	－100～120

注：1 atm＝101.325 kPa。

（2）案例 2：气凝胶隔热组件在 RTG 中的应用。

在探测器度过行星夜晚或进行太阳系外深空探测时，同位素电源（RTG）可以持续地为设备提供电能。对于采用温差发电的 RTG，实现热电转换的前提是半导体之间存在温差，温差越大，发电效率越高。由于气凝胶材料的低导热系数特性，在同位素电源中气凝胶隔热材料被用来阻断传热通道，避免同位素热源 P-N 结两端热源与热沉之间的传热，包括辐射传热和大气环境下的对流换热，以维持二者之间的温差，如图 5－150 所示。

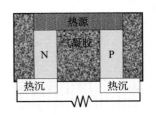

图 5－150 同位素温差发电器中的气凝胶隔热层

（3）案例 3：气凝胶隔热组件在火星探测中的应用。

美国于 1996 年发射的火星探路者（MPF）巡游车（Sojourner）上的主要热控制装置被称为"电子元件保温箱"（Warm Electronic Box，WEB），WEB 上的隔热组件使用了质量超轻且疏水性好的二氧化硅气凝胶，极大地减小了导热和辐射。这种设计不仅要在低气压环境下能够提供出色的隔热效果，还应能够承受巡游车在火星降落时 60 g 的加速度的影响而不损坏。电子元件保温箱采用框架结构，外结构为碳纤维蒙皮蜂窝板。蜂窝板内部为不透明的气凝胶绝热材料。整个箱内均安装气凝胶，底板气凝胶厚度为 12 mm，其余部位气凝胶厚度约 25 mm，如图 5-151 所示。气凝胶密度低于 20 kg/m³，导热系数在火星大气环境下（CO_2，1 333 Pa，0 ℃）约为 0.012 W/(m·K)。材料中增加碳填充物以减小红外辐射漏热。由于气凝胶非常脆，采用环氧材料保护，并仔细安装于结构板内表面。气凝胶在安装时预留出安装螺钉、连接电缆和 RHU 插入孔，以免对气凝胶产生破坏。

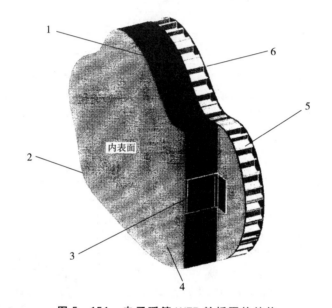

图 5-151　电子暖箱 WEB 舱板隔热结构
1—掺碳气凝胶块；2—宇航石英织物；3—宇航石英织物 Z 形加强板；
4—镀金的 Kaoton 膜；5—蜂窝芯；6—碳纤维面板

舱板外表面粘贴低发射率、表面镀金的聚酰亚胺膜，减小舱板与火星外部环境的辐射换热。气凝胶面向箱内的表面粘贴低发射率、表面镀金的聚酰亚胺膜，减小舱板与火星外部环境的辐射换热。通过分析，通过气凝胶壁面产生的漏热大约为电子元件保温箱总漏热量的 50%。

鉴于气凝胶隔热组件在探路者（MPF）火星巡游车上的成功使用及其优良的隔热效果，NASA 在 2003 年发射的 MER 巡游车上也使用了相似的气凝胶隔热组件。所不同的是 MER 巡游车上的电子器件热控制装置采用的是含石墨 0.4%、不透明、密度为 20 kg/m³、厚度为 2.5 cm 的气凝胶，加入石墨改变了气凝胶的透光性，从而削弱了光热传递。此外，为了降低内部辐射，JPL 设计时在两层硅气凝胶中间放置了 127 μm 厚的镀金聚酰亚胺膜（Kapton）作为反射屏，如图 5-152 所示。所用的气凝胶具有较好的疏水性能和较好的抗机械冲击性能，开放式的平板-桁架设计则大大增加了气凝胶隔热组件的机械性能和可操作性。

图 5-152　MER 巡游车气凝胶隔热组件

（4）案例 4：低压气体间隔层隔热技术在火星探测中的应用。

美国的火星科学实验室（MSL）于 2011 年发射，2012 年 8 月 6 日着陆在火星的盖尔撞击坑。其中的好奇号巡视器热控制系统采用了设备集中布置、统一热管理的思路，主要采用泵驱单相流体回路系统和 CO_2 气体隔热技术进行热控制。好奇号巡视器舱内设备集中安装在设备安装板上，设备安装板通过钛合金拉杆吊挂在巡视器顶板下表面，如图 5-153 所示。对设备安装间隙、设备与

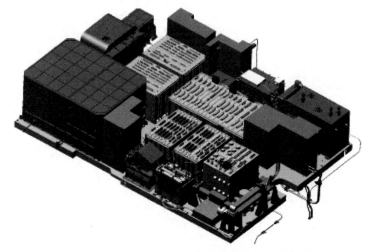

图 5-153　好奇号巡视器舱内设备布局示意图

舱板内表面的间隙进行控制，确保间隙中的 CO_2 气体仅存在导热，不会发生自然对流现象，利用滞止 CO_2 气体其他隔热性能进行保温，如图 5-154 所示。好奇号巡视器热控制系统是首个将滞止 CO_2 气体作为主要隔热手段的火星巡视器。

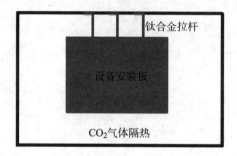

图 5-154　滞止 CO_2 气体隔热示意图

5.4 加热技术

5.4.1 简介

一般情况下，航天器或设备的热控制通过散热、隔热等热控制技术即能满足，可是受航天器轨道、姿态、设备工作模式等各种因素的影响，单纯靠散热、隔热等热控制技术往往无法满足设备的最低工作温度需求，这时，就需要使用加热技术保证处于低温环境下的设备能够正常工作或者满足低温生存（设备不工作）要求。加热技术是航天器热控制系统设计中最常用的设计方法，其方法是将电能或太阳能等转化为热能，对设备进行热量补偿。加热回路往往和测温传感器、控温电子设备配合使用，组成测控温闭环控制回路，对某些特殊设备提供精密的温度控制。

5.4.2 电加热技术

1. 功能及工作原理

加热的方式有很多种，如红外加热、电磁加热、激光加热，等等。电加热技术是目前航天器热控制系统中最常见的一种加热技术，其工作方式是将电加热器安装在需要加热的部件上，对其通电，从而将电能转化为热能输出。

通常，电加热器由电热元件、电绝缘层和引出线三部分组成。

制造各种电热元件的材料称为电热材料。从发热原理上，凡电阻率较高的导电材料都可以做电热材料。但实际应用中，电热材料还应具有良好的机械性能、耐热性能和抗氧化性能。常用的电热材料有铜镍锰合金（康铜）、镍铬合金、铁铬铝合金、高熔点纯金属以及石墨等。

电绝缘层的主要作用是将电热元件与被加热的设备隔离，使其具有良好的电绝缘。电绝缘材料的电阻率一般应大于 $10^9\ \Omega\cdot cm$。某些情况下，电绝缘层除了保证绝缘性能外，同时还对电加热器起着机械支撑、固定和保护等作用。所以，它们不仅应具有良好的机械强度、耐热、耐高压性能，在航天应用中，具体材料的选择还需要考虑高真空和空间粒子辐射等影响。常用的电绝缘材料有聚酰亚胺薄膜、涂料、纤维布-胶、金属套管-粉末等类型电绝缘材料。

加热器的引出线是用来连接电源的，一般采用带有绝缘层的导线。引出线的选择需要考虑电加热器的组成、结构、使用温度和空间环境适应性。引出线的导电线芯可以是金属单股或多股线、金属带或金属箔等，一般为镀锡或镀银铜芯。导线的绝缘层可以是聚氟乙烯、聚乙烯、氟46、聚酰亚胺等材料。一般航天器上使用的导线类型为采用聚全氟乙丙烯作绝缘层的 AF46 系列导线以及采用四氟乙烯共聚物作绝缘层的 C55 系列导线。

2．类型及特性

航天器上常用的电加热器主要有薄膜型电加热器/电加热带、铠装加热器、线绕电阻器等。

1）聚酰亚胺薄膜型电加热器

聚酰亚胺薄膜型电加热器是由两层或多层聚酰亚胺薄膜作为绝缘层，中间加热元件为合金箔状或合金丝的电加热器。现在常用的聚酰亚胺薄膜电加热器是将箔状电热元件用机械加工或化学腐蚀形成一定形状和电阻值的加热线路，然后和绝缘膜热压复合而成加热器，通常称加热片。加热片的厚度很小，一般在 0.2 mm 以下。其优点是形状和阻值灵活可设计、密度小、热惯性小，并且还有较强的耐辐射能力，特别适合于精密仪器的温度控制，使用温度一般不超过 125 ℃。

薄膜型电加热器也可以做成带状产品，称聚酰亚胺电加热带，主要用于航天器管路的热控制，使用时缠绕在被加热物体表面，并使用硅橡胶固定。电加热带内部的电热元件一般为康铜丝，不同线径的康铜丝电阻率不同。设计加热带时要同时兼顾考虑长度和设计阻值,选择不同线径的康铜丝。

典型的薄膜型电加热器如图 5-155 所示。

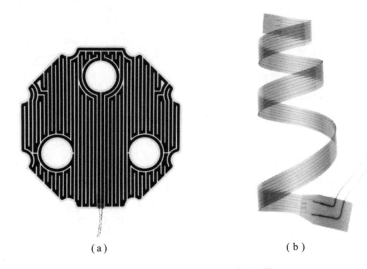

图 5-155　薄膜型电加热器

(a) 片状薄膜型电加热器;(b) 带状薄膜型电加热器

根据实际设计的需求,可以设计成单层单回路加热器、单层多回路加热器、双层单回路加热器、双层双回路加热器等各种类型。

2) 铠装加热器

顾名思义,铠装加热器是指加热器的外部加了一层"铠甲",以获得耐高温性能。常用的铠装加热器包括套管型和定制型。

套管型铠装加热器的加热元件是高电阻率的合金丝,如镍铬合金或铁铬铝合金丝,外部以金属套管作为安装面。套管和加热丝之间填充氧化镁或氧化铝陶瓷材料实现绝缘。套管型加热器通常出厂时长度可达数百米,使用时根据设计的阻值来截取相应的长度,通过盘旋或缠绕的方式安装在被加热对象上。其特点是耐压、耐冲击、耐高温,工作温度可达 900 ℃。

定制型铠装加热器通常是为某种特殊设备专门定制的。其加热元件是镍铬合金或铁铬铝高温合金丝及支撑骨架构成的加热芯。支撑骨架的材料通常为陶瓷或石英玻璃等绝缘材料,具有足够的机械强度、良好的高温绝缘和抗热震性能。将加热丝通过螺旋缠绕或其他方式盘绕在骨架上就成了加热芯,因此其电阻密度可以比套管型高得多。其工作温度可达 1 100 ℃ 以上,受热后仍有较好的机械性能。外部保护和安装壳体是不同厚度和形状的金属材料,如薄壁不锈钢管等。加热芯的骨架虽然是绝缘体,有时候仍需要在加热芯与外壳之间填充氧化镁或氧化铝粉末来保证彻底绝缘。与套管型不同的是，定制型铠装加热器是单个成品，生产完成后阻值和形状不可改变，基本是定向应用。典型的铠装加热器如图5-156所示。

3) 陶瓷金属一体化加热器

陶瓷金属一体化加热器是在镍铬合金电加热器基础上发展的一种新型加热技术，它基于高温共烧陶瓷技术的金属

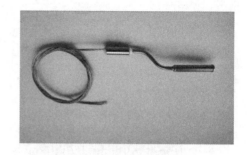

图5-156 单组元推力器用微型铠装电加热器

陶瓷一体化材料制成，可以从根本上改变当前微型铠装电加热器的结构，一方面可以提高功率密度，满足小空间小功率加热的需求；另一方面，可提高元件的使用寿命和可靠性。

陶瓷金属一体化加热器是指将金属电阻和陶瓷基体采用叠层-成型-共烧等工艺方法制备而成的陶瓷基电加热元件。传统铠装加热元件的加热材料为拉制得极细的镍铬合金丝（平直或螺旋绕制），绝缘材料为强度低的石英玻璃管及氧化镁粉体。与之相比较，新型加热元件的加热材料为高阻值、高熔点金属或合金（如钨、钼等），发热电阻为厚膜状。主体结构材料为高强度、低膨胀、高导热系数且耐高温的陶瓷（如氮化硅、氮化铝等），同时也是优良的绝缘材料。采用这种材料制作的加热元件具有结构简单、工作温度高、机械强度高、化学性能稳定、绝缘性能优异、抗潮湿、抗热冲击性能优异等特点。

陶瓷金属一体化加热器能耐受更高的环境温度，一般可在1 500 ℃以上，其功率密度可根据需求选择不同的加热材料，最高可达几十 W/cm^2，高于目前的镍铬合金电加热器。

陶瓷金属一体化加热器中的发热材料呈面状，与绕线式相比表面负荷明显降低，低30%～50%，加热均匀，不存在线间绝缘问题，可大大提高加热元件的使用寿命。又由于加热元件预制体烧结后外表面陶瓷绝缘层密度高，绝缘性能优良。典型的陶瓷金属一体化加热器如图5-157所示。

3. 选用原则及应用案例

1) 选用原则

在航天器热设计中，通常根据被加热对象的温度控制要求、几何特性和热特性、加热器功率及其使用的环境试验条件选择电加热器件的类型。

（1）加热面积大、要求温度均匀性好的应选用片状电加热器件。

（2）管路或矮柱状加热对象应选用带状电加热器件。

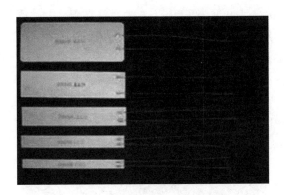

图 5-157　陶瓷金属一体化加热器

（3）粘贴面积小的星外设备，如天线展开机构和锁紧机构等可选用线绕电阻器式电加热器件。

（4）小推力发动机一般选用微型铠装电加热器，一般推力器选用铠装加热丝电加热器件。

（5）电加热器件的使用温度有上限约束，选用时应根据加热控温要求以及加热器自身的约束进行选择。

2）应用案例

（1）案例1：薄膜型电加热器用于电子设备控温。

薄膜型电加热器是航天器中使用最为普遍的加热器类型，用于仪器设备的补偿加热与控温。图 5-158 所示为薄膜型电加热器用于三浮陀螺的加热控温。

图 5-158　薄膜型电加热器在电子设备
控温中的典型应用

（2）案例2：薄膜型电加热器用于光学系统控温。

航天器光学系统一般需要较为精密的温度控制，如相机、地球红外敏感器等，薄膜型电加热器是实现控温的重要手段。图5-159所示为薄膜型电加热器用于地球红外敏感器的加热控温。

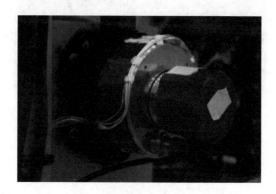

图5-159 薄膜型电加热器在地球红外
敏感器中的典型应用

（3）案例3：薄膜型电加热器用于设备安装板整体控温。

通常情况下，为了实现某一块设备安装板上所有设备的统一温度控制，可将薄膜型电加热器直接粘贴于安装板表面，并且加热器对应位置为预埋热管，通过加热器的补偿加热和热管的高效率扩热作用，实现整板的温度控制，如图5-160所示。当安装板由预埋热管和外贴热管组成热管网络时，薄膜型电加热器也可以粘贴于外贴热管表面，同样可以实现对整板的统一加热控温。

图5-160 薄膜型电加热器在设备安装板
整体控温中的典型应用

（4）案例4：薄膜型电加热带用于管路控温。

推进系统的液体工质需要防低温，因此肼管路需要加热控温。肼管路的直径很小，一般仅 6 mm，薄膜型电加热器实施不便，因此采用细长的加热带缠绕的方式进行安装，如图 5-161 所示。

图 5-161　薄膜型电加热带在肼管路中的典型应用

（5）案例 5：铠装加热器用于推力器控温。

套管型铠装加热器通常采用缠绕的方式安装，其阻值与加热器的长度相关。图 5-162 所示为套管型铠装加热器在双组元 10 N 推力器上的应用。

图 5-162　套管型铠装加热器在
推力器控温中的典型应用

此外，单组元小姿控推力器可供实施的空间小而复杂且功率需求小，套管型铠装加热器无法满足其阻值密度和安装形式的要求，因此采用了专门定制的推力器用微型铠装加热器。

5.4.3　同位素加热技术

1. 功能及工作原理

同位素加热技术通常用于深空探测任务，解决由于远离太阳或者较长期没有阳光而导致的能源不足问题，辅助电加热控温甚至作为主要的热量供给来源。例如火星探测航天器、月球着陆/巡视航天器等。

比较常用的同位素加热器包括 RHU 和 RTG。其中，RHU 的工作原理为：从放射性同位素发射出来的高能粒子（如质子、α粒子、β射线和γ射线）与物质相互作用，最终被物质吸收，这时射线的动能转变为热能，使发生作用的物质温度升高，从而可以对外提供热能。RTG 是在 RHU 的基础上，利用各种热电转换方式将热能转换为电能，RTG 既发电又产生热量，因此对于 RTG 的利用包含电能和热能利用两方面。

放射性同位素热源产生的热自发地按指数规律递减，不需要任何控制。这种热源的输出热功率由下式确定：

$$P(T) = P_0 e^{-\lambda t} \tag{5-29}$$

$$\lambda = \frac{0.693}{T_{1/2}} \tag{5-30}$$

式中，$P(T)$ 为时刻 t 的热功率；P_0 为初始热功率；t 为时间；λ 为衰变常数；$T_{1/2}$ 称为放射性同位素的半衰期。

从上面的公式可以看出，放射性同位素热源输出的热功率与所选择的放射性同位素的半衰期有关。放射性同位素的另一个重要参数是质量比功率，实际上，通常采用放射性同位素的化合物作为燃料，所以更常用的参数是体积比功率。

2. 分类及特性

同位素加热器从大类别上分为 RHU 和 RTG，RHU 及 RTG 又根据采用的同位素种类不同而包括多种形式，常用的同位素主要包括 ^{238}Pu、^{210}Po 等。

同位素加热器具有寿命长，结构紧凑，可靠性高，生存力强，无须外界能源输入，不需要维护等优点，缺点是发热量随时间而逐渐衰减，在储存和运输时都要采取散热的措施，特别要注意射线对人体或其他生物的影响，需采取必要的防护措施，此外同位素加热器的制备工艺复杂、成本高。

3. 选用原则及应用案例

1）选用原则

在选择同位素热（电）源时，一般应遵循如下原则：

（1）选用比功率较高的放射性同位素热源。

（2）应当保证在预定使用期内热功率无明显下降，在使用期内热功率衰减应不大于10%~20%，传统的选取原则一般认为，半衰期在100天到100年之间比较合适，具体选择取决于工程需求。

(3) 放射性同位素对外部的辐射剂量应尽量低，通常选取 α 放射性同位素作为燃料。

(4) 核实确认同位素燃料的可获取性，一般情况下适用的 α 放射性同位素都必须在反应堆中辐照生产，所以比较昂贵，其成本在同位素热（电）源系统中占极大比例。

(5) 目前使用的放射性同位素燃料仅局限于固体。燃料应符合高熔点、高导热系数、抗氧化、耐腐蚀、不溶解、不挥发、不易被生物吸收、不易在生物体内积聚的要求，此外应该具有良好的机械加工性能。

(6) 放射性同位素热源在设计、制造和使用过程中要遵守联合国关于在宇宙空间利用核能的有关原则规定和各国有关法规。为此，同位素热源设计时应采取冗余设计等多种保护措施，使其具有极高的可靠度，一旦某一保护措施失效，仍能保证安全，不造成核污染事故。

2) 应用案例

(1) 案例1：同位素加热技术在国外航天器中的应用。

苏联和美国发射的月球探测器、月球车、火星探测器等都广泛采用 RHU、RTG 技术来解决遇到的能源和热控制问题，典型形式是采用基于 RHU 的温差发电器 RTG 和 RHU 加热器，并获得了成功。

苏联在 RHU 和 RTG 的设计和研究方面做了大量工作，并且在空间和军事领域得到广泛应用。1970 年 11 月 17 日发射的 Lunokhod-1 月球车采用 RTG 供电的同时，也为探测器供热，同位素^{210}Po 热源正常使用了 322 天。

自 1961 年开始，美国在多达几十个空间飞行器上使用了 RHU 或 RTG，一部分用于美国国防部发射的导航、通信卫星上，另一部分用于美国航天局发射的气象卫星、月面站、火星着陆器及行星际飞行器上。美国阿波罗计划是同位素能源早期应用的典型，分别采用了 RTG 供电和 RHU 供热；好奇号火星探测器则是同位素能源利用的最新代表，在利用 RTG 电力的同时，还通过机械泵驱动单相流体回路实现了 RTG 热量的综合利用和管理。

(2) 案例2：同位素加热技术在我国航天器中的应用。

2013 年 12 月 2 日发射的嫦娥三号月球探测器平台系统共采用了 3 套 RHU 用于月夜生存热量供给，其中着陆器+Y舱和-Y舱各有 1 套，巡视器 1 套。

嫦娥三号 RHU 选择^{238}Pu，能量/质量比为 50 W/kg，半衰期为 87.7 年，在月表工作期间具有较稳定的发热量，每套 RHU 的供热能力为（125±5）W。RHU 由盖板、套筒、同位素核源和散热肋片组成，其中，盖板和套筒统称为壳体。RHU 整体结构如图 5-163 所示。

其中，RHU 盖板用于固定装入套筒内的同位素核源；套筒与 RHU 盖板共

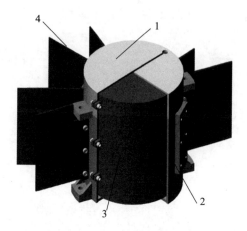

图 5-163 RHU 整体结构
1—盖板；2—套筒；3—同位素核源；4—散热肋片

同组成容纳同位素核源的空腔，定位装入同位素核源，提供与探测器连接的机械接口、与两相流体回路连接的热接口；同位素核源为核心部件，用于产生热量；散热肋片用于增加散热面积，控制 RHU 壳体的温度。

RHU 安装在着陆器和巡视器的外部，通过两相流体回路与月球探测器内部实现热耦合（参见 5.2.6 节案例 5）。月夜期间，通过两相流体回路将 RHU 大部分热量从探测器外部传入探测器内部，保证探测器月夜生存的温度条件，少部分热量通过 RHU 自身的热辐射排散到宇宙空间。月昼期间，两相流体回路停止运行，RHU 不再向探测器内部传递热量，RHU 的发热量将全部通过热辐射的形式排散到宇宙空间。除实现上述基本功能外，RHU 自身的温度在月夜和月昼期间必须处于合理的范围，一方面源于 RHU 自身的可靠使用需求，另一方面源于热量利用管理与两相流体回路安全、可靠使用的需求。

图 5-164 给出了着陆器±Y 舱 RHU 从 2013 年 12 月至 2014 年 12 月期间的温度变化曲线，从图中可以看出，RHU 在每个月的温度变化规律基本一致，在冬季（太阳辐照强度接近）的最高温度也基本相同，+Y 舱 RHU 壳体最高温度为 226 ℃，-Y 舱 RHU 壳体最高温度为 200 ℃。

考虑 RHU 核源^{238}Pu 的半衰期（87.7 年）和热功率衰减（0.8%/年），一年后 RHU 热功率（发射时约 127 W）应减少约 1 W，同时由于 RHU 壳体表面 KS-Z 白漆涂层在轨退化、太阳吸收比增加，一般考虑一年后太阳吸收比约增大 0.05～0.10，其吸收太阳热流增加量与热功率衰减相当，月尘对 RHU 散热面的影响可以忽略，因此，RHU 的温度相对稳定。从以上分析可知，嫦娥三号

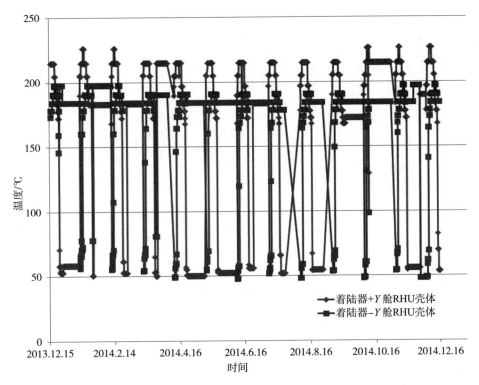

图 5-164　着陆器 RHU 在月面一年的温度曲线

RHU 在轨未发生导致热功率明显减小的问题，RHU 一年后供热能力减小约 0.8%，符合同位素核源发热量的衰减预期。

5.5 制冷技术

5.5.1 简介

由于红外对地观测、天文观测（科学试验）、深空探测等涉及低温领域的空间应用背景需求不断增加，越来越多的载荷需要工作在低温下。例如，为探测更低温度的目标，一些红外探测器需在 80 K 以下，甚至 35 K 的低温区以建立其高效光电效应和工作机制，通过降低红外探测器工作温度可大幅提升红外探测器性能。天文观测领域，空间望远镜的红外及其他先进探测器和光学镜筒均有明确的深低温需求，例如 James Webb 空间望远镜的 Si：As 探测器需工作在 7 K 的低温下。未来大型空间任务，如在轨服务、长期的深空探测（载人登陆月球、火星等）、星际旅行等需要长期在轨运行，要求使用高比冲的液氢、液氧低温推进剂，需要利用低温技术来实现推进剂在轨存储。诸如量子通信、空间超导应用等其他未来空间任务均对低温有明确的需求。

从理论上来说，理想状态下利用辐射散热器就可以达到 60 K 的低温，但在 100 K 以下，由于辐射换热量随温度的四次方变化，所以散热能力迅速降低。在 150 K 以上的较高温度，如果冷量要求不高，通常可采用热电致冷器。从 1.5 K 到 150 K 这个温区内，一次性的存储系统提供了一种可靠而相对简单的制冷方法。对于要求制冷量较大且制冷温度较低的情况，则通常使用斯特林制冷机、脉管制冷机等主动式机械制冷机。不同制冷方式适合的制冷温度和制冷量如图 5-165 所示。

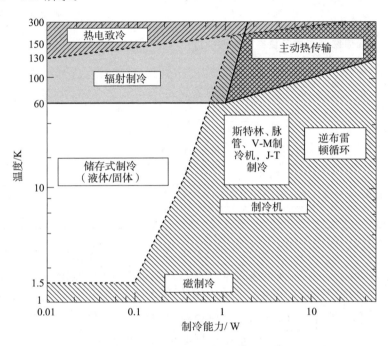

图 5-165　制冷技术选用范围示意图

5.5.2　辐射制冷器

1. 功能及工作原理

在航天器工程应用中，辐射制冷器是具有较高发射率的冷板，向 4 K 的空间热沉辐射热量，可以达到 60 K 左右的低温。这种方法没有运动部件，飞行寿命长，且不耗费功率。

辐射制冷器的工作原理如图 5-166 所示，辐射散热器为涂有高发射率涂层的冷板，在真空环境下向 4 K 的空间热沉辐射热量，最终平衡在较低的温度水平。辐射散热器需用屏蔽罩隔开，以免直接受太阳光的照射，还必须屏蔽航天器本体、地球及大气层本身的热辐射和对太阳光的反射。轨道类型、轨道高度、热负荷、温度、航天器相对地球或太阳的朝向以及辐射散热器位置等都对辐射散热器的设计有重要影响。

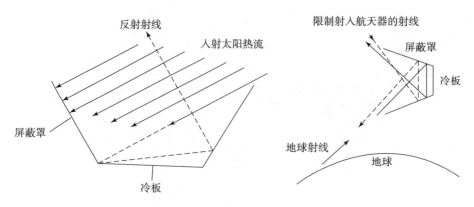

图 5-166 辐射制冷器工作原理

2. 类别及特性

辐射制冷器的结构形式受航天器轨道及结构的限制，主要应用到太阳同步轨道和地球同步轨道卫星、深空探测器。按照结构形式的不同，太阳同步轨道辐射制冷器分为"L形""G形""W形""方锥"和"圆锥形"，地球同步轨道主要采用"O形"结构，行星探测器则采用"V形"结构。

当要求更低制冷温度时，可考虑采用多级辐射制冷。采用多级辐射散热器的目的是让每一个中间级吸收下一级通过隔热层或支架的漏热并将其散入空间。这样每一级都给上一级提供了一个较低的边界温度。总之，在隔热层有效发射率相同的情况下，级数越多，能达到的冷级温度就越低。

3. 选用原则及应用案例

1）选用原则

（1）作为一种被动散热方式，辐射制冷器可工作在 60~200 K 温区范围，制冷量为 1 mW~20 W。虽然最低可达 60 K 左右的低温，但是受外热流、漏热等因素的影响，实际工程应用中，100 K 以下温区制冷量已经非常小。因此，100 K 以下温区，通过采用多级结构以增大制冷量。对于低于 60 K 的低温区，通过辐射制冷器需要的体积质量代价太大，不再具有技术优势。

（2）辐射制冷器对空间环境十分敏感，需对轨道上的热环境进行详细分析，应对不同轨道位置空间热流的影响进行热分析计算。同时考虑结构支撑等对寄生漏热的影响。

（3）需要考虑辐射制冷器的污染问题。辐射制冷器处于 150 K 以下低温时，航天器和设备周围释放的污染物会冷凝在处于低温的辐射面上，进而影响到辐射效果,并难以清除。

2) 应用案例

(1) 案例 1:地球同步轨道辐射制冷器。

图 5-167 所示为波音公司研制的地球同步轨道卫星用二级辐射制冷器系统。其冷级温度为 70 K,制冷量达 5 W,面积为 6.9 m²;中间级温度为 140 K,制冷量为 20 W。系统总质量为 145 kg,总面积为 8 m²。通过 4 根液氧热管将冷量传输至敏感器。

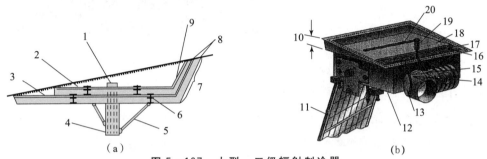

图 5-167 大型、二级辐射制冷器
(a) 辐射制冷器截面图;(b) 系统集成图
1,20—辐射散热器热管;2,18—冷级;3,16—中间级;4,19—传输热管;
5—支撑架;6—间隔装置;7,10—太阳屏;8—多层隔热组件(60 单元);
9—聚酰亚胺薄膜/多层隔热组件;11—太阳电池板;12—卫星结构;
13—摆镜;14—焦平面;15—万向节;17—甲烷热管

(2) 案例 2:风云二号气象卫星用辐射制冷器。

风云二号是我国的地球同步轨道气象卫星,其扫描辐射及红外探测器工作在 93~100 K,8 个探测器的制冷量需求为 8 mW。图 5-168 所示为其二级轴对称式辐射制冷器,其太阳屏与一级屏为旋转抛物面型的零件,其内侧为光学镀膜的镜面。

外壳与太阳屏处于常温范围,用来阻挡外热流,其表面涂有低吸收-发射比的有机白漆。一级辐射体对空间辐射制冷,温度可达 110~140 K,一级屏阻止外热流进入二级辐射体。二级辐射体向空间辐射热量可达 93~100 K,红外探测器安装在二级辐射体上。

5.5.3 热电致冷器

1. 功能及工作原理

热电致冷器利用了帕尔贴(Peltier)效应,即当电流通过由两种不同的金

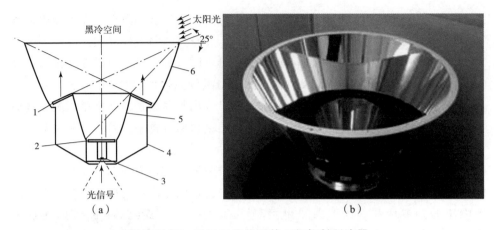

图 5-168 风云二号使用的二级辐射制冷器

1——级辐射体；2—二级辐射体；3—红外探测器；4—外壳；5——级锥体；6—太阳屏

属组成的结合部时会产生冷却效果。如图 5-169 所示，典型的热电致冷器由 N 型和 P 型半导体组成电偶对，中间连以金属导体。多个电偶对组成的热电组件可以提高制冷能力，P 型和 N 型半导体交错焊接在金属导体上，在电性能上是串联的，在热性能上是并联的。

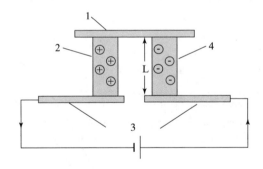

图 5-169 Peltier 热电致冷原理

1—冷端节点；2—P 型材料；3—热端节点；4—N 型材料

2. 类别及特性

热电致冷器的主要优点是体积小、质量小、无任何运动部件、可靠性高、无污染、制冷迅速且控温精度高。

热电致冷器分为单级和多级。对于单级热电致冷器，其制冷量随着冷、热结之间温差增大而趋于零，其最大温差约为 60 ℃。多级热电致冷器的 COP（制冷量与输入功率的比值）比单级高，可以获取更低的温度，一般 3 级最大温差为 110～120 ℃，4 级为 120～130 ℃。目前热电致冷器最多的已用到 6 级。

热电致冷器可以根据用户具体机械接口、电接口和热性能参数要求进行定制，包括圆形、方形、中孔等结构的异型组件，电路上包括并联、串联和混联结构的异型组件。

3. 选用原则及应用案例

1）选用原则

（1）热电致冷器适用于 150 K 以上至室温范围的制冷，单级热电致冷器的最大温差在 60 ℃ 左右，单级热电致冷器的性能系数随着冷热面温差增加而减小，因此，要获得更低的温度需要使用多级热电致冷器。

（2）对于空间应用而言，在所期望的冷热面温差和制冷量条件下，使热电致冷器的性能系数 COP 最优化，从而可以减小电功率消耗。而空间应用中，需要合理设计热电致冷器，使其输入电压既满足供配电系统接口要求，同时获得较高的 COP。

（3）热电致冷器应用时的允许存储和使用温度上限值受其内部钎焊工艺的影响，应避免高温使用时使用的钎焊料熔化。

2）应用案例

热电致冷器在航天器上已有较多应用，主要用于冷却星敏感器和红外敏感器等。

（1）案例 1：红外探测器阵列的散热。

NASA 的 Goddard 空间飞行中心基于多个三级热电致冷器实现了对红外探测器的散热。

探测器需要控制在 (190±0.2) K，热耗为 1.5 W，寄生漏热为 1.2 W，考虑余量，总散热量为 3.51 W。如图 5-170 所示，28 个热电致冷器的冷面与一块冷板贴合，总功率输入 40.1 W，单个致冷器输入电压为 1.484 V，电流为 0.964 A。通过深冷乙烷热管与探测器组件连接，冷板与乙烷热管均包裹多层隔热组件以减小寄生漏热影响。热电致冷器的热面直接与热管辐射散热器贴合，向空间热沉排散热量。7 个控制器对 28 个致冷器进行控制，通过调节热电致冷器的电压和电流，可以实现对探测器工作温度的控制。

试验结果表明，辐射散热器温度为 -25 ℃ 时，热电致冷器冷面温度为 -87.1 ℃，乙烷热管安装法兰温度为 -84.5 ℃，探测器安装面温度为 -83.3 ℃。

（2）案例 2：嫦娥五号环路热管启动和运行性能提升。

嫦娥五号飞行试验器返回舱使用了 2 套环路热管作为关键传热器件，为提升环路热管的启动和运行性能，需要对其储液器进行冷却。如图 5-171 所示，

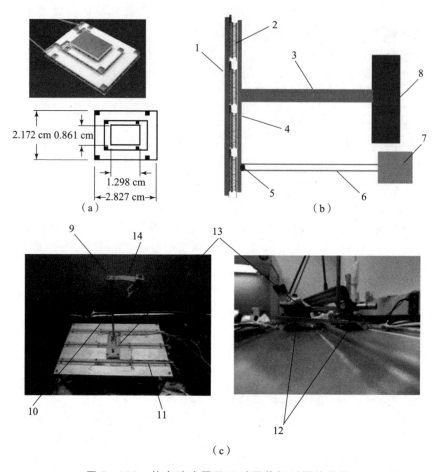

图 5-170 热电致冷器用于对星载探测器的散热

(a) 热电致冷器及尺寸；(b) 系统原理；(c) 系统实物

1—辐射散热器；2—热电致冷器（多级）；3—热管或导热带；4—热电致冷器冷面；
5—温度传感器；6—电缆；7—热电致冷器控制器；8—探测器组件；9—安装法兰；
10—乙烷热管；11—氨热管；12—热电致冷器；13—冷板；14—铜导索

一套热电致冷器的冷面安装在储液器鞍座上，对储液器进行冷却，热面的热量通过热桥传输至蒸发器的集热座上。

热电致冷器尺寸为 34 mm×19.5 mm×4.5 mm，输入电压 6.3 V，输入功率不超过 10 W，冷面为 −15 ℃ 时，冷热面温差 20 ℃ 情况下制冷量不小于 4 W。

飞行试验结果表明，热电致冷器有效形成了蒸发器和储液器温差，确保了环路热管正常启动和稳定运行。

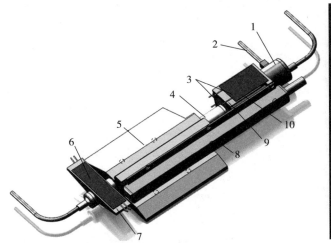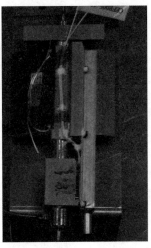

图 5-171　嫦娥五号环路热管上的热电致冷器

1—储液器；2—充液管；3—储液器控温加热器；4—蒸发器；5—集热座；6—辅助启动加热器；7—辅助启动加热鞍座；8—热桥；9—TEC 冷端鞍座；10—TEC

5.5.4　低温制冷机

1. 功能及工作原理

低温制冷机一般是指通过消耗电能获得低于环境温度的设备，可用于冷却需在低温下工作的器件或者航天设备。低温制冷机一般利用气体的膨胀降温等物理过程获取低温，通过压缩机等机械设备压缩制冷工质，然后通过活塞、透平膨胀机、节流阀等装置降低制冷工质的温度，进而冷却应用目标。

2. 类别及特性

根据冷、热流体换热方式的不同，低温制冷机一般分为回热式制冷机和逆流换热式制冷机。回热式制冷机中制冷工质交变流动，一般使用蓄冷器作为冷、热流体的换热介质。回热式制冷机主要包括斯特林制冷机、斯特林型脉管制冷机以及 G-M 制冷机等。逆流换热式制冷机制冷工质循环流动，一般使用逆流换热器作为冷、热流体的换热通道。逆流换热式制冷机主要包括 J-T 节流式制冷机、逆布雷顿循环式制冷机等。

相对于地面和航空应用，空间应用对低温制冷机提出了低功耗、质量小、体积小、机械干扰小、可靠性高、免维护和在轨寿命长等更严格的要求。当前,针对空间应用的研究开发热点主要包括斯特林制冷机和斯特林型脉管制冷机等。

1) 斯特林制冷机

斯特林制冷机示意图如图 5-172 所示,其工作原理如下:由外功 W 驱动的压缩机将工质在室温下压缩至高压,在级后冷却器中工质被冷却到温度 T_a,向环境放出热量为 Q_a;排出器与压机活塞机械相连,但是它们的运动维持一定的相位差,以保证工质在处于环境温度下的压缩腔与处于低温下的膨胀腔之间流动;当工质从室温压缩腔经过回热器向低温膨胀腔流动时,回热填料从工质中吸取热量,当工质从低温膨胀腔返回室温压缩腔时,回热器向工质放热;膨胀腔下部的冷端换热器在低温 T_c 下从环境吸收热量,即输出的有效制冷量 Q_c。

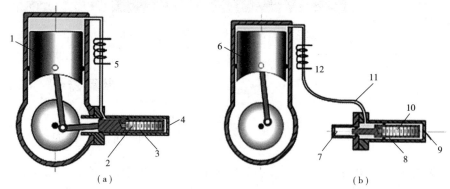

图 5-172 斯特林制冷机示意图

(a) 整体式;(b) 分置式

1,6—压缩机活塞;2,10—回热器;3—活塞;4,9—冷头;
5,12—向环境放热;7—气动室;8—排出器;11—连接管

机械驱动的斯特林制冷机的结构可分为整体式和分置式两种。整体式斯特林制冷机是将压缩部分(包括压缩气缸、压缩活塞和冷却器)与膨胀制冷部分(包括膨胀气缸、排出器、回热器和冷量换热器)集成一体,并通过曲轴或其他动力机构耦合而成完全独立运转的制冷机。分置式斯特林制冷机将压缩机与排出器完全独立地分开安置,在两者之间通过细管子相连接,可以避免或减少压缩机的振动对冷头的影响,使被冷却的器件远离振动源。

2) 斯特林型脉管制冷机

如图 5-173 所示,脉管制冷机与斯特林制冷机的主要区别在于前者消除了在低温下运动的排出器,其相位调节由小孔和气库等调相机构来完成。按照脉管制冷机的压缩机和膨胀机间是否采用阀门配气,可将其分为斯特林型脉管制冷机和 G-M 型脉管制冷机两种。采用无阀压缩机的称为斯特林型脉管制冷机,采用附加配气阀的有阀压缩机的为 G-M 型脉管制冷机。

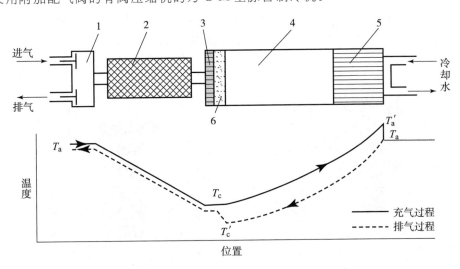

图 5-173　基本型脉管制冷机循环过程

1—切换阀；2—回热器；3—负荷换热器；4—脉管；5—水冷却器；6—导流器

斯特林型脉管制冷机通常采用机械式的线性压缩机驱动，脉管制冷机完全消除了冷端的运动部件，不存在密封材料的磨损现象，比常规的回热式制冷机具有更高的可靠性、更小的振动，使彻底解决回热式低温制冷机可靠性差的问题成为可能。图 5-174 给出了美国 Lockheed Martin 研究中心研制的采用线性压缩机驱动的单级和四级斯特林型脉管制冷机。

(a)　　　　　　　　　　　(b)

图 5-174　Lockheed Martin 研究中心研制的脉管制冷机

(a) 单级斯特林型脉管制冷机；(b) 四级斯特林型脉管制冷机

目前，单级脉管制冷机和斯特林制冷机已经能达到 20 K 以下的低温，而多级制冷机则可获得低至 4 K 的低温。欧美航天机构研制的斯特林和脉管制冷机均实现了在轨工作 10 年以上的寿命，我国研制的空间制冷机验证寿命也达到 5

年以上,满足空间应用的需求。

3. 选用原则及应用案例

1) 选用原则

(1) 低温制冷机一般用来冷却 150 K 以下的航天器设备。对于 20~150 K 温区长周期的低温应用需求,斯特林型脉管制冷机和斯特林制冷机是最有效的低温获取技术,制冷效率高,可靠性高。至于 4~20 K 的应用温区,一般需将脉管制冷机/斯特林制冷机与其他制冷形式(如 J-T 节流制冷、吸附制冷)相结合,进而获取更低的温度。

(2) 低温制冷机自身也需要散热。一般来讲,其热端的温度越低,制冷机效率也越高,对航天器电资源的消耗也越低。因此,低温制冷机在轨应用时,需合理地设计制冷机的散热通道,既能保证制冷机的效率又能节省整星的资源。如果与星上其他设备共用辐射散热器,则需考虑对辐射散热器温度水平需求是否一致。

(3) 斯特林和脉管制冷机的输入为交流电,需要通过电源转换器将星上直流电源转为交流电源。此外,还需要通过控制单元,基于温度测点反馈,通过调整制冷机输入电压实现对制冷量或温度水平的控制。

2) 应用案例

(1) 案例 1:NASA 的制冷机空间应用。

自 1991 年至今,NASA 的 EOS 任务已经向空间发射了 18 台长寿命低温制冷机,其中 12 台仍然在工作,5 年以上的长寿命制冷机主要建立在牛津型压缩机的基础上,包括斯特林制冷机和脉管制冷机。

1991 年,牛津大学为美国高层大气研究卫星(Upper Atmospheric Research Satellite,UARS)上的改进型同温层与散逸层探测器(Improved Stratospheric and Mesospheric Sounder,ISAMS)研制的牛津型斯特林制冷机,首先发射成功,该制冷机在制冷温度 80 K 时获得 0.8 W 制冷量,在轨工作寿命达 10 600 h,如图 5-175 所示。

美国空军动力实验室和美国航空航天局(NASA)制造的空间用对地同步成像傅里叶变换光谱仪中的焦平面必须工作在 60 K 以下,而且其光学元件及干涉仪必须

图 5-175 UARS 卫星使用的斯特林制冷机

第5章 航天器常用热控制技术

在150 K以下才能正常工作。为满足这种需求，Lockheed Martin先进技术研究中心设计了一台两级脉管制冷机，如图5-176所示。整个制冷机系统的质量约为8.8 kg。当压缩机的输入功率为180 W、运行频率为53 Hz、热端温度为300 K时，一级制冷量为8 W/140 K，二级制冷量为1.5 W/55 K。

图5-176 Lockheed Martin研制的两级脉管制冷机

（2）案例2：脉管制冷机在我国卫星上的应用。

我国研制的80 K温区脉管制冷机在我国试验三号卫星（2008年，制冷量0.7 W）和试验五号卫星（2013年，制冷量2 W）上进行了成功的空间搭载验证，如图5-177所示，并成功应用于我国火眼一号、高分四号卫星，为空间红外相机提供了80 K的低温工作环境。

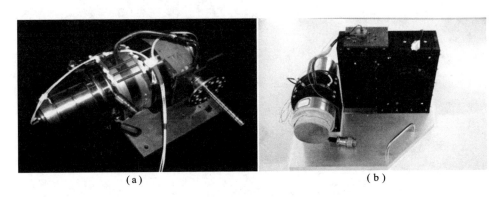

图5-177 我国研制的80 K温区脉管制冷机
（a）试验三号；（b）试验五号

5.4.5 储存式制冷系统

1. 功能及工作原理

储存式制冷系统是指用亚临界或超临界状态的深低温液体、深低温固体或与焦耳-汤普森节流阀装置连接的高压气体冷却航天器设备的系统。这种系统的优点是结构简单,可靠性高。航天器通过携带低温工质或者可获取低温的高压常温工质,在轨时直接使用低温工质冷却航天器设备。

2. 类别及特性

根据携带制冷工质不同的状态,储存式制冷系统可分为液体存储制冷系统、固体存储制冷系统以及 J-T 节流制冷系统。其中液体存储制冷系统和 J-T 节流制冷系统较为常见。

液体存储制冷系统携带工质为低温液体工质,在轨应用时,使用低温液体工质直接冷却航天器设备,将设备温度维持在所需要的低温环境。该系统的优点是结构简单,可靠性高,温度稳定性高;不足之处在于液体存储系统一直处在低温状态,环境向系统的寄生漏热会导致低温液体的消耗,因此对被动隔热技术要求很高。深低温液体存储制冷系统如图 5-178 所示,为减小漏热,存储系统设计得较复杂,在空间应用中需要考虑微重力下的气液分离问题。

相对于液体来说,深低温固体存储制冷系统的热容量更高,密度大,系统设计更简单,其原理如图 5-179 所示。

J-T 节流制冷器是利用高压的实际气体节流膨胀来实现气体的冷却并最终形成液体,最终用以冷却探测器,工作原理如图 5-180 所示。该系统的好处在于,高压气体可以室温存储,从而避免了制冷工质的消耗;不足之处在于,该系统体积较大,存储气体工质压力较高,增加了系统安全性风险,同时由于工质特性的

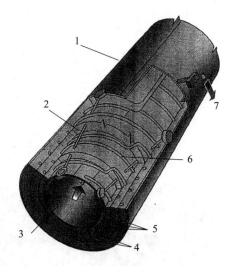

图 5-178 深低温液体存储制冷系统

1—储罐外表面(~300 K);2—隔热支撑;3—储存流体(~2 K);4—蒸气冷屏;5—多层绝热层;6—冷屏用连续流动蒸气管道;7—舱外蒸气喷口

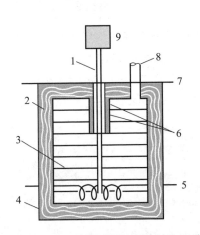
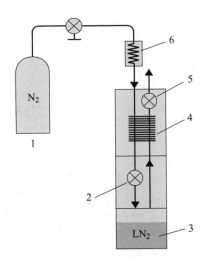

图 5-179 深低温固体存储制冷系统

1—热连接；2—多层隔热；3—内部热交换器；4—真空容器；5—地面辅助用冷却剂管路；6—隔热支撑；7—固定法兰；8—排气管；9—冷却实验装置

图 5-180 焦耳-汤普森（J-T）节流制冷器

1—高压气瓶；2—节流阀（固定或可调小孔）；3—液体收集器；4—热交换器（管翅式）；5—背压调节器（可选择使用）；6—气体干燥和过滤器

限制，一般仅适合液氮温区以上的冷却任务。

3. 选用原则及应用案例

1）选用原则

（1）储存式制冷系统的主要缺点是寄生漏热和长期运行时的质量、体积大，因而限制了它的寿命。一次性储存式制冷系统制冷剂的蒸发或升华带走热量能达到的运行温度如图 5-181 所示。每种制冷剂的最低温度是它在 0.1 mmHg 压力下的固态温度值，最高温度是其临界温度。常用固体制冷剂的性能参数如表 5-26 所示。

（2）带节流阀的高压气体储存系统可以长期储存，但随着运行时间的延长，高压气体储量的损失及低效率的节流膨胀通常会导致系统质量太大。气体储存式节流系统只在短期运行或间歇性制冷要求等特殊情况下才采用。

2）应用案例

（1）案例 1：液体存储制冷。

空间红外望远镜装置 SIRTF 是 NASA 的大型天文观测计划（Great Observation Project，GOP）所发射第四个也是最后一个大型太空天文台。SIRTF 采

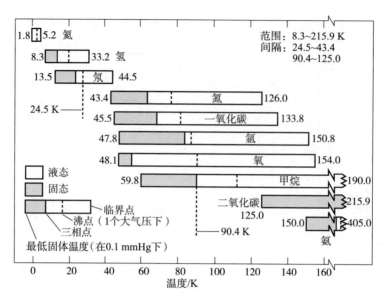

图 5-181　一次性储存式制冷系统的工作温度范围

表 5-26　常用固体制冷剂的性能参数

制冷剂	升华潜热/ ($J \cdot g^{-1}$)	熔点下的固体密度/($kg \cdot m^{-3}$)	工作温区/K	
			0.1 mmHg	三相点
氨	1 719	822	150	195
二氧化碳	574	1 562	125	216
甲烷	569	498	60	90
氧	227	1 302	48	55
氩	186	1 714	48	84
一氧化碳	293	929	46	68
氮	225	1 022	43	63
氖	106	1 439	14	25
氢	508	80.4	8	14

用了"辐射制冷＋液氦"的组合制冷方式，如图 5-182 所示。该系统在发射入轨之前不进行主动制冷，入轨工作后才开始主动制冷至所需工作温度。主光学系统固定在氦制冷的外部蒸气冷却罩的顶部，而有效载荷直接固定在含有 360 L 液氦的储罐上。这样使得 SIRTF 拥有更长的在轨工作时间。它于 2003 年发射，原计划执行 2.5 年的任务，后来延长到 5 年。最终在 2009 年 4 月 15 日液氦耗尽，大部分仪器停止工作。低温杜瓦成功运行近 6 年。

第 5 章 航天器常用热控制技术

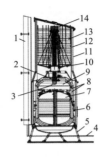

图 5-182　SIRTF 天文台

1—太阳电池帆板；2—光圈/光子快门；3—望远镜焦面；4—飞船防护层；5—铝支撑桁架；6—真空外壳；7—氦罐；8—内部/中部蒸气冷却罩；9—仪器舱；10—主镜；11—外壳；12—外部蒸气冷却罩；13—挡光环；14—次镜和调焦组件

（2）案例 2：固体存储制冷。

图 5-183 所示为美国空军 STP-72-1 卫星使用的首个固体 CO_2 存储制冷系统示意图，它由 Lockheed Martin 公司研制，可将传感器冷却至 130 K，负荷为 70 mW，设计寿命 12 个月。

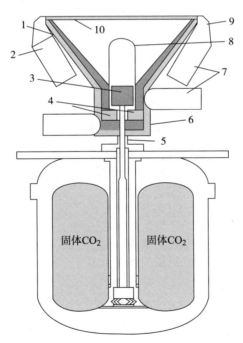

图 5-183　固体存储制冷系统

1—高密度屏蔽罩；2，7—光电倍增器；3—探测器；4—不锈钢；5—热连接外壳；6，10—塑料闪烁体；8—真空罩；9—光导管

5.6 测控温技术

5.6.1 简介

航天器测控温技术是航天器热设计中最常用的设计手段。其实现方式是在被控物体表面布置加热回路和温度传感器，通过温度传感器采集被控温对象的温度信号，经过测温电路转化为可采集的电信号后，反馈至控制电路，继而驱动加热回路的通断，达到被控温对象获得理想温度场的目的。测温技术和控温技术是测控温技术中必不可少的两个环节。

目前使用的测控温回路主要由温度传感器、测温电路、控制电路、加热回路组成，大部分测控温体系还配制了控温软件，通过软件实现自主闭环控制。

控制方式主要分为开环控制和闭环控制两种。开环控制需要整星发送程控指令控制加热回路通断，不需要特殊电路设计和软件，设计较简单可靠，一般适于短期使用。测温回路仅用于温度监测，例如用于入轨初期的补偿加热回路，仅在载荷开机前工作，一旦载荷开机正常工作后，加热回路将不再工作。而闭环控温回路是利用测温信号和软件自主控制加热回路的通断，一般电路设计较为复杂且有控温软件支撑。例如某卫星上使用的闭环测控温系统组成包括热敏电阻、控温仪、薄膜型加热器回路。其中控温仪包括二次电源模块、温度采集电路、控制电路、加热驱动电路等硬件以及控制软件,加热回路的控温阈值上下限、控温点均可在轨随意调整,使用可靠且灵活。

航天器上需要进行测控温的典型设备或部位主要集中在载荷、特殊温度要求设备以及特殊结构上,例如光学相机、大型天线、蓄电池、推进系统等。在设计上,往往采用主备份冗余设计,提高测控温系统工作的可靠性。

5.6.2 测温技术

1. 功能及工作原理

温度测量是航天器热控制系统设计中的重要环节,不仅是考核航天器热控制系统工作是否正常的重要参数,也是航天器在轨重要的遥测参数,尤其是航天器在轨出现异常时,温度数据往往是判断航天器在轨故障产生原因的重要突破口。一般航天器上均使用大量的遥测通道实时下传航天器各个单机或部件的温度,足见温度数据的重要性。

根据热力学第零定律,一切互为热平衡的系统必定具有一个数值相等的状态参量,此参量称为温度。温度是度量物体热平衡状态下冷热程度的物理量,它体现了物体内部微粒运动状态的特征。它不同于其他的物理量,不能直接测量,不像质量与长度,被测物质能与其相应的单位进行比较,而只能通过测量某些与其相关的物理量来导出。因此温度是一个强度量,具有非叠加性。

航天器温度测量需要大量的传感器来实现,温度传感器由对热敏感的材料设计而成,温度测量方法的分类很多,从测量时传感器中有无电信号可以划分为非电测量和电测量两大类;从测量时传感器与被测对象的接触方式不同可以划分为接触式和非接触式。而每种测量方法中温度传感器又有很多种类,如膨胀式、金属热电偶、热电阻、半导体热敏电阻、光学、红外等。

在航天器实际工程研制过程中,多采用接触式测温技术,下面分别介绍航天器选用的热敏电阻器、热电阻温度传感器、热电偶的工作原理。

1) 热敏电阻器测温原理

热敏电阻是由多种金属氧化物经过混合研磨、成型、高温烧结而成的半导体陶瓷,其封装形式一般为玻璃、环氧等。一般选用负温度系数(Negative Temperature Coefficient,NTC)热敏电阻器作为温度传感器。其电阻值随温度升高而减小,电阻温度系数通常在$-(1\% \sim 6\%)/℃$,负温度系数热敏电阻器的R_t-T曲线的形状如图 5-184 所示,其电阻—温度关系的一般数学表达式为

$$R_1 = R_2 \exp\left[B\left(\frac{1}{T_1} - \frac{1}{T_2}\right)\right] \quad (5-31)$$

式中，R_1、R_2 分别为温度为 T_1、T_2 时热敏电阻器的电阻值；B 为负温度系数热敏电阻器的材料常数。

B 值是描述负温度系数热敏电阻器材料物理特性的一个常数，一般 B 值越大，绝对灵敏度越高。B 值并不是一个严格的常数，它随温度的升高而略有增加。

由式 (5-31) 推导可以得出热敏电阻器材料常数 B 的一般计算公式：

$$B = (\ln R_1 - \ln R_2) / \left(\frac{1}{T_1} - \frac{1}{T_2}\right) \quad (5-32)$$

从图 5-184 可见，以 $\ln R$ 为纵坐标，$1/T$ 为横坐标，B 值表示为通过（$1/T_2$，$\ln R_2$），（$1/T_1$，$\ln R_1$）点直线的斜率。

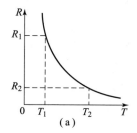
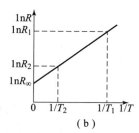

图 5-184　热敏电阻器的温度特性

热敏电阻器的电阻—温度特性为非线性，且互换性差，所以作为测温用途时要对每只热敏电阻器，在测量温区内典型温度下进行多点温度标定，并按式 (5-33) 或式 (5-34) 进行曲线拟合。

$$R = \exp\left[\sum_{i=0}^{n} a_i \left(\frac{1}{T}\right)^i\right] \quad (5-33)$$

$$\frac{1}{T} = \sum_{i=0}^{n} b_i (\ln R)^i \quad (5-34)$$

式中，a_i、b_i 分别为拟合系数。

航天器中热敏电阻器测量线路采用分压式电路，热敏电阻 R_t 与固定电阻 R_N 串联组成回路，如图 5-185 所示，其输出电压值为

$$V_o = V_i \cdot R_t / (R_t + R_N) \quad (5-35)$$

图 5-185　热敏电阻器测温线路

式中，V_i 为输入电压 DC 5 V。

热敏电阻在测量温区内阻值变化一般在几百千 Ω 至 200 Ω，采用两线制进

行测量，引线电阻引入的误差在大多数应用场合可以忽略。如果用于高精度测温，应考虑引线电阻带来的误差，建议采用四线恒流法进行测量。

2）铂电阻测温原理

利用导体或半导体的电阻率随温度变化的物理特性实现温度测量的方法，称为电阻测温法，前面提到热敏电阻器就属于半导体。很多物体的电阻率与温度有关，但能制作温度计的材料不仅要考虑它的耐受温度，而且其电阻率与温度特性的单一性、稳定性和电阻温度系数都应符合测量温度的要求。通常用来制造热电阻的纯金属有铂、铜、铟等，其中铂最好，它的优点是：

（1）铂的物理性质和化学性质非常稳定，即使在高温下也不易氧化，除在还原性介质外不发生变化。

（2）铂的电阻温度系数大，在 0~100 ℃ 平均电阻温度系数为 3.925×10^{-3} ℃ 左右。

（3）铂的比阻较大，为 $0.0981\ \Omega \cdot mm^2/m$。

（4）铂的电阻与温度关系平滑，可用一个比较简单的方程表示。

（5）铂容易提纯，可以达到很高的纯度。

用铂制作的铂电阻从功能上分为标准铂电阻和工业铂电阻。标准铂电阻 SPRT 是将高纯度铂丝缠绕在云母骨架上，套上石英玻璃管内充惰性气体密封制成，主要用来作为温标传递的计量仪器或作精密温度测量，是在实验室条件下使用的。工业铂电阻主要类型有两种，一种是用细铂丝绕制而成，丝的直径可以小到 0.1 mm，然后封装在金属玻璃或陶瓷保护管内；另一种是用铂制薄膜作为元件，它又有厚膜、薄膜铂电阻之分。厚膜是将铂墨水印制在氧化铝的载体上，然后再烧制，随后表面覆盖一层釉，再次焙烧以在铂元件的表面形成一层坚固的保护膜，使用上限温度约为 500 ℃。另一种薄膜铂电阻是用真空溅射薄膜元件，经过光刻、镀保护膜、焊接引线而做成，使用温度最高可以达到 850 ℃，适宜工业化大规模生产。航天器应用中多选择薄膜型工业铂电阻作为测温传感器。

工业铂电阻具有良好的线性度，准确度高，测温温区宽，可以达到 -196~850 ℃，其电阻值与温度之间的函数关系为

$$R_t = R_0 [1 + At + Bt^2 + Ct^3(t-100)] \tag{5-36}$$

式中，R_t 为当温度为 t 时的电阻值；$A = 3.9083 \times 10^{-3}$ ℃$^{-1}$；$B = -5.775 \times 10^{-7}$ ℃$^{-2}$；$C = -4.183 \times 10^{-12}$ ℃$^{-4}$ ($t < 0$ ℃)，$C = 0$ ($t > 0$ ℃)。

工业铂电阻的 0 ℃ 阻值一般为 50 Ω、100 Ω、1 000 Ω，国家计量检定规程 JJG 229—2010《工业铂、铜热电阻》规定其允差等级分为 AA、A、B、C 四个等级，详见表 5-27。

表 5-27 工业铂电阻允差等级和允差值

允差等级	有效温度范围/℃		允差值
	线绕元件	膜式元件	
AA	−50～250	0～150	±(0.100 ℃+0.001 7∣t∣)
A	−100～450	−30～300	±(0.150 ℃+0.002∣t∣)
B	−196～600	−50～500	±(0.300 ℃+0.005∣t∣)
C	−196～600	−50～600	±(0.600 ℃+0.010∣t∣)

3) 热电偶测温原理

热电偶测温的基本原理是两种不同成分的材质导体组成闭合回路，当两端存在温度梯度时，回路中就会有电流通过，此时两端之间就存在电动势，这就是塞贝克效应或热电效应。导电体 A、B 称为热电极，如图 5-186 所示。接点 1 为测量端，接点 2 一般要求处于恒定温度，称为参考端。

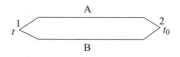

图 5-186 热电偶工作原理

当热电极材料确定，则回路中产生的热电势仅与测量端和参考端两个接点的温度有关。其总的热电势为

$$E_{AB}(t, t_0) = \int_{t_0}^{t} S_{AB} dt = E_{AB}(t) - E_{AB}(t_0) \qquad (5-37)$$

式中，t、t_0 分别为测量端及参考端温度；A、B 依次表示正、负极不同材料；S_{AB} 为热电势率（塞贝克系数），即热电势对温度的导数，其数值与热电极材料和接点温度有关；$E_{AB}(t)$、$E_{AB}(t_0)$ 为两接点的分热电势。

如果设法将参考端 t_0 加以恒定，例如置于冰水混合物中，则 $E_{AB}(t)$ 为常数，此时总热电势仅与测量端温度 t 有关，成为温度 t 单调函数。通过测量热电势即可得到测温点温度。产生电动势必须具备以下两个必要条件：热电偶必须是由两种不同的热电极材料构成的；热电偶的两个接点必须具有不同的温度。

在应用热电偶进行温度测量和分析它们的线路时要了解以下几条定律，简述如下：

(1) 均质导体定律：由一种金属组成的闭合回路，不论金属导体的截面积和长度以及各处的温度分布如何，都不产生热电势。均质导体在实际应用中，可以得到这样的推论，热电偶必须由两种不同性质的材料组成；如果热电偶的两热电极是由两种均质导体组成的，那么热电偶的热电势仅与两接点的温度有关，而与热电偶的热电极的粗细、长短和几何形状无关，也与沿热电极的温度分布及其变化无关;当由一种材料组成的闭合回路存在温差时,如回路中产生热电势,则说明材料是不均匀导体。

(2)中间导体定律:在热电偶回路中接入中间导体(第三种导体)后,不论中间导体接在回路的位置在哪,只要中间导体两端温度相同,对热电偶回路的总热电势没有影响。在实际测温中,连接导线和显示仪表等均可看成中间导体。根据中间导体定律,只要保证其各自两端的温度相同,则它们对热电偶的热电势没有影响。

(3)中间温度定律:热电偶回路两接点温度为 T 和 T_0 的热电势,等于热电偶在接点温度为 T 和 T_m 时的热电势与接点温度为 T_m 和 T_0 时的热电势代数和。其中温度 T_m 介于 T 与 T_0 之间,如图 5-187 所示。中间温度的数学表达为

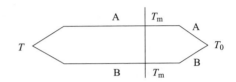

图 5-187 中间温度定律示意图

$$E_{AB}(T, T_m, T_0) = E_{AB}(T, T_m) + E_{AB}(T_m, T_0) \quad (5-38)$$

实际测量中,热电偶参考端温度一般都不是 0 ℃,处于某一中间温度 T_m。而中间温度 T_m 常常是变化的,利用式(5-38)对热电偶的热电势进行修正,就可以将参考端温度补偿到 0 ℃。

2. 类别及特性

如上文所述,目前航天器常用的温度传感器有热敏电阻器、热电偶和铂电阻。

热敏电阻器作为温度传感器,被大量应用于我国航天器热控制系统。其特点是,对温度变化的敏感性强,电阻温度系数的绝对值要比金属大 10～100 倍,其温度灵敏度要比铜电阻、铂电阻、热电偶等其他敏感元件高得多。测温线路简单,稳定性好,且信号大,过载能力强,功率损耗小,工作温度范围广,热容量又可以做得很小,因此在需要远距离测温的场合,往往选用热敏电阻器作为一次测温元件。其缺点是互换性差,测量温区不宽,电阻温度特性为非线性,需要每只元件单独标定。

铂电阻具有线性度好、可互换、精度高、稳定性好、测量温区宽的特点,被广泛应用于工业生产和科研试验研究中。但是由于其电阻值小,引线电阻对测温精度影响很大,必须使用三线或四线方式进行测量,且铂电阻测量回路必须通恒定电流以避免自热产生的测量误差。我国航天器热控制系统因铂电阻需四线测量方式和额外增加信号调理线路,目前只有特殊需求部位测温选用工业铂电阻,而在国外航天器中则较普遍采用 Pt1000 铂电阻。

其中热电偶测温时需要冷端补偿，且输出信号弱，仅为毫伏电压数量级，对噪声的敏感度高，易受到电干扰，但是它无须信号调理，可直接用电测仪表测量，不受线阻影响，可远距离测温，被广泛应用于航天器的地面研制过程，例如热真空、热平衡试验过程中的温度测量。

3. 选用原则及应用案例

1) 选用原则

在采用接触式测量方法的温度测量系统中，温度传感器选择应考虑以下几点：传感器经历使用环境应力后的稳定性；传感器信号的分辨率；传感器的测温精确度；传感器的尺寸。

（1）热敏电阻器。

根据实际测量温度范围、精度和环境适应性，选择不同电阻—温度特性的热敏电阻器，如表 5-28 所示。在测温范围内，一般应选择高阻区不超过 300 kΩ、低阻区不低于 500 Ω 的热敏电阻器以保证足够的分辨率，减少遥测分层误差。用于控温时，应选择稳定性好、热时间常数小、高 B 值、控温温区内阻值分辨率高的热敏电阻器。一般测温用途优先选用互换型热敏电阻器。

表 5-28 航天器常用热敏电阻器型号

	型号规格	测温范围/℃	校准温度范围和精度	环境适应性能/℃
1	MF51-3000 K±5% -8.2 kΩ±5%	-50～150	(0～100 ℃)±0.3 ℃； 其他范围：±1 ℃	-55～150
2	MF51-3000 K±5% -18 kΩ±5%	-50～200	(0～200 ℃)±0.3 ℃； 其他范围：±2 ℃	-55～200
3	MF51-3300 K±5% -30 kΩ±5%	-50～250	(0～200 ℃)±1 ℃ 其他范围：±2 ℃	-55～350
4	MF61-3500 K±1% -3.9 kΩ±1.2%	-20～60	(-20～60 ℃)±0.1 ℃； 互换：(-20～60 ℃)±0.3 ℃	-55～125
5	MF501-4100 K±1% -5 kΩ±1%	-40～70	互换：(-30～60 ℃)±0.3 ℃； 其他范围：±0.5 ℃	-55～125
6	MF5802-2100 K±5% -5 kΩ±10%	-100～100	(-40～70 ℃)±0.3 ℃； 其他范围：±1 ℃	-196～125
7	MF5802-2100 K±5% -3 kΩ±10%			-196～125

续表

	型号规格	测温范围/℃	校准温度范围和精度	环境适应性能/℃
8	MF5604-(2.5～5.0) −50 kΩ±40%	−196～−50	(77～223 K)±0.1 ℃	−196～125
9	MF5408-4300 K±10% −10 kΩ±10%	100～450	(100～450 ℃)±1 ℃	−62～500
10	MF601-3500 K±1% −3.9 kΩ±1%	−20～60	(−20～60 ℃)±0.1 ℃	−55～125

(2) 铂电阻。

选用时应考虑所选工业铂电阻是否满足应用环境适应性要求，其允差等级和允差值满足表 5-27 要求。

(3) 热电偶。

从理论上讲，任意两种不同导体（或半导体）都可配制成热电偶，但实际上在材料选择上并非如此，应尽量满足下列要求：

①配成的热电偶应具有较大的热电势和热电势率，而且热电势-温度特性要尽可能具有线性的单值函数关系。

②适用的温度范围宽，能够长期经受工作温度下的反复交变而保持其物理化学性能与热电特性的稳定。

③电阻温度系数和比热值小。

④材料的机械性能、韧性、焊接性好，便于制作。

⑤材料容易获得，价格低廉。

表 5-29 列出了常用热电偶型号和测温范围，其中铜-康铜热电偶（T 型）

表 5-29 常用热电偶型号

序号	材料名称	测温范围/℃
1	铂铑 10 -铂热电偶（S 型）	0～1 600
2	铂铑 13 -铂热电偶（R 型）	0～1 600
3	铂铑 30 -铂铑 6 热电偶（B 型）	600～1 700
4	镍铬-镍硅热电偶（K 型）	−40～1 300
5	镍铬硅-镍硅热电偶（N 型）	−40～1 300
6	镍铬-铜镍热电偶（E 型）	−40～900
7	铁-铜镍热电偶（J 型）	−40～750
8	铜-康铜热电偶（T 型）	−200～350

测温范围宽，具有较大的热电势率，其热电势-温度特性稳定，线性好，同时价格低廉，易于获取，特别适合用于制作热电偶的材料，在航天器研制过程中被大量应用于地面热试验。

2）应用案例

（1）案例1：热电偶测温应用案例。

热电偶测温由于采集信号弱，抗干扰能力差，一般仅用于航天器地面试验系统，而应用最多的是铜-康铜型热电偶，如图5-188所示。

图5-188　热电偶应用示意图

在实际使用时，热电偶参考端的温度必须是已知的，一般多采用将参考端置于冰水混合物的容器内，使参考端温度处于0 ℃。在航天器地面试验实际应用中，往往采用共用冰点或共用参考点补偿器的方法进行测温，这种方式既方便经济，又无须再对测量值进行修正。

在航天器地面热真空试验中，在测量点数很多的情况下，铜-康铜热电偶共用冰点接线法如图5-189所示。本方法不但大大减少冰点器内热电偶参考接点的数量，而且在具有低温热沉的真空模拟室内以及从真空密封插头的引出导线数量减少近一半，使接线工作简化并减少导线漏热对测量及试验的不良影响。但实际安装时必须特别注意各热电偶之间除共用康铜线接点以外的其余部位，尤其是在测量端各接点之间，都必须可靠地进行电绝缘。

（2）案例2：热敏电阻测温应用案例。

根据被测对象测温范围和测温精度需求的不同，可选用不同类型的热敏电阻。例如某光学相机主体，在轨长期温度在20 ℃附近，对测温范围要求不高，但对测温精度要求很高，在±0.1 ℃以内，需选用 B 值较大的热敏电阻。图5-190所示为某光学相机主镜筒，共设计20路控温回路，在加热片的间隙布置20只MF61型热敏电阻采集镜筒温度，并将采集信号反馈给控温仪，配合加热器用于相机主体的主动控温。图5-190所示为相机主镜筒粘贴加热器和热

第 5 章　航天器常用热控制技术

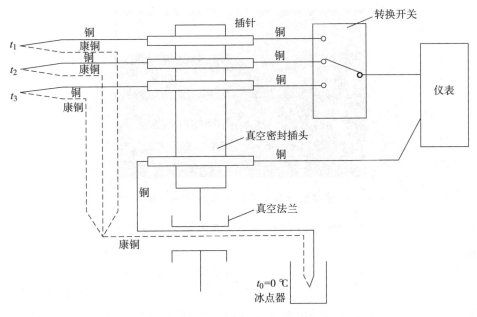

图 5-189　铜-康铜热电偶共用冰点接线示意图

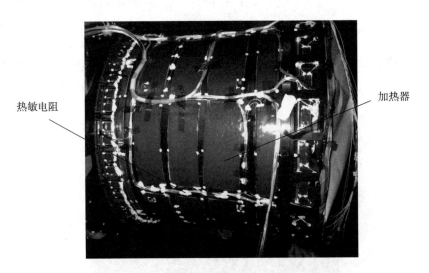

图 5-190　光学相机镜筒热敏电阻应用实例

敏电阻后的状态。

　　而对于星外天线等载荷,对测温精度要求并不高,一般在 ±3 ℃以内。但工作范围较宽,对测温范围有较高的要求,因此选择了 B4 型热敏电阻,测温范围为 $-100 \sim 100$ ℃。例如某航天器舱外中继天线,其工作温度在 $-80 \sim$

90 ℃，采用了 B4 型热敏电阻采集温度。图 5-191 所示为中继天线波导组件上的热敏电阻粘贴后的状态。

图 5-191　中继天线热敏电阻应用实例

（3）案例 3：铂电阻测温应用案例。

铂电阻具有测温范围宽、线性度好、稳定性高、结构简单等优点，但铂电阻的相对温度灵敏度较低，其测温精度易受导线电阻、热电动势、电压测量误差等因素影响，在航天领域多采用四线制引线方式消除导线电阻和多路开关的导通电阻的影响，来获取较高的测温精度，但也带来了系统设计复杂、可靠性降低、成本增加等问题。国内使用铂电阻测温的案例较少，国外的应用较多，在 NASA 的火星土壤湿度探测器推进机气瓶和反射器转动轴机构上，为了适应较宽的温度和实现较高的测温精度，使用了铂电阻测温，结合薄膜型加热器或固态控制器实现温度的控制，如图 5-192 和图 5-193 所示。

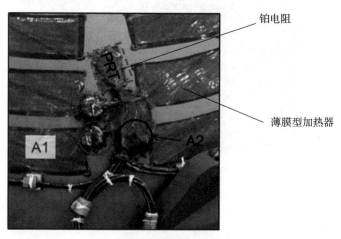

图 5-192　火星土壤湿度探测航天器推进剂气瓶上的铂电阻测温示意图

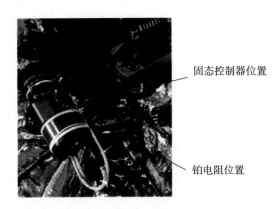

图 5-193 火星土壤湿度探测航天器反射器
转动轴执行机构上的铂电阻测温布局

5.6.3 控温技术

1. 功能及工作原理

控温技术是一种将被控对象温度场控制在要求范围内的主动热控制技术，它能够根据被控对象的温度信号，与目标温度值进行比较处理，对被控对象上的加热回路进行通或断控制，使被控对象进行加热补偿或不加热，以达到温度场控制的目标。控温技术主要用于解决航天器上对温度场有严格要求的设备热设计上，比如光学/微波载荷、蓄电池、推进系统等。

控温技术按温度采集与控制方式不同，通常可分为非智能型控温技术、智能型控温技术两大类，下面分别介绍其工作原理。

1) 非智能型控温技术原理

非智能型控温技术的工作原理是通过温度传感器采集温度信号，利用内部测温电桥电路与目标值进行比较产生偏差信号，根据偏差信号进而产生回路通断信号，最后将信号发送至执行机构控制加热回路的通断达到控温的目的，如图 5-194 所示。

温度-电压转换是一个由电阻组成的线性平衡电桥。桥路的一个臂是置于被控对象处的一个热敏电阻（负温度系数），它的阻值随温度的变化而变化。温度低时它的阻值大，温度高时它的阻值小，其阻值的变化引起桥路的不平衡，当温度偏离设定值时，在桥路的输出端产生一个电位差，温度高于设定值时阻值减小电桥输出端为负电压，温度低于设定值时阻值增大电桥输出端为正

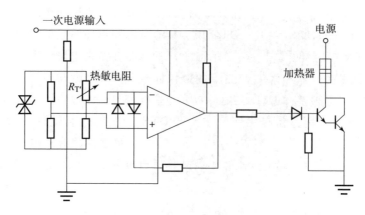

图 5-194 非智能型控温技术原理

电压。

电压比较器的输入端与电桥输出端连接，并与它自身的输出端连接成正反馈形式，在其输入端为正电压输入时其输出端呈高电平输出，在其输入端为负电压输入时其输出端呈低电平输出。

加热驱动器由 MOS 功率管或达林顿电路组成，具有较大的电流负载能力，可以直接驱动加热器。由前级（电压比较器）送来的"1"或"0"电平，决定其处于导通或截止状态，从而直接驱动，使加热器处于通电或断电状态，以达到控温目的。根据加热驱动器"开关"所处的位置，又可分为负端控制"开关"和正端控制"开关"。负端控制"开关"即加热驱动器位于加热器下游的电源负端，正端控制"开关"即加热驱动器位于加热器上游的电源正端。

2）智能型控温技术原理

与非智能型控温技术相比，智能型控温技术主要是采用分压式电阻网络温度采集电路和中央处理电路，通过软件处理与先进的控温算法，实现高精度温度采集，温度控制，在轨遥测与遥控更加灵活。

图 5-195 给出了某智能型控温仪的硬件组成框图，由电源、测温输入、CPU 控制、加热输出以及总线接口电路组成。采用测温输入和加热输出热备份、CPU 控制器冷备份的设计方案，增加了控温仪单机的可靠性。

控温仪由航天器一次电源供电，内部由 DC/DC 模块转成内部二次电源，给内部各模块供电。输入测温通道采用热敏电阻与标准电阻串联分压的电路结构，通过温度/电压电路转换成电压信号后，送入测温电路；测温信号送入 CPU 微处理系统后，形成测温数据，并与预存于存储器中的控温上下限阈值进行比较，结合控温算法形成加热控制信号；主备 CPU 系统均可接收 1553B 总线送来的控制数据修改加热回路使能、禁止（通/断）状态和加热器与热敏电

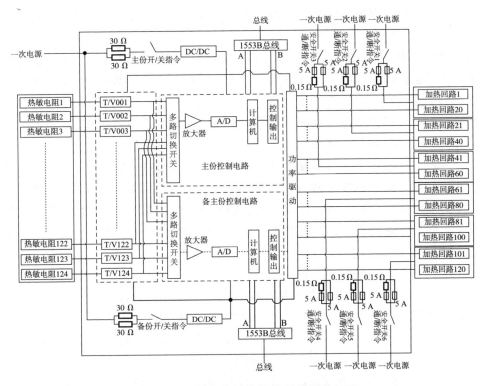

图 5-195 某智能型控温仪硬件组成框图

阻对应关系；发送数字遥测数据，包括温度、加热回路通断状态、控温阈值、加热回路使能禁止状态、加热回路禁止通断状态、加热回路与热敏电阻对应关系、硬件工作状态等；直接指令接口则完成安全开关通断以及主备 CPU 系统的切换。

2. 类别及特性

如上文所述，控温技术按信号处理与加热驱动方式不同，通常可分为非智能型控温技术和智能型控温技术两大类，其中非智能型控温技术又可分为分布式控温和集中式控温两种，分别代表的产品主要有固态控制器和非智能型控温仪，智能型控温技术代表产品为智能型控温仪，下面分别介绍其特性。

1) 固态控制器

固态控制器是一个小型独立的控温装置，体积小，质量小，以分布式安装在被控对象的各个部位，温度传感器、加热片、固态控制器均就近安装于被控部件。固态控制器控温通道非常有限，一般为 1 路或几路。控温通道电路参数决定了控温阈值，控制模式是简单的开关方式，一般只有接通和断开加热回路两种工作状态，其优点是控温线路简单、可靠性高。各信号不必通过大量长电缆集中到控温装置，减少了长线传输造成的测量误差和功率损耗，降低了卫星质量负荷和电缆铺设的复杂程度且利于热设计布局，弥补了集中式控温装置的不足，研制成本相对较低。

由于没有软件处理能力，控温波动相对较大，其控温分辨率最高可达 ±0.1 ℃，控制阈值不能在轨调整，控制灵活性不够，控制效率不高。

2）非智能型控温仪

与固态控制器相比，非智能型控温仪相当于把多个固态控制器集成在一起，提供多路控温通道（多达上百路），需要通过较长的测控温电缆与被控对象上的温度传感器、加热器连接，其测控温特性与固态控制器基本一致。由于采用了较长的电缆，因此测控信号容易受到电缆周围环境干扰。

3）智能型控温仪

智能型控温仪通过温度/电压转换电路（电阻分压网络）、弱信号调理电路和 AD 转换器完成高精度温度测量工作；CPU 控制系统软件采用 PID 控温算法计算控制量并输出给加热回路，测控周期可控制在 10 s 以内，最小加热时间片可控制在 0.25 s 以内。这种控制方式充分发挥了控温算法控制的优点，控温静态误差小、波动小、效率高，控温分辨率可达 ±0.05 ℃。由于智能 CPU 的介入，可以灵活调整包括控温阈值在内的大量控制参数，并能下传包括温度在内的大量遥测数据。由于采用了 CPU 控制系统，研制成本相对较高。

3. 选用原则及应用案例

1）选用原则

控温技术通常用于对温度有严格要求的设备或组件，特别是有高精度测控温需求的载荷。选用原则如下：

（1）不同类型控温技术的测控温精度不同，选用时应根据实际需求进行选择。

（2）固态控制器一般用于对回路需求很少的部件局部控温，或者控温通道需求较多且比较分散、控温电缆质量不可接受的情况，且不需要在轨进行控温参数调整的航天器部件。

（3）非智能型控温仪一般用于对控温精度要求不高、回路需求较多且比较集中的部件控温，且不需要在轨进行控温参数调整的航天器部件，比如蓄电池、推进管路系统等。

（4）智能型控温仪一般用于对控温精度要求较高、回路需求较多的部件控温，且有在轨控温参数调整需求，应用非常灵活，已广泛应用在各类航天器上，比如可见光/红外/多光谱等光学类载荷、SAR天线等微波类载荷、铷钟等。

2）应用案例

随着航天器热控制技术的发展，尤其是遥感、导航等航天器对高精度控温需求，经过40多年的发展，先后出现了非智能型控温仪和智能型控温仪等多种主动控温技术，大型光学类载荷目前已实现在轨测控温精度优于±0.05℃。

(1) 案例1：固态控制器。

图5-196给出了固态控制器一个典型的应用示意图，哈勃太空望远镜安装了大量分布式恒温固态控制器，在易于布局的同时，其控温精度达到±0.1℃。

我国在固态控制器方面也开展了一定的研究工作，并在XY-1新技术试验卫星上进行了搭载，控温精度达到±0.3℃。

固态控制器工程样机如图5-197所示。样机结构分两层，控制电路和功率管分别安装在结构的两侧，结构上不安排接插件，而是导线直接从内部引出。产品提供两路遥测信号，一路监测设备当前的控制温度，另一路遥测信号监测输出通道的工作电平，通过这两个遥测信号的监视可以判断设备的工作状态是否正确。

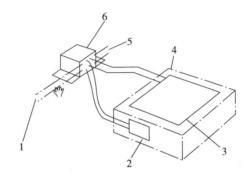

图5-196 固态控制器应用示意图
1—可选择R/C补偿组件；2—温度传感器；
3—加热器；4—加热控制对象；5—输入电压；
6—Model 3500 固态控制器

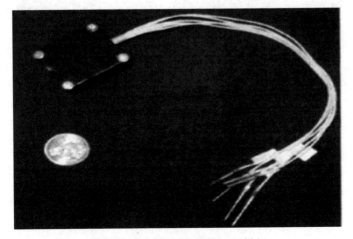

图5-197 固态控制器工程样机

(2) 案例 2：非智能型控温仪。

非智能型控温仪广泛应用于我国早期的各类航天器上，主要应用于蓄电池、推进管路系统等部件控温，控温精度均优于±0.3 ℃，可靠性非常高，未出现控温失效问题。由于非智能型控温仪的固有特性，在某些特殊情况下无法调整控温参数以适应航天器在轨状态变化，因此非智能型控温仪已逐步被智能型控温仪取代。

(3) 案例 3：智能型控温仪。

智能型控温仪已广泛应用在我国各类航天器上，主要应用于各类光学、微波载荷、蓄电池、推进系统、敏感器等部件，在轨已实现控温精度优于±0.05 ℃。图 5-198 所示为我国在研的最新一代智能型控温仪，通过优化元器件布局，并得益于最新电子技术和厚膜工艺，相比上一代智能型控温仪，该控温仪集成度提升了50%，质量和体积大幅降低，控温分辨率优于±0.02 ℃。除具备各种控温参数在轨调整与遥测数据下传外，还具备在轨故障自主诊断与修复能力，大大提升了热控制系统在轨自适应能力。该智能型控温仪实现了各功能模块标准化，可根据航天器需求配置模块数量。

图 5-198　智能型控温仪

参 考 文 献

[1] 王祝堂，田荣璋. 铝合金及其加工手册（第二版）[M]. 长沙：中南大学出版社，2000.

[2] Incropera F P，DeWitt D P，Bergman T L，et al. Fundamentals of Heat and Mass Transfer [M]. Chemie Ingenieur Technik，2014.

[3] Xingcun C T. Advanced Materials for Thermal Management of Electronic Packaging.

[4] 袁观明. 高导热炭材料的制备研究 [D]. 武汉：武汉科技大学，2012.

[5] http：//www.poco.com.

[6] Ozaki，Tsuyoshi Y，Akira O，et al. Graphite Faceskin Deployable Radiator Panels for ETS-VIII [C]. Rio de Janeiro，Brazil，51st International Astronautical Congress，2000.

[7] Carl Zweben. Thermal Material Solve Power Electronics Challenges，Power Electronics Technology，Feb. 2006，40-47.

[8] 白天，余立琼，龚静，等. 泡沫碳/相变材料复合体研究进展 [J]. 宇航材料工艺，2011，41（5）：6-9.

[9] GB/T 14811-2008 热管术语.

[10] Christine H. ALCATEL SPACE，"Roadmap for Developing Heat Pipes for ALCATEL SPACE's Satellites" [C]. 12th International Heat Pipe Conference，Moscow，Russia，2002.

[11] 张红星. 环路热管两相传热技术的理论和实验研究 [D]. 北京：北京航空航天大学，2006.

[12] 马同泽，侯增祺，吴文铣，等. 热管 [M]. 北京：科学出版社，1983.

[13] GB/T 14811-2008 有管芯热管.

[14] Maidanik Y F，Fershtater Y G，Goncharov K A. Capillary-pump Loop for the Systems of Thermal Regulation of Spacecraft [A]. Proceedings of the 4th European Symposium on Space Environmental and Control Systems [C]. Florence，Italy，1991：87-92.

[15] Maidanik Y F，Fershtater Y G，Pastukhov V G，et al. Some Results of Loop

Heat Pipes Development, Tests, and Application in Engineering [A]. Proceedings of the 5PthP International Heat Pipe Symposium [C]. Melbourne, Australia, 1996: 406-412.

[16] Baker C L, Bienert W B, Ducao A M. Loop Heat Pipe Experiment [R]. Society of Automotive Engineers, Paper NO. 981580, 1998.

[17] Swanson T D. Thermal Control Technologies for Complex Spacecraft [A]. Proceedings of the 13th International Heat Pipe Conference [C]. China Astronautic Publishing House, 2003: 3-11.

[18] Wulin M W. Radioisotope Heater Development Program Final Report NAS9-8846.

[19] Bliss F E, Clark Jr E G, et al. Construction and Test of a Flexible Heat Pipe [C]. Space Technology and Heat Transfer Conference, Los Angeles, CA, 1970.

[20] Soliman M, Schuster J R, Berenson P J. A General Heat Transfer Correlation for Annular Flow Condensation [J]. Heat Transfer, 1968, 90: 267-276.

[21] Reinarts T R, Best F R, Miller K M. Definition of Two-phase Flow Behavior for Spacecraft Design [R]. NASA Sti/recon Technical Report A, 1991, 217: 1230-1235.

[22] Crowly C J, Sam R G. Microgravity Experiment with a Simple Two-phase Thermal System [R]. AIP Conference Proceedings, 1991, 217 (3): 1207-1213.

[23] Antar B N, Collins F G. Vertical Line Quench in Low Gravity [C]. 33rd Aerospace Science Meeting and Exhibit, Reno, Nevada, 1995.

[24] Delil A A M, Heemskerk J F, Mastenbroek, et al. TPX FOR In-obit Demonstration of Two-phase Heat Transport Technology-evolution of Flight & Post-flight Experiment Results [C]. 25th International Conference on Environmental Systems, Florence, Italy, 1991.

[25] Jacqueline C L, Keith S N. The Mars Pathfinder System Level Solar Thermal Vacuum Test [R]. AIAA-97-2454, 1997.

[26] Pradeep B, Gajanana C B. Long Term Life Testing of a Mechanically Pumped Cooled Loop for Spacecraft Thermal Control [R]. AIAA-97-2470, 1997.

[27] Gajanana C B, Pradeep B. Mars Pathfinder Active Thermal Control System: Groud and Flight Performance of A Mechanically Pumped Cooling Loop [R]. AIAA-97-2469, 1997.

[28] Keith S N, Charles J P, Eric T S, et al. Mars Exploration Rover surface mission

flight thermal performance [R]. NASA Report, No. 20060042640, 2006.

[29] Keith S N, Charles J P, Gajanana C B, et al. Development of a Thermal Architecture for the Mars Exploration Rovers [C]. Journal AIP Conference Proceedings. California, 2003.

[30] Bhandari P, Birur G, Pauken M, et al. Mars Science Laboratory thermal control architecture [R]. NASA Report, No. 20060043003, 2006.

[31] Pantano D R., Dottore F, Tobery W, et al. Utilizing Radioisotope Power System Waste Heat for Spacecraft Thermal Management [R]. AIAA-2005-5548, 2005.

[32] Gajanana C B, Pradeep B, Mauro P, et al. Mechanically Pumped Fluid Loop Technologiesfor Thermal Control of Future Mars Rovers [R]. SAE, 2006-01-2035, 2006.

[33] vanBenthem R C, de Grave W, van Es J, et al. Development of a Mechanically Pumped Fluid Loop for 3 to 6kW Payload Cooling [R]. SAE International, 2009-01-2350, 2006.

[34] Richard P. Reysa, Randy L. Thurman. International Space Station Environmental Control And Life Support And Thermal Control Systems Overview [C]. Proceeding of the Sixth European Symposium on Space Environmental Control Systems, Noordwijk, The Netherlands, 1997.

[35] VVipul P P, Richard B, Brien J, et al. Development of the Internal Thermal Control System (ITCS) for International Space Station (ISS) [R]. SAE 2001-01-2332, 2001.

[36] Joe C Gary R, Tim B, Cindy C, et al. The State of ISS ATCS Design, Assembly and Operation [R]. SAE, 2003-01-2513, 2003.

[37] Steven J G, Hank A R, Myriam E, et al. Technical Consultation of the International Space Station (ISS) Internal Active Thermal Control System (IATCS) Cooling Water Chemistry [R]. NASA/TM-2005-213918, 2005.

[38] Zhang Z, Sun X H, Tong G N, et al. Stable and Self-adaptive Performance of Mechanically Pumped CO_2 Two-phase Loops for AMS-02 Tracker Thermal Control in Vacuum [J]. Applied Thermal Engineering, 2011, 31, 3783–3791.

[39] Chang H Son, Robert S Barker, Eugene H McGraw. Nuerical Prediction and Evaluation of Space Station Intermodule Ventilation and Air Distribution Performance [R]. SAE Paper: 941509, 1994.

[40] 徐向华,任建勋. 航天器热控百叶窗的热控性能分析 [A]. 第八届空间

热物理会议论文集 [C].

[41] 周超, 曹生珠, 孙燕杰. 新型 MEMS 热控百叶窗 [A]. 第十二届空间热物理会议论文集 [C], 2015 年 10 月.

[42] Akira Y, Yasushi S. Thermal Design Approach of High Powered Communication Satellite [R]. AIAA 98-1391, 1998.

[43] Christopher L, Steve K, et al. Deployable Radiators-A Multi-Discipline Approach [R]. SAE paper 981691, 1998.

[44] Thomson Higher Education.

[45] Wang Y Y, Zhong Q, Li J D, et al. Numerical and Experimental Study on the Heat and Mass Transfer of Porous Plate Water Sublimator with Constant Heat Flux Boundary Condition [J]. Applied Thermal Engineering, 2014, 67 (1 - 2): 479 - 489.

[46] James N, Georgia M, Robert C, et al. Space Suit Radiator Performance in Lunar and Mars Environments [R]. NASA-07ICES-221, 2005.

[47] Bouchelle W T, Goodwin F H. Phase 1 Engineering and Technical Data Report for the Thermal Control Extravehicular Life Support System [R]. N75-24360, 1975.

[48] Chapman A J. A Fundamental Study of Sublimation Through a Porous Surface. 1971.

[49] Pu Z X, Kapat J. Personal Cooling for Extra-Vehicular Activities on Mars [R]. AIAA-2004-5970, 2004.

[50] Hale D V, Hoover M J, O'Neill M J. Phase Change Materials Handbook [R]. NASA-CR-61363 72N19956, 1971.

[51] Milanez F H, Mantelli M B H. Thermal Modeling of a Heat Switch Considering Threaded Contact Conductance [R]. AIAA-2000-2434, 2000.

[52] Milanez F H, M. B. H. Theoretical and Experimental Studies of a Bi-metallic Heat Switch for Space Applications [J]. International Journal of Heat and Mass Transfer, 2003, 46 (24): 4573 - 4586.

[53] Milanez F H, M. B. H. Recent Studies of a Bi-metallic Heat Switch for Space Applications [R]. AIAA-2001-3081, 2001.

[54] Slater T, van Gerwen P, Masure E, et al. Thermo-Mechanical Characteristics of a Thermal Switch [C]. The 8th International Conference on Solid-States Sensors and Actuators, and Eurosensors IX, Stockholm, Sweden, June 25 - 29, 1995.

[55] Nast T, Bell G, Barnes C. Development of Gas Gap Cryogenic Thermal

Switch [C]. Advances in Cryogenic Engineering, Vol. 27-Proceedings of the 1991 Cryogenic Engineering Conference (San Diego, CA, August 11-14, 1981) (A83-43220 20-31), New York, Plenum Press, 1982, 1117 – 1124.

[56] Vickers J M F. Thermal Design Evolution and Performance of the Surveyor Spacecraft [R]. AIAA-68-1029, 1968.

[57] 侯增祺,胡金刚. 航天器热控制技术-原理及应用 [M]. 北京:中国科学技术出版社,2007.

[58] 何知朱,江经善. 新型热控材料器件及应用 [M]. 北京:中国宇航出版社,1988.

[59] 钟奇,江海,黄家荣. 多层隔热组件有效发射模型等效性探讨 [C]. 第十三届空间热物理会议论文集,烟台,2017.

[60] David G. Gilmore. Spacecraft Thermal Control Handbook, Volume 1: Fundamental Technologies [M]. California: The Aerospace Corporation Press, 2002.

[61] 袁静,安振国,张敬杰. 基于中空微球的轻质功能复合材料 [C]. 第十三届空间热物理会议论文集,烟台,2017.

[62] 周晓云,赵啟伟,王亚龙. 一种新型轻质低温多层性能研究 [C]. 第十三届空间热物理会议论文集,烟台,2017.

[63] 闵桂荣,张正刚,何知朱. 卫星热控制技术 [M]. 北京:中国宇航出版社,1991.

[64] 曹韫真,吴洁华,余云,等. 含碳聚酰亚胺薄膜的研制 [C]. 第六届空间热物理会议论文集. 桂林,2003.

[65] 马庆芳,方荣生,孙月霞,等. 几种无间隔层多层隔热系统性能的测定 [C]. 第三届空间热物理会议论文集,烟台,1982.

[66] 陈阳,宁献文,苏生,等. 不同真空度下多层隔热组件传热性能的实验研究 [J]. 中国科学:技术科学,2014,44(4):407 – 416.

[67] 刘伟,文耀普. 多层隔热组件的传热模化分析 [C]. 第五届空间热物理会议论文集,黄山,2000.

[68] 陈少华,张加迅,文耀普. 高温多层隔热组件隔热性能的试验研究 [C]. 第七届空间热物理会议论文集,三清山,2005.

[69] 沈琮. 风云一号气象卫星多层隔热的放气孔设计及净化措施 [C]. 第四届空间热物理会议论文集,承德,1991.

[70] 丁斌,郭舜,闵桂荣. 开孔多层隔热组件性能研究. 闵桂荣院士文集 [M]. 北京:中国宇航出版社,2003.

[71] 顾天铮. 多层隔热材料的应用工艺及热物性研究 [C]. 第四届空间热物理会议论文集,承德,1991.

[72] Andrea Ferrero, Roberto Palestro, Salvatore Tavera. Qualification Campaign on ATV Enhanced Design MLI Blankets [R]. AIAA 2010-6197, 2010.

[73] 孙腾飞, 赵啟伟, 李进, 等. 多层隔热组件不同安装方式对主动段降压过程适应性研究 [C]. 第十三届空间热物理会议论文集, 烟台, 2017.

[74] 辜雅娟. 聚酰亚胺泡沫材料的热物性研究 [D]. 南京:南京航空航天大学, 2016.

[75] Steven M J. Aerogel: Space explorationapplications [J]. Journal of Sol-Gel Science and Technology, 2006, 40 (2-3): 351-357.

[76] Phillips C, Novak K, Lee C J. MER rover surface thermal design [C]. 2002 Aerospace spacecraft thermal control technology workshop, JPL and ASL, 2002.

[77] Pradeep Bhandari, Paul Karlmann, Kevin Anderson, et al. CO_2 Insulation for Thermal Control of the Mars Science Laboratory Rover [R]. AIAA-2011-5119, 2011.

[78] 黄志勇, 吴知非, 周世新, 等. 温差发电器及其在航天与核电领域的应用 [J]. 原子能科学技术, 2004, 38 (z1): 42-47.

[79] 侯欣宾, 王立. 美国空间同位素能源装置发展现状 [J]. 航天器工程, 2007, 16 (2): 41-49.

[80] David G G. Spacecraft Thermal Control Handbook, Volume I: Fundamental Technologies [M]. Second Edition. California: The Aerospace Corporation Press, 2002.

[81] Tracey T R, Morey T F, Gorman D N. Thermal design of the Viking Lander Capsule [R]. AIAA-74-78, 1974.

[82] Jacqueline C L, Keith S N. The Mars Pathfinder System Level Solar Thermal Vacuum Test [R]. AIAA-97-2454, 1997.

[83] Pradeep B, Gajanana C B. Long Term Life Testing of a Mechanically Pumped Cooled Loop for Spacecraft Thermal Control [R]. AIAA-97-2470, 1997.

[84] Gajanana C B, Pradeep B. Mars Pathfinder Active Thermal Control System: Groud and Flight Performance of A Mechanically Pumped Cooling Loop [R]. AIAA-97-2469, 1997.

[85] Keith S N, Charles J P, Eric T S, et al. Mars Exploration Rover Surface Mission Flight Thermal Performance [R]. NASA Report, No. 20060042640, 2006.

[86] Keith S N, Charles J P, Gajanana C B, et al. Development of a Thermal Architecture for the Mars Exploration Rovers [C]. Journal AIP Conference

Proceedings. California: AIP, 2003: 194-205.

[87] Bhandari P, Birur G, Pauken M, et al. Mars Science Laboratory Thermal Control Architecture [R]. NASA Report, No. 20060043003, 2006.

[88] Pantano D R, Dottore F, Tobery W, et al. Utilizing Radioisotope Power System Waste Heat for Spacecraft Thermal Management [R]. AIAA-2005-5548.

[89] Martin Donabedian. Spacecraft Thermal Control Handbook, Volume II: Cryogenics [M]. California : The Aerospace Press, 2003.

[90] 侯增祺、胡金刚. 航天器热控制技术 [M]. 北京: 中国科学技术出版社, 2007.

[91] David G G. Spacecraft Thermal Control Handbook, Volume I: Fundamental Technologies [M]. California : The Aerospace Press, 2003.

[92] 张玉林, 周夕言. 风云二号02批辐射制冷器在轨情况 [C]. 上海市制冷学会学术年会, 上海, 2009.

[93] Michael K C. Method of Minimizing Size of Heat Rejection Systems for Thermoelectric Coolers to Cool Detectors in Space [R]. AIAA-2014-3767, 2014.

[94] 边绍雄, 等. 小型低温制冷机 [M]. 北京: 机械工业出版社, 1983.

[95] 陈国邦, 等. 最新低温制冷技术（第2版）[M]. 北京: 机械工业出版社, 2003.

[96] Jensen M. Thermal/Mechanical System Level Test Results of the GIFTS 2-Stage Pulse Tube Cryocooler [J], Cryocoolers, 2007, 14: 65-74.

[97] Richardson R N, Evans B E. A Review of Pulse Tube Refrigeration [J]. International Journal of Refrigeration, 1990, 20 (5): 363-373.

[98] Nast T, Olson J, et al. Overview of Lockheed Martin Cryocoolers [J]. Cryogenics, 2006, 46 (2-3): 164-168.

[99] Low Ratetid Test of DS1820 Class 1-wire Temperature Transducers. TEC-EDD/2005.45/GF.

[100] Zhou S X. Design Fabrication and Characterization of Carbon-based Materials for High In-plane Thermal Conductivities [D]. Beijing: Tsinghua University, 2013.

第 6 章

航天器热控制设计典型案例

第6章 航天器热控制设计典型案例

6.1 概 述

上述几章对航天器热控制基本原则、技术体系、系统设计方法、"六性"设计、常用热控制技术等进行了充分的论述。本章在此基础上介绍这些原则、技术和方法等在具体航天器和部件热控制中的应用。

我国研制的众多航天器大致可以划分为遥感系列卫星、通信系列卫星、导航系列卫星、载人系列航天器和深空探测系列航天器等几大类。其中,遥感系列卫星大多数运行在轨道高度在 1 000 km 以下的轨道上,通信和导航系列卫星均运行在高度在 20 000 km 以上的轨道上,载人系列航天器多运行在高度在 400 km 以下的轨道上且有航天员的参与,深空探测系列航天器则环绕或落在地外天体上。一般情况下,卫星和深空探测器以被动热控制技术为主、主动热控制技术为辅,而载人系列航天器则以主动热控制技术为主、被动热控制技术为辅。本章分别选取上述航天器中的典型航天器,介绍其热控制系统设计。

除系统级热控制设计案例外,本章也提供了航天器典型部件,如推进系统、蓄电池、相机和天线等的热控制设计案例。另外,电子设备内部热控制设计已成为航天器电子设备研制工作中必不可少的组成部分,因此本章也介绍了电子设备热控制设计的目的、原则和步骤等,并给出了热控制设计案例。

6.2 航天器热控制系统设计案例

6.2.1 遥感卫星热控制系统设计

1. 遥感卫星任务特点

利用遥感器获取目标辐射或者反射电磁波信息的卫星称为遥感卫星,其在气象、陆地、海洋、环境等多个领域均有广泛应用。遥感卫星轨道涵盖低、中、高轨道。综合考虑观测范围、重访周期、空间分辨率等因素,遥感卫星多数为太阳同步轨道。

遥感卫星对热控制设计需求的特点概括如下:

(1)卫星载荷类型不同,对热控制需求也不同。例如光学载荷一般需要高精度控温,保证在轨温度的稳定性;微波载荷需要解决大功率部件的散热需求。载荷热设计通常是遥感卫星热控制系统设计的难点。

(2)多数遥感卫星工作模式复杂。工作模式分为对地实传、数据记录、数据回放等多种模式。不同模式下载荷工作状态和工作时间均不尽相同,热耗也不尽相同。

(3)多数遥感卫星在轨姿态多变。在载荷工作期间,整星会有侧摆、滚动、俯仰等多种姿态偏置。因此外热流不仅随轨道位置变化,还会随卫星姿态变化。

(4) 遥感卫星载荷单机多数为短期工作或周期性工作。工作时热耗较大,需考虑散热设计。不工作时热耗较小,需考虑加热补偿。

2. 遥感卫星热控制系统设计特点

根据遥感卫星的热控制需求,其热控制系统设计特点一般如下:

(1) 遥感卫星的轨道高度多数在 500~1 000 km,除了太阳直射热流外,地球红外和地球反照热流一般不可忽略。

(2) 遥感卫星进行热控制系统设计时,需综合考虑卫星轨道、姿态、载荷工作模式等,选取极端外热流和极端内热源确定设计工况。例如光学成像卫星,要考虑侧摆、滚动、俯仰等多种在轨姿态和光学载荷短期工作等工作模式;临界倾角轨道卫星需要考虑全寿命周期内太阳入射角的变化,选取极端情况开展设计。

(3) 一般情况下充分利用轨道周期短、设备短期工作的特点,尽可能利用设备和结构的热容保证温度满足要求。与此相对应的,热分析一般应为瞬态热分析,必要时热平衡试验为瞬态热平衡试验。

(4) 蓄电池、电源控制器等大功率长期工作设备尽量布局在阴面。长期和短期工作设备尽量交叉布局,并使用热管等手段进行热耦合。必要时为短期工作设备设计替代电加热回路,在设备不工作的情况下予以加热补偿。

(5) 部分遥感卫星载荷承载机构有较高的温度稳定性要求,为保证载荷的指向精度和成像指标,需要进行高精度控温等特殊热设计。

(6) 相机等有高精度控温需求的光学载荷一般要机、电、光、热一体化设计,并与星体隔热设计,具体可见 6.3.4 节案例。

(7) 在较低轨道运行时,除了空间辐射环境外,必须考虑原子氧的影响,因此卫星表面一般选取耐原子氧涂层,或者热控涂层的厚度适当增加。

3. 遥感卫星设计案例

本节以资源三号卫星为例,阐述遥感卫星热控制系统设计。

1) 资源三号卫星简介

资源三号卫星包括载荷舱和服务舱两部分,舱板结构布局如图 6-1 所示。在资源三号卫星的载荷舱顶部搭载了 4 台有效载荷,分别为 1 台多光谱相机与 3 台三线阵相机,如图 6-2 所示。

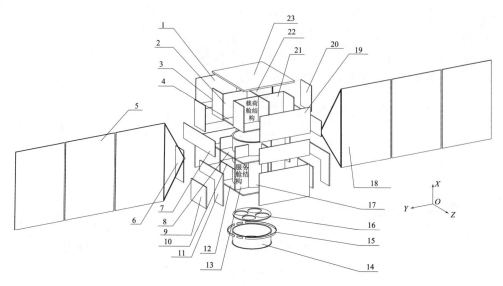

图 6-1 资源三号卫星舱板结构布局

1——$-Z$ 外板；2——$-Z$ 长隔板；3——$+Y$ 外板；4,12——底板；5,18——太阳电池翼；
6——背地背阳板；7——中板；8——顶板；9——背阳电池板；10——服务舱隔板；11——背阳板；
13——剪切板；14——对接段；15——包带机构；16——肼瓶支架；17——中心承力筒；
19——$+Z$ 外板；20——$-Y$ 外板；21——$+Z$ 长隔板；22——中隔板；23——载荷舱顶部构架

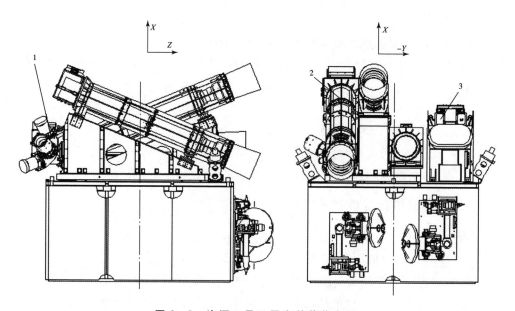

图 6-2 资源三号卫星有效载荷布局

1—星敏感器；2—三线阵相机；3—多光谱相机

卫星轨道选用上午 10：30 的太阳同步圆轨道，轨道高度约 500 km。飞行姿态主要包括主动段飞行姿态、星下点飞行姿态、侧摆飞行姿态和应急姿态等。

工作模式分为正常工作模式、密集工作模式和空闲工作模式。正常工作模式为卫星常规工作状态，每轨最长成像时间为 15 min，一天内总成像时间不大于 50 min；密集工作模式每轨最长成像时间为 15 min，一天内总成像时间不大于 75 min；空闲工作模式为卫星任务很少或无观测任务情况，在一天内有效载荷不进行任何工作。整星长期热耗约 625 W，短期热耗约 730 W，如表 6-1 所示。

表 6-1 资源三号卫星热耗统计

舱段	长期热耗/W	短期热耗/W	备注
服务舱	400	—	包括蓄电池、分流器、放电调节器、DC/DC 等
	120	—	包括陀螺、星敏感器、帆板驱动机构等
	35	—	包括遥控单元、双远置单元等
	70	—	包括 GPS 接收机、USB 应答机等
载荷舱	—	320	包括信号处理器、相机控制器等
	—	250	包括压缩编码器、数据处理器、固态放大器等
	—	40	包括固态存储器等
	—	120	包括 DC/DC 等

2）资源三号卫星热设计简介

（1）服务舱热设计。

资源三号卫星服务舱设备一般均长期工作。根据热耗的实际分布和空间外热流变化规律，在舱板不少表面都开设了散热面，如图 6-3 中所示深色阴影区

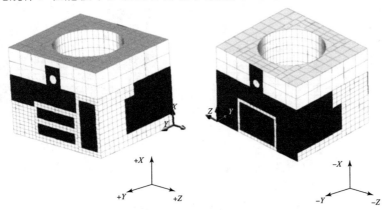

图 6-3 资源三号卫星服务舱散热面分布

域。为强化服务舱内部辐射换热，采用了等温化措施：服务舱内表面除仪器设备安装区域外，均喷涂高发射率热控漆。舱内所有设备均喷涂高发射率热控漆或进行黑色阳极氧化处理。热耗较大的设备安装面处均填充导热脂并采用热管扩热。对于热耗很小的设备，在设备与安装面之间干接触或使用隔热垫，以减小导热换热。

除一般电子设备外，对以下单机采取了特殊的热控制措施。

①储箱和管路系统热设计。

推进系统储箱和管路的工作温度范围为 5～60 ℃，对温度下限要求较高，为此采用 6.3.1 节所述的隔热设计和主动控温设计，以保证推进系统在轨正常工作。

②镉镍蓄电池组热设计。

资源三号卫星采用镉镍蓄电池组，其工作温度范围较窄，仅为 0～15 ℃，且蓄电池组模块之间、同一模块内部单体之间还有不大于 5 ℃ 的温差要求。因此对蓄电池组与周围之间采取隔热措施：在蓄电池组外表面覆盖多层隔热组件；安装蓄电池组的小舱内表面除安装板外均粘贴单面镀铝聚酯膜。为拉平蓄电池组模块间以及同一模块内部各单体间的温差，在蓄电池组安装板内预埋热管。对蓄电池组采取电加热主动控温，为此专门设计了加热板，将其安装在蓄电池组和蓄电池安装板之间，并在加热板上粘贴聚酰亚胺薄膜型加热器。蓄电池组热设计如图 6-4 所示。

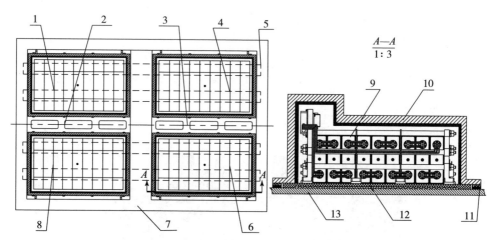

图 6-4 蓄电池组热设计示意图

1—蓄电池 a；2—加热板 1；3，12—加热板 2；4—蓄电池 b；5—预埋热管；6，9—蓄电池 c；7，13—电池安装板；8—蓄电池 d；10—多层隔热罩；11—尼龙搭扣

③三浮陀螺组件热设计。

资源三号卫星采用三浮陀螺组件，其对启动温度要求较高（要求大于10 ℃）。陀螺组件对温度敏感的部位在陀螺头的内部。为此在陀螺头部和陀螺安装支架之间、陀螺安装支架与安装舱板之间均使用隔热垫进行隔热。同时将控温加热器布置在陀螺头部外罩上，控温热敏电阻安装在头部法兰上（因为这个部位的温度最接近对温度敏感的陀螺内部油温）。通过上述措施保证陀螺组件启动温度要求。陀螺组合件的热设计如图6-5所示。

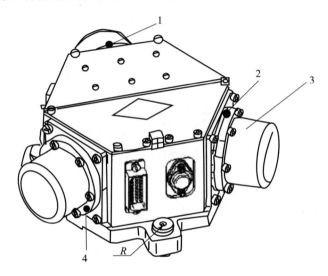

图6-5 陀螺组合件热设计示意图
1—主份控温热敏电阻；2—备份控温热敏电阻；
3—控温加热器安装位置（三处）；4—遥测热敏电阻

（2）载荷舱热设计。

资源三号卫星载荷舱内设备一般短期工作。在设计时重点关注相机、数传等系统的短期大热耗设备。除尽可能利用设备和结构热容外，还采用热管扩热，并通过散热面等多种方式保证设备工作时热量能够及时散出。为保证设备不工作时温度不低，采取了电加热主动控温方式，在设备不工作时给予一定的热量补偿。

如图6-2所示，相机布局在载荷舱顶部。为了满足相机成像指标要求，三线阵相机和多光谱相机对相机承力结构温度场均匀性和稳定性均提出了较高的要求，要求顶部构架温度维持在20 ℃±2 ℃。为此在顶部构架上下表面均包覆多层隔热组件，以减小载荷舱设备的温度波动对顶部构架温度场的影响，同时在顶部构架表面设计了多路主动控温回路，以保证温度稳定和均匀性。图6-6给出某时刻顶部构架温度分布，能够满足20 ℃±2 ℃的要求。

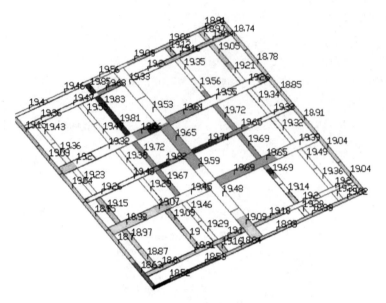

图 6-6 资源三号顶部构架温度场

6.2.2 通信卫星热控制系统设计

1. 通信卫星任务特点

通信卫星是指其作为中继站实现地面、水面和大气层中通信的一类卫星。目前几乎全部的通信卫星是装载了大量电子设备进行信号转发的有源卫星,可运行在低、中、高轨道和大椭圆轨道上。

与其他航天器相比,通信卫星对热控制设计需求的特点一般如下:

(1) 工作寿命非常长。目前主流通信卫星平台的设计寿命均不低于 15 年。

(2) 整星的功率非常高。主流通信卫星平台的功率均在 10 kW 以上,超大型通信卫星平台的功率已在 20 kW 以上。由此导致大功率通信卫星电缆和波导的热耗高达数百瓦,不容忽视。

(3) 整星热耗非常高,如 DFH-4 通信卫星平台载荷舱内热耗已高达 4 500 W,DFH-5 通信卫星平台载荷舱内热耗已高达 9 000 W。单台设备的热耗非常高,如国产 20 kW 级电源控制器热耗高达 800 W。同时设备底板热流密度也相当高。

(4) 相当一部分运行在地球同步轨道上的通信卫星通过自身变轨,经由地球同步转移轨道进入地球同步轨道。在地球同步转移轨道上,转发器等有效载荷一般不开机，不发热，在到达地球同步轨道后才开机。

（5）一般情况下，地球同步轨道通信卫星在定点后载荷处于长期加电模式。不过，转发器不同工作模式下（通常包括饱和、回退、静态等），热耗相差很大。同时通信卫星转发器多采用环备份方式，热耗分布不均匀。

（6）地球同步轨道空间辐射条件要比高度在 1 000 km 以下低轨道空间辐射恶劣得多。因此对地球同步轨道长寿命卫星热控制系统，必须考虑空间辐射的影响。

2. 通信卫星热控制系统设计特点

对地球同步静止轨道上，采用三轴稳定姿控方式的正六面体型通信卫星，其热设计特点简单归纳如下：

（1）由于运行在地球同步轨道上，一般不考虑地球反照和地球红外热流。

（2）由于日周期长（24 h），卫星的 $+X$、$-Z$、$-X$、$+Z$ 各板交替，且较长时间受到太阳的正照，一般不适宜作为散热面。散热面一般选择在外热流小、日周期内稳定且主要随季节变化的 $+Y$、$-Y$ 板上。

（3）对于大热耗卫星，必要时利用 $+Y$、$-Y$ 板不同时受照的特点，采用热管等实现 $+Y$、$-Y$ 散热面的导热耦合以提高散热能力。在 $+Y$、$-Y$ 结构板无法提供足够散热面时，采用可展开式辐射散热器。

（4）高热耗设备尽可能布局在 $+Y$ 和 $-Y$ 散热面上，且使用导热填料强化高热耗设备与散热面之间的热耦合。对于大量高热耗设备布局在卫星内部结构板上的情况（如 E3000 平台水平板上布置了总热耗上千瓦的设备），一般情况下需要用热管等措施实现卫星内部结构板与散热面之间的强热耦合。

（5）散热面内一般采用热管进行均热，绝大多数情况下采用正交热管网络，以适应热耗分布不均匀的情况，提高散热面利用率，减小对电功率的需求。

（6）采取电加热器主动热控制措施，以适应从发射到寿命结束全周期内不同阶段、不同工作模式下热耗或外热流的变化。加热器需要备份设计，以满足 15 年工作要求。

（7）对于采用电推进的卫星，需要对电推进相关电子设备间歇式大散热需求进行适应性设计。

（8）热控制系统采用能适应不少于 15 年地球同步轨道空间辐射剂量的产品、材料，如散热面涂层优选玻璃型二次表面镜。星表热控制一般需采取防静电积累措施，如采用防静电热控涂层、多层隔热组件面膜为导电型薄膜且接地等。

另外，由于散热面外热流仅随季节变化，而星内设备与加热器贡献的总热耗比较稳定，热设计典型工况明确，低温工况为转移轨道工况和寿命初期分点工况（包括地影），高温工况为寿命末期夏至工况和冬至工况。基于同样原因，热分析可以为稳态热分析。

3. 通信卫星热设计案例

本部分以我国 DFH-4 平台通信卫星为例介绍通信卫星热控制系统设计。

1）DFH-4 平台通信卫星简介

根据功能及设备组成，DFH-4 平台通信卫星可划分为推进舱、服务舱、载荷（通信）舱和太阳电池阵，其中推进舱、服务舱和太阳电池阵组成了 DFH-4 公用平台。DFH-4 平台卫星通过自身变轨进入地球同步轨道。在地球同步轨道上，采用三轴稳定姿态控制，在轨展开状态如图 6-7 所示，卫星的各模块如图 6-8 所示。

图 6-7 DFH-4 平台卫星在轨展开示意图

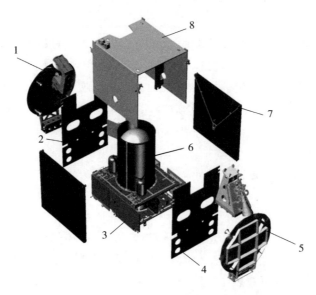

图 6-8 DFH-4 平台卫星模块分解示意图

1—Ku 天线；2—东板；3—服务舱；4—西板；5—C 天线；6—推进舱；7—太阳翼；8—通信舱

DFH－4平台通信卫星设备众多,绝大部分发热设备布置在卫星的＋Y、－Y板上,少量发热设备(如动量轮、陀螺等)布置在内部结构板上。服务舱和载荷舱＋Y、－Y板设备布局如图6-9～图6-12所示。

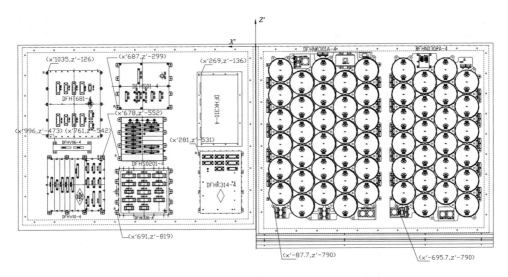

图6-9　DFH－4平台通信卫星服务舱－Y板仪器布局平面图

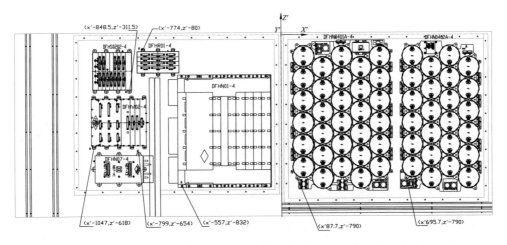

图6-10　DFH－4平台通信卫星服务舱＋Y板仪器布局平面图

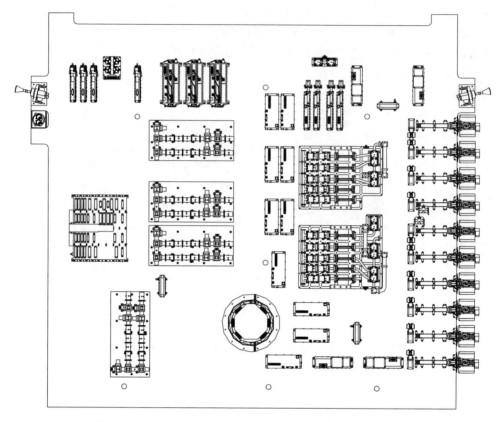

图 6-11 DFH-4 平台通信卫星载荷舱+Y 板仪器布局平面图

卫星各舱段热耗分布如表 6-2 所示。

表 6-2 DFH-4 平台通信卫星舱内热耗分布情况

名称	转移轨道热耗/W	同步轨道热耗/W	备注
通信舱	15	1 450	包括电缆及波导热耗 120 W
	118	1 550	包括电缆及波导热耗 150 W
	0	0	
服务舱	363	272	电缆热耗 35 W，不含电池组热耗
	141	150	电缆热耗 20 W，不含电池组热耗
推进舱	91	135	

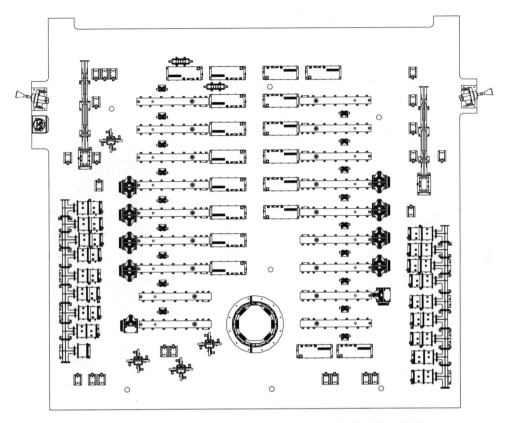

图 6-12　DFH-4 平台通信卫星载荷舱-Y 板仪器布局平面图

2）DFH-4 平台通信卫星热设计简介

如上文所述，DFH-4 平台通信卫星的散热面分别布置在服务舱和载荷舱的+Y、-Y 板外表面，除散热面之外的卫星外表面均包覆多层隔热组件。散热面涂层均选用铈玻璃镀银型二次表面镜，并通过导电胶粘贴在结构板表面。

（1）推进舱热设计。

推进舱内电子设备热耗主要通过辐射方式传递到卫星+Y、-Y 板散热面。因此设备表面均喷涂高发射率热控漆或黑色阳极氧化。对于仅通过自身表面积辐射而温度偏高的设备，如陀螺，为其设置了扩热板。

DFH-4 平台的储箱安装在中心承力筒内，两储箱之间有不超过 5 ℃的等温性要求。对两储箱采取的热控制措施如图 6-13 所示：在两储箱相对的半球面上喷涂高发射率热控漆，储箱的其他表面均包覆多层隔热组件；在储箱和承力筒之间使用隔热垫，并在承力筒的内表面粘贴镀铝薄膜；两储箱的-Z 侧半球表面安装电加热器以保证储箱温度和温差满足要求。

推进系统液体管路和气瓶热制控措施详见 6.3.1 节，其中气瓶表面加热器为胶接安装，如图 6-14 所示。

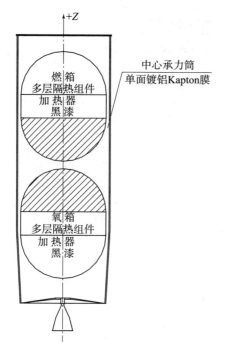

图 6-13　DFH-4 平台储箱热控制示意图　　图 6-14　氦气瓶加热器布局图

（2）服务舱热设计。

为兼顾推进舱隔板上设备辐射散热需求，服务舱所有设备表面喷涂高发射率热控漆或黑色阳极氧化，并将服务舱+Y 和-Y 板上设备安装面之外的区域喷涂高发射率热控漆。发热设备安装时均使用导热填料以减小接触热阻。

早期的 DFH-4 平台卫星每套太阳翼共 4 块板，在地球同步转移轨道只展开最外一块板，进入地球同步轨道后才展开全部太阳翼。在转移轨道期间，未展开的太阳翼会遮挡服务舱部分散热面。同时服务舱各板上的热耗会因陀螺工作与否、不同的力矩轮组件工作（力矩轮组件为 3∶2 冷备份）而变化很大。为适应上述工况，服务舱+Y/-Y 仪器板上分别使用了正交热管网络/热管进行等温设计，如图 6-15 和图 6-16 所示。由于电源控制器（PCU）热耗高（150～300 W），设备底板局部区域热流密度也高（最高可达 4 W/cm²），该设备下方热管数量和位置根据 PCU 厂商的建议确定。另外，为进一步减小 PCU 底板高热流部位与结构板的接触热阻，在 PCU 底板中间区域还设置了安装孔。

第 6 章　航天器热控制设计典型案例

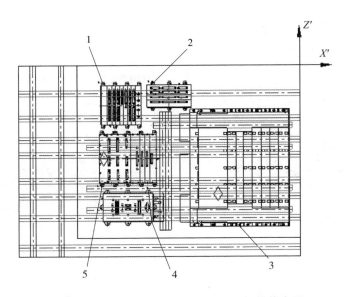

图 6-15　DFH-4 平台服务舱＋Y 板热管布局

1—服务舱南测控单元；2—10 N 加热控制器；3—电源控制器（PCU）；
4—蓄电池组连接继电器盒；5—服务舱南配电器

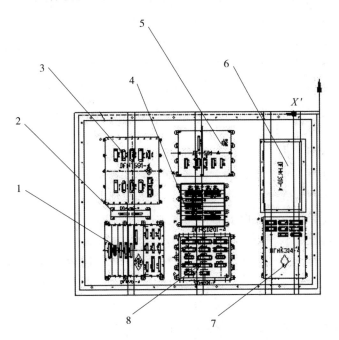

图 6-16　DFH-4 平台服务舱－Y 板热管布局

1—服务舱北配电器；2—测控辅助电源；3—推进线路盒；4—服务舱北测控单元；
5—中心计算机；6—控制接口线路；7—控制电源变换；8—控制计算机

DFH－4平台氢镍蓄电池组热控制如图6－17所示。为满足电池单体间的等温要求，采用正交热管网络拉平模块内单体间以及两个模块之间的温度。

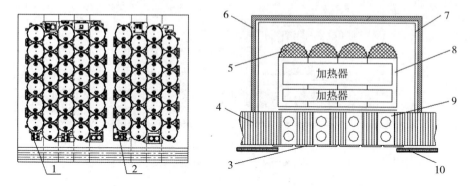

图6－17　DFH－4平台蓄电池组热控制示意图

1—电池A；2—电池B；3—OSR；4—电池板；5—黑漆；6—结构板；
7—镀铝膜；8—电池；9—热管；10—多层隔热组件

一般情况下，较低的储存温度对维持长寿命氢镍蓄电池组的性能有利，因此，即使在高温工况时氢镍蓄电池组的温度也控制在较低的水平（寿命末期夏至或冬至点DFH－4平台氢镍蓄电池组的温度一般控制在5℃以下）。这就需要在低温工况时对蓄电池组进行加热，否则其温度会低于允许的低温下限。蓄电池组加热片直接粘贴在电池单体套筒上。为减小舱板对蓄电池组的热辐射影响，舱板表面均粘贴镀铝膜，如图6－17所示。另外，为满足推进舱隔板上设备辐射散热需求，电池单体的表面均喷涂高发射率热控漆。

（3）载荷舱热设计。

当代通信卫星上安装的载荷设备越来越多，从某种程度上来说，载荷舱设备布局设计已经是热设计的一部分。从热控制角度来说，布局的目标是：热耗在载荷舱＋Y板、－Y板上的分配大致相当，以免单板所提供的散热面积不足；热耗在单板上均匀分布，避免集中于局部区域；温度要求相当的设备布置在同一区域，以便必要时按温区设计散热能力；预留加热器、热管安装区域。不过载荷舱布局需综合考虑电、机、热等各方面的需求，而且多是优先考虑电性能方面的需求，一般情况下很难实现单板上热耗均布，尤其是考虑到转发器多采用环备份方式、单机设备热耗及底板热流密度都很高的情况。因此，通信卫星载荷舱普遍采用正交热管网络。图6－18给出针对图6－11和图6－12设备布局所设计的正交热管网络。

与平台设备一样，载荷设备外表面也是高发射率热控涂层。一般情况下，

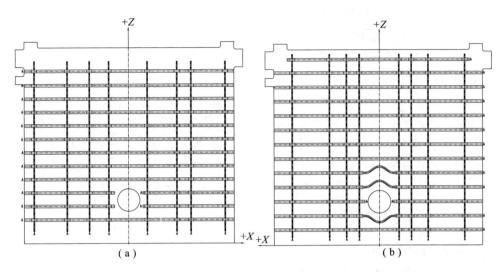

图 6-18 DFH-4 平台通信卫星载荷舱 +Y、-Y 板热管布局
(a) +Y 板；(b) -Y 板

发热设备安装时也使用导热填料以减小接触热阻。除设备安装区域外，载荷舱 +Y 和 -Y 板上其他区域喷涂高发射率热控漆，以利于发热电缆和波导等的辐射散热。

在地球同步转移轨道阶段，载荷设备大部分不加电，载荷舱内热耗非常少。为维持设备及散热面处于适当温度，在载荷舱内设置电加热器。这些加热器主要在转移轨道阶段工作。在地球同步轨道阶段，当有转发器退饱和或静态运行导致总热耗下降时，这部分加热器也会工作。由于采用了正交热管网络，加热器不是逐一备份，而是在总数量上作了一定备份。

6.2.3 月球探测器热控制系统设计

1. 月球探测任务特点

月球是地球的唯一卫星，是人类开展地外天体探测的首要目标。月球探测器包括探测器平台和有效载荷两部分。探测器平台是以实现工程目标和科学目标为原则进行研制的，针对不同的探测任务，探测器平台往往需要新研制。有效载荷是以实现科学目标为原则进行配置的，不同的科学探测目标要求的科学载荷配置不同。

与地球轨道航天任务相比，月球探测任务的特点如下：

(1) 任务过程中探测器构型变化大,工作模式多,姿态变化多。不同的探测载荷工作模式和能源供给状态差别大,探测器功率变化大。

(2) 月球红外辐射强度大,月面极热、极冷的热环境恶劣。同位素核源的热量可控利用对于实现月夜设备保温是一个非常重要而有效的手段。

(3) 对于着陆和巡视探测任务,月球表面的地形地貌会影响着陆姿态和散热面的外热流大小。同时月球表面存在月尘,自然环境和诱发环境可能对热控涂层造成污染。另外,月球存在 $1/6g$ 重力加速度,会限制热管产品的使用状态,使其只能在重力辅助状态下使用。

(4) 大推力发动机的羽流热影响明显,需要开展热防护设计。

2. 月球探测器热控制系统设计特点

月球探测任务的特点决定了月球探测器热控制系统有不同于地球轨道航天器热控制系统的特点,简单归纳如下:

(1) 一般采用分隔舱热设计,单个舱内进行等温化设计。对于工作在月球表面的探测器,在等温化设计时,需要考虑月球重力场对热管工作性能的影响。

(2) 月球红外辐射强度大,探测器散热面开设位置应尽量避开月球红外辐射影响区域,或尽量开设在受月球红外辐射影响小的区域。对于工作在月球表面的探测器,其散热面一般开设在朝天面。

(3) 有时为了节约补偿功率,需要采用可变热导热管自主调节散热能力。

(4) 对于工作在月球表面且需要经历月夜的探测器,需要开展隔热设计和热量获取设计。在隔热设计方面,一般在舱板内外表面均包覆多层隔热组件。在热量获取上,可采用同位素热源。

(5) 对于工作在月球表面且需要经历月夜的探测器,结构连接产生的漏热不可忽略,需要从减少接触面积、垫隔热垫、采用低导热系数材料连接等方面采取措施实现最大限度的隔热效果。

(6) 对大推力发动机等的热辐射效应及羽流热效应要进行防护设计。一般采用高温、中温、低温多层隔热组件组合进行设计,有时为了减重,在高温多层隔热组件中采用铝箔代替镍箔。

(7) 热控制系统与总体及其他系统的关联度增加,融合度变大,有时需要其他系统配合实现热控制功能(如 CE-3 巡视器在月夜时需要收拢+Y 太阳翼进行月夜保温)。

(8) 热控制系统热分析时,需要对不同发射窗口的全任务过程进行分析,除考虑涂层参数和太阳辐照强度的变化外,还要考虑地形地貌、探测器姿态、轨道变化等情况,以及还要考虑月食等天文现象。对于环月探测器,热分析工况要以瞬态工况为主;对于月面探测器,热分析工况以稳态工况为主。

3. 月球探测器热设计案例

本部分以我国CE-3月球探测器着陆器为例介绍月球探测器热控制系统设计。

1) CE-3月球探测器着陆器简介

CE-3探测器包括着陆探测器和巡视器。在两器分离前,巡视器安装在着陆探测器+X面,组成CE-3探测器(见图6-19和图6-20),完成从发射到着陆月球表面的任务。当CE-3探测器着陆到月球表面后,由安装在着陆探测器上的释放分离机构将巡视器释放到月球表面,然后着陆探测器和巡视器各自开展探测任务。CE-3探测器各阶段的飞行状态如图6-20~图6-22所示。

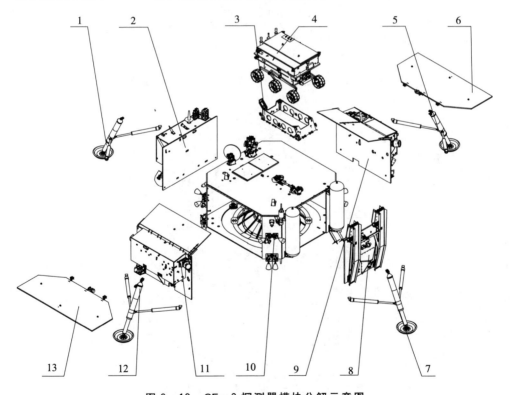

图6-19 CE-3探测器模块分解示意图

1,5,7,12—着陆缓冲机构;2——Z舱;3—巡视器连接解锁机构;
4—巡视器;6——Y太阳翼;8—转移机构;9——Y舱;
10—中心舱;11—+Y舱;13—+Y太阳翼

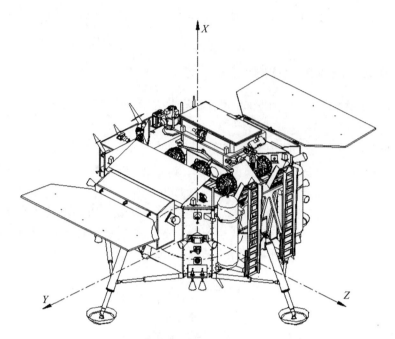

图 6-20　CE-3 探测器地月转移及环月飞行状态示意图

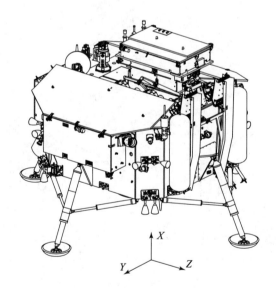

图 6-21　CE-3 探测器落月状态示意图

第 6 章　航天器热控制设计典型案例

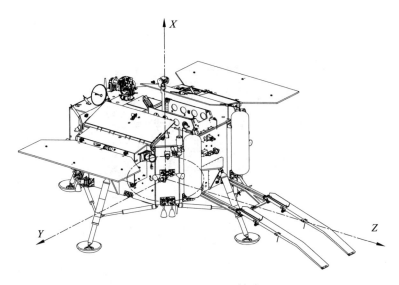

图 6-22　CE-3 着陆器月面工作状态示意图

CE-3 探测器采用直接发射进入地月转移轨道，采用 +X 对日飞行姿态。经历近月制动后进入倾角为 90°的极月环月轨道。飞行约 5 天后择机着陆到月球表面北纬 44°附近，-Z 轴指向月球赤道。

CE-3 探测器着陆器设备布局设计时按照设备工作阶段进行了分类和集中布局。对于不过月夜的设备，集中布置在中心舱和 -Z 舱内；对于需要过月夜的设备，则集中布置在 -Y 舱和 +Y 舱，如图 6-23～图 6-26 所示。

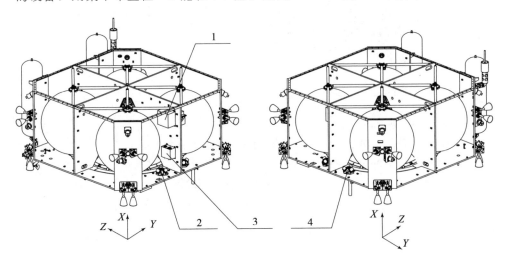

图 6-23　CE-3 着陆器中心舱布局图
1—推进线路盒；2—陀螺组合件 1；3—推进配电盒；4—陀螺组合件 2

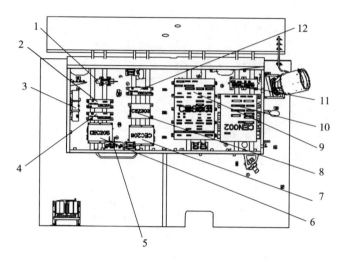

图 6-24　CE-3 着陆器 +Y 舱仪器布局图

1—X 频段微波网络；2—X 频段测控应答机 1A；3—多工器 A；4—X 频段测控应答机 2A；5—S 频段微波网络；6—X 频段固态放大器 1A；7—X 频段固态放大器 2A；8—月尘测量仪电控箱；9—系统管理单元；10—电源控制器；11—UHF 接收机；12—S 频段测控应答机

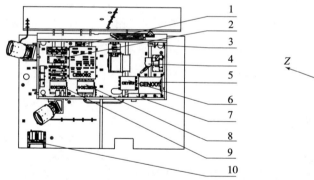

图 6-25　CE-3 着陆器 -Y 舱仪器布局图

1—数传调制器；2—统一频段源；3—SQCM 探头；4—月基光学望远镜；5—蓄电池组；6—有效载荷电控箱；7—降落相机；8—X 频段固态放大器 2B；9—X 频段固态放大器 1B；10——Y 同位素热源

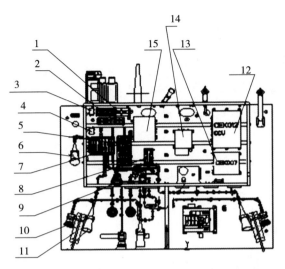

图 6-26 CE-3 着陆器 -Z 舱仪器布局图

1—测距测速信号处理器；2—频率综合器；3—测距测速晶振备份；4—测距测速晶振主份；5—微波测距测速控制配电器；6—测速接收天线及支架 1；7—测距测速接收通道；8—测距测速发射通道；9—测速发射天线及支架 1；10—测速发射天线及支架 3；11—测速隔板及支架 2；12—中心控制单元；13—激光三维成像敏感器线路；14—加速度计；15—惯性测量单元处理线路

中心舱主要布置有推进系统储箱、推进管路、推进电路盒及 GNC 分系统的陀螺组合件，-X 面中间处布置有 7 500 N 发动机。-Z 舱主要布置 GNC 大部分设备及落月敏感器等。±Y 舱则布置测控、数管、电源、有效载荷等设备。

CE-3 探测器着陆器不同任务阶段各隔舱内热耗变化较大，表 6-3 给出 +Y 舱各阶段热耗。

表 6-3 CE-3 探测器着陆器 +Y 舱内热耗分布情况

设备名称	热耗/W						
	地月转移段	环月段	着陆段	月昼	月夜		
					休眠	唤醒	月夜
电源控制器	65	87/44	109	36	18	16	0
S 频段测控应答机	18	0	0	0	0	0	0
月尘测量仪电控箱	0	0	0	5	0	0	0
系统管理单元	28	28	28	28	28	0	0
多工器 A	0	0	0	0	0	0	0
X 频段固态放大器 1A	32	32	32	32	32	32	0
X 频段固态放大器 2A	0	0	0	0	0	0	0

续表

设备名称	热耗/W						
	地月转移段	环月段	着陆段	月昼	月夜		
					休眠	唤醒	月夜
X频段测控应答机1A	10	10	10	10	10	10	0
X频段测控应答机2A	7	7	7	7	7	7	0
UHF接收机	0	0	0	18	0	0	0
APS星敏感器线路b	16	16	16	0	0	0	0
合计	176	180/137	202	136	95	65	0

2）CE－3月球探测器着陆器热设计简介

（1）中心舱热设计。

中心舱内布置有4个储箱、推进系统管阀件、推进电路盒、陀螺组合件等，设备热耗主要来自于陀螺组合件及推进电路盒，总功耗约45 W。陀螺组合件布置位置集中，存在较大散热需求，为此在陀螺组合件下方舱板内布置两根热管，将陀螺组合件的热量扩散到整个舱板上进行辐射散热。

推进系统储箱热容量大，考虑整个飞行任务时间短，储箱表面包覆多层隔热组件，仅靠自身热容维持储箱温度。推进系统管路和气瓶热控制措施详见6.3.1节，其中气瓶表面加热器为悬挂安装。7 500 N发动机工作时产生的热辐射和羽流热防护详见6.3.1节。

（2）±Y舱热设计。

±Y舱热控制功能及设计状态类似，这里仅以＋Y舱为例进行热控制设计说明。＋Y舱需要适应月昼散热面和月夜保温的需求，需要解决月昼期间设备热耗有效排散、月夜期间热量获取及系统隔热设计等难题。

月昼散热方面，＋Y舱内发热设备均布置在＋Y舱侧板上，侧板上预埋有可变热导热管（热管布局见图6-27），主要负责将设备热耗传递到辐射器上进行热排散。为了合理分配每根可变热导热管上的热负荷，在两个可变热导热管之间并入U形热管。

为了减小月面强红外辐射的影响以及实现月夜期间与＋Y舱隔热，为＋Y舱设置一个独立的辐射器（即不是＋Y舱发热设备所在的侧板）并布置在着陆器顶板上方，如图6-27所示。为了充分利用辐射器面积，在辐射器内预埋热管，并与可变热导热管冷凝段热耦合。

月夜能量获取方面，采用同位素热源提供月夜设备保温用热量，利用重力辅助两相流体回路将同位素热源的热量可控地传递到＋Y舱内。图6-28给出

第 6 章 航天器热控制设计典型案例

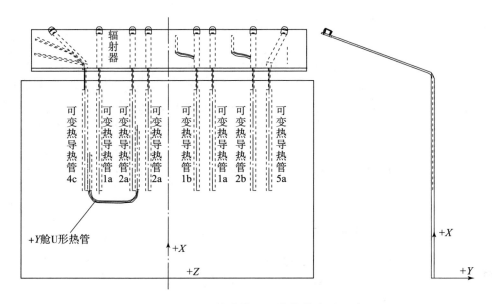

图 6-27　CE-3 着陆器 +Y 舱热管布局示意图

了重力辅助两相流体回路布局示意图，其中两相流体回路冷凝器预埋在 +Y 舱 +Y 侧板中，+Y 舱 +Y 侧板朝向舱内部分喷涂高发射率涂层，朝向舱内散热，同位素热源安装在 +Y 舱底部。

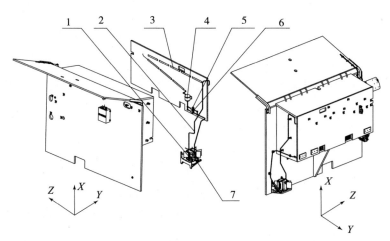

图 6-28　重力辅助两相流体回路布局示意图

1—蒸发器；2—管路；3—冷凝器；4—储液器；5—控制阀 1；6—控制阀 2；7—RHU

在隔热方面，最重要的措施是采用可变热导热管。在月夜期间，可变热导热管散热段被气体堵塞，从而"断开"舱内设备与辐射器的热耦合。另外，在 +Y 舱与其他结构部分之间垫隔热垫，以及在 +Y 舱 +Y 侧板的外表面和其他舱板的内外表面均包覆多层隔热组件。

（3）$-Z$ 舱热设计。

$-Z$ 舱设备的使命在着陆月面后即结束，因此 $-Z$ 舱的热设计主要针对环月段和落月段。$-Z$ 舱采用等温化热设计，$-Z$ 侧板内预埋热管，如图 6-26 所示。$-Z$ 舱 $-Z$ 侧板上开设 OSR 散热面，设备热耗通过辐射进行热排散。$-Z$ 舱除散热面外的其他部分包覆多层隔热组件。

6.2.4 载人航天器热控制系统设计

1. 载人航天器任务特点

我国的载人航天器是飞行在近地轨道上，可提供有人参与空间科学实验条件的航天器，包括载人飞船、目标飞行器、空间实验室、货运飞船和空间站等。

与卫星等其他航天器相比，载人航天器的任务特点如下：

（1）提供舒适的航天员居住环境：载人航天器长期有人居住，需要高密封性能的密封舱，在密封舱内要为航天员提供舒适的生活环境，包括温湿度控制、风速控制、密封舱总压控制、氧分压控制、微生物控制、二氧化碳浓度控制等。

（2）材料无毒性要求高：航天员要长期在密封舱内工作和生活，对密封舱内使用材料的无毒性进行严格的控制。

（3）质量、尺寸和功耗大：单个载人航天器的最大质量 22 t，最长轴向长度 18 m，最长直径 4.1 m，最大功耗 25 kW。

（4）构型复杂：空间站舱段多，由核心舱、实验舱Ⅰ、实验舱Ⅱ、光学舱、货运飞船、载人航天器组成，并由机械臂进行在轨组装，空间站组建过程中构型复杂而多样。

（5）任务模式多，姿态多：模式包括自主飞行、交会对接、组合体模式等；姿态包括三轴对地、偏航机动、对日定向、惯性飞行姿态等。

（6）寿命长：空间站在轨寿命 15 年。

（7）可靠性、安全性要求高：确保航天员安全是载人航天器设计的第一要务，一旦发生重大故障，在其他系统的支持下和航天员的参与下，载人航天器能自主或人工控制返回地面，并保证航天员的生命安全。

（8）设备温度要求严格：为了满足载人航天器的长寿命和高可靠要求，设备温度指标相对卫星更窄，大部分设备要求温度范围在 $-5\sim40$ ℃。

(9) 试验载荷多，功耗大，工作模式多：大部分在轨试验需要有航天员参与。

(10) 工效学设计：航天员在轨操作的设备，航天员的生活区和睡眠区，要进行工效学设计。

(11) 维修性设计：为满足空间站在轨 15 年寿命要求，设备要进行在轨维修性设计。

2. 载人航天器热控制系统设计特点

载人航天器除了要保证航天器的设备和结构温度外，还要为航天员创造舒适的密封舱温湿度环境。载人航天器热设计特点简单归纳如下：

(1) 机械泵驱单相流体回路设计：针对密封舱内的温湿度控制要求，采用机械泵驱的单相流体回路，与通风系统耦合换热、除湿，实现密封舱的温湿度控制；同时针对通过被动热控制和通风散热无法解决的大热耗设备，采用单相流体回路中的冷板，可实现千瓦级大热耗设备的散热。

(2) 有组织对流通风设计：通过对密封舱内空气的集中收集，组织配送，将高温风送到冷凝干燥器处，进行降温除湿；将低温风送到仪器设备区，进行设备散热；将室温风送到人活动区和睡眠区，将空气温度和风速控制到人体感最舒适的范围。通风设计不得出现通风死角，以免造成局部的二氧化碳浓度过高，影响航天员安全。

(3) 组合体热管理：机械泵驱单相流体回路和通风系统可以实现热量的收集、传递和排散，可将从高温设备和结构收集到的热量补偿到低温的设备和结构上，可将密封舱内的高温风送到低温区，防止结露，实现载人航天热量的统一管理。对于多舱段组成的空间站，通过不同舱段间流体回路和通风系统的热耦合设计，实现多舱段热量的统一调配和综合利用，最大限度优化热控制设计，舱段间热控制设计相互备份，提高热控制设计的可靠性，降低热控制的质量。

(4) 热控制设计鲁棒性强，主动调节能力强：载人航天器均采用基于单相流体回路和通风系统等主动热控制手段为主的热控制设计，在辐射器散热能力范围内，对飞行器姿态适应性强，对试验载荷频繁开关机造成的热耗剧烈变化适应性强，对空气温度和湿度可进行独立调节，对仪器设备温度调节能力强。

(5) 密封舱和非密封舱隔热处理，分舱段独立热控制设计：载人航天器的密封舱与非密封舱内热传递的方式、控制对象和目标均不同。非密封舱只需保证仪器设备和结构的温度即可，而密封舱既要保证仪器设备和结构的温度，还要保证空气的温湿度和风速。基于以上考虑，密封舱和非密封舱采取分舱段独立热控制设计。

（6）维修性设计：为了提高热控制设计的可靠性和自主健康管理能力，强化了热控制设备的维修性设计，并合理权衡冗余与维修的代价与风险；局部故障下应能保障平台设备正常运行，支持维修的实施，修复后能够支持载荷正常运行。

（7）人机工效学：需要航天员操作和在轨维修更换的热控制设备，需进行人机工效学设计，并经航天员工效学评价合格。

（8）通用化：空间站三舱的热控制设计和架构保持一致，保证热控制软件和绝大多数产品在同一舱内和各舱之间的通用化，从而减少研制工作量，增加产品可靠性数据积累，增加在轨互换性，减少维修备件品种。

（9）长寿命：针对空间站15年的长寿命设计要求，热控制系统的单相流体回路工质应与接触到的材料一级相容，对有运动部件和关键的热控制设备进行了可在轨维修设计。暴露在舱外的热控涂层和材料空间环境适应能力强，尤其是耐原子氧能力要求高。

（10）自主健康管理：载人航天器采用了单相流体回路、通风系统、电加热等主动热控制手段为主的热控制设计，热控制设备较多，热控制系统的核心控制计算机，应能对热控制设备的在轨故障进行自主识别、诊断、隔离和处置，并支持热控制设备的在轨维修。

3. 载人航天器热设计案例

本节以我国神舟系列载人飞船为例介绍载人航天器热控制系统设计。

1）神舟系列载人飞船简介

神舟系列载人飞船既可执行短期独立航天飞行任务，也可执行交会对接空间飞行任务，实现与空间实验室系统等的对接、停靠与分离。载人飞船构型如图6-29所示，采用三舱布局，轨道舱在前，返回舱居中，推进舱在后。载人飞船可支持1～3名航天员。

2）神舟系列载人飞船热设计简介

（1）主动热控制技术。

①单相流体回路。

机械泵驱动流体回路系统是载人飞船热控制系统的核心，是集热量收集、传递、排散、分配于一体的主动热控制系统。流体回路技术具有较强的温、湿调控能力，是热控制系统多任务多模式状态下，对飞船温湿度进行精确控制的关键。流体回路的组成原理如图6-30所示，按其功能可以分成内回路、外回路。

第 6 章 航天器热控制设计典型案例

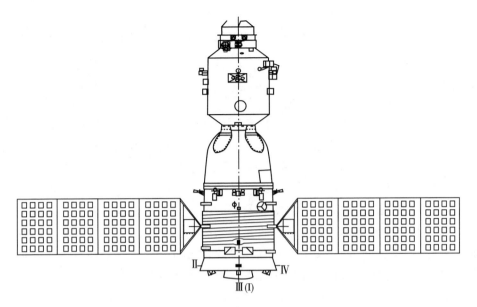

图 6-29 神舟系列载人飞船整船构型

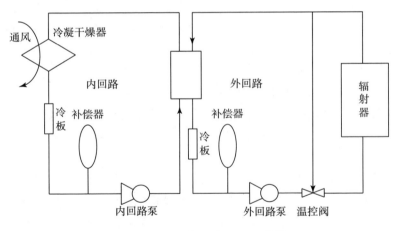

图 6-30 流体回路原理示意图

内回路贯穿飞船的三个舱段，通过冷凝干燥器和冷板收集轨道舱和返回舱空气和仪器设备的发热，再通过工质在管路内的循环实现热量的传输。内回路通过中间换热器与外回路进行热交换，将密封舱的热量传递给外回路。外回路由换热器、冷板、辐射器、外回路泵、各类阀门、管道、外回路工质及各类传感器等组成。外回路全部安装在推进舱，中间换热器和推进舱冷板收集由内回路传递的热量和推进舱仪器设备的发热，最终通过推进舱外部的辐射器排散到外部空间。外回路通过推进舱热控单元进行测量和控制，实现冷热流体智能分配的模糊控温，达到精确控制船内温度的目的。

内回路工质工作在密封舱内，要求无毒、不易燃，因此选用乙二醇水溶液作为工质。外回路工质要求低冰点，有较宽的工作温度范围，以保证在内、外回路热负荷均处于最低的情况下，外回路的工质不出现低温冻结的现象，因此外回路工质选择冰点较低的全氟三乙胺。

为了保证外回路在飞船运行全阶段的工作能力，系统按最大热负荷进行包络设计。对于回路工质流量，从传热的角度看，流量大对于换热器和冷板的设计和性能是有益的。不过流量增大必然增加流动阻力，增加循环泵的设计难度，同时增加了系统功耗。

在流量确定的情况下，对换热器和辐射器按最大热负荷进行设计，辐射器表面采用高红外发射率和低太阳吸收比的热控漆。

外回路的温度控制主要是指对辐射器和旁路出口混合处的工质温度的控制。在内、外回路热负荷变化的情况下，通过调节该温度即可实现对回路散热量的调节，达到精确控制舱内温湿度的目的。辐射器混合出口温度的控制采用旁路控制的方法：热控单元采用模糊控制算法，对温控阀的开度进行调节，实现对辐射器混合出口温度的精确控制，从而保证进入中间换热器的冷侧外回路液体工质温度为设定的温度。同时工质经过中间换热器换热后，也间接地控制了内回路冷凝干燥器进口工质温度。

②通风换热。

通过在密封舱 1 atm 气压下使用风机产生气流对仪器设备、人活动区进行强迫对流传热。在与空间实验室构成组合体阶段，空间实验室仪器区热支持软管拉至飞船返回舱，实现空间实验室与飞船之间的舱间通风对流。

③电加热器。

各舱段热控制使用电加热的主动控温方法，如密封舱空气加热、结构低温面电加热、特殊温度要求设备电加热和舱外设备电加热等。

（2）被动热控制技术。

①传热措施。

舱内仪器外表面、仪器安装板和仪器安装支架喷涂高发射率热控漆或黑色阳极氧化，以有利于舱内仪器设备的辐射换热。

返回舱外表面全部喷涂 S781－C 热控漆，以最大限度地提高对外热流的吸收和降低红外辐射。推进舱柱段前部外表面开有散热面，散热面喷涂 S971 热控漆，以保证仪器圆盘上设备的散热。

在部分热耗较大的设备安装面处填充导热硅脂。

②隔热措施。

轨道舱内热耗不大，因此将轨道舱全部外表面包覆多层隔热组件，尽量减少舱体表面的漏热和隔离轨道外热流剧烈变化对舱温的影响。多层外表面再包覆一层防原子氧复合膜，防止原子氧对多层材料的侵蚀。

在推进舱非散热面舱外壁包覆多层隔热组件，在推进舱的尾流罩上安装高温多层隔热组件（其外表面膜为带抗高温氧化涂层的不锈钢箔），以减小推进发动机工作时产生的高温热流对舱内的影响。

轨道舱和返回舱舱壁内表面全部粘贴聚氨酯软泡沫塑料，并在泡沫塑料外表面粘贴阻燃布。另外在仪器安装板与蒙皮隔框之间加隔热垫片，舱外设备与结构之间加隔热垫片。

6.3 航天器部件热控制设计案例

6.3.1 推进系统热设计

几乎所有航天器上都有推进系统,用于大的轨道机动和小的轨道修正,以及姿态控制等。目前航天器上应用的推进系统包括单组元化学推进系统、双组元化学推进系统和电推进系统等。推进系统典型部件一般包括推力器及其储箱、气瓶、管路、阀门等。对于有变轨、制动等需求的航天器,还有推力较大的变轨推力器,如 490 N、2 000 N、3 000 N、7 500 N 发动机。

推进系统热控制的目的一般为:防止液体推进剂冻结,防止气体推进剂液化,控制气瓶压力范围,防止双组元燃烧剂与氧化剂之间温差过大,防止固体推进剂产生大的温度梯度,保证推力器/发动机工作前的温度不过低,等等。典型部件热控制设计如下文所述。

1. 储箱和气瓶的热设计

1) 储箱热设计

星上储箱一般为圆球状,内装推进剂。为防止推进剂冻结和高温下储箱内压过大,储箱一般采用隔热垫、多层隔热组件等措施与周围隔热设计,并在储箱表面贴薄膜电加热器辅助控温,如图 6-31 所示。

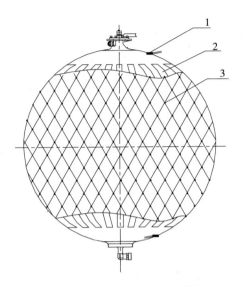

图 6-31 储箱热控制示意图
1—热敏电阻；2—加热片；3—多层隔热组件

由于储箱壳体多为钛合金，推进剂导热系数也不高，加热器布局时需要考虑航天器飞行任务各阶段储箱内液位变化情况或储箱周围热不均匀情况，必要时按区域分别设置加热器，以适应不同阶段的加热需求。例如，对于自身入轨的地球同步轨道卫星，其大部分推进剂在转移轨道阶段使用，仅剩少部分推进剂在同步轨道使用。在转移轨道阶段，由于推进剂热容大，不需要加热即能保证推进剂温度满足要求。剩余推进剂在液体管理装置的作用下分布在储箱出液端所在的半球内。因此加热器只布置在出液端所在半球外表面，以提高加热效率。对于行星探测器来说，所携带的推进剂主要用于行星轨道的捕获及行星表面着陆等。在到达所探测行星之前的长期飞行阶段，储箱基本为满箱状态。这种情况下加热器一般要分布在整个储箱外表面，必要时分区控温。

不同储箱间有温差要求的，一般可将单个储箱分别设计控温加热回路，所有加热回路设置相同的控温阈值，要求控温阈值较窄、目标温度较高，或者采用自主跟踪控温模式，对温度低的储箱自动加热，以减小储箱之间的温差。对于图 6-13 所示特殊情况，可辅以加强储箱间辐射换热的措施。

2）气瓶热设计

气瓶包括双组元化学推进系统中的氦气瓶与电推进系统中的氙气瓶。氦气瓶热控制的主要目的是将温度控制在合适的范围，以保证气瓶内的工作压力。另外氦气瓶排气过程可近似为绝热膨胀过程，氦气温度会下降。为提高氦气瓶单次工作过程最低温度，避免气路下游部件（如减压阀）温度低于许用下限，在每次排气前需将氦气瓶温度提前预热至合理的高温水平。氙气瓶与氦气瓶不同,其排气流量非常小,因此排气过程中氙气瓶温度变化不明显。不过氙气的一个特点是高压下沸点接近室温,如 15 MPa 时的沸点接近 20 ℃。因此氙气瓶热控制的主要目的是避免其温度过低进而导致内部高压氙气液化。

与储箱热控制措施类似,气瓶热设计以保温为主,一般采用隔热垫、多层隔热组件等措施与周围隔热设计,并在表面安装薄膜电加热器辅助加热控温。一般情况下,加热片可用硅橡胶粘贴在气瓶表面,如图 6-32 所示。不过下文所述情况需要热设计关注。

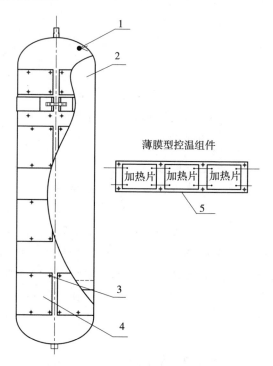

图 6-32 氦气瓶热控制示意图

1—热敏电阻;2—多层隔热组件;3—销钉;4—薄膜型控温组件;5—聚酰亚胺薄膜

由于高压气瓶在充放压过程中,气瓶直径会有较大的膨胀和收缩,为防止加热片直接粘贴在气瓶表面时被气瓶伸缩破坏,可采用悬挂式薄膜型控温组件对气瓶进行控温加热,薄膜型控温组件由加热片和聚酰亚胺薄膜粘贴组成,采用销钉悬挂于气瓶表面,如图 6-32 所示。

2. 推进管路与阀门的热设计

推进管路无热耗,而阀门一般通电动作时才有极瞬时的热耗。为维持管路、阀门及内部推进剂温度满足要求，一般采用主动控温加热和被动隔热相结合的措施。

管路加热器多为加热带或加热丝，直接缠绕在管路外表面。设计加热功率时要考虑管路直径以及环境温度的变化。因此有些情况下，加热功率密度（W/m）要沿着管路改变，以确保管路穿过航天器"热区"和"冷区"时其温度均能维持在允许的范围内。一般在阀门表面规则区域粘贴加热片，与附近管路加热带连接在一起形成加热回路，以减小对航天器加热回路的需求。另外，舱内外管路由于热环境差异很大，必要时舱内与舱外的加热回路要独立为不同回路，防止采用同一回路时舱内外加热需求不同步导致不同部位管路温度过高或过低。

管路和阀门与星体间隔热安装，或者其支架与阀门间隔热安装，或者采用聚酰亚胺类隔热材料制作支架。管路和阀门外表面包覆多层隔热组件，以实现辐射热隔离。

对于舱内管路和阀门，如整舱温度在全寿命周期内都较高，在推进剂冻结或液化温度指标之上，可考虑与整舱热耦合设计，管路和阀门外表面设计为大发射率，如发黑处理，增强辐射换热，管路和阀门与星体间导热安装，如实施导热垫。

3. 推力器的热设计

1）单组元推力器

单组元推力器热控制主要是为了保证工作开始时催化床的温度，一般要求在120 ℃以上。为此采用电加热器控温和隔热设计等措施。除加热器布局空间有限外，单组元推力器热控制遇到的主要问题是推力器工作时催化床温度很高，在800 ℃以上。因此要选用耐高温的加热器和热敏电阻。

图6-33所示为国产单组元推力器热控制示意图，采用了微型铠装电加热

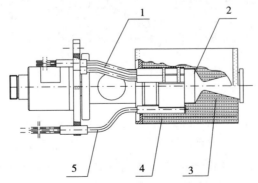

图6-33　单组元推力器热控制示意图

1—微型铠装电加热器；2—发动机；3—隔热层；4—隔热套筒；5—微型铠装热敏电阻

器和热敏电阻，通过固定环将铠装电加热器、铠装热敏电阻与发动机催化床装连在一起，催化床外包覆高温隔热层及安装隔热套筒。

为减小催化床对推力器电磁阀等的热影响，催化床通过不锈钢材质的带有很多孔的薄壁管状支架与推力器法兰隔热连接，如图6-34所示。

图6-34 带热控制装置的单组元推力器外观

2）双组元推力器/发动机

双组元推力器/发动机热控制的主要目的是维持喷注器温度在点火前高于推进剂凝固点。热控制思路与单组元推力器的一样，主要采用电加热器控温和隔热设计等措施。由于点火阶段喷注器温度高于常规薄膜加热器的耐温水平，因此加热器采用了耐高温的不锈钢壳铠装加热丝。图6-35所示为带热控制装置的国产10 N双组元推力器，加热丝缠绕在喷注器外表面，如图5-162所示。为减少加热器热损失，铠装加热丝安装后再用高温多层隔热组件包覆整个喷注器外表面。

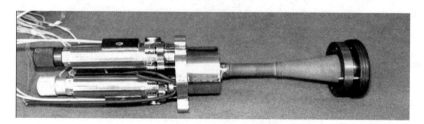

图6-35 国产双组元10 N推力器整体外观及喷注器加热器局部

3）氙离子推力器

当前应用比较广泛并比较成熟的电推进系统有两种，即电磁式推力器中的霍尔推力器（稳态等离子体推力器）和静电式推力器中的电子轰击式离子推力器（氙离子推力器）。国内最早实现工程应用的是氙离子推力器。图6-36给出DFH-4S平台上所采用的LIPS-200氙离子推力器。

与化学推力器主要保证其点火前的温度不低的要求不同，氙离子推力器热

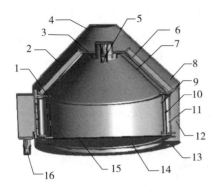

图 6-36 LIPS-200 氙离子推力器

1—中极靴；2—锥段后外壳；3—下极靴；4—后外壳；5—主阴极；6—下磁钢；
7—下阳极筒；8—下屏栅筒；9—上阳极筒；10—上屏栅筒；11—上磁钢；
12—柱段前外壳；13—前外壳；14—加速栅；15—屏栅；16—中和器阴极

控制既要保证推力器不工作时内部零部件的温度不低于许用温度下限，又要保证点火期间大量发热时的温度不超过许用温度上限。以 LIPS-200 为例，所采取的热控制措施如下：

（1）阳极筒的外表面、屏栅筒的内外表面以及外壳的内表面均通过阳极氧化措施提高其半球发射率，以增强这些表面之间的辐射换热，使点火期间到达阳极筒表面的热耗能够传递到外壳。外壳外表面采用低吸收比高发射率的热控涂层，既减少对太阳光的吸收，又有利于向空间辐射内部热耗。

（2）氙离子推力器后壳柱面区域设置铠装加热丝型电加热器，通过提升推力器后壳温度，依靠热辐射作用改善离子推力器内部高压导线等部件的温度。

（3）从氙离子推力器的安装法兰贴着离子推力器的后壳包覆中温多层隔热组件，以减弱氙离子推力器点火时后壳对与之相连的指向调节机构等各部件的热辐射影响。

4. 发动机羽流和辐射的热防护

发动机热防护主要考虑羽流及辐射对航天器舱板和设备外表面的热效应。小型姿控发动机可通过金属防护筒进行热防护。大型发动机的热防护需采用高温隔热屏，舱板和设备外表面可采用在其低温多层外增加高、中温多层隔热组件的办法来进行防护。

高温隔热屏是一种特殊的多层结构。以 CE-3 航天器 7500 N 发动机高温隔热屏为例，其构型如图 6-37 所示，通过支架安装在发动机和舱体之间，防止发动机热辐射和羽流热破坏航天器舱板和设备。为了尽量增大发动机对空间的辐射角系数,隔热屏采用分段圆台状构型,每一部分组件由内侧(面向发动机一侧)到外侧(面向舱体一侧)的组成结构为高温覆盖层、高温多层、中温多层和低温多层。高、中、低温多层则分别由适应相应温度条件的若干层反射屏材料和间隔层材料交替相叠而成。

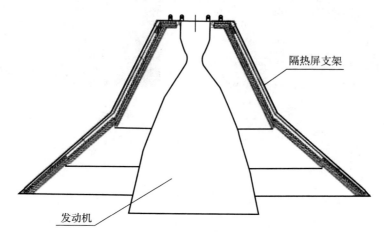

图 6-37　高温隔热屏构型示意图

6.3.2　蓄电池热设计

1. 蓄电池热特点简介

蓄电池是航天器能源系统的重要组成部分,常用类型主要有锂离子蓄电池、氢镍蓄电池和镉镍蓄电池等。

蓄电池温度是保证其寿命的重要因素。不同类型的蓄电池,不同类型的任务航天器上,其使用温度范围不同。一般情况下,镉镍蓄电池温度要求为 $0 \sim 15\ ℃$,氢镍蓄电池温度要求为 $-10 \sim 20\ ℃$,锂离子蓄电池温度要求为 $10 \sim 30\ ℃$。为保证所有蓄电池单体具有相同的充放电速率,所有蓄电池组以及电池组中各电池单体之间的温差要求小于 $5\ ℃$,更严格的甚至要求温差小于 $3\ ℃$。锂离子蓄电池还有一个特殊需求:当长期搁置时,温度要求为 $0 \sim 10\ ℃$。

蓄电池在充电初期吸热,充电后期及放电时发热,放电时发热较大。热耗随充电状态、温度、充电速率、放电负载的不同而变化。对于放电间歇期间有涓流充电的镉镍和氢镍蓄电池,涓流充电也会发热。

由于蓄电池放电热耗大,要求的工作温度范围窄,电池单体间温差要求严,一般情况下与周围隔热设计,并配置独立的辐射散热器,使用热管等手段

第6章 航天器热控制设计典型案例

进行均温，同时采用加热器主动控温。镉镍和镍氢蓄电池热设计实例分别见6.2.1节和6.2.2节。本节给出锂离子蓄电池在航天器上的热设计实例。

2. 锂离子蓄电池热设计

锂离子蓄电池组一般由若干个单体拼装而成，如图6-38所示。电池单体先安装在套筒上组成单体组，一定数量的单体组再组装为蓄电池组。

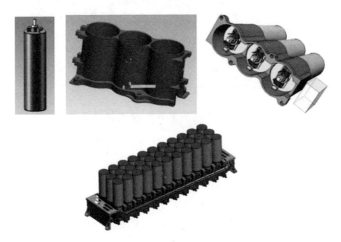

图6-38 圆柱形锂离子蓄电池组

电池单体的热耗要通过套筒传递到电池组安装板，再通过安装板外表面的散热面辐射到空间。因此要尽可能减小电池单体和结构板之间的热阻。为此，在强度允许的情况下，单体外壳和套筒的材料优先采用铝合金，保证单体和套筒之间一定的胶接面积，尽可能减小单体和套筒的间隙，并用胶充满整个胶接面。同时保证套筒和结构板之间一定的接触面积，套筒和结构板之间使用导热填料。

为保证加热均匀，蓄电池组加热功率均分到各单体组上，即在每个套筒的表面均粘贴加热功率一样的加热片，如图6-39所示。

图6-39 套筒表面粘贴加热片

为拉平电池组之间和电池单体之间的温度,在蓄电池组下方的结构板内预埋热管或正交热管网络,如图 6-40 所示。结构板外表面粘贴 OSR 作为散热面。在不影响周围设备散热的情况下,可以为电池组设置隔热罩,以进一步改善单体之间的温差,优化加热功率和散热面积等热设计。

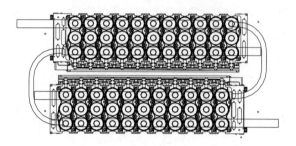

图 6-40 电池组下方预埋热管示意图

6.3.3 电子设备热设计

1. 电子设备热设计的目的

通常情况下,电子设备热设计是指设备内部元器件、电路板的热设计,在给定的热边界条件下,通过调节元器件散热路径和热阻,使元器件、电路板等工作时的温度满足规定的温度条件要求。

多数情况下,电子设备热设计师的关注焦点基本集中在高温条件下,元器件温度是否满足降额要求。虽然降低电子设备由温度及其变化引入的应力是电子设备热设计的核心所在,但实际上电子设备热设计的内容要广泛得多。电子设备热设计的工作应涵盖如下内容:

(1) 工作温度条件下,元器件温度上限不超过降额温度要求,下限不低于低温工作要求。

(2) 鉴定温度条件下,元器件温度不超过其额定温度。

(3) 工作温度条件和设计的故障模式下,正常工作的元器件温度不超过其额定温度。

(4) 减少元器件温度交变的幅度。

(5) 满足印制电路板温度要求。

(6) 进行电子设备热接口设计,并满足总体要求。

电子设备的元器件温度一般指元器件结温,对于无 PN 结的元器件可用壳温或者热点温度代替。设计的故障模式是指电子设备中某模块或某功能区故障，电路中除故障部位之外其他模块或功能区保证电子设备维持相同或相近性能的模式，如多级模块的单级失效模式，并非主备切换模式。

需要强调的是，电子设备的热接口是通过热设计获取的，并非简单约定的。以电子设备温度参考点为例，该点从航天器总体层面上表现为可代表电子设备与航天器安装接口的温度，故设置的电子设备温度参考点是否可代表航天器安装接口温度必须在电子设备热分析或者热平衡试验中验证。

电子设备热设计应以满足电子设备的功能、性能、可靠性、安全性、环境适应能力等为目标，进行机、电、热一体化设计。电子设备热设计应满足以下原则：

（1）采用成熟的设计、材料、器件和工艺。

（2）尽量通过元器件的选用及布局（额定温度高，热耗小，与安装结构接触热阻小）保证其温度满足要求。

（3）尽可能采用被动热控制技术，强化元器件与印制电路板、机箱之间的导热设计。

（4）不降低电子设备的电性能。

（5）不影响电子设备的电磁兼容性。

（6）不增加过多的质量和功率。

（7）不降低设备的强度和刚度。

（8）所采用热控材料的寿命应不低于电子设备的设计寿命，不影响电性能，并确保安全、不易燃、无毒、真空放气少、无污染或少污染。

（9）具有良好的维修性和测试性。

2. 电子设备热设计的步骤

热设计作为电子设备设计的一部分，应与电性能及功能设计、力学环境设计、电磁兼容性设计、空间环境适应性设计等并行或交叉进行，贯穿于电子设备设计的全过程。电子设备热设计具体步骤如下：

（1）电路模块划分及分板设计，确定大功率电子元器件的安装位置、印制电路板的热量分配。

（2）选择印制电路板材料，对总热耗较大的多层敷铜印制电路板，适当加大敷铜层的厚度与面积。

（3）印制电路板布线设计，考虑元器件热量的分布及元器件散热途径。

（4）印制电路板工艺设计，确定有热耗元器件安装方式。

（5）进行印制电路板热分析，确定是否有局部热点存在。若有局部热点无法消除，更改对应元器件的安装位置，或采取特别的导热措施。

（6）确定印制电路板与机箱间的安装方式，两者之间的连接方式应有利于导热。

（7）高热耗电子设备结构设计，应保证足够大的安装接触面积和足够的安装点，并为高热耗印制电路板、元器件提供足够的安装接触面积，尽可能降低设备内部热阻。

（8）进行整机热分析，得出元器件的温度分布，判断是否满足要求。若有元器件温度不满足要求，应通过改变元器件安装位置、安装方式以及采取特别的导热措施，如改变印制电路板结构，或改变印制电路板与机箱连接方式等措施加以解决，并重新进行热分析。

（9）必要时进行热平衡试验，测出印制电路板、大功率元器件的温度，判断是否满足要求。若有温度不满足要求，进行必要修改，直至满足要求。

一般情况下，当电子设备热分析或者热平衡试验不满足热设计要求时，先对电子设备的机箱进行改进设计，或者局部调整元器件安装方式，增加额外导热措施等方法来满足设计要求。对于只进行上述改进也无法满足电子设备热设计要求的情况，应重新进行电路设计，优化电路，降低功耗，最终满足要求。

3．电子设备热设计案例

本部分以某航天器电源控制器为例，给出电子设备热设计示例。

1）概述

某航天器电源控制器如图6-41所示，其工作温度范围为-15～50 ℃，鉴定温度范围为-35～70 ℃。电源控制器分为配电模块、放电模块、MEA模块、下位机及充电模块等模块，如图6-42所示。每个模块结构上均由一块铝材整体加工而成，为"工"或"C"字形的腔体，以利于内部传热。

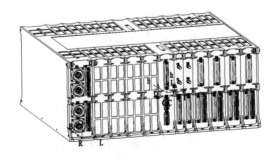

图6-41　某型号电源控制器

图 6-42　电源控制器模块爆炸图

2）元器件温度要求

表 6-4 给出电源控制器元器件额定温度和 Ⅰ 级降额温度。

表 6-4　元器件工作温度范围

序号	名称	型号	热阻/ ($℃·W^{-1}$)	额定最高温度/℃	Ⅰ级降额温度/℃
1	二极管	1N7043	0.83	150	90
2	二极管	1N7043	0.83	150	90
3	二极管	1N7043	0.83	150	90
4	二极管	1N7043	0.83	150	90
5	二极管	1N7043	0.83	150	90
6	MOS功率管	2N7224	0.83	150	85
7	MOS功率管	2N7224	0.83	150	85
8	MOS功率管	2N7224	0.83	150	85
9	MOS功率管	2N7224	0.83	150	85
10	MOS功率管	IRF5M5210	1	150	85
11	MOS功率管	2N7225	0.83	150	85
12	MOS功率管	IRF5M5210	1	150	85
13	线性电源	LM117H	21	150	85
14	线性电源	LM117H	21	150	85
15	线性电源	LM117H	21	150	85
16	线性电源	LM117K	1.9	150	85
17	线性电源	JW7805	3.5	150	85
18	继电器	1JB-75	—	85	65
19	采样电阻	RQCG 7 W 0.005 Ω	—	125	温度降额曲线
20	采样电阻	RQCG 7 W 0.005 Ω	—	125	温度降额曲线

续表

序号	名称	型号	热阻/(℃·W^{-1})	额定最高温度/℃	I级降额温度/℃
21	采样电阻	RQCG 7 W 0.005 Ω	—	125	温度降额曲线
22	采样电阻	RQCG 7 W 0.005 Ω	—	125	温度降额曲线
23	采样电阻	RQCG 7 W 0.005 Ω	—	125	温度降额曲线
24	采样电阻	RX906 3W 0.01Ω	—	275	温度降额曲线
25	采样电阻	RX906 3W 0.01Ω	—	275	温度降额曲线
26	集成电路	AD1674	23.5	125	85
27	驱动变压器	B65170	6.8	125	85

3) 典型元器件热设计

电源控制器大功率器件主要是光照期分流调整用 MOS 管、充电调整用 MOS 管、隔离二极管、阴影期放电用变压器、储能电感等。对于此类功率器件热设计，主要采取如下措施。

（1）TO、F 型封装功率器件。

TO、F 型封装功率器件，如大功率 MOS 器件、隔离二极管等都直接用螺钉固定在电源控制器底板上，采用 250～500 μm 厚的绝缘导热薄膜 SP2000 作为导热垫，如图 6-43 和图 6-44 所示。

图 6-43 TO 型功率管安装示意图

图 6-44 F 型功率管安装示意图

（2）储能电感及变压器。

储能电感及变压器直接安装在内部结构上，在安装缝隙中用 GD480 导热胶填充以减小导热热阻，如图 6-45 所示。

图 6-45 电感及变压器安装图

（3）功率电阻。

对于陶瓷型封装的功率电阻，直接安装在内部结构上，安装面间用 GD480 导热胶填充以减小导热热阻，如图 6-46 所示。

（4）功率继电器。

功率继电器直接用螺钉固定在内部结构上，采用 500 μm 厚的绝缘导热薄膜 SP2000 作为导热垫，如图 6-47 所示，通过安装面向结构散热。

图 6-46 陶瓷功率电阻安装示意图　　图 6-47 功率继电器安装示意图

4）电源控制器热分析工况

一般情况下，工况设置的原则是既要涵盖正常工作模式下的高低温工况，还要涵盖故障模式工况。针对该电源控制器共设计了七种热分析工况，分别是：

工况 1：边界条件 50 ℃/70 ℃，联合供电模式。

工况 2：边界条件 50 ℃/70 ℃，BDR 全功率放电模式。

工况 3：边界条件 50 ℃/70 ℃，故障状态下 BDR 全功率放电模式。

工况 4：边界条件 50 ℃/70 ℃，极端充电模式。

工况 5：边界条件 50 ℃/70 ℃，分流＋供电＋充电模式。

工况 6：边界条件－15 ℃，分流＋供电模式。

工况 7：边界条件－15 ℃，BDR 放电模式。

热分析工况中边界一般设置为航天器安装板。以上各工况中，工况 1、工况 2、工况 4、工况 5 为电源控制器正常工作高温工况，主要为了考核高温时功率器件、采样电阻、导线束等的温度情况；工况 6、工况 7 为电源控制器正常工作低温工况，主要为了考核低温时功率器件、采样电阻、导线束等的温度情况；工况 3 为电源控制器故障模式时高温工况，主要为了考核放电最恶劣情况下功率器件、采样电阻、导线束等的温度情况。

6.3.4 相机热设计

1. 相机热设计的目的

相机热设计与相机本身的光学效能、光机体系密切相关，主要目的在于保证相机光路热变形可接受。相机热设计目的一般如下：

（1）光学镜头、主结构、焦面组件的温度水平控制。

（2）光学镜头的径向温度梯度、周向温度梯度、轴向温度梯度控制。

（3）主结构的温度水平和温差控制。

（4）满足相机组件对温度空间分布和时域分布的明确要求。

（5）减少 CCD 等工作时的温度波动。

（6）明确相机与航天器的热接口，包括其辐射散热器与航天器的接口。

2. 相机热设计的特点

通常情况下，相机光学镜头、焦面组件、主结构等主要部件对温度要求很高，不但要求温度波动小，还要求温差（温度梯度）小。因此相机热控制一般要采用高精度测控温技术。

对于采用 CCD 器件（Charge－Coupled Device，电荷耦合器件图像传感器）的相机组件热设计，在发热器件安装区域附近小空间内的强化传热也是相机热设计的特点之一。通常采用的措施包括导热索、微型热管和环路热管等。

与航天器热平衡试验相比，相机热平衡试验外热流模拟更加困难。理论上来讲，可以考虑相机光学系统对光谱的选择性，并体现在相机外热流模拟之中。实际上不少情况下还无法模拟相机内部光学系统的外热流，特别是正样相机热平衡试验时。另外在某些情况下，无法实现温度的直接监测（如镜头上无法布测点）。综上所述，某些相机的部分温度指标只能通过热分析进行评估。

3. 相机热设计案例

1）概述

某航天器高集成小型化相机由前镜身组件、后镜身组件、遮光罩和焦面组件组成。相机光学镜头部分包括主镜组件（以下简称主镜）及其支撑部分、次镜组件（以下简称次镜）及其支撑部分、三镜组件（以下简称三镜）及其框架。相机结构示意图如图 6-48 所示。

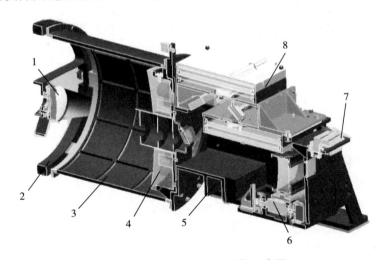

图 6-48 某型号相机结构示意图

1—次镜组件；2—次镜支撑框；3—前镜筒；4—主镜组件；
5—主框架；6—三镜组件；7—热控插头；8—焦面组件

为满足相机的光学要求，热设计应使主光轴上各光学部件的温度均匀，温度梯度尽量小，并保证 CCD 片的温度在要求范围之内。热控制技术指标要求如表 6-5 所示。

表 6-5 相机主要技术指标

项目	主要技术指标
次镜组件	20 ℃±1.5 ℃
主镜组件	20 ℃±1.5 ℃
主镜组件周向温度梯度	≤1 ℃
三镜组件	20 ℃±2 ℃
前镜筒	20 ℃±1.5 ℃
前镜筒温差	周向≤1 ℃，轴向≤1.5 ℃
三杆	19 ℃±2 ℃
三杆部件不同杆的相同位置温度差	≤1 ℃
主框架	20 ℃±3 ℃
主框架轴向温度梯度	≤2.5 ℃
TDICCD 器件	0～12 ℃
主动热控制功耗（不含热控仪）	≤33 W

2）热设计状态

（1）相机遮光罩。

相机遮光罩为圆柱形状、碳纤维复合材料制作的组装结构，安装在星体上，不与相机主体相连。遮光罩主要热控制措施如下：

①在相机遮光罩的内表面涂覆消杂散光用黑漆。

②遮光罩外表面包覆多层隔热组件。

③遮光罩与星体连接处使用玻璃钢隔热。

（2）相机主镜。

相机主镜材料为微晶玻璃。主镜所在内外空间热环境差异很大，而主镜的温度水平和稳定性将直接影响相机的成像质量，为此隔热设计和主动控温相结合。主要热控制措施如下：

①主镜与镜框仅通过九点连接，以增加二者之间的热阻。

②主镜组件支撑框采用钛合金，外表面沿周向布置加热器。

③主镜框背面布置加热器，以维持主镜温度稳定和镜面温度均匀性。

④主镜组件支撑框包覆多层隔热组件。

（3）相机次镜及前镜身三杆。

相机次镜安装在三杆部件上，三杆材料为钛合金。次镜在主镜前部，所处空间环境比主镜更恶劣，次镜处的主要热控制措施如下：

①前镜身三杆表面发黑处理。

②在次镜座背面布置加热器,以维持次镜温度稳定。

③在前镜身三杆上,分别布置加热器,保证前镜身三杆不影响次镜的温度稳定性,并维持前镜身三杆温度水平。

(4) 相机三镜。

相机三镜安装在后镜身三镜框之上,处于相机后部中心,环境条件比主镜、次镜好,其温度主要受后镜身和相机安装支架的影响,为此隔热设计和主动控温相结合。三镜处的主要热控制措施如下:

①三镜框架选用钛合金材料。

②三镜背面与镜框仅通过九点连接,以增加二者之间的热阻。

③在第三镜框背面按周向布置加热器。

④三镜框架外包覆多层隔热组件。

(5) 后镜身。

后镜身组件由主框架、主镜组件和第三镜组件组成,材料采用钛合金。主要热控制措施如下:

①后镜身内表面发黑处理。

②后镜身表面布置加热器,以维持后镜身温度稳定及其温度均匀性。

③后镜身的外表面包覆多层隔热组件,以减少向外的漏热。

④后镜身与焦面组件法兰连接处使用钛螺钉,以增大连接热阻。

(6) 耦合式系统化焦面。

由于本相机集成化程度相当高,焦面及 CCD 器件的装配密度很大,焦面结构内部没有空间设置加热回路。本相机采用系统的鲁棒性来适应并削弱相机焦面峰谷工作差异,通过相机焦面与系统的耦合热设计和系统的热稳定性来满足相机焦面的温度需求,重点在于焦面传热通道的设计(包括传递途径、热量储存)和系统温度稳定性的设计。

下焦面组件在主框架之内,考虑到光路温度稳定性要求,其工作时的热量只能向上焦面组件排散。由于安装精度要求,组成焦面组件的电子框之间不能添加任何导热填料,其热量传递只能通过上下焦面的外贴热管进行。焦面电子器件传热通道由下焦面组件、外贴热管、上焦面组件、焦面外部热管以及焦面散热面组成,如图 6-49 所示。

为达到不使用主动热控制手段即可满足相机不工作时的温度要求,相机安装小舱与电子设备之间的载荷舱隔板耦合设计,由载荷舱隔板提供必要的热支持。

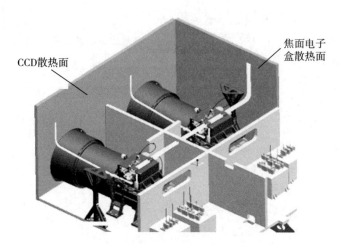

图 6-49　相机热管与整星安装示意图

6.3.5　天线热设计

1. 天线热设计目的

一般情况下天线安装在航天器的外表面，受深冷空间及太阳等的影响要比航天器内部大得多。再考虑到发射天线均有热耗，而且发射功率越大，热耗越高，工作频段越高，热流密度就越高，因此天线热设计是天线设计的重要一环。

大多数天线对热控制的需求可分为两类：一类是与电子单机的需求相当，例如锁紧释放装置（火工品）、有源转动机构（包括展开机构、指向驱动机构）等，其工作温度范围较窄；另一类是结构部分，通常所允许的温度范围较宽，热设计的目的是使天线温度保持在制造天线的材料所允许的温度范围之内，并尽可能减小反射器天线各部位的温差，热分析温度作为天线热变形以及热真空试验温度条件确立的根据。

目前越来越多的航天器上采用有源相控阵天线，包括有源的平板型合成孔径天线（Synthetic Aperture Radar，SAR）。这类天线的热控制要求已经与电子设备的相当，而且多数情况下还需要将天线相关部件的温差控制在要求的范围之内。

2. 常用天线热控制措施

1）热控白漆

天线热控制最常采取的措施之一是在表面喷涂低太阳吸收比和高红外发射率的白漆,尤其是在固面反射器型天线上,主要用于反射器的工作面、发射波导和馈源或其他需要散热部位的表面。目的在于减小太阳照射时的热影响,避免温度过高。对固面反射器而言,使用白漆还有助于减小反射面因受遮挡而产生的温差。对于有防静电要求的航天器,需要使用防静电白漆,其体积电阻率一般为 $1 \times 10^6 \sim 1 \times 10^9 \Omega \cdot m$。一般情况下固面反射器正面金属化后禁止喷漆。另外,对于大型固面反射器天线,有时需要评估因白漆对太阳光镜反射而聚光产生的热效应。

2)多层隔热组件

多层隔热组件也是天线热控制最常采用的一种措施,主要用于固面反射器型天线反射器的背面、支撑结构以及其他不发热部位的表面。多层隔热组件不允许覆盖在天线反射器工作面上或微波通道上,因为微波不能穿透导电镀铝层。

3)镀锗聚酰亚胺膜

镀锗聚酰亚胺膜通常用于固面反射器的口面上、喇叭形馈源口上以及有源相控阵天线的阵面上。当用于固面反射器口面时相当于在口面上安装了一顶帐篷,即通常所说的"太阳屏"。主要用于屏蔽太阳光,避免太阳光直接照射到反射面上,从而能够改善反射面各部位的温差,降低反射面最高温度。当反射面不受照时,帐篷还可在一定程度上提高最低温度水平。镀锗层用于降低聚酰亚胺膜上的静电积累。当没有防静电要求时,可以采用喷白漆的聚酰亚胺膜代替镀锗膜。

由于白漆和镀锗膜均可用于固面反射器上,具体选择哪种措施可从温度水平、温度分布、实施工艺等方面权衡后确定。

4)热管/环路热管

对于有源相控阵天线,不少情况下要用到热管/环路热管,把天线内部的热耗传递到辐射散热器上或对内部进行均热,拉平各部位的温度。

5)加热器

对多数天线来说,加热器主要用于锁紧释放装置、有源转动机构等工作低温下限较高的部位。对于有源相控阵天线来说,加热器是重要的热控制措施之一,不仅用于改善低温水平,还用于改善相关部位之间的温差。

3. 天线热设计案例

1)可展开固面反射器天线

图 6-50 给出 DFH-4 平台卫星收拢和展开状态的可展开固面反射器天线。

主反射器背部贴体包覆多层隔热组件，正面喷涂白漆。天线支撑/展开臂和展开机构也包覆多层隔热组件。天线馈源外表面和副反射器表面均喷涂白漆。由于馈源组件热耗高，局部还设计了同馈源组件整体加工的散热肋片，如图6-51所示。天线的锁紧释放装置上安装电加热器，并用多层隔热组件包覆，如图6-52所示。展开机构上也安装了电加热器。这些加热器均在天线展开时使用，天线展开后不再使用。

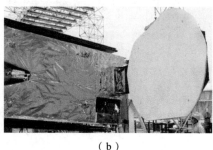

(a)　　　　　　　　　　　　(b)

图6-50　某航天器可展开固面反射器天线收拢和展开状态

(a) 收拢；(b) 展开

图6-51　馈源及副反射器热控制　　图6-52　锁紧释放装置加热器

2) 可动点波束天线

图6-53给出某航天器可动点波束天线，包括主反射器、副反射器、馈源、驱动机构、旋转关节、锁紧释放装置等。

如图6-53所示，在主反射器正面包覆镀锗膜太阳屏，将副反射器及其支撑杆、馈源均笼罩在内。主反射器背部贴体包覆多层隔热组件。主反射器背部的驱动机构、旋转关节等采取一体化热控制思路，即从主反射器背面到安装舱板包覆一个多层帐篷，将驱动机构、旋转关节、锁紧释放装置、波导等包覆在

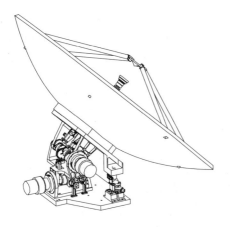

图 6-53　某型号可动点波束天线及其热控制

内,这些组件的表面喷涂高发射率热控漆,并分别为驱动机构和锁紧释放装置设置加热器。

有些情况下无法采用多层帐篷式一体化热控制方案,其中驱动机构的热控制参见 6.3.6 节。

3) 环形桁架阵网状可展开天线

环形桁架阵网状可展开天线一般包括抱环组件、展开臂组件(包括臂杆、关节、电机、锁紧释放装置等)、反射器组件(包括环形展开桁架、张力索网、金属网面等),如图 6-54 所示。

(a)　　　　　　　　　　　　　　(b)

图 6-54　环形桁架阵网状可展开天线

(a) 收拢状态;(b) 展开示意图

环形桁架阵网状可展开天线非常复杂，展开过程活动部件多。为避免热控制措施影响展开可靠性，一般情况下对反射器组件不采取任何热控制措施，主要靠结构选材等措施来适应在轨可能温度（对张力索网和金属网面而言也很难采取热控制措施）。对展开臂组件和抱环组件，以贴体包覆多层隔热组件为主，如图 6-54 所示。另外，对于展开机构和锁紧释放装置等还辅以加热器。

4) 螺旋天线

螺旋天线一般由螺旋天线丝、非金属支撑结构（聚酰亚胺、凯夫拉等）、反射器、天线支座等组成。对于图 6-55 所示的多级套筒轴线展开式螺旋天线，还包括套筒展开机构等部件。

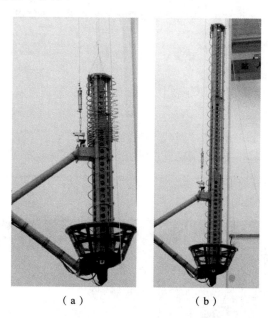

(a)　　　　　　　(b)

图 6-55　某型号多级套筒轴线展开式螺旋天线

(a) 收拢；(b) 展开

螺旋天线全向辐射的特点使得其热变形问题没有抛物面天线那么严重。虽然同其他类型的天线一样，也必须保持材料的温度在其允许的范围内，并使热变形最小，但一般采用喷漆和裸金属涂层的方法就可以满足要求，不存在复杂的热设计问题。如图 6-55 所示，某航天器螺旋天线的螺旋天线丝、支撑结构、反射器和天线支座均维持结构原始表面状态，仅对套筒展开机构采取设置加热器和贴体包覆多层隔热组件的热控制措施，如图 6-56 所示。

(a) (b)

图 6-56 套筒展开机构热控制状态

(a) 实施前；(b) 实施后

6.3.6 驱动机构热设计

1. 驱动机构热设计目的

驱动机构按指定的方向和速度向指定位置运动，有单自由度、两自由度或多自由度运动形式，用于一次性展开机构、摆动机构、指向机构或伺服跟踪机构等，也用于驱动其他负载，如相机、机械臂末端执行器等。驱动机构包括结构件、驱动组件等。驱动机构的结构件包括安装支架等。驱动组件为驱动机构的核心部件，包括电机、减速器和编码器等。

驱动机构通常安装在航天器舱体外，与舱板隔热安装，空间热环境非常恶劣。其中结构件的热控制要求通常是保持其温度在材料所允许的范围内。驱动组件中的编码器作为电子器件对温度水平要求较高，尤其是电机工作时的高热耗，使大部分驱动组件面临高温风险。不过对于减速器中的润滑剂尤其是液体润滑剂，能够适应的温度范围较窄，尤其是低温，一般不低于 $-70\ ℃$。

驱动机构热设计需要特别关注热控制措施对于机构运动的影响。一般情况下根据其运动的方式、最大的运动包络进行热控制电缆及多层隔热组件的设计及安装，避免因设计或者安装不当干涉机构的运动，有相对运动的部件间应选用耐摩擦的热控涂层。另外，还应考虑热控材料和产品的可安装性，是否有足够的区域进行加热器粘贴和多层隔热组件的安装固定。

2. 驱动机构常用热控制措施

驱动机构的结构件所能够适应的温度范围较宽,因此通常采用的热控制措施为喷涂低太阳吸收比、高红外发射率的热控漆或者包覆多层隔热组件。

驱动组件热设计的重点在于高温时的散热以及低温时的加热问题。通常在驱动组件表面粘贴加热器用于低温时的加热。对于长时间、高热耗的驱动组件往往采用表面喷涂低太阳吸收比、高红外发射率的热控漆或贴热控膜用于散热,或者设计专门的辐射器供发热部位散热。对于短期工作、热耗较小的驱动组件,通常采用包覆多层隔热组件的热控制措施。

3. 驱动机构热设计案例

图 6-57 所示为某航天器天线双自由度驱动机构,两个轴的状态相同,工作模式为长期工作。

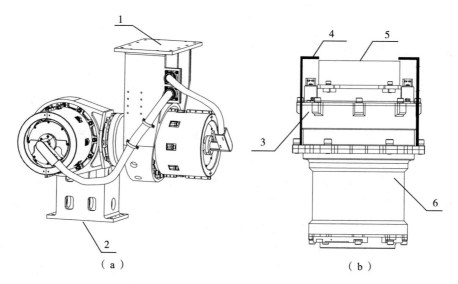

图 6-57 某型号定向驱动机构示意图
(a) 组件状态;(b) 单轴状态
1—与天线连接支架;2—与星体连接支架;3—电机;4—套筒;5—编码器;6—减速器

热分析计算表明,为满足电机和编码器散热需要,需要在电机和编码器外表面粘贴 OSR。不过这种热设计的工艺性不好。为此专门设计了一个套筒型辐射器,如图 6-57 所示:套筒外表面粘贴 OSR,安装在电机所在柱段部位,二者之间使用导热填料;套筒内表面和编码器外表面均使用高发射率涂层。电机和编码器的热耗分别通过导热和辐射方式传递给套筒,能够满足其散热需求。

在低温工况下，需要通过加热器维持驱动机构温度不致过低。由于该驱动机构外壳主要为钛合金材料，导热性能不好，为保证机构各部位温度均匀，加热器分别布置在套筒内表面、减速器和编码器柱段外表面。

除了上述散热和加热措施，编码器的端面、减速器的外表面以及驱动机构支架表面均贴体包覆多层隔热组件，并在支架和安装面之间使用隔热垫。

参 考 文 献

Matthew D. Stegman, Mike Fedyk, Steven Kuehn. Solar Thermal Vacuum Testing of Deployable Mesh Reflector for Model Correlation [R]. Aerospace Conference, 2010 IEEE.

第 7 章
航天器热分析技术

7.1 概　　述

热分析可以视为虚拟试验或数值试验，在航天器热控制设计、地面试验验证、在轨技术支持中有着重要作用。在设计阶段，热分析是确定技术状态的最重要技术手段。在设计验证阶段，用地面热平衡试验修正热模型并进一步预示飞行性能，热分析在被检验的同时也是一个验证的手段，有时因为任务状态热环境条件过于复杂，试验中边界条件只能按与任务无关的状态来人为设定，这种情况下试验的作用变成纯粹用于验证热分析，而对设计的验证则完全依靠修正后的热分析预示来完成。总之，热平衡试验需要热分析的深度参与才构成对热设计的验证。合格的分析工况是应该覆盖任务剖面的极端情况的，即使在设计阶段做到了这一点，航天器在轨飞行期间，仍可能出现最初分析工况没能覆盖的情况，这种情况只能进行热分析预示；另外在航天器运行末期，如果要推演温度演变趋势从而为寿命预示提供参考，也需要开展热分析。

航天器主动段和进入大气层时面临的气动加热过程、发动机/推力器工作时的燃烧和羽流过程也属于空间热物理领域，但因相关过程过于复杂，通常需要专业人员分析并作为输入条件提供给热分析人员，本书中不纳入航天器热分析工作范围。

即使如此，航天器热分析领域涉及范围仍旧很广，如辐射换热系数、轨道参数和外热流计算，设计和分析工况的选取，传热和流动数学物理方程的离散，代数方程的求解，部分部件传热功能或特殊传热过程的模拟，热分析模型的修正等内容均属于热分析技术范畴。现代的航天器热分析大部分是采用成熟的软件进行建模分析，考虑到这一点，本章仅对使用较频繁的方法，或虽不直接使用但对于正确分析非常重要的概念进行阐述。

7.2 空间能量平衡方程

7.2.1 热网络方程

采用 G-C（热导-热容）网络描述的航天器在轨状态的能量平衡方程为

$$m_i c_i \frac{\mathrm{d}T_i}{\mathrm{d}t} = Q_i + q_i + \sum_{j=1}^{N} D_{ji}(T_j - T_i) + \sum_{j=1}^{N} G_{ji}(T_j^4 - T_i^4) \quad (7-1)$$

式中，下标 i，j 表示节点；T 为温度；m 为质量；c 为比热；t 为时间；Q 为外热流加热速率；q 为内热源功率；D_{ji} 和 G_{ji} 分别表示节点 j 和 i 之间的线性热导（传热系数）和辐射热导。

式（7-1）左边是节点的内能变化速率，右端依次是节点吸收的外热流、自身发热功率、流入节点的所有线性热导传热速率、流入节点的所有辐射传热速率。

线性热导有多种形式，如基于傅里叶导热定律的 $\frac{kA}{L}$、接触传热 $\frac{A}{R_c}$、对流换热 hA、（上游对下游）流体输运项 $\rho u A c_p$ 等。线性热导有时简单，有时复杂，比较复杂的典型例子是三维流动中上下游流体间的热导，因为它与速度场相关，往往需要求解连续方程和动量方程才能确定。

相比之下，一般而言，辐射热导的确定更为困难，通常需要大量的复杂计算才能确定。

以下几种形态的热网络方程在工程上经常使用：

（1）周期性瞬态方程。

$$\begin{cases} m_i c_i \dfrac{dT_i}{dt} = Q_i + q_i + \sum_{j=1}^{N} D_{ji}(T_j - T_i) + \sum_{j=1}^{N} G_{ji}(T_j^4 - T_i^4) \\ Q_i(t + \tau_0) = Q_i(t) \end{cases} \quad (7-2)$$

式中，τ_0 为轨道周期。

周期性瞬态方程对应着工程上采用最多的设计分析状态，即认为在连续的若干圈次内外热流是周期性变量。当计算时间足够长时，求解出的温度一般也将呈现周期性，此时称为达到周期稳定或周期平衡。温度的变化周期不一定与轨道周期相等，还与内热耗的变化周期有关。

（2）准稳态方程。

$$\begin{cases} m_i c_i \dfrac{dT_i}{dt} = \overline{Q_i} + q_i + \sum_{j=1}^{N} D_{ji}(T_j - T_i) + \sum_{j=1}^{N} G_{ji}(T_j^4 - T_i^4) \\ \overline{Q_i} = \dfrac{\int_0^{\tau_0} Q_i dt}{\tau_0} \end{cases} \quad (7-3)$$

准稳态方程对应部分航天器热平衡试验状态，这类航天器热平衡试验中不模拟在轨状态外热流的瞬时变化，而是模拟外热流的周期平均值。

（3）稳态方程。

$$\begin{cases} 0 = \overline{Q_i} + q_i + \sum_{j=1}^{N} D_{ji}(T_j - T_i) + \sum_{j=1}^{N} G_{ji}(T_j^4 - T_i^4) \\ q_i = \text{const}(i) \end{cases} \quad (7-4)$$

稳态方程对应少量航天器热平衡试验状态，这类航天器热平衡试验中模拟按周期平均值模拟外热流，且同时内源恒定。

值得一提的是，即使周期性瞬态或准稳态的解已经达到周期稳定，因为一般情况下 $\overline{T^4} \neq (\overline{T})^4 \left(\overline{T} = \dfrac{\int_0^{\tau_0} T dt}{\tau_0}, \overline{T^4} = \dfrac{\int_0^{\tau_0} T^4 dt}{\tau_0} \right)$，这两种方程的解的周期算术平均值不一定与稳态方程的解相等。

7.2.2 计算域和边界条件

合理确定待求解问题的计算域，认识需要的边界条件，是合理建模、在模型中合理设置边界条件的基础。表面的热流属于传热学中的第二类边界条件，通常以表面热源，即源项的形式施加。

1. 航天器在轨飞行

航天器在轨飞行时，4 K 的冷黑背景是关于温度的唯一的第一类边界条件。航天器外表吸收的外热流属于第二类边界条件，设备发热通常也可以视为设备表面上的第二类边界条件，这两种边界条件通常都按面热源的形式施加。

2. 航天器着陆于天体表面

航天器在天体表面停驻或移动时，与在轨飞行类似的是，太阳直射和天体反照仍旧是第二类边界条件，但天体表面的红外辐射部分可以作为第二类边界条件，也可以处理为第一类边界条件。因为辐射角系数受距离远近影响，航天器表面接收的天体表面红外辐射不均匀，将航天器附近天体表面划分网格，将这些网格的温度作为第一类边界节点包括在分析模型中，这种处理方式通常更为方便。

如果航天器驻留的天体有大气层，则上述太阳直射、反照需要考虑大气衰减、散射的影响，另外增加了一项云层辐射，可以处理为第一类或第二类边界条件。此外还有很大的一点不同是需要增加一个第三类边界条件以体现与大气的对流换热。

3. 舱段在轨飞行

考虑求解对象是航天器的一个舱段时的情况，此时，相比前述整个飞行器在轨飞行，还将增加若干个第一类边界节点：凡不属于本舱段，但又与本舱段有导热或辐射换热关系的部位的温度，就全部是本舱段模型的第一类边界条件。这些第一类边界条件需要与其余舱段模型之间进行迭代。这种情况相当于将整个航天器这个计算域划分为若干个舱段级计算域，划分时如果简单地将其余舱段忽略会导致外热流和对空间的辐射系数失真，7.6 节将阐述将其余舱段转换简化为不失真边界条件的方法。

4. 舱内局部分析

考虑对一个舱内部件单独进行温度分析的情况。此时，该部件表面并不接收外热流，也没有对空间的辐射散热，但是与其表面有辐射关系的舱内表面却可能很多，将针对该部件的详细分析嵌于整器热分析在技术上虽然未尝不可，但需要将部件内部详细信息传递给系统分析人员，不利于反复的设计迭代。比较高效的做法是将部件的详细分析与系统级分析解耦。

第 7 章　航天器热分析技术

在这种情况下，部件分析的边界设定一般有两种做法：将部件壳体温度作为第一类边界条件；将系统提供的部件安装面或安装支架温度作为导热边界，部件表面可见的航天器舱板/设备等表面平均温度作为辐射边界。这些边界温度事实上是同时受部件和系统影响的，因此，这些设定值也需要设计迭代。

部件安装界面上的热流虽然也可以作为边界条件，但因为难以直接检验，所以很少采用，即使采用，也不是唯一的边界条件，一定还要一个明确的第一类边界条件才能求解温度。

5. 附加加热

除了轨道外热流和内热源外，有时还存在其他的空间热环境或诱导热环境加热，需根据情况处理为边界条件或源项。

180 km 以上飞行高度上一般不考虑自由分子流影响，但少数情况下如运载火箭发射的主动段就需要考虑，自由分子流通常用式（2-1）计算，作为纯加热施加即可。

当需要考虑航天器表面经历高速气流加热作用时，通常是由气动计算得出表面加热速率，作为热源项施加到表面，这种方式比采用牛顿冷却定律（需同时已知气体温度和换热系数，高速气流问题中这两项参数的获取都不简单）简便，但气动计算往往是在壁面温度恒定假定下得到的，因此需要使用焓值和表面温度对气动加热进行修正，表面温度是待求变量，因此修正的气动热实际上是分析中不断迭代的第二类边界条件。如果表面还存在烧蚀，则计算的气动加热还需扣减材料烧蚀热。总之，需确保施加的表面加热是气动引起的对表面净加热。

发动机工作时对发动机周围的加热包括稀薄气体羽流加热、高温气体辐射、高温喷管辐射。稀薄气体羽流加热与表面温度、适应系数有关，主要是分子运动传递能量；气体辐射是体积辐射。这两项加热一般需要羽流分析得到，喷管辐射是表面辐射，可以由羽流分析得出。但更多的情况是由发动机燃烧分析或试车给出喷管表面温度，因此，如果已知的是喷管温度，则将该温度作为一个第一类边界条件，同时施加稀薄气体羽流和气体辐射两项加热；如果喷管的辐射加热也已经已知，则将三项加热合并或逐一施加为表面源项。

6. 存在气体流动的情况

三维流动气体温度场的求解离不开速度场的计算，因此还需要增加速度和压力的边界条件。速度边界条件中除了固体表面上气流速度为零这一条件外，还包括风机截面上的速度或流量；对于封闭腔，压力一般需指定流动开始之前的气体静压,代表封闭腔中近似不流动区域处的静压;对于开口问题,则需要指定入口或出口的环境压力。

对于前述舱段在轨飞行和舱内局部分析问题,如果涉及三维气体流动,则除了前述边界条件外,还需要额外增加与流动相关的部分边界条件;对于舱段之间存在气体流动的情况,如果一定要进行舱段分析,显然舱间截面上的气体速度和压力条件确定比较困难,通常应该由舱段耦合模型给出速度和压力作为单舱分析的边界条件;对于前述舱内部件局部分析问题,如果部件处于存在气体流动的舱内,一般由系统级分析得到部件附近气体速度和温度,或者气体温度和对流换热系数,部件模型中作为第三类边界条件来使用。部件机壳上如果使用了风扇(这种情况在航天领域很少),则将系统级分析给出的附件气体速度、压力和温度作为边界条件。

7.2.3 离散方法简介

数值离散方法是指将偏微分方程转换为代数方程的方法。目前关于时间微分项的离散格式仍然不外乎显示、隐式、克兰克－尼科尔森(Crank－Nicolson)式,因此一般的离散方法关注的重点是对空间微分项的处理,注意方程(7-1)实际上已经不包含对空间变量的微分项,因此一般热分析者不直接面临空间微分项的离散化问题,直接面临的只剩下网格划分这一与离散有关的环节。不过粗略了解热分析软件使用的具体离散方法,有助于正确了解部分边界条件的设置方式以及分析结果的输出或映射方式。

按所求解变量的离散化位置来区分,热分析中主要使用两类网格,如图7-1所示。

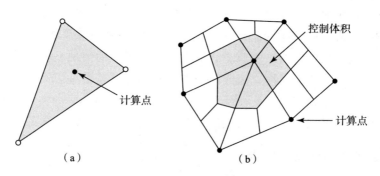

图7-1 两种计算网格

(a)计算点位于网格中心;(b)计算点位于网格交点

图 7-1（a）中的计算点位于网格中心，对应有限差分法和控制容积法。这两种方法形式上类似，但实际上有区别：有限差分法是直接对微分方程中的微分项用泰勒（Taylor）级数展开而得到代数方程，截断误差直接取决于网格尺度，因此通常需要比较细的网格；控制容积法是以计算点作为控制容积的代表，先假定变量的分布函数，然后将其分布代入控制方程，并在控制容积上积分，得到描述计算点与相邻计算点变量之间关系的代数方程，离散方程在控制容积上总是满足守恒，因此网格尺寸选择自由度更大。控制容积法与基于泰勒级数展开的有限差分法的共同之处在于都是用节点值作为控制容积的代表，差别在于后者不需要假设变量的分布。对于使用图 7-1（a）中网格的控制容积法，网格即控制容积。

图 7-1（b）中计算点位于网格交点，可以认为是有限元法，但严格来说，只有不涉及辐射的纯导热问题才是标准的有限元法，对于涉及辐射的问题，大多数软件使用的是有限差分或上述类似有限差分的控制容积法，流动问题中，多数软件使用基于有限元的控制容积法。

标准的有限元方法主要有变分法和权余法两类。变分法基于变分原理，即将微分方程边值问题转换为相应泛函求极值问题，通常又称为瑞利－里兹法。权余法是用近似值代替严格值代入原微分方程后产生的余量与选择的加权函数在定义域内做内积，并要求所选用的加权函数能使内积为零。依据加权函数形式的不同，权余法又分为配置法、最小二乘法、矩量法、伽辽金法等。不管是变分法还是权余法，尽管针对的方程不同（前者是泛函相应的欧拉方程，后者是原微分方程），其核心思想都是：将问题的定义域分解成有限个子域，在每个子域上将待求函数于有限个点上进行近似插值；根据有关的物理分析或数学分析，获得单个子域上有限个插值点的待求函数值与外界条件之间应该满足的方程组；通过系统综合，进一步得到原问题整个定义域所有插值点上待求函数值与外界条件应该满足的方程组；求解出所有插值点上的待求函数值；根据插值函数，就可以近似得到定义域上每个点的待求函数值，从而实现原问题的近似求解。有限元法不直接保证控制体上的守恒准则，但几何灵活性很强。

控制容积法也可以看成一种特殊的权余法，它的特点是只在所研究的控制容积上取加权函数为 1，而在其他各处取为 0。控制容积法与有限元的一个重要区别是：有限元法需要明确的变量分布，求解域中的任意点与计算点之间变量值有确定的插值关系；而控制容积法中，积分前也需设定变量的分布规律，但在得到离散化方程后，计算点间变量的分布规律不再需要。

采用图 7-1（b）中所示的控制容积法时，计算点是网格交点（即有限元单元的节点），控制容积由所有环节点的网格（单元）的一部分共同构成。

7.2.4 热模型构建与求解流程

参见图7-2,计算温度场的热网络模型构建和求解主要涉及如下步骤:

(1) 确定式(7-1)中节点i、j代表的范围,即在几何模型上划分网格。

(2) 热网络方程(7-1)需要节点的热容$m_i c_i$(或质量、比热)通常是热分析的已知输入参数,在热模型构建中进行正确赋值即可。

(3) 热源项中,内热耗q_i通常作为已知参数输入即可;但一般需要专门计算外热流Q_i,将外热流计算结果作为边界条件引入热模型。

(4) 方程(7-1)中的线性热导D_{ji}需要根据情况予以确定:

①固体类连续介质的一个区域可能被划分为多个节点,节点间的热传导满足傅里叶定律,设置材料的导热系数后,热分析建模软件即可自动计算相关线性热导。

②流体流动能量方程中的线性热导,除了来源于热传导外,还来源于流动输运,因此,除了一维流动,几乎不大可能由分析者手工确定,一般需要流动分析软件分析确定。

③接触热导以及事实上存在但模型中未构建的实体(如导热索)发挥的热耦合功能等需要分析者输入。

④某些功能部件如热管、半导体制冷,需分析者确定合理的线性热导来模拟其传热功能。

(5) 绝大多数情况下,需要专门的辐射换热系数计算来确定辐射热导G_{ji},其结果作为温度场求解热网络模型的已知参数。

(6) 设置一般数值求解数理问题需要的迭代算法、收敛准则,以及上述环节未覆盖的边界条件、初始条件等。

图7-2将辐射热导分析、外热流分析和热网络求解表示为三个流程,并不意味着所有热分析都一定要将三个分析分别进行,而取决于要分析的问题和所使用的软件功能,有时可以一次建模同时完成三方面分析,不一定非要进行三次几何建模和网格划分。如果拆分为三次分析,三个网格之间可以完全重叠、部分重叠或完全不重叠。通常热网络求解的网格是最完整的,对于其中不与另两个网格重叠的部分,只要保证数据在网格之间的正确映射即可。

上述流程是针对设计状态、对于热分析而言输入参数和工况均确定的情况而言的。如果将热分析置于整个设计流程中,热分析可能还会有多次迭代。例如在极端工况尚不确定的情况下,有时需要开展多次试探性的外热流分析,根据外热流和发热设备工作模式的可能组合筛选出正式分析工况,有时甚至要直

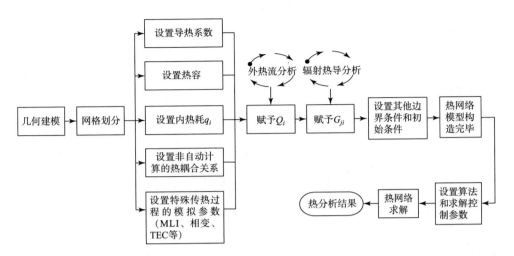

图 7-2 航天器热分析流程

接试探计算多种情况的温度才能确定正式工况。同样的,上述流程未示出分析－试验（或飞行）－热模型修正的迭代过程,但应当意识到,热模型修正也是很重要的分析工作。

此外,上述流程中的步骤顺序并不严格,很多步骤是可以交换顺序的。

7.4~7.6 节叙述步骤（3）涉及的外热流分析、步骤（4）涉及的辐射分析和步骤（5）涉及的部分功能部件的模拟。

7.3 外热流分析

大多数外热流分析问题是针对环绕天体运动航天器的,一般环天体外热流分析流程如图 7-3 所示。参见 "7.4 辐射分析",对于航天器上的一个表面 A_i,其吸收的某一项外热流为 $\varepsilon_{\lambda,i} A_i B_{ij} E_R$,因此需要表征表面对所论辐射源的辐射吸收特性的表面热光学性质 $\varepsilon_{\lambda,i}$,确定面积 A_i 所需的几何信息,表征辐射源的辐射强度 E_R 的热环境参数,而决定表面对辐射源吸收因子 B_{ij} 的因素则相

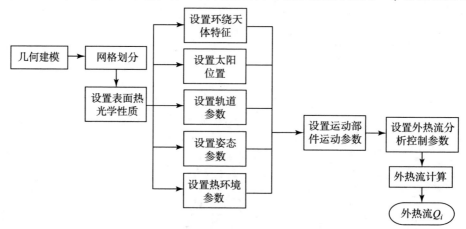

图 7-3 环天体外热流分析流程

当多，包括表面自身及其余相关表面的几何和热光学信息、表面与天体间的位置关系，而对于环绕天体运动，相关天体一般不止一个，因此还需要天体间位置关系，因此还需要环绕天体特征、太阳位置、轨道参数、姿态参数等多种参数。

一般外热流分析软件允许多种轨道定义方式，如开普勒轨道定义、β角定义、地理经纬度定义、矢量热源定义方式。不同定义方式需要用到的以上参数会有些区别，如表7-1所示，其中√表示使用，×表示不使用。

表7-1 不同轨道定义使用输入参数情况

参数类别	开普勒轨道定义	β角定义	地理经纬度定义	矢量热源定义
环绕天体特征	√	√	√	√
太阳位置	√	√	√	×
轨道参数	使用5个*	仅使用高度	仅使用高度	×
姿态参数	√	√	√	×
热环境参数	√	√	√	√
计算控制参数	√	√	√	√

* 参见表7-2。

开普勒轨道定义方式是使用最广的方式，其使用的具体输入参数如表7-2所示。

表7-2 外热流分析输入参数

参数类别	参数名称	任务确定	轨道设计确定	其他系统设计决定	热分析设置	备注
环绕天体特征	平均半径	●				
	赤道—黄道夹角 I	●				
	周期	●				
太阳位置	黄经 Φ_s/赤经 Ω_s/赤纬 δ_s				●	仅需三者之一
轨道参数	轨道倾角 i		●			
	近地点高度 远地点高度 偏心率 轨道周期		●			仅需4个参数中任意2个
	升交点赤经 Ω		●			
	近（远）地点幅角		●			

续表

参数类别	参数名称	任务确定	轨道设计确定	其他系统设计决定	热分析设置	备注
姿态参数	航天器坐标轴指向	●				
热环境参数	太阳入射强度				●	
	反照比				●	
	环绕天体红外辐射强度				●	
计算控制参数	计算起始点				●	
	计算位置数				●	
	运动部件运动参数			●		

表 7-2 中的参数，有些是由任务、轨道设计等因素决定的，外热流分析只需作为已知参数简单输入即可，下面主要对需要热分析人员甄选甚至计算确定的部分参数进行说明。

7.3.1 太阳位置

太阳位置一般使用黄经 $\varPhi_S$ 描述，黄经 $\varPhi_S$ 很容易通过日期得出：

$$\varPhi_S = \frac{\text{Date} - \text{Date0}}{365.25} \times 360 \tag{7-5}$$

式中，Date 表示计算日期，Date0 表示春分点日期。

有时也需要用太阳赤经 $\varOmega_S$ 或太阳赤纬 δ_S 来表示太阳位置，这两个参数与黄经的关系如下：

$$\tan\varOmega_S = \cos I \cdot \tan\varPhi_S \tag{7-6}$$

$$\sin\delta_S = \sin I \cdot \sin\varPhi_S \tag{7-7}$$

式中，I 为环绕天体的黄道－赤道夹角。

对于环地球或环月球飞行航天器，通常可以认为太阳赤经与黄经近似相等，即 $\varOmega_S \approx \varPhi_S$。

太阳与轨道面夹角 β 的定义为一个轨道周期中地（或航天器环绕的其他天体）－日向量与航天器轨道面夹角的最小值，这个参数对于理解航天器受照情况非常重要。使用 β 角定义的轨道定义方式时，还必须由分析者作为已知条件输入。一般轨道分析软件可以给出 β。已知黄经后，热分析人员也可以按下式自行计算：

$$\sin\beta = \cos i \cdot \sin I \cdot \sin\Phi_S + \sin i \cdot \sin\Omega \cdot \cos\Phi_S - \sin i \cdot \cos I \cdot \cos\Omega \cdot \sin\Phi_S \tag{7-8}$$

还有些软件也可以通过指定日期来确定太阳的位置。

7.3.2 轨道参数

轨道参数一般由轨道设计决定,作为外热流分析的输入参数。但对于准太阳同步轨道,也可以根据太阳赤经和降交点地方时按下式得出升交点赤经:

$$\Omega = \Omega_S - 15 \times (12 - Hrs) + 180 \tag{7-9}$$

式中,Hrs 为降交点地方时。

7.3.3 热环境参数

热环境参数指太阳入射强度、环绕天体红外辐射强度、航天器环绕天体反照比。

1. 太阳入射强度

太阳入射强度取决于航天器与太阳的距离,也就相当于航天器环绕天体与太阳的距离。以 a 表示用天文单位 AU 表示的天体与太阳的平均距离,e 表示天体绕太阳的运动轨道偏心率,f 表示太阳在天球坐标系中的真近点角,S 表示距离太阳 1 AU 处的太阳入射强度 1 367 W/m²,则航天器环绕天体附近的太阳入射强度为

$$q_s = \left[\frac{1 + e\cos f}{a(1 - e^2)}\right]^2 S \tag{7-10}$$

对于地球或月球附近,$a = 1$,$e = 0.016\ 7$,$f = \Phi_S + 78.59$;对于火星附近,$a = 1.523\ 69$,$e = 0.093\ 377$,$f = \Phi_S - 248$。可以得到太阳入射强度与黄经的关系如图 7-4 和图 7-5 所示。

多数热分析软件可以根据太阳位置自动计算太阳入射强度,太阳位置指定方式可以是日期、黄经、太阳赤经、太阳赤纬等。

2. 天体红外辐射强度

参见式(2-5),地球红外辐射的年平均值与入射太阳强度和地球反照比有关,太阳入射强度值确定后,再选定反照比即可由式(2-5)确定地球红外辐射强度,如果选定反照比范围为 0.30~0.35,则地球红外辐射强度在 214~247 W/m²

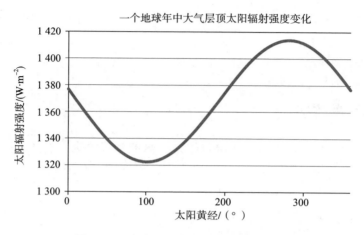

图 7-4 地球及月球附近太阳辐射强度

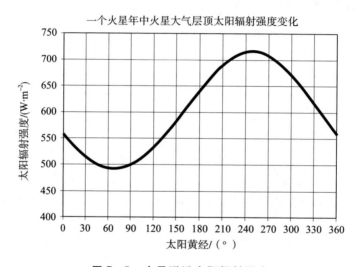

图 7-5 火星附近太阳辐射强度

多数绕地飞行不考虑地球红外辐射强度随地表经纬度的变化,如果要考虑这一点,比较精确的做法可以参考马歇尔飞行中心给出的推荐方法:根据轨道倾角、估算的热时间常数、对象对红外或反照的敏感性三个因素进行查表。该表源于马歇尔中心对美国多颗低轨航天器相关测量数据的统计。

相比之下,月表的红外辐射随经纬度的变化剧烈得多,一般不应忽略。由于月壤导热系数很低,且月表没有大气,因此,月表温度主要取决于当地吸收的太阳入射,由此根据球面三角关系,可以导出任意经纬度上月表温度与赤道温度间的关系如下:

$$T(\phi,\varphi) = \cos^{\frac{1}{4}}\varphi \cdot T(\phi,0) \tag{7-11}$$

其中 $T(\phi,0) = \begin{cases} [T_{ss}^9 \cos\phi + T_{270}^9]^{\frac{1}{9}}, \phi \in [-90,0] \\ [T_{ss}^7 \cos\phi + T_{90}^7]^{\frac{1}{7}}, \phi \in [0,90] \\ [\dfrac{3\sigma\varepsilon}{C}(\phi-270) + T_{270}^{-3}]^{-\frac{1}{3}}, \phi \in [90,270] \end{cases}$

$$T_{ss} = \left[\dfrac{S(1-\rho)}{\sigma\varepsilon}\right]^{\frac{1}{4}}$$

$$T_{90} = \left[-180 \times \dfrac{3\sigma\varepsilon}{C} + T_{270}^{-3}\right]^{-\frac{1}{3}}$$

式中，S 为太阳常数，单位为 W/m^2；ρ 为月球对太阳的平均反照比；ε 为月球红外发射率；σ 为斯蒂芬－玻耳兹曼常数；ϕ 为离开日下点的经度，单位为（°）；φ 为纬度，单位为（°）；T 为月球表面温度，单位为开尔文（K）；C 为拟合常数。

利用上述温度表达式再加上月表红外发射率，即可给出月表红外辐射强度。

火星表面温度随经纬度的变化幅度比月球小，但比地球大，通常需要考虑表面红外辐射强度随经纬度的变化。由于火星大气的存在使得很难建立类似式(7-11)的关系式，目前只能使用不太完整的观测数据作为分析的输入。图 2-14 和图 2-15 是 Viking 探测器在没有沙尘暴情况下测得的火星红外辐射等效的黑体温度，这两个图的数据被较多地用来计算火星大气层顶的红外辐射强度。

3. 反照比

如前所述，环地飞行问题中，一般在 0.30～0.35 范围内取固定的地球反照比。实际上反照比随地球经纬度也是变化的，且反照比与地表红外辐射强度是有关联的，如果要考虑这些情况，则与前述考虑地球红外辐射随经纬度变化类似，需要用到轨道倾角、估算的热时间常数，根据对象对红外或反照的敏感性，查表得出高温工况或低温工况下推荐的反照比及配对使用的地球红外辐射强度，且还要根据航天器相对日下点的角心距离对反照比再进行短期修正，或者根据 β 角对反照比进行轨道平均修正。

月表反照比很低，一般取固定值 0.073。火星反照比一般取平均值 0.29。

7.3.4 天体表面驻留问题

前面是针对航天器环绕天体来叙述的。航天器驻留天体时的外热流分析，部分前述内容可以沿用，但也有一些特殊之处。这里主要讨论月球和火星。

月球上没有大气，因此月球表面的太阳直射强度与环月轨道没有区别。对于着陆于月表确定位置上的航天器，只有附近的月表反照和月表红外对其有影响，如果沿用环月轨道的定义方式，需要将月表红外辐射随经纬度变化的数据表以相当细密的方式给出，对于反照部分，这种方式不能体现航天器对月表形成的阴影区实际上是不反射的这一情况，因此，更简单的办法是在模型中将航天器附近的一部分月表面包括在内且划分网格（环天体飞行问题中虽然使用天体的几何特征信息，但通常是将天体作为一个几何体处理，不需要划分网格），从而一举回避上述两个困难。

对于火星表面的红外辐射和反照，一般也使用与月表同样的处理方式。火星大气的辐射顶层非常接近火星表面，在没有沙尘暴的情况下，可以认为大气顶层与火星表面的红外辐射强度近似相等，图 2-14 和图 2-15 对应火星大气层顶红外辐射本来就是在没有沙尘暴情况下观测到的，因此可以用来代表火星地表红外辐射。

除了火表红外和反照外，火星表面的热环境因素还有大气的红外辐射，大气对阳光的吸收和散射一方面导致到达火星表面的太阳直射部分被衰减，另外又使得到达火星表面的太阳辐射增加了漫射部分。大气红外、衰减的太阳直射、漫射型太阳辐射三者还有关联，大气透明度会同时影响三部分，透明度低，直射部分减小，漫射部分和大气红外应增大，但目前尚无三者之间的定量关系。这些情况，使得火星表面热环境参数的取值变得相当复杂。

火星大气的红外辐射一般使用等效大气辐射来描述。对于天空透明度高的情况，火星表面等效大气温度为 -128.2 ℃，对应红外辐射热流密度为 25 W/m²；对于天空透明度低的情况，如尘暴期间，火星表面等效大气温度为 -58.7 ℃，对应红外辐射热流密度为 120 W/m²。这种取值对大气透明度的影响只是定性反映，不能建立与太阳直射和漫射强度之间的定量关系。

对于太阳直射和漫射太阳入射两部分，目前有两种处理方式，与不同热分析软件的处理功能有关。

一种是分析者需分别指定两个参数：考虑了大气衰减后的太阳入射强度 G_{bh}、漫射型太阳入射强度 G_{dh}。

假设地太阳高度角为 θ_h（°），火星大气光深为 τ，当地反照比为 al，国外研究者给出了如下计算方法：

$$G_{bh} = G_{ob} \cdot \cos(90° - \theta_h) \exp[-\tau/\cos(90° - \theta_h)] \quad (7-12)$$

$$G_{dh} = G_h - G_{bh} \quad (7-13)$$

$$G_h = G_{ob} \cos(90° - \theta_h) \frac{f(\theta_h, \tau, al)}{1 - al} \quad (7-14)$$

式中，G_{ob} 为大气顶层到达的太阳辐射；$f(\theta_h, \tau, al)$ 为规范化净热流函数，由下式确定：

$$f(\theta_h, \tau, al) = \left[\sum_{i=0}^{5} \sum_{j=0}^{5} \sum_{k=1}^{1} P(i,j,k) \cdot \tau^i \cdot \left(\frac{90° - \theta_h}{100} \right)^j \cdot (al)^k \right] (1 - al) \tag{7-15}$$

式中，$P(i,j,k)$ 为多项式系数，取值如表 7-3 所示。

表 7-3 规范化净热流函数系数 $P(i, j, k)$

				$k=0$			
j \ i	0	1	2	3	4	5
0	1.002 800	−0.228 681	0.019 613	0.000 231	−0.000 130	0.000 003
1	−0.450 073	1.335 955	−1.131 691	0.402 126	−0.063 967	0.003 758
2	5.566 705	−16.912 405	13.739 701	−4.756 079	0.743 740	−0.043 159
3	−22.471 579	64.909 973	−52.509 470	17.997 548	−2.786 548	0.160 340
4	36.334 497	−101.800 319	79.895 539	−26.762 885	4.074 117	−0.231 476
5	−20.420 490	53.207 148	−39.949 537	12.977 108	−1.931 169	0.107 837
				$k=1$			
j \ i	0	1	2	3	4	5
0	0.009 814	0.226 139	−0.117 733	0.030 579	−0.004 090	0.000 218
1	−0.156 701	0.396 821	−0.313 648	0.099 227	−0.013 508	0.000 651
2	1.361 122	−3.758 111	3.007 907	−0.987 457	0.141 693	−0.007 320
3	−4.365 924	12.539 251	−10.394 165	3.486 452	−0.513 123	0.027 401
4	5.991 693	−17.498 138	14.291 370	−4.765 323	0.703 675	−0.037 960
5	−2.915 099	8.275 686	−6.593 125	2.173 999	−0.320 308	0.017 335

这种计算方式需分析者指定光深。全球无尘暴时，火星大气光深可以取 0.5；尘暴最严重时，极端取值可以为 4。光深值越小代表大气透明度越高。因此，指定的光深与等效大气红外辐射取值在定性上应协调。

第二种方式表面上不需分析者确定 G_{bh} 和 G_{dh}，但在大气顶层太阳入射强度之外，需要分析者指定大气衰减因子、大气透明因子和漫射因子。

着陆火星表面热环境参数取值与环火星轨道的还有一个区别是反照比的选取，一般不再使用火星全球平均反照比，而是根据着陆点的位置，在更大范围内选取反照比。

另外，火星表面近地风的流动也可以视为一项热环境，但一般作为对流边界条件引入模型，风温一般取当地地表温度，风速需人为指定。

7.4 辐射分析

航天器热分析中的辐射分析主要考虑的是表面辐射问题，且表面是被不参与介质隔开的，即介质不发射、吸收辐射，也不对辐射散射。真空严格满足这些要求，密封舱内的气体也近似满足。

7.4.1 角系数

几何角系数、视角系数、黑体角系数等同义概念一般均简称为角系数。角系数概念建立在均匀有效辐射和漫射（漫发射＋漫反射，下同）表面两个假设基础上，参见图 7-6。角系数 F_{ij} 定义是：表面 j 所拦截的从表面 i 离开的辐射的份额；或者表述为：离开表面 i 的辐射能量中直接投射到表面 j 上的百分比。

角系数定义的数学表达式为

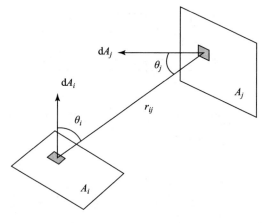

图 7-6 角系数

$$F_{ij} = \frac{1}{\pi A_i} \int_{A_i} \int_{\omega_{j-i}} \cos\theta_i \mathrm{d}\omega_{j-i} \mathrm{d}A_i = \frac{1}{A_i} \int_{A_i} \int_{A_j} \frac{\cos\theta_i \cos\theta_j}{\pi r_{ij}^2} \mathrm{d}A_i \mathrm{d}A_j \quad (7-16)$$

式中，$\mathrm{d}A_i$ 和 $\mathrm{d}A_j$ 为表面 i、j 上的微元面；r_{ij} 为微元 $\mathrm{d}A_i$ 和 $\mathrm{d}A_j$ 间连线长度，θ_i 和 θ_j 为连线与微元面法线的夹角，$\mathrm{d}\omega_{j-i}$ 为 $\mathrm{d}A_j$ 对微元 $\mathrm{d}A_i$ 的立体角，A_i 和 A_j 为表面 i、j 上的面积。

如果采用球坐标，$\mathrm{d}\omega_{j-i} = \sin\theta_i \mathrm{d}\theta_i \mathrm{d}\beta_i$，角系数也可以写为

$$F_{ij} = \frac{1}{\pi A_i} \int_{A_i} \int_{\theta_i} \int_{\beta_i} \cos\theta_i \sin\theta_i \mathrm{d}\theta_i \mathrm{d}\beta_i \mathrm{d}A_i \quad (7-17)$$

角系数 F_{ij} 具有完整性（归一性）、互换性、可加性等性质，这些性质根据其定义式就能轻松导出。

角系数的求解是辐射分析的基础，热分析软件采用的计算角系数的方法主要有等值线积分法、Nusselt 球法、Hemicube 法、Monte-Carlo 法。

1. 等值线积分法

式（7-16）是一个二重面积分，也就是通常意义上的四重积分。根据斯托克斯定理可以将面积分转换为线积分，由此简化计算，即

$$F_{ij} = \frac{1}{2\pi A_i} \oint_{C_i} \oint_{C_j} \ln R \mathrm{d}C_i \mathrm{d}C_j \quad (7-18)$$

式中，C_i、C_j 分别为面 A_i、A_j 的边界线；R 为 C_i、C_j 上两点距离。这种方法称为等值线积分法。

2. Nusselt 球法

如图 7-7 所示，以 I_1 表示微元面 $\mathrm{d}F_1$ 的辐射强度，ω_{2-1} 表示 $\mathrm{d}F_2$ 对 $\mathrm{d}F_1$ 的立体角，则 $\mathrm{d}F_2$ 拦截的 $\mathrm{d}F_1$ 出射辐射能为

$$\mathrm{d}q_{1 \to 2} = I_1 \cos\varphi_1 \mathrm{d}F_1 \mathrm{d}\omega_{2-1} \quad (7-19)$$

而 $\mathrm{d}F_1$ 全部出射辐射能为 $\pi I_1 \mathrm{d}F_1$，于是角系数 F_{12} 为

$$F_{12} = \frac{\mathrm{d}q_{1 \to 2}}{\pi I_1 \mathrm{d}F_1} = \frac{\cos\varphi_1}{\pi} \mathrm{d}\omega_{2-1} \quad (7-20)$$

从 $\mathrm{d}F_1$ 中心作半径为 R 的半球，此半球在 $\mathrm{d}F_1$ 所在平面投影为半径为 R 的圆。由 $\mathrm{d}F_1$ 中心作投射到 $\mathrm{d}F_2$ 周界的射线，射线束在半球上切割出微元 $\mathrm{d}F_2'$。显然，$\mathrm{d}F_2'$ 与 $\mathrm{d}F_2$ 对 $\mathrm{d}F_1$ 的立体角相等，$\mathrm{d}\omega_{2-1} = \dfrac{\mathrm{d}F_2 \cos\varphi_2}{r^2} = \dfrac{\mathrm{d}F_2'}{R^2}$，于是

$$F_{12} = \frac{\cos\varphi_1}{\pi} \mathrm{d}\omega_{2-1} = \frac{\mathrm{d}F_2' \cos\varphi_1}{\pi R^2} \quad (7-21)$$

而 $\mathrm{d}F_2' \cos\varphi_1$ 正是 $\mathrm{d}F_2'$ 在 $\mathrm{d}F_1$ 平面上的投影 $\mathrm{d}F_2''$，因此最后得到

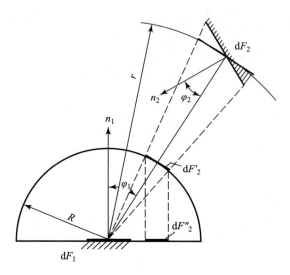

图 7-7 计算角系数的 Nusselt 球

$$F_{12} = \frac{dF''_2}{\pi R^2} \quad (7-22)$$

上述过程完全可以直接推广到微元 dF_1 对有限面积表面 F_2 的角系数计算过程：先将 F_2 投影到半球面，再将半球面上的投影再投影到 dF_1 平面，此面积与半球在 dF_1 面上投影的圆面面积之比即 dF_1 对 F_2 的角系数。将有限面积 F_1 分解为若干个微元，重复上述过程并应用角系数的互换性和可加性，即可得出有限面积 F_1 对 F_2 的角系数。

如果半球半径取单位值，则圆面面积就等于 π，计算更简单，这种情况下的 Nusselt 球法也常被称为单位球法。

3. Hemicube 法

Hemicube 法是基于 Nusselt 球法，并结合了计算机图像处理技术的一种求解角系数的方法。这种方法利用支持 Open GL（Open Graphics Library，开放的三维图形程序软件包，定义了跨编程语言、跨平台的图形编程接口规范）的计算机显卡处理图形的优势，可以高效进行角系数计算，尤其是对于大规模辐射模型，比前两种解析法优势尤为明显。

参见图 7-8，设想以表面 1 为中心作一个立方体并保留一半得到一个半立方体，将半立方体表面等分为以像素度量的若干小方块，以表面 1 中心为焦点将表面 2 投影到半立方体表面得到表面 3，显然图 7-8 中表面 1 对表面 2 的角系数 F_{12} 完全等于 F_{13}，也近似等于图 7-9 中的 F_{14}。问题转化为图 7-10 中表

面对微元 ΔA_P 的角系数 $\mathrm{d}F_P$ 求解问题。

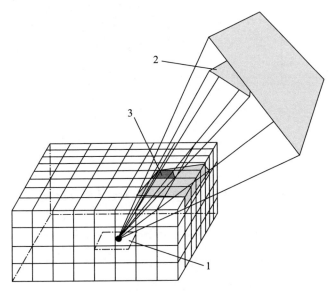

图 7-8　从表面 1 观察的其他表面投影

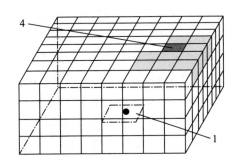

图 7-9　表面 2 在半立方体表面的近似投影面积

根据角系数定义，

$$\mathrm{d}F_P = \frac{\cos\theta_{iP}\cos\theta_P}{\pi r^2}\Delta A_P \tag{7-23}$$

$$\cos\theta_{iP} = \cos\theta_P = \frac{1}{r}$$

采用局部坐标，并令半立方体高为单位高，则有

$$\mathrm{d}F_P = \frac{\Delta A_P}{\pi r^4} \tag{7-24}$$

其中，$|r| = \sqrt{x_P^2 + y_P^2 + 1}$。

同理，对于位于图 7-10 中侧面的微元 ΔA_P 有

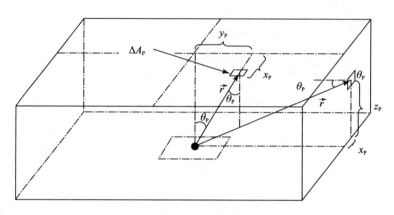

图 7-10　表面对半立方体表面微元的角系数

$$dF_P = \frac{z_P \Delta A_P}{\pi r^4} \quad (7-25)$$

以一个表面中心为焦点，将周围所有表面（接收表面）投影到半立方体的表面上，对每个接收表面赋予一种唯一颜色，并在半立方体表面进行着色渲染，通过像素色彩的统计就可以得到面积，对于支持 Open GL 的显卡，上述投影、着色渲染过程是比较简单的，于是上述微元角系数可以轻松得出，利用计算机擅长的循环累加，进而就可以完成有限面积间的角系数计算。

与 Nusselt 球法两次投影相比，Hemicube 法只需进行一次投影，并且是基于直角坐标系投影，比球面投影更简单，投影面积的计算可以充分利用显卡的着色渲染等功能。因为基于像素来统计投影面积，所以显卡的显示解析度影响计算的精度。另外，从 Hemicube 法原理可以看出，有限面积的角系数计算源于微元的角系数计算，因此，为了保证计算精度，通常需要将表面进行细分；为了提高遮挡判断的精度，也需要细分表面。显然，表面分得越细，精度通常越高（存在极限，极限受制于显示解析度），但耗时也会越多。

4. Monte-Carlo 法

Monte-Carlo 法用大量随机发射的射线来模拟表面间辐射的传递过程，通过统计平均可以确定辐射相关的系数。Monte-Carlo 法具有占用内存少，计算复杂度几乎不受表面规则与否影响等优势，除了用于角系数的计算，也广泛用于吸收因子、辐射热等辐射问题的计算。

以图 7-11 所示二平行矩形面角系数求解为例说明 Monte-Carlo 法计算步骤，用变量 Counts 和 Hits 分别代表面 A_1 发射能量计数和击中面 A_2 的有效能量计数。首先将两个数均置 0，然后开始下述步骤：

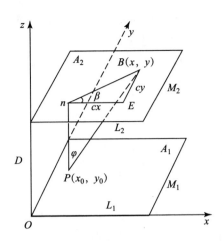

图 7-11 平行矩形面的能束投射

(1) 分别产生 [0，1] 区间上的随机数 ξ_1 和 ξ_2，则得到 A_1 面上随机点 $P(x_0 = \xi_1 L_1, y_0 = \xi_2 M_1)$。

(2) 分别产生 [0，1] 区间上的随机数 ξ_3 和 ξ_4，令 $\varphi = \xi_3 \cdot \dfrac{\pi}{2}$，$\beta = \xi_4 \cdot (2\pi)$，则得到一条天顶角为 φ、方位角为 β 的随机射线 PB。想象 PB 是一条极细但截面不为 0 的光束，与面 A_1 截面为 dA_1，与面 A_2 相交截面的天顶角和方位角变化增量为 $d\varphi$ 和 $d\beta$。根据兰贝特余弦定律，射线 PB 代表单位立体角上的能量应为 $dA_1 I\cos\varphi$（I 为全波长辐射强度），在点 B 方向上立体角 $= \sin\varphi d\varphi d\beta$，因此 PB 代表被面 A_2 接收到的能量为 $I\cos\varphi\sin\varphi dA_1 d\varphi d\beta$，$I$，$dA_1$，$d\varphi$，$d\beta$ 均可在最后计算中从分子、分母中同时约去，所以将它们简单视为 1。

(3) 判断 PB 是否与面 A_2 相交：以 D 表示面间距，则点 B 坐标为
$$x = x_0 + D\tan\varphi\cos\beta$$
$$y = y_0 + D\tan\varphi\sin\beta$$
若 $x \in [0, L_2]$ 且 $y \in [0, M_2]$，则进行有效能量计数累加：
$$\text{Hits} = \text{Hits} + \cos\varphi\sin\varphi$$

(4) 发射能量计数累加 $\text{Counts} = \text{Counts} + \cos\varphi\sin\varphi$。

(5) 不断重复步骤 (1) ~ (4)。

(6) 循环结束时可计算出 $F_{12} = \dfrac{\text{Hits}}{\text{Counts}}$。

注意 Monte-Carlo 法中需要模拟和统计的是辐射能量，而不应是简单地对射线数量进行统计，假如将上述步骤 (3)、(4) 中的能量计数变成简单的射线数量统计，计算结果将会出现很大偏差：设定上述表面均为单位边长正方形，

距离为 1 个单位，角系数的精确解为 0.2。采用上述 Monte－Carlo 随机模拟方法，发射射线数为 10 000 时计算结果为 0.196 7，但如果将步骤（3）、（4）中的计数规则变成射线数量计数，结果就变成 0.268 1，与精确解相差很大。

7.4.2 吸收因子

20 世纪五六十年代，Gebhardt B 提出一个吸收因子的概念及表面辐射换热计算方法。吸收因子 B_{ij} 的物理定义是：封闭腔中表面 i 发出的能量中被表面 j 吸收的份额，包括表面 i 直接投射到表面 j 上被吸收的，也包括表面 i 发出，再被其余表面反射到表面 j 被吸收的。关于发射辐射是否属于红外谱段、封闭腔中表面是否是漫射表面，这一定义并无约束性限制。

B_{ij} 与 F_{ij} 讨论的均是离开表面 i 的能量的份额，区别主要是两点：

（1）到达和吸收之分：F_{ij} 定义的是到达表面 j 的辐射的份额，而 B_{ij} 定义的是被表面 j 吸收的辐射的份额。

（2）一次辐射和多次辐射之分：F_{ij} 针对离开表面 i、到达表面 j 的一次辐射，B_{ij} 还包括经由封闭腔中所有表面的多次反射并被表面 j 吸收的部分。

除了吸收因子外，B_{ij} 也被称作 Gebhardt 系数、Gebhardt 吸收系数、Gebhardt 吸收因子、Gebhardt 辐射交换因子、灰体辐射换热系数等，而有的软件是将 $\varepsilon_i B_{ij}$ 定义为辐射交换因子或灰体辐射换热系数。对于热分析人员来说，重要的是准确了解所使用热分析软件关于 B_{ij} 与辐射热计算之间的关系式。

当封闭腔中表面均为漫射表面时，B_{ij} 在数学上可以表达为

$$B_{ij} = \varepsilon_j F_{ij} + \sum_{k=1}^{N} \rho_k F_{ik} B_{kj} \qquad (7-26)$$

式中，ρ 为反射率，$\rho = 1 - \varepsilon$。上式右端第一项为表面 i 发出，直接到 j 并被吸收的份额；第二项为表面 i 发出，经所有表面发射到 j 并被吸收的份额。

B_{ij} 也具有完整性和互换性：

$$\text{完整性：} \sum_{j=1}^{N} B_{ij} = 1$$

$$\text{互换性：} \varepsilon_i A_i B_{ij} = \varepsilon_j A_j B_{ji}$$

当封闭腔中表面均为漫射表面，即 B_{ij} 可以用式（7-26）进行表达时，B_{ij} 矩阵与 F_{ij} 矩阵是完全的线性关系，如果已知 F_{ij}，通过 Cramer 法则或矩阵运算就可以求解 B_{ij}，这种根据 F_{ij} 求解 B_{ij} 并进一步计算辐射换热的方法被称为 Gebhardt 方法。

除此之外，采用 Monte－Carlo 法直接求解 B_{ij} 的做法也被普遍采用，Monte－

Carlo 法直接求解对表面是否是漫射表面没有要求。

7.4.3 辐射热

计算角系数或吸收因子的目的都是计算辐射热,即吸收辐射、辐射换热或净辐射。

1. 吸收辐射

一个表面 j 辐射强度为 q_j (W/m^2),其发出辐射能为 $\varepsilon_{\lambda,j}A_jq_j$(此处发射率代表对应发射光谱的),根据吸收因子的定义,其中被表面 i 吸收的能量为 $\varepsilon_{\lambda,j}A_jB_{ji}q_j$,根据吸收因子的互换性,也等于 $\varepsilon_{\lambda,i}A_iB_{ij}q_j$。

现在设想表面 j 代表某个天体辐射源(太阳直射、地球反照或地球红外),E_R 为对应的太阳直照,或地球反照,或地球红外辐射强度,显然表面 i 吸收的对应辐射能为 $\varepsilon_{\lambda,i}A_iB_{ij}E_R$。也就是说,解决了某种天体辐射源对应吸收因子的计算,也就解决了热网络方程中外热流的吸收辐射计算问题,只是需要注意三种形式的天体辐射各自对应有不同的吸收因子,$\varepsilon_{\lambda,i}$ 表示与 E_R 光谱对应的发射率,也就是对应光谱的吸收率。

当然,求解天体辐射源对表面 i 的吸收因子 B_{ji} 也是可以的,只是对于外热流计算来说,求 B_{ij} 更为简便。

2. 辐射换热

对于热网络方程中节点代表的表面,如果是漫射表面封闭腔问题,表面 i 自身辐射出的能量如果为 $\varepsilon_iA_i\sigma T_i^4$,根据吸收因子的定义,其中被表面 j 吸收的能量为 $\varepsilon_iA_i\sigma B_{ij}T_i^4$。同理,表面 j 自身辐射被表面 i 吸收的能量为 $\varepsilon_jA_j\sigma B_{ji}T_j^4$,根据互换性,表面 i、j 之间的辐射换热为

$$q_{ij} = \varepsilon_iA_i\sigma B_{ij}(T_i^4 - T_j^4) \tag{7-27}$$

也就是说,热网络方程中的辐射热导为

$$G_{ij} = \varepsilon_iA_i\sigma B_{ij} \tag{7-28}$$

3. 净辐射

热网络方程也可以书写为

$$m_ic_i\frac{dT_i}{dt} = Q_i + q_i + \sum_{j=1}^{N}D_{ji}(T_j - T_i) - q_{R,i} \tag{7-29}$$

式中,$q_{R,i}$ 表示表面 i 的对外净辐射。

对于漫射灰表面构成的封闭腔，引入有效辐射概念 J_i，因为

$$q_{R,i} = \sum_j \frac{J_i - J_j}{(A_i F_{ij})^{-1}}$$

热网络方程成为

$$m_i c_i \frac{dT_i}{dt} = Q_i + q_i + \sum_{j=1}^N D_{ji}(T_j - T_i) - \sum_j \frac{J_i - J_j}{(A_i F_{ij})^{-1}} \quad (7-30)$$

同时

$$\frac{\sigma T_i^4 - J_i}{(1-\varepsilon_i)/(\varepsilon_i A_i)} = \sum_j \frac{J_i - J_j}{(A_i F_{ij})^{-1}} \quad (7-31)$$

根据式（7-31）可以列出 N 个方程，与热网络方程联立可以求解温度和有效辐射 J_i。这种方法称为 Oppenheim 方法。与利用 F_{ij} 矩阵计算 B_{ij} 的 Gebhardt 方法相比，其计算存储空间需求更低，矩阵求逆的运算量小，对于发射率随温度变化的情况，迭代中仅需更新表面 i 与虚拟表面间热导 $\frac{\varepsilon_i A_i}{1-\varepsilon_i}$，因此效率更高。基于以上原因，Oppenheim 方法也被一些分析软件采用。

Oppenheim 方法可以视为对每一表面 i 均创建立一个虚拟的 Oppenheim 节点 J_i，真实节点 i 只与附加节点 J_i 发生联系，辐射热导为 $\varepsilon_i A_i/(1-\varepsilon_i)$；附加节点 J_i 与 J_j 辐射热导为 $A_i F_{ij}$。

采用 Oppenheim 方法不能直接得到两表面之间的辐射换热热导，在这种方法中，表面 i、j 间的辐射净换热

$$q_{ij} = A_i F_{ij}(J_i - J_j) \quad (7-32)$$

只有求出表面有效辐射 J_i、J_j 后，才能利用下式求出辐射热导：

$$G_{ij} = \frac{A_i F_{ij}(J_i - J_j)}{T_i^4 - T_j^4} \quad (7-33)$$

7.4.4 非漫射问题

7.4.1～7.4.3 主要是针对漫射表面来论述的。航天器热分析中也可能遇到各种非漫射问题，包括反射性质随方向变化等。常见的是镜反射或透过性辐射，以及非漫射发射（如直接入射太阳光）。

1. 镜反射或透过性辐射

对于镜反射或透过性辐射问题，基于标准 F_{ij} 的 Gebhardt 方法不再可行，较为普遍的方法是采用 Monte-Carlo 法直接求解 B_{ij}。需要采用如下方法得到吸收因子：

1) 直接 Monte－Carlo 求解方法

Monte－Carlo 法处理反射时，对反射射线乘以代表反射率的随机数，对于小于表面反射率的随机反射射线，计为有效反射射线数并作累计。对于漫射表面的情况，按照在表面半球方向上等概率随机确定其反射射线空间上的去向；而对于镜反射或透过性表面，需要对镜反射部分（即表面不是 100% 镜发射）的反射射线的空间去向概率分布函数修正，即按照确定的反射或透过方向而非均匀分布。由此可以直接计算出存在非漫射表面问题的 B_{ij}。

2) 修正角系数方法

虽然角系数原始的定义是基于漫射表面的，不过如果定义修正角系数 F'_{ij} 表示表面 j 拦截的来自表面 i 的直接辐射及多次镜反射/透过辐射的份额，则前述 Gebhardt 和 Oppenheim 方法仍旧可以使用。只是其中的 F_{ij} 需要用 F'_{ij} 代替，同时式 (7-26) 中的反射率不应使用总反射率，只能使用表示纯漫射那部分的反射率。

注意 F'_{ij} 中的反射只包括镜反射部分，但是包括多次镜反射。F'_{ij} 的概念复杂，计算方法也比较复杂，需要使用射线跟踪法。

2. 准直光源

直接入射太阳光是准直光源而非漫射光源，计算对太阳光源的吸收因子或直接入射太阳辐射热时，也可以采用上述两种方法，只是需要注意：如果是从表面发射射线，对于每一条与代表太阳的表面相交的射线，需要对其代表强度乘以发射或反射该射线的表面法线与阳光矢量夹角的余弦，或者说只应将与阳光矢量平行的分量部分计为阳光辐射的有效传递量。

7.4.5 射线跟踪

射线跟踪是指记录射线在模拟辐射传递过程中的方向（相交点坐标）和强度变化情况。它经常与 Monte－Carlo 法配合使用，便于对模型进行错误检查；也可以用于已知标准角系数时求解修正角系数。

Monte－Carlo 法进行射线跟踪时，发射射线是向所有方向随机发射，发射能束强度是发射表面大小和朝向的函数，并持续跟踪所有反射情况（仅计算 F_{ij} 时例外，这种情况不跟踪反射情况）。用于修正角系数计算的射线跟踪法则是仅对镜反射/投射表面才发射射线，发射能束强度是标准角系数的函数（也就是说需要先求出标准角系数），但是镜反射的射线一旦遇到漫射表面即停止追踪，镜反射/透过的能束强度需要衰减，即扣除吸收和漫反射吸收部分。

7.4.6 辐射计算的空间分解方法

某些热分析软件使用空间分解技术来加速辐射分析。空间分解技术的原理是：将模型所占据的空间分为若干个虚拟的封闭腔，采用Monte-Carlo法进行辐射计算，如果一条随机模拟射线不能打中某个腔体的表面，则该腔体内的所有表面均不可能接收到这条射线，因此无须对该腔体中的每个表面逐一判断是否与该射线相交。Monte-Carlo法分析辐射问题时，判断线－面相交关系耗费大量计算时间，因此，使用空间分解方法可以加快计算速度。

这种技术在不同软件中名称不同，ThermalDesktop中称为Oct-tree，NEVADA中命名为Voxel。目前使用这一技术的软件，划分虚拟封闭腔时均是对模型空间进行等分，尚未智能到将腔体分界面正好设置到舱板这类真实物理分隔面的程度。

7.4.7 辐射计算的残差处理

通常辐射计算中 F_{ij} 或 B_{ij} 都达不到理论上的归一性，因此除了需要指定合理的归一性接受准则外，对于不归一部分的处理需要注意，一般有三类处理方法：分配为对空间、分配为对自身、（均匀或有权重地）分配为对其余表面。选择何种分配方式，并没有优先原则，不宜选择的某些特定原则是明确的：如果确认模型中空间对所有表面均不可见，则不可选择对空间分配不归一残差，否则往往对温度的计算结果影响较大（多数情况下空间代表冷黑背景或低温热沉）。综合而言，选择均匀地分配对其余表面适用的情况更多，是相对稳妥的选择。

由于计算机计算中的舍入误差，辐射计算很可能得出事实上不存在的对冷黑空间的角系数，这类虚假角系数也应当予以舍去。

7.5 特定问题模拟

7.5.1 密封舱流动与传热

对于密封舱内存在三维强迫气体流动的情况,可以认为气体密度不受温度影响,如果只分析速度场,可以对壁面采用无滑移速度边界条件,同时将壁面设置为定温边界或绝热边界,单独对气体域进行流动分析。得到速度场后,可以利用经验公式得出固体(舱壁及设备)表面的对流换热系数,如果气体温度已知,则可以作为固体部分的导热-辐射问题的第三类边界条件。

但实际的密封舱内气体温度通常未知且不均匀,气体与固体表面温度是互相影响的,因此上述方法用处不大,一般需要将气体域与固体域联合分析,只将航天器外表面外热流和对空间的辐射作为边界条件。

外热流可以由单独的外热流分析得到后由分析人员施加到航天器外表面上,但因为数据量大,表面通常不规则,这一过程如果采用手工方式的话是比较麻烦的,更好的方式是由分析软件自动完成外热流的映射,需要采用的软件具备相应的功能。

如果采用经验公式根据表面流动速度来计算对流换热系数,实际上存在一个选择离表面多远处位置代表边界层外沿的问题,人工判断存在很大任意性,为此,部分软件采用壁面律描述流动边界层厚度上的速度和温度分布,这种方式更合理一些。

密封舱内处处气流速度都很高的情况很少,因此,通常固体表面的辐射换热不可忽略。

7.5.2 管内流动传热

对于单相流体的不可压缩管内流动,如果只模拟换热而不求解压力的变化,可以采用以下方法将流动换热与固体部分的热网络联系起来。

采用单向热导模拟流体相邻节点间的线性热导,单向热导 $G_{ij} = \dot{m}C_p$,其中 $\dot{m}$ 为质量流率,C_p 为流体比热。单向热导表示热只从上游节点 i 传给下游节点 j,但节点 j 不向 i 传热。

节点 i 与对应的管壁节点间线性热导用 hA 描述,其中 A 为节点 i 与对应管壁节点的接触面积,对流换热系数 h 根据努舍尔数计算,努舍尔数根据相应的经验公式计算,比如常热流壁面下充分发展的层流有 $Nu_D = 4.36$。经验公式的选取应当注意流动状态(层流或湍流)、截面特征、雷诺数及普朗特数等是否适用。

上述方法只需要分析软件支持单向热导,不必具有管流分析功能。如果需要分析流动过程中的压力变化,则一般使用支持管流的分析软件,这些软件使用伯努利方程,并使用自动选用经验公式计算沿程阻力,但复杂之处在于局部阻力的模拟。工程上对于简单的截面变化有一些局部阻力系数经验公式,但对于实际的流体部件如冷板、阀门等是不够的,对于这些部件,需要事先进行阻力测量,或者事先专门建立反映详细几何特征的部件级流动模型来计算出阻力。

对于两相流,则还需要设定流动形态(即泡状流、环状流、弹状流、分层流),引入干度,同时需要详细的流体性质,以及储液器、泵等部件的专门模拟模型。

7.5.3 热管传热

热管内部的传热过程是相当复杂的,工程上一般只需模拟其对外表现的传热性能。对于正常工作的固定热导热管,一般忽略其传热能力随温度的变化,工程上通常用以下三种方法模拟其传热:

(1)将固定热管视为一个等温体,按一个节点处理分析。这种近似方法下,热管相当于热的超导体,使得热管的性能过于理想化,使用较少。

(2) 忽略热管绝热段热阻,将热管轴向按蒸发段、冷凝段分别划分节点,同时认为蒸气是一个等温节点,按蒸发面积和蒸发换热系数计算蒸发段节点与蒸气节点导热,按冷凝面积和冷凝换热系数计算冷凝段节点与蒸气节点导热。这种模拟方法比较接近热管的真实传热过程。

(3) 将热管轴向细分节点,节点间换热系数采用经验值,经验取值的原则是使得热管两端温差接近实测温差,但不阻碍计算的收敛。显然,这种方法分析出热管两端温差的准确性依赖于经验值选取的精确性。

7.5.4 低气压导热

绝大多数情况下只需考虑多层真空条件下的模拟,但偶尔也需要考虑多层层间存在稀薄气体的情况,例如发动机工作时(尤其是地面试车条件下),附近多层隔热组件内间隔层之间可能就存在低压气体导热,航天器发射主动段也是如此,某些航天器入轨后缓慢泄压,舱内多层组件在较长时间内都是"含气"的。这些情况下,除了考虑多层隔热组件屏间的辐射外,有时也需要模拟层间气体导热。由于是低气压,不能简单运用常规的导热公式,真空学上通常用平均自由程 $\bar{\lambda}$ 与容器尺寸 d 的相对大小来划分压强范围,$\bar{\lambda} > d$ 时称为低压,气体热传导主要是自由分子热传导;$\bar{\lambda} \approx d$ 时为中压,气体热传导则要考虑温度跃变。以空气为例,压力为 1.3 Pa 时,平均自由程约为 5 mm,以多层间隔层间距 d 为特征尺寸来判断,已经属于 $\bar{\lambda} > d$ 的低压范围;如果压力为 13 Pa,则 $\bar{\lambda}$ 约 0.5 mm,大致属于 $\bar{\lambda} \approx d$ 的中压范围。这两种情况在上述例子中是可能遇到的。

不管是低压还是中压下,关于气体热传导的理论描述没有公认的精确公式,以工程的观点,众多理论公式尚属大同小异,这里给出其中一种模拟方法。

假定气体层两侧的固体材料相同,温度分别为 T_1'、T_2',壁面适应系数为 α,用 k_g 表示气体导热系数。

(1) $\bar{\lambda} \approx d$。

平板:

$$Q = k_g \frac{T_2' - T_1'}{d + 2\bar{\lambda}\dfrac{2-\alpha}{\alpha}} A \qquad (7-34)$$

同轴圆筒:

$$Q = \frac{2\pi k_g L(T_2' - T_1')}{\ln\left(\dfrac{r_1}{r_2}\right) + \bar{\lambda}\dfrac{2-\alpha}{\alpha}\left(\dfrac{1}{r_1} + \dfrac{1}{r_2}\right)} \tag{7-35}$$

式中，A 为平板面积；r_2 为内筒半径；r_1 为外筒半径；L 为圆筒长度。

(2) $\bar{\lambda} > d$。

平板：

$$Q = K_0 P f'(T_2' - T_1')A \tag{7-36}$$

其中

$$K_0 = \frac{1}{2}\frac{\gamma_T + 1}{\gamma_T - 1}\sqrt{\frac{R}{2\pi\mu_m T}}$$

$$f' = \frac{\alpha}{2-\alpha}$$

式中，γ_T 为比热比；μ_m 为分子量；R 为普适气体常数。

同轴圆筒：

$$Q = K_0 P f'(T_2' - T_1')2\pi r_2 L \tag{7-37}$$

式中

$$f' = \frac{\alpha}{1 + (1-\alpha)\dfrac{r_2}{r_1}}$$

7.5.5 固液相变热效应

要模拟固液相变材料相变过程中内部的相变演变详细过程非常复杂，这里讨论的是将相变材料视为一个节点的系统级工程模拟方法。一般热分析软件中可以直接模拟相变，即设置相变材料的相变潜热、质量、相变温度、相变前后的比热即可，但现有软件的这些功能有时易导致计算不收敛，所以工程上有时也用焓法来模拟。

考虑到相变材料在相变期间温度几乎维持不变，相当于热容无限大，焓法针对这个特点模拟相变：假定材料不相变，但是在相变区的热容相当大，相变点附近很小一个温度变化区间内热容吸收的热等于相变潜热，如图 7-12 所示，由此带来的温度误差如图 7-13 所示。如果用等腰三角形曲线来定义 $[T_{pc} - \Delta T/2, T_{pc} + \Delta T/2]$ 区间上热容与温度的关系，需要满足图 7-12 所示总热容波动面积等于潜热，即

$$\frac{1}{2}\Delta T[C_p(T_{pc}) - C_p(T_{pc} - \Delta T/2)] = q_{pc} \tag{7-38}$$

$$C_p(T_{pc} - \Delta T/2) = C_p(T_{pc} + \Delta T/2)$$

式中，q_{pc} 为材料的相变潜热，认为相变前热容 $C_p(T_{pc} - \Delta T/2)$ 与相变后热容 $C_p(T_{pc} + \Delta T/2)$ 相等，人为取定一个小区间 ΔT，就可以得到

$$C_p(T_{pc}) = C_p(T_{pc} - \Delta T/2) + \frac{2q_{pc}}{\Delta T} \qquad (7-39)$$

于是等腰三角形三顶点上的热容均已确定，由此可以定义材料在相变区间 $[-\Delta T/2, \Delta T/2]$ 上的虚拟热容－温度关系。

如果根据焓法计算的温度结果近似推算相变过程持续时间，需要上述人为取定的 ΔT 与相变材料实际相变温度区间相等。

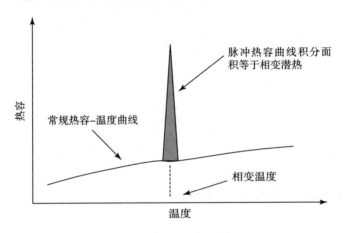

图 7－12　焓法中的热容函数曲线

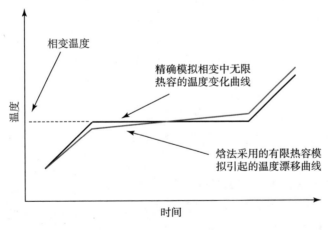

图 7－13　焓法误差

7.5.6　半导体制冷传热

半导体器件工作时，冷端吸热量和热端放热量与两端温度都有关，但往往缺乏吸热（放热）与温度的关系曲线，因此也可以利用电流、电压等数据按下述公式模拟冷端吸热和热端放热：

$$Q_{\text{cold}} = -2N\left[\alpha I T_{\text{cold}} - \frac{I^2 \rho}{2G} - \lambda \Delta T G\right] \quad (7-40)$$

$$Q_{\text{hot}} = 2N\left[\alpha I T_{\text{hot}} + \frac{I^2 \rho}{2G} - \lambda \Delta T G\right] \quad (7-41)$$

式中，T_{hot} 为热端温度（K），T_{cold} 为冷端温度（K），ΔT 为 $T_{\text{hot}} - T_{\text{cold}}$（K）；$G$ 为热偶引脚面积/长度（m）；N 为热偶对数量；I 为电流（A）；α 为塞贝克系数（V/K）；ρ 为电阻率（$\Omega \cdot $m）；$\lambda$ 为导热系数（W/（$m^2 \cdot $K））。

$$V = 2N\left(\frac{I\rho}{G} + \alpha \Delta T\right)$$

式中，V 为电压（V）。

可以看到，吸热和放热与电流有关，也与两端温差有关，而电流与温差也有关，所以吸热、放热与冷热端温度是耦合的，在温度求解中需要迭代。

7.5.7 电子元器件结-壳传热

温度对于电子元器件的可靠性有很重要的影响。军工、航天领域电子产品的设计一般要求对元器件温度进行降额设计，通常规定元器件结温低于某个值，或者规定结温应当不高于元器件规范给出的允许最高结温减去某一个值。电子设备热分析一般需要分析元器件结温。

已知一个元器件的热耗为 P，结-壳热阻为 θ_{jc}，壳温为 T_{c}，根据结-壳热阻定义式：

$$\theta_{\text{jc}} = \frac{T_{\text{j}} - T_{\text{c}}}{P} \quad (7-42)$$

工程上常据此来推算结温：

$$T_{\text{j}} = T_{\text{c}} + P\theta_{\text{jc}} \quad (7-43)$$

这种推算方法需要苛刻的条件：结-壳热阻是指管芯、芯片表面和最近的壳表面间的热阻，其测试方法是冷面顶板法（Top Cold Plate Test）：顶面等温，其余面绝热。定义式中使用了热耗 P 来代表结向壳的传热，但只有测试条件下二者是相等的。绝大部分元器件发热的传热路径都并非如此简单，以图 7-14 示意的元器件为例，其发热

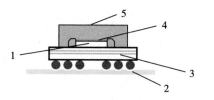

图 7-14 元器件结构示意图
1—芯；2—印刷电路板；
3—底座；4—结、芯表面；5—壳

就有两个传热途径：结（Junction）—壳（Case）、结—座（或板）。

在图 7-14 所示的安装情况下，如果再用式（7-43）计算结温是错误的：假设元器件发热是 10 W，其中有 5 W 传给壳、5 W 传给板，壳和板温度均为 10 ℃，结-壳热阻为 1 ℃/W，若按式（7-50）计算，结温为 20 ℃。实际上，通过结-壳热阻这个路径传热速率是 5 W，结温实际上应该是 15 ℃。

也就是说，对于传热路径不止结-壳一个通道的情况，应该用

$$T_j = T_c + q_{jc}\theta_{jc} \quad (7-44)$$

来计算结温，前提是能准确确定 q_{jc}。

多数情况下，元器件向外的传热路径不止一个，所以，如果使用单热阻模型来表示多个复杂传热路径，对于有许多内部传热的封装件，这种表征是有疑问的。严格来说，结-壳热阻只是相对比较的度量，不应理解为预示性度量。

考虑到多数情况下传热路径不唯一，而不能直接用式（7-43）来计算结温，所以引出了第二种更精确的模拟方法：双热阻模型，即同时用结-壳热阻和结-板热阻 θ_{jp} 模拟，其中结-板热阻在 JEDEC（Joint Electronic Device Engineering Council）的热方面的标准文档 JESD51-8 中规定按图 7-15，用环形冷板测试。

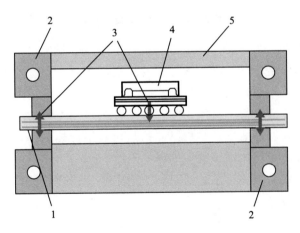

图 7-15　结-板热阻测试方法

1—双信号层双功率层电路板；2—冷板；3—热流方向；4—元件；5—绝热材料

采用双热阻模型的情况下，如果分析模型能够得出壳温 T_c 及板温 T_p，则采用下式即可求解结温：

$$\frac{T_j - T_c}{\theta_{jc}} + \frac{T_j - T_p}{\theta_{jp}} = P \quad (7-45)$$

据称单热阻预示的结温误差可达 100%，双热阻模型相对单热阻模型有很

大提高,误差一般能减小到 30%。

事实上,实际的元器件传热路径往往更为复杂,并且壳体的几个表面之间温度并不均匀,有时同一表面上还有温差,所以,有时需要更精确的模型,比如用图 7-16 所示的所谓 DELPHI 模型来模拟,或者建立能表达出元器件的详细传热路径的详细模型,这通常只能由元器件厂商完成。

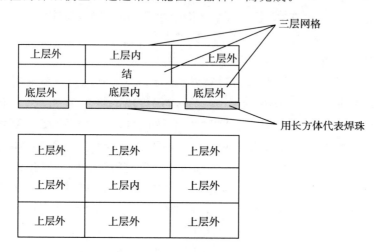

图 7-16　DELPHI 模型网格

总之,推算元器件结温时,如果已知元器件外表温度、某个(些)结-表热阻的情况下,如果额外的已知条件只有元器件热耗,则应当注意应用条件与热阻测试条件是否相同,相同才能用热耗作为某个传热路径上的传热速率来推算结温;绝大部分情况都不可能相同,各个传热路径上的传热速率未知,因此应当只能将热耗施加在结上,并用已知的热阻模拟传热路径,这种情况下,结温计算精确度取决于传热路径模拟的详尽程度。

7.6 热网络方程辐射项的等效转化

导热-辐射系统中的一个表面往往同时受到多个其他表面的辐射加热，将这多个表面的辐射加热影响转化为一个单一的热效应，比如用加热或者一个虚拟热沉等效，对于航天器热试验的边界模拟或复杂航天器的协同热分析很有用。转化过程既要达到简化的目的，又要保证精确等效，需要相应的计算方法。

7.6.1 等效加热

热网络方程中的辐射换热可以视为吸收辐射与辐射发射之差，采用式（7-28）表示辐射热导，并利用吸收因子的互换性和归一性，热网络方程（7-1）也可以表示为

$$m_i c_i \frac{\mathrm{d}T_i}{\mathrm{d}t} = Q_i + q_i + \sum_{j=1}^{N} D_{ji}(T_j - T_i) + \sum_{j=1}^{N} B_{ij} A_i \varepsilon_i \sigma T_j^4 - \varepsilon_i A_i \sigma T_i^4 \quad (7-46)$$

式中，Q_i 为在轨或试验模拟的外热流。

将辐射加热（上式右端第 4 项）节点分为 $(1, 2, \cdots, M)$ 和 $(M+1, M+2, \cdots, N)$ 两组，式（7-46）成为

$$m_i c_i \frac{dT_i}{dt} = Q_i + q_i + \sum_{j=1}^{N} D_{ji}(T_j - T_i) + \sum_{j=1}^{M} B_{ij} A_i \varepsilon_i \sigma T_j^4 + \sum_{j=M+1}^{N} B_{ij} A_i \varepsilon_i \sigma T_j^4 - \varepsilon_i A_i \sigma T_i^4$$

(7-47)

令 $Q_i' = Q_i + \sum_{j=M+1}^{N} B_{ij} A_i \varepsilon_i \sigma T_j^4$，方程（7-47）成为

$$m_i c_i \frac{dT_i}{dt} = Q_i' + q_i + \sum_{j=1}^{N} D_{ji}(T_j - T_i) + \sum_{j=1}^{M} B_{ij} A_i \varepsilon_i \sigma T_j^4 - \varepsilon_i A_i \sigma T_i^4 \quad (7-48)$$

显然，方程（7-48）与方程（7-46）等价。

上述过程即辐射转化为等效加热的原理。稍加推广，即可解决航天器部分构型不参加热平衡试验，但仍使试验能体现其辐射效应的问题。

考虑节点组（$M+1$，$M+2$，…，N）代表构型不参加热平衡试验的情况，假设该构型与航天器参加试验构型间的导热关系仍旧可以模拟（这通常是容易实现的），欲使试验仍旧体现构型（$M+1$，$M+2$，…，N）的辐射影响，解决步骤是：

（1）建立包含所有构型的完整热模型，得到吸收因子 B_{ij}，并求出温度。

（2）建立不包含构型（$M+1$，$M+2$，…，N）的辐射模型，得到试验状态下的吸收因子 $B_{ij}'(i,j=1,2,…,M)$。

（3）利用 B_{ij} 和 B_{ij}' 以及（1）中得到的温度计算补偿加热 P_i 及修正外热流 Q_i'。

$$P_i = \sum_{j=1}^{N} B_{ij} A_i \varepsilon_i \sigma T_j^4 - \sum_{j=1}^{M} B_{ij}' A_i \varepsilon_i \sigma T_j^4 \quad (7-49)$$

$$Q_i' = Q_i + P_i \quad (7-50)$$

（4）试验中按 Q_i' 模拟外热流。

如果要考虑试验中热沉与冷黑背景辐射的差异，上述过程也是完全可以的，只需在补偿加热计算中再多扣除一项热沉辐射加热。

7.6.2 等效热沉

等效热沉的原理类似等效加热，只是将多个节点的辐射影响用一个虚拟的热沉表面辐射来代表。

将热网络方程的节点分为（1，2，…，M）和（$M+1$，$M+2$，…，N）两组。热网络方程（7-1）可以表示为

$$m_i c_i \frac{dT_i}{dt} = Q_i + q_i - \sum_{j=1}^{N} D_{ij}(T_i - T_j) - \sum_{j=1}^{M} G_{ij}(T_i^4 - T_j^4) - \sum_{j=M+1}^{N} G_{ij}(T_i^4 - T_j^4)$$

(7-51)

定义

$$G_{s,i} = \sum_{j=M+1}^{N} G_{ij} \tag{7-52}$$

$$T_{s,i} = \left[\frac{\sum_{j=M+1}^{N} G_{ij} T_j^4}{G_{s,i}} \right]^{1/4} \tag{7-53}$$

则方程（7-51）成为

$$m_i c_i \frac{\mathrm{d}T_i}{\mathrm{d}t} = Q_i + q_i - \sum_{j=1}^{N} D_{ij}(T_i - T_j) - \sum_{j=1}^{M} G_{ij}(T_i^4 - T_j^4) - G_{s,i}(T_i^4 - T_{s,i}^4) \tag{7-54}$$

即节点 i 与节点组（$M+1$，$M+2$，…，N）的多个辐射关系精确等效为与一个虚拟表面的辐射关系，该虚拟表面就是节点 i 的虚拟热沉。

航天器研制是系统工程，一般热控制系统负责保证设备的接口温度，设备方负责设备内部的热设计。热控制系统分析人员不掌握部件内部传热细节信息，设备分析人员也不可能建造整个航天器热模型。因此往往需要各自建立关注点不同和局部精细程度不同的多个模型。等效热沉的最大用处是多个模型之间辐射边界的传递。

采用等效热沉法，局部模型的一个节点的许多个辐射边界条件精简为一个，在此基础上，每一个局部模型可以任意增、删与该辐射边界无关的节点和传热关系。采用等效热沉法，多个局部模型无须对相同的辐射关系进行重复性计算，模型之间的关系得以降耦，有利于模型间的并行计算。要将外热流一并转化到虚拟热沉中也可以运用等效热沉法，此时外热流的重复计算也得以消除，模型间传递的数据量得以进一步精简。等效热沉法也适用于瞬态问题，只是需要传递若干时刻的数据，数据传递量更大。

7.7 热模型修正

热模型修正主要指利用地面试验数据来调整模型,减小其误差,提高其精度,也包括利用飞行数据来修正。修正时利用的主要试验数据是温度,温度测量值其实总是有测量误差,但除非极少情况下识别出了显著的测量错误或偏差,进而予以剔除或纠正,通常情况下修正时是忽略温度测量误差的,或者说,修正是基于视测量温度值为真值这样一个前提下进行的。

热模型修正主要包括三个步骤:参数分析;确定修正目标;给定目标下的寻优分析。

开展热模型修正,应当首先理解修正参数范围、修正判据,并正确调整热模型的状态。

7.7.1 热模型修正基础知识

1. 热模型修正参数

热模型的误差来源大致可以分为模型误差、观测误差、截断误差、舍入误差。比如设一种材料在温度 T 时的导热系数为 k_0,用 k_T 表示该材料在温度 T 时的导热系数计算值,并建立模型

$$k_T = k_0(1+\alpha T)$$

假设研究发现用上述线性函数并不能很精确地表示该材料实际导热系数与 T 的关系,用 k_T' 表示温度 T 时实际的导热系数,则 $k_T'-k_T$ 就是"模型误差"。α 为实验测定常数,假设 $\alpha=$(0.000 23±0.000 002)/℃,则 0.000 002/℃就是 α 的"观测误差",即模型中包含的观测数据的误差。

因为分析解不易求解而用近似数值方法来求解模型,模型准确解与数值解之差就是"截断误差"(也称为"方法误差")。还有一类误差是在计算时只能取有限位数数字进行运算而引起的,这种误差称为"舍入误差"。

一般情况下,热模型修正不解决"模型误差"和"舍入误差",有时会发现模型不够精细(如局部网格过粗)而需要调整以减小部分"截断误差",多数情况下,热模型是针对"观测误差"开展修正。

具体到热网络方程,热模型一般修正在分析中作为常数使用的输入参数,如热导(热传导热导、多层隔热组件当量辐射率)、热源项(热耗、加热功率、外热流)等,修正得最多的是线性热导。不管修正什么参数,所进行的修正都应当是合理的,即在物理上是可能的,而要判断一个参数在物理上是否合理,首先要求该参数是可检测的。比如辐射热导就很难直接检测,但其中包含的发射率是可检测的,因此,修正发射率就比直接修正辐射热导更可信,从这个角度来看,将一个节点的所有辐射热导用一个虚拟的综合辐射系数来代替并修正的综合辐射系数修正法,就不容易判断修正后的数值的合理程度。

值得一提的是与外热流相关的热环境参数的修正。通常对于反照比、地球红外等热环境参数很少修正,实际上地球反照比和地球红外强度受经纬度、太阳的位置影响,对于航天器来说,相当于随轨道倾角、太阳与轨道面夹角、航天器离日下点角度等变化。国外目前对于反照比、地球红外一般不取固定值,而是采用根据大量测量数据总结出的对于不同轨道、不同时间常数的不同极端值。不同的取值对结果是有影响的,主要是影响舱外部位,这种影响与对象的热时间常数有关。所以,对外热流敏感的部位的修正,有时可能需要考虑对热环境参数进行合理的修正。

外热流的另一重要影响因素是表面涂层的热光学性质(当然同时影响辐射散热能力),这方面也有很多问题值得关注。涂层的退化/变化特性是比较复杂的,如紫外和带电粒子对白漆退化影响大,OSR 对紫外和带电粒子耐受性好但受放气影响大,因此不同轨道卫星涂层的在轨退化是不同的。同一航天器不同部位的同种材料表面由于受照情况、粒子冲刷情况不同,退化规律也应不同,但这些退化特性目前缺乏数据积累,地面综合环境试验等也只能提供有限的参考,因为不能确信这些试验中模拟的每一项(紫外、原子氧等)的量值相对真实情况的逼近程度,尤其是根本无法保证这些模拟条件能代表每个部位。因此修正中很难对不同部位按不同退化规律进行修正,对不同部位的同种涂层一般只能按同一退化规律修正。不仅是退化性质,涂层在地面长期储存后的变化也难以把握。这些问题,都影响模型的修正,也是热模型修正的一个很大困难所在。

2. 热模型修正判据

不管如何修正,热模型总不可能达到100%的精确度,同时,热分析的误差无法通过分析予以准确的评估,没有任何一个组织能保证其分析精度一定是多少,即使是同一个分析者,也不能保证每一次分析一定能达到某个精度。但是,如果对热模型的精度没有任何要求,热分析的结果准确性就完全不可知,所以工程上又势必需要一个精度要求。好在如果有试验数据的话,对某个热模型进行某种程度上的误差评估就成为可能,由此,可以规定热分析模型修正判据。热分析模型修正判据就可以视为一种对热模型的精度要求。

用于评估/修正热模型的试验(包括地面或飞行)数据总是有限的,所以,即使热模型在修正后满足修正判据,也只能表明在有限个点上分析与试验数据接近,而并不保证任意一处预示温度的精度满足判据。也就是说,修正判据的满足并非模型精度的充分条件,只能说满足修正判据的模型,预示准确的概率得到了提升,预示置信度得到了提高,温度不满足要求的风险得到了降低。从这个意义上,修正判据是分析与特定的已知试验数据之间的一种相关性检验准则。

模型修正判据是指关于温度偏差应当满足的范围,关于温度的偏差常用的有三类:绝对偏差、平均偏差、标准偏差。每种偏差定义如下:

绝对偏差: $\delta = T_{P,i} - T_{M,i}$ (7-55)

平均偏差: $\Delta = \dfrac{\sum_{i=1}^{N}(T_{P,i} - T_{M,i})}{N}$ (7-56)

标准偏差: $\sigma = \sqrt{\dfrac{\sum_{i=1}^{N}(\delta_i - \Delta)^2}{N-1}}$ (7-57)

式中,T_P 和 T_M 分别表示预示温度和测量温度。

表7-4给出了部分航天机构使用的修正判据。

表 7-4 部分航天机构规定的热模型修正判据

航天机构	热模型修正判据
美国空军	δ 在 ± 3 ℃内,超出的需解释
美国某承包商	90% 节点 δ 在 ± 5 ℃内
NASA 哥达德中心	δ 在 ± 1 ℃内节点同时要求 σ 在 2.5 ℃内; δ 在 ± 3 ℃内和 ± 5 ℃内给出百分比; $\lvert \delta \rvert > 5$ ℃给出解释
NASA 马歇尔中心	δ 在 ± 5 ℃内
JPL	δ 在 ± 5 ℃内
ESA	$\lvert \delta \rvert < 5$ ℃(内部设备)或 10 ℃(外部设备); Δ 在 ± 2 ℃内; $\sigma < 3$ ℃
JAXA	$\lvert \delta \rvert < 5$ ℃

基于绝对偏差的判据使用得最多,不同国家或组织之间采用的绝对偏差的数值、要求满足绝对偏差的温度点的百分比略有区别。平均偏差存在正负相消而不能真实反映分析与试验符合程度的缺陷,因而极少单独采用。ESA 的修正判据同时对三种偏差均提出了要求。

为保证最终飞行温度不超过设备要求的温度(通常也是对要求设备的验收温度,不同航天机构的做法不完全相同,也有机构规定的设备验收温度需在对热控制系统要求的温度范围上再做一定外扩),热控制系统在设计上通常需要保证预示的温度范围相对温度要求有一定余量,这个余量就是通常说的热不确定余量。热不确定余量并不能绝对保证最终飞行温度完全满足要求,美国研究人员经过统计认为,相对要求温度,热控制设计留出 11 ℃ 的热不确定余量,最终飞行温度不超出要求温度范围的概率是 95%。由于模型修正误差不可能是 0,因此修正后的模型仍是有误差的,热模型修正误差是预示温度的另一个附加误差。假设某个热控制系统设计满足 11 ℃ 余量要求,同时模型修正后满足绝对偏差在 ± 3 ℃内,因为模型修正存在 3 ℃ 偏差的可能性,因此在最坏情况下,该设计相对要求温度实际上的余量就只有 8 ℃,实际飞行中温度不超出要求范围的概率就降到了 85%。对于一些机构采用的 10 ℃ 热不确定余量要求,如果模型修正毫无误差,其飞行温度满足要求的概率是 93%,但如果绝对偏差修正判据只要求 5 ℃,则飞行温度不超限的概率就降到了 64%。因此,热模型修正判据越宽松,要求热控制设计满足的热不确定度就应越大。

表 7-4 中的修正判据通常只是作为推荐判据,因为完全满足修正判据通常

是有很大难度的，几乎所有的热模型修正结束时都会有超过判据的温度点。此时需要技术上的解释，同时一般应当对不满足的温度点进行风险评估，通常需要考虑以下方面：

（1）不满足点是否关系关键硬件。关键硬件是指温度范围相对约束更强的设备，如电子设备、运动机构、电池等。非关键设备一般温度范围很宽，如结构表面和辐射器。非关键设备可以用更宽松的修正误差判据，因为它们一般有较大的温度余量。

（2）修正误差是偏保守还是非保守。偏保守的修正误差是指热工况下预示温度比试验温度高，或冷工况下预示温度比试验温度低。非保守的修正误差将减小热不确定余量，两种工况下同一个点的误差如果一个偏保守，另一个偏非保守，则需要不同的评估。

（3）相邻部位的温度是否与不满足点温度趋势相同。如果相邻部位温度与试验数据的差值趋势不同，则需要更多关注，反之可以关注少一些。

（4）趋势是否与其他试验工况相同。与（3）考虑类似，如果一种工况下不满足而其他试验环境下吻合很好，则这个单一的不满足可以关注少一些。这个考虑只适用于有足够多的、大温度范围跨度的试验工况的情况。例如，如果热工况下不满足而其余工况又只有一个标称工况或冷工况，这种情况就不适用，因为冷热工况下热负载和排散通道可以变化很大。

3. 热模型状态

既然热模型修正是分析与试验之间相关性的检验，那么修正的前提是两者状态一致。所谓状态一致，是指除了待修正参数外，其余作为已知条件的参数或状态应当保持一致。例如分析中是某个设备的主份开机，但试验中是备份开机，则热模型的相应热耗设置需要修改；某个热管在试验中因为重力影响而不工作，分析模型也应进行针对性的状态修改。此外，地面试验中因为热流模拟、安装等引入的额外装置尤其需要关注：理论上热流模拟措施应当是能准确模拟外热流的，但实际情况却并不一定，比如构型复杂时，热流模拟就容易顾此失彼，此时，除非能实现比较精确的热流测量（往往难以达到，比如测量部位就很难做到充分覆盖），否则可能就需要将热流模拟设施体现到模型中，当然这样做又会带来一些新问题，比如红外笼的不锈钢带条个体的偏斜、扭转能否准确体现等。试验中的安装工装、附加测试电缆等带来的影响也会导致类似困难，其影响未必通过测量就能很好获得，可能将其增加到热模型中有时就是必要的。总之，试验（尤其是地面试验）与分析模型状态的一致性，是热模型修正的前提，但在操作上又是一个不那么容易的问题。

4. 小结

综上，热模型只能针对分析误差中的一部分来源进行修正，而且测量数据总是有限的，所以热模型没有唯一解。如果是用偏差小于某个限值作为修正合格判据，修正后的模型只能说用有限测量数据衡量时满足修正判据，所得到的修正参数只是满足判据的若干组数据中的一组而已。如果是用最小二乘法修正，看上去是求极值、解方程组，因而似乎是唯一解，但其实也是忽视了除观测误差之外的其余误差（即使开展了减小截断误差的模型精细化调整，一旦调整结束进行分析与试验的对比，截断误差就已固定，修正本身不对截断误差进行调整，即截断误差此时也是被忽略的）前提下得到的，何况针对的观测误差也只是选定的部分观测参数，所以事实上也不是唯一解。

7.7.2　参数分析

模型修正时显然不大可能对所有存在不确定性的输入参数全部进行修正，而且以实用的观点来看也只需要修正热模型对其敏感的参数即可，因此热模型修正的第一步是参数识别或参数分析。识别应当修正的参数并非易事，不是纯凭经验即一眼可见，盲目的试探又低效甚至出现方向性错误，因此需要较好的洞察力与试探性分析迭代。

参数分析包括两部分内容：确定参数改变的规则，即确定参数抽样方法；根据模型对变化参数的反应，确定模型与参数之间的敏感性。

1. 参数抽样方法

早期的参数分析往往是半经验－试凑法，这种方法每次只改变一个敏感参数，事实上敏感参数对结果的影响是同时作用的，因此这种方法低效且盲目，容易导致大量反复性的分析。

相对更为合理和高效的方法有正交分析法、全空间随机抽样法、拉丁超立方（Latin Hypercube）抽样法。

1）正交分析法

正交分析法包括全正交分解法和部分正交分解法。假设有三个可变参数 A、B、C，全正交分解法按表 7-5 的八种组合逐次进行分析，其中－1 表示对参数取低限，＋1 表示取高限。部分正交分解法则只选取全正交参数组合的一部分组合，表 7-6 是称为 Taguchi 方法的部分正交分析参数组合。

表 7-5　全正交分析参数组合

A	B	C
-1	-1	-1
+1	-1	-1
-1	+1	-1
+1	+1	-1
-1	-1	+1
+1	-1	+1
-1	+1	+1
+1	+1	+1

表 7-6　部分正交分析参数组合

A	B	C
-1	-1	-1
-1	+1	+1
+1	-1	+1
+1	+1	-1

2）全空间随机抽样法

正交分析法的工作量仍是相当大的，而且覆盖性也相当有限，比如参数居于中间数值的情况就没有分析到。对于大规模、多参数的模型，Monte-Carlo随机模拟的参数分析方法更有优势，Monte-Carlo参数分析方法是对选定的不确定参数，在指定的可变范围空间内，随机产生一组参数并对模型进行求解，重复这一抽样－求解过程，即可统计出模型对参数的响应。这种方法可以更全面地定量评估模型与参数的相关性，也可以完成关于热设计健壮度的分析评估（即考虑多个参数可变的情况下，回答温度落在某个区间的概率）。

这种方法需要根据实际情况指定参数的分布规律，如均匀分布、正态分布等。

3）拉丁超立方抽样法

拉丁超立方方法于1979年由McKay专门为仿真试验提出，其基本思想是：将每个随机参数 $x_i \in X$ 在参数空间 θ 内按照概率大小 m 等分，在计算中严格保证每一等份内抽样一次；如果有 n 个随机参数，取样空间由 $n \times m$ 维矩阵组成，每个抽样点等概率地分散在 $n \times m$ 取样空间。拉丁超立方方法能够以较少的样本点反映整个设计空间的特性，成为一种有效的样本缩减技术。参见图 7-17，以两个随机变量为例，假定将样本空间等分为 5，则可以用下面公式对变量 A、

B 进行取样:

$$A_N = A_L + \frac{2^{N-1}}{2^5}(A_H - A_L), \quad N = \text{random}\{1, 2, \cdots, 5\} \quad (7-58)$$

$$B_N = B_L + \frac{2^{N-1}}{2^5}(B_H - B_L), \quad N = \text{random}\{1, 2, \cdots, 5\} \quad (7-59)$$

其中两个随机变量 N 各自独立,即得到一组 A、B 的组合。保证随机变量不重复的情况下抽样 5 次就得到 5 个 A、B 组合。

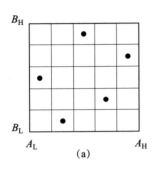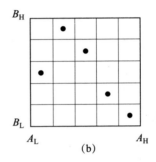

图 7-17 拉丁超立方抽样示意图
(a) 随机抽样分布 1;(b) 随机抽样分布 2

拉丁超立方抽样高效,但有时也会遗漏最佳开始点,尤其是参数空间离散得过于稀疏时,所以有时也采用全因子扫描,即图 7-17 中每个格子都要取一点,但全因子抽样的效率就低很多。

2. 参数敏感性分析

假设模型共有 m 个可变参数为 P_1、P_2、$\cdots$、P_m,选作分析的温度点共有 n 个 T_1、T_2、$\cdots$、T_n,按照选定的抽样方法,每改变一次参数就得到一次温度结果,第 i 次模拟的对应关系为

$$(P_1^i, P_2^i, \cdots, P_m^i) \rightarrow (T_1^i, T_2^i, \cdots, T_n^i)$$

共进行 N 次随机模拟,任一参数 $P_k(k=1, 2, \cdots, m)$ 的第 i 次取值在 N 次取值中的排序记为 $R^i(P_k)$,任一温度 T_j $(j=1, 2, \cdots, n)$ 的第 i 次计算值在 N 次计算结果中的排序记为 $R^i(T_j)$,则 P_k 与 T_j 的 Spearman 秩相关系数为

$$r(P_k, T_j) = 1 - \frac{6\sum_{i=1}^{N}[R^i(P_k) - R^i(T_j)]^2}{n(n^2-1)} \quad (7-60)$$

由此即可得到每一参数 P_k 与每一温度 T_j 的相关系数,$|r(P_k, T_j)|$ 即表明了对参数的敏感性,但高、中、低敏感区间的区分判据具体值由分析者自定。

根据目标量(温度)与参数的相关性,可以得到分析评估的设计健壮度,

即定量回答某个温度落在某个区间的置信度和不确定度（或者是满足某个置信度的温度范围）。表 7-7 和图 7-18 即西班牙 CASA 针对 MINISAT 进行的不确定性概率分析。

表 7-7 MINISAT 分析温度概率分布

	平均值/℃	方差/℃	90%置信度		95%置信度		99%置信度	
			不确定度/℃	T_{max}/℃	不确定度/℃	T_{max}/℃	不确定度/℃	T_{max}/℃
电池温度	5.96	0.895	1.48	7.44	1.75	7.71	2.51	8.47
ODBH 温度	27	3.7	6.12	33.12	7.25	34.25	10.40	37.40
某参考点温度	18.7	2.68	4.43	23.13	5.25	23.95	7.53	26.23
电源控制器温度	25.1	3.76	6.22	31.32	7.37	32.47	10.57	35.67

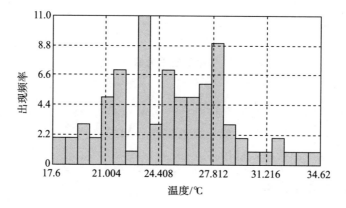

图 7-18 MINISAT 电源控制器分析温度统计柱状图

7.7.3 修正方法

敏感参数确定后，热模型修正完全可以视为优化问题：第一步需要确定优化目标，也就是修正的目标函数；第二步是在敏感参数可变范围内，寻找满足目标函数的参数。

1. 修正目标函数

修正的目标一般是 min（OBJECT），OBJECT 是表示试验数据 T_i^t 和预示值 T_i^p 的相对偏差的某个函数，常用的 OBJECT 定义方式有：

误差平方最小化：$OBJECT = \sum_i (T_i^p - T_i^t)^2$

平均误差最小化：$OBJECT = \sum_i |T_i^p - T_i^t|$

误差立方最小化：$OBJECT = \sum_i |(T_i^p - T_i^t)^3|$

最大误差最小化：$OBJECT = \max(|T_i^p - T_i^t|)$

以上定义是基于稳态或一个时刻的，如果对瞬态过程修正，或者对多次重复性稳态试验修正，就需要对目标函数在不同时间或针对多个工况进行累加（再次求和）。对同一个模型，不同的修正目标参数在收敛速度、收敛稳定性、对试验数据的容错性等方面都有差异，这种差异又是与模型相关的。

2. 寻优方法

修正过程可以视为以分析与试验在某个意义上（设定的修正目标函数）差值最小为目标的反问题求解过程。不管目标函数是何种定义形式，它总是由原网络方程组和试验温度构成的函数，修正的目的正是寻找目标函数的最小值。常用的方法大致可以分为基于抽样的和基于梯度的两类。

基于抽样的方法类似穷举法，即对所有参数在其变化区间内随机取值并比较模型结果与试验的差值，随机取值抽样数足够大时，就近似对所有参数进行了穷举，参数抽样可以是前述全随机、全因子扫描、拉丁超立方抽样等。尽管这种完全随机模拟法的过程可以自动化，但仍旧是非常耗时的。

一般热模型的修正都可以视为单目标无约束优化问题，即除不确定参数需要限制在某个范围之外，不再有模型描述范围之外额外的参数约束关系。对于这种无约束优化问题，注意到寻找修正目标函数的最小值近似寻求目标函数的极小值，因此可以用最速下降法，计算修正目标函数在一个初始解处的梯度，然后沿负梯度方向跨适当步长，不断重复这一过程。问题是沿负梯度方向应该跨多长，则有多种算法。目前热网络问题常用 FR（Fletcher-Reeves）方法。FR 等最速下降法在接近最终解时收敛缓慢，加以改进则有共轭梯度法，Broyden，Fletcher，Goldfarb 和 Shanno 提出的 BFGR 方法即其中一种。

基于梯度的方法对选取的初值有依赖，若初值选取不当，可能只能获得局部最优解。

基于常用寻优算法和不同数据抽样的诸多特点，工程上目前相对较优的修正流程是：

（1）针对大范围的不确定参数进行参数分析，通过参数相关性（敏感性）剔除不敏感参数，确定更小的待修正参数范围。

（2）采用拉丁超立方抽样法进行参数搜索，获得近似最优解。

（3）在近似最优解附近采用 FR 或 BFGS 方法进行最终优化求解。

7.8 常用热分析软件简介

软件求解功能、精度、效率、前后处理的便捷性、模型诊断方便性、模型维护便利性等因素，都是热分析软件选择的考量因素。某些特殊问题只能部分软件才支持；如果温度场求解结果要用作力学分析的输入，涉及数据传递的自动化程度在不同软件中会有很大差别。因此，了解软件的特点，有助于选择最适宜的软件。

传统意义的航天器热分析软件指用于计算辐射（含外热流）、流动问题或求解热网络的软件，不包括用于几何造型和网格划分的前处理软件。前处理软件和传统意义上的热分析软件互相渗透，某些前处理软件就演变成为分析集成平台，其中热分析功能由其中的某些模块完成，集成平台本质上不是分析软件而是建模工具，但因为能提供前处理模块与分析模块之间更快捷、更自动化的接口，也常被认为该平台具备某种分析功能，属于热分析软件。考虑到前处理功能有时也是选择软件的考虑因素之一，因此以下简介也将包括部分广为熟知的集成平台软件。

7.8.1 NEVADA

NEVADA 是单纯的辐射（含外热流）分析软件。它使用 Monte－Carlo 法计算辐射问题，辐射分析功能非常强大：支持漫反射、镜反射、投射、折射、双方向相关反射（即反射率或镜面率或透过率随方位角和天顶角变化），也支持有吸收性/参与性介质的辐射问题；支持对行星定向、对太阳定向、对轨道定向、对空间定向等多种飞行姿态，并支持轨道机动。NEVADA 中用户可以调节的控制参数多，使分析者易于对模型进行诊断和控制。

NEVADA 可以使用普通文本编辑器或 SPARKS 建造模型，较早的 TMG 和 PATRAN 也可以输出 NAVADA 格式模型，但是几何面全部用三角形或四边形表示。总的来说，NEVADA 建模很不方便。NEVADA 的输出为文本格式的、SINDA 类软件接收的辐射热导或外热流数据。

SINDARAD 是 SINDA/G 软件出品公司与 FEMAP 合作开发的一款辐射分析软件，同时具备辐射模型建造和计算功能。该软件仅计算角系数和辐射换热系数而不计算外热流，采用 Hemicube 或 Monte-Carlo 法，仅支持漫射表面。

TRASYS 是与 NEVADA 功能类似的软件，国内未曾使用。

7.8.2 SINDA/FLUINT 和 SINDA/G

SINDA/FLUINT 和 SINDA/G 都是基于有限差分的、使用最为广泛的通用热网络求解软件。二者均源于 SINDA'85（源于 CINDA），SINDA'85 受美国政府资助，之后衍生出 SINDA/G 和 SINDA/FLUINT。

两个软件都使用集总热容参数法求解 G-C 网络，功能非常类似，比如均支持变边界、变功率、变物性问题求解，可以模拟恒温控制、相变、烧蚀、一维不可压单相流动。最主要的区别是，SINDA/FLUINT 支持一维两相流。另外，SINDA/G 的规则更简洁一些，因此，SINDA/G 可以视为简洁版的 SINDA/FLUINT。

软件求解的热网络中的参数必须是确定的，输入这些参数的过程就是建造 SINDA 模型的过程，这一过程可以使用普通的文本编辑器，也可以使用专用的前处理软件。SINDA/FLUINT 的前处理软件主要有 SinapsPlus 和 ThermalDesktop，以后者居多。SINDA/G 的前处理软件有 Thermal Studio、FEMAP、PATRAN 等。

在这些前处理软件中或许可以输入辐射型热导和外热流，但这两类数据的来源只能是专门的辐射分析软件的输出。

此外，多数热网络求解软件如 TMG、ESATAN 等也可以输出 SINDA 格式的模型。

因为整个模型的构成参数对用户均是可见的，且允许使用 Fortran 或类 Fortran语句增加控制逻辑，因此，使用SINDA类软件，分析者可以对模型有很好的控制。

7.8.3 ThermalDesktop

虽然与SINDA/FLUINT出自同一家公司，但ThermalDesktop本质上是前处理器/集成平台，SINDA/FLUINT并非ThermalDesktop的组成部分，ThermalDesktop可以视为三部分组成：前处理器（AutoCAD）＋辐射分析软件（RADCAD）＋一维管流建模工具（FloCAD），也就是说，ThermalDesktop的分析功能只包括辐射计算。ThermalDesktop经常与SINDA/FLUINT配合使用，常被认为有热网络求解功能。

7.8.4 TMG

TMG同时具有辐射（含外热流）计算和热网络求解功能，热网络求解使用控制体积法，其微分方程离散化过程与基于泰勒级数展开的有限差分法有些区别，但都可以视为集总参数法，TMG的集总参数定义在网格单元的中心。

TMG的热网络求解功能与SINDA类软件类似，支持一般的G-C网络求解，也支持一维不可压管流（仅单相）。它的辐射分析算法包括等值线积分法、Nusselt球法、Hemicube法、Monte-Carlo法、Oppenheim法和Gebhardt法，也支持对镜反射或透过辐射问题的射线跟踪法，但其辐射分析功能没有NEVADA丰富和精度高。TMG模型修改不易检查和修改。

TMG的主要优势是高集成度，一个模型可以完成辐射换热系数分析、外热流分析、一维流动温度场求解，借助于I-DEAS的Data Surface映射功能，可以方便地将温度场映射到力学有限元模型上。另外，它与ESC出自同一家公司，因此与ESC的数据传递也能高度自动化。TMG+ESC是唯一一个能用一个模型完成外热流-辐射-传导-三维流动耦合分析的软件。

建造TMG模型一定需要前处理器，最著名的是I-DEAS，因此TMG通常被称为I-DEAS TMG，随着I-DEAS从SDRC易主到EDS，再到Siemens，其与前处理软件的组合目前主要是I-DEAS TMG和NX TMG，TMG出品公司加拿大Maya Heat Transfer Technologies既是I-DEAS和UG NX的授权销售商，也是I-DEAS和UG NX的OEM商。即Maya既可以顺便销售I-DEAS或UG NX，也可以作为I-DEAS或UG NX的一个模块被Siemens销售。同时，

Maya 公司自己也开发了 FEMAP 软件，该软件可以认为是集成了 TMG 和 ESC 的轻量版 I-DEAS 或 UG NX。

因为功能丰富，多家前处理软件均与 Maya 合作，使 TMG 成为与其可无缝衔接的一个模块，而不是仅仅有接口，除 FEMAP 直接包含 TMG 外，目前将 TMG 作为可选模块的有 I-DEAS、UG NX、PATRAN。

7.8.5 ESATAN

ESATAN 本来只是通用热网络求解器，功能上与 SINDA/FLUINT 几乎完全类似。辐射分析模块 ESARAD、一维管流分析模块 FHTS 均是其扩展模块，经常与 ESATAN 配合使用。与 SINDA 类软件包含烧蚀计算功能不同，烧蚀分析功能模块 ABLAT 是独立的扩展模块。近年使用 ESATAN-TMS 作为集成平台，但最为人知的名称还是 ESATAN，因此，ESATAN 不仅表示求解器，而且被用指集成平台，或包含了 ESARAD 或 FHTS 模块的软件包。

7.8.6 SystemA

SystemA 是可以包括轨道、污染、羽流、空间碎片等诸多功能的集成分析平台，其中与热相关的有 Thermica 和 Thermisol，前者是辐射分析模块，后者是热网络求解模块。最为人熟知的名字是 Thermica，功能上与 NEVADA 类似。Thermisol 功能与 SINDA 类软件类似。

7.8.7 Flotherm、ICEPAK、ESC、FLUENT

Flotherm、ICEPAK 和 ESC 都主要针对地面电子设备的热分析问题，自然也可以用于空间存在强迫气体流动情况下的电子设备热分析，在这种情况下，前两个软件的网格功能强一些，Flotherm 内置的电子元器件库丰富一些，除此之外，三个软件功能上相差不多。但对于没有气体流动的情况，三个软件应用起来都有不便之处：需要划分不必要的气体网格且需要人为处理将流动换热弱化；另外，三个软件的辐射分析精度都不是太高。

因为 TMG 对辐射、外热流、热网络求解集成功能强，而 ESC 模型与 TMG 模型衔接方便，ESC 辐射分析方面的不足可以由 TMG 弥补，因此，ESC 反倒可以用于密封舱在轨的外热流-辐射-导热-流动集成分析。本来就三维流场求解而言，FLUENT 作为最著名的流动分析软件，在流体网格划分（实际上由配合的 Gambit 完成）、流动方程求解方面功能远比 ESC 强大，但需要将外热流或壁面温度作为已知边界，而 ESC 借助 TMG 和 I-DEAS 的有关功能，这方面有些优势。

  Flotherm、ICEPAK、ESC、FLUENT 均使用控制容积法。ESC 与 TMG 的控制体有区别，ESC 控制体以有限元单元节点为控制体中心，而 TMG 以单元中心为控制体中心，在流-固界面上使用牛顿冷却定律。

参 考 文 献

[1] 闵桂荣. 空间热流近似模拟方法研究 [J]. 宇航学报,1981 (4).

[2] 钟奇,高晓明,江海,等. 瞬态、准瞬态和稳态热网络模型差异的数值分析 [J]. 航天器工程,2004,13 (2):10-15.

[3] 钟奇. 准瞬态/稳态对瞬态温度逼近度分析 [J]. 中国空间科学技术,2007,27 (1):21-26.

[4] 高本辉,崔素言. 真空物理 [M]. 北京:科学出版社,1983.

[5] Anderson B J, Justus C G, Batts G W. Guidelines for the Selection of Near Earth Thermal Environment Parameters for Spacecraft Design [R]. NASA Technical Memorandum TM-2001-211221,2007.

[6] 钟奇,文耀普,李国强. 近地热环境参数对航天器温度影响浅析 [J]. 航天器工程,2007,16 (3):74-77.

[7] [美] Frank. P. Incropera, David. P. Dewitt. 传热的基本原理 [M]. 葛新石,王义方,郭宽良,译. 合肥:安徽教育出版社,1985.

[8] Structural Dynamics Research Corporation. I-DEAS TMG Thermal Analysis Reference Manual,1999.

[9] 孙菊芳. 有限元法及其应用 [M]. 北京:北京航空航天大学出版社,1990.

[10] Schneider G E, Raw M J. Control-Volume Finite Element Method for Heat Transfer and Fluid Flow Using Co-located Variables-1 [J]. Numerical Heat Transfer,1987,11:363-390.

[11] 赵学端,廖其奠. 粘性流体力学 [M]. 第二版. 北京:机械工业出版社,1993.

[12] Rhie C M, Chow W L. A Numerical Study of the Turbulent Flow Past an Isolated Airfoil With Trailing Egde Separation [C]. AIAA/ASME 3rd Joint Thermophysics, Fluids, Plasma and Heat Transfer Conference. St. Luis, Missouri,1982.

[13] 忻孝康,刘儒勋,蒋伯诚. 计算流体动力学 [M]. 长沙:国防科技大学

出版社，1989.

[14] 钟奇. 航天器密封舱内气体流动和热分析 [D]. 北京：中国空间技术研究院，2001.

[15] 徐翠薇. 计算方法引论 [M]. 北京：高等教育出版社，1985.

[16] 郭宽良，孔祥谦，陈善年. 计算传热学 [M]. 合肥：中国科学技术大学出版社，1988.

[17] 王保国，刘淑艳，王新泉，等. 传热学 [M]，北京：机械工业出版社，2009.

[18] [美] Ching Jen Chen，Richard Bernatz，Kent D. Carlson，et al. 流动与传热中的有限分析法 [M]. 赵明登，译. 北京：中国水利水电出版社，2010.

[19] 廖日东. 有限元法原理简明教程 [M]. 北京：北京理工大学出版社，2009.

[20] Structural Dynamics Research Corporation. The Advanced TMG Course. 1999.

[21] 陶文铨. 计算传热学的近代进展 [M]. 北京：科学出版社，2000.

[22] Flomerics Corporation. Modeling Integrated Circuit Packages using FLOPACK，2006.

[23] 钟奇. 大型或复杂构形辐射等效热平衡试验方法研究 [J]. 中国空间科学技术，2010，30（2）：31-36.

[24] 钟奇，潘维，易桦，等. 传导-辐射传热系统的模块化热分析方法 [C]. 第11届空间热物理会. 北京，2013.

[25] 侯增祺，胡金刚. 航天器热控制技术-原理及其应用 [M]. 北京：中国科学技术出版社，2007.

[26] 何知朱. 新型热控材料器件及应用 [M]. 北京：中国宇航出版社，1988.

[27] 闵桂荣，郭舜. 航天器热控制 [M]. 北京：科学出版社，1998.

[28] 闵桂荣. 卫星热控制技术 [M]. 北京：中国宇航出版社，1991.

[29] 翁建华. 航天器热网络理论及实验研究 [D]. 北京：中国空间技术研究院，1995.

[30] Boisvert P，Rheault S，Theophanous P，et al. Verification of ENVISAT ASAR Active Antenna Thermal Design by a Thorough Sensitivity Analysis [C]. 27th International Conference on Environmental Systems. Lake Tahoe，Nevada，1997.

[31] Lamela Herrera F. Stochastic Approach to Spacecraft Thermal Control Subsys-

tem [C]. 15th European Workshop on Thermal and ECLS Software. Noordwijk, 2001.

[32] Vincenzo Mareschi, Valter Perotto, Matteo Gorlani. Thermal Test Correlation with Stochastic Technique [C]. 35th International Conference on Environmental Systems and 8th European Symposium on Space Environmental Control Systems. Roma, 2005.

[33] 钟奇, 刘伟, 麻慧涛. 浅谈热模型修正 [C]. 第 11 届空间热物理会, 成都, 2005.

[34] 杨沪宁. 卫星热模型的蒙特卡洛参数分析和修正方法研究 [D]. 北京: 中国空间技术研究院, 2009.

[35] 刘娜, 程文龙, 钟奇, 等. 基于蒙特卡罗法的卫星热模型参数敏感性分析研究 [J]. 航天器工程, 2009, 18 (4): 102 – 107.

[36] 程文龙, 刘娜, 钟奇, 等. 卫星稳态热模型参数修正方法研究 [J]. 宇航学报, 2010, 31 (1): 270 – 275.

[37] Molina M, Ercolifinzi A. Montecarlo Techniques for Thermal Analysis of Space Vehicles: Practical Examples of Robustness Determinination in Preliminary Design [C]. XVIII Congresso Nazionale AIDAA, 2005.

[38] Maya Heat Transfer Technologies Ltd. . NX Thermal Solver TMG Reference Manual for NX 6.0. 2008.

[39] Maya Heat Transfer Technologies Ltd. . I – DEAS TMG Thermal Analysis Reference Manual. 2000.

[40] ALSTOM Aerospace. ESATAN User Manual. 2007.

[41] Cullimore & Ring Technologies Inc. Thermal Desktop User's Manual. 2009.

[42] Cullimore & Ring Technologies Inc. SINDA/FLUINT User's Manual. 2009.

[43] Network Analysis Inc. SINDA/G User's Manual. 2007.

[44] Astrium. THERMICA User's Manual. 2003.

[45] TAC Technologies. NEVADA Software Package Reference Manual. 2004.

第 8 章

航天器地面热模拟试验

第 8 章　航天器地面热模拟试验

8.1 概　　述

航天器一般运行在真空及冷黑环境中，特殊的行星表面探测器可能会运行在大气环境中，如火星表面探测器等。航天器在轨运行时，会接收到太阳辐射、行星（月球）反照及行星（月球）红外辐射等外热流，同时也会通过航天器散热面及本体向冷黑空间散热，最终实现航天器温度的动态平衡。

航天器地面热模拟试验就是在地面空间环境模拟器中，模拟航天器在轨运行的外热流环境、内热源条件及真空、冷黑背景等环境，获取试验热模型中各设备或结构的温度，以验证热控制设计及热分析模型的正确性。航天器地面热模拟试验一般包括热平衡试验、常压热试验及低气压试验。本章首先介绍空间热环境及外热流模拟方法，在此基础上详细介绍航天器热平衡试验方法，并给出常压热试验及低气压试验的一些探索。

8.2 空间热环境模拟方法

空间热环境主要体现在三个方面：真空；低温和黑背景；外热流。要在地面上同时严格精确模拟这三个空间热环境条件是极其困难的，通常的模拟是近似模拟。

8.2.1 真空

一般航天器飞行轨道处于大气层外高真空环境中，随着飞行高度的增加，空间环境的气压从 10^{-5} Pa 下降到 10^{-14} Pa 以下。要在大型空间环境模拟设备中长时间保持这样高的真空，目前在技术上有相当大的难度。空间的高真空环境，实质上是消除了空气对流的作用，从这个角度看，只要空间模拟设备抽真空后的残余空气所引起的对流换热效果可以忽略，那么这个压力就是允许的。根据气体传热和压强的关系可知，在 10^{-1} Pa 的压力下气体的传热性能只有一个大气压下的 0.01%。计算还表明，在压力为 10^{-3} Pa 时，假设气体的热适应系数为 1.0，那么，对于一个表面温度为 300 K 的卫星，通过导热能力较大的氢气分子所传递的热量，大约等于半球发射率为 0.1 的卫星所辐射出的总能量的 0.33%，这个量是非常小的。实际上卫星表面的发射率都远大于 0.1，而且其他气体的传热能力都比氢气要小。因此，从工程应用角度讲，用 10^{-3} Pa 的真空条件来近似模拟宇宙空间的高真空,对于航天器热平衡试验所带来的影响是完全可以忽略的。

在有些试验中,需要模拟从常压到高真空的变化过程,即泄压过程的模拟,比如模拟运载火箭发射过程中整流罩内压力变化过程。泄压过程模拟的重要指标是泄压速率及泄压后的压力水平,以 CZ-5 运载火箭为例,在主动段,其整流罩内部的压力变化曲线如图 8-1 所示,需要模拟的最大压力变化速率为 6.9 kPa/s。泄压过程模拟一般使用试验小容器和抽真空的大容器组合模式进行。如果采用小容器直接向大容器泄压的方法,根据理想状态方程 $PV=nRT$ 可知,对于泄压后最低压力为 10 Pa 的泄压过程,则要求大容器与小容器的容积比约为 1 000,这么大的容积比通常无法获得,或获得的代价比较大。工程上可行的做法是,在压力较高的阶段,由于泄压速率较低,一般采用小容器的粗抽机械泵进行粗抽即可满足要求;当压力降低到小容器粗抽机械泵无法满足要求时,开启通向大容器的泄压阀,直接向大容器内进行泄压,以获得更大的泄压速率,同时大小容器的机械泵保持稳定抽速,直至小容器内压力满足规定的泄压速率和压力水平要求。

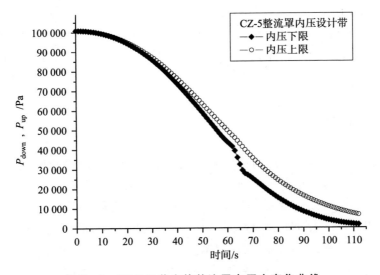

图 8-1 CZ-5 运载火箭整流罩内压力变化曲线

8.2.2 低温和黑背景

宇宙空间背景发射的辐射能量大约相当于 4 K 黑体的热辐射能量,几乎可以认为是 0,为了模拟这一点,空间环境模拟器热沉温度应当尽量接近 4 K,热沉表面对红外光谱的吸收率（即红外发射率）应当尽量接近1，但在工程上这是不可能实现的。因此，空间环境模拟器热沉对航天器的红外辐射加热总是高于4 K冷黑背景的，这个红外辐射加热通常称为背景热流。因为试验中还会模拟航天器在轨吸收的空间外热流，如果背景热流能在模拟空间外热流中予以准确地扣除，则背景热流与4 K空间冷黑背景的差异也就完全得到消除。

但是，如果不能在模拟空间外热流中抵消部分背景热流的影响，则要么需要对其影响进行分析评估（前提是能准确获知背景热流），要么尽量将其降低至可以接受的水平。因为热沉表面红外发射率无法达到1.0，因此航天器与热沉表面之间的两表面构成的封闭腔辐射换热就与表面面积比有关。因此，背景热流的强度就与热沉温度、热沉表面红外发射率、热沉与航天器表面积之比都有关，对于某一局部区域而言，还受其与可见热沉的相对方位影响，所以背景热流的准确分析评估仍是很困难的。为尽量简化问题，一般要求热沉温度尽可能低，热沉表面的红外发射率尽可能高，热沉的表面积相比航天器的表面积尽可能大。

工程上通常采用液氮低温介质来模拟空间的低温环境，热沉表面温度一般只能低至100 K左右，热沉表面红外发射率一般只能高到0.95左右，热沉与航天器特征尺寸比（近似代表表面积比）一般可以达到2以上。这些条件对于航天器整体的试验偏差通常是可以接受的，但也不排除有时仍需要进行影响评估，尤其是对于低温工况。

8.2.3　空间外热流

一般情况下，需要模拟的空间外热流包括航天器飞行中吸收的太阳辐射、行星（月球）反照和行星（月球）红外辐射。按照模拟热流的光谱特性，空间外热流模拟方法可以分为入射热流法和吸收热流法两种。入射热流法是指模拟入射到航天器产品表面上辐射热流强度、光谱分布及方向。吸收热流法是指仅模拟航天器产品表面吸收辐射热流强度。

部分文献中也出现了与入射热流法、吸收热流法并列的等效热沉温度法，其具体操作方法有两种：一种是令内热耗为0的情况下计算表面等效温度，并在试验中对该温度进行测量和闭环控制，该温度的测量或者使用热敏电阻，或者使用敏感面与航天器表面相同材料的热流计，不管哪种都应保证温度只受外热流的影响；另一种是使用红外板，使试验中航天器表面仅与红外板直接可见，将所有待模拟的外热流转换为红外板的红外辐射，并进一步将红外板的辐射按 Stefan－Boltzman 定律换算出温度，试验中对温度进行控制。第一种方式与吸收热流法在原理上是完全相同的。因此，如果将等效热沉温度法视为与吸收热流法并列的方法，就会出现分类的交叉重叠。如果按照是否模拟热流的光谱来区分，则等效热沉温度法完全可以归为吸收热流法，且不会出现分类交叉。因此，按入射热流法和吸收热流法分类更为合理。我国和欧洲航天界目前均使用这种分类方法，与国际标准也是一致的。

8.3 外热流模拟装置与外热流测量

8.3.1 外热流模拟装置

常用的外热流模拟装置包括太阳模拟器、红外笼、红外灯阵、红外加热棒、红外板及表面接触式电加热器等，其中太阳模拟器采用的是入射热流模拟方法，其他装置采用的是吸收热流模拟方法。

1. 太阳模拟器

太阳模拟器主要由光源、光学系统、冷却系统和控制系统组成。从结构上可以分为同轴式太阳模拟器和离轴式太阳模拟器。太阳模拟器性能的评价指标主要有辐照度、辐照不均度、辐照不稳定度、准直角及光谱匹配性。

采用太阳模拟器开展航天器热平衡试验具有先天优势，可以直接考核航天器表面涂层热光学性能，较好地模拟航天器表面各部分之间辐射热耦合效应。但是，太阳模拟器只能模拟太阳辐射热流，行星（月球）反照及行星（月球）红外辐射热流仍然需要采用其他措施进行模拟。

航天器在轨道上不断运动，它相对太阳的方向亦不断发生变化。因此，在试验中必须调整太阳光与航天器的相对位置。通常的做法是采用运动模拟器实现航天器在模拟室内部的运动,而模拟光源处于固定状态。美国的 Zerlaut 等人发明了一种具有纵向、横向和俯仰运动机构的太阳灯阵,即活动光源。该太阳灯阵安装在龙门起重机上,通过链条调整灯阵的纵向位置,通过脚轮调整灯阵的横向位置,通过俯仰机构调整灯阵的倾斜角度。

2. 红外加热器

红外笼、红外灯阵、红外加热棒及红外板等都属于红外加热器,用来模拟航天器表面所吸收的热流。

红外笼模拟的热流一般在远红外波段,通常由固定在框架上的加热带(多由不锈钢带制成)组成,如图 8-2 所示。根据被加热面的形成可设计成平板、圆柱或圆锥形等各种形状。根据需要,加热带可分成不同的加热回路进行控制。为了提高加热效率,加热带一般仅在朝向航天器的一侧喷涂高发射率涂层,如黑漆,外表面则为光亮表面。对于一些特殊的低热流模拟需求,如模拟轨道阴影区的小热流时,有时需要将加热带外表面上也喷涂高发射率涂层,以加速加热带的降温,降低加热带的温度,从而实现较小的加热热流模拟。红外笼的热惯性相对较大,一般不适合模拟瞬态效应较强的情况。

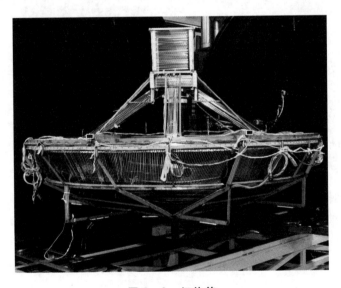

图 8-2 红外笼

红外灯阵是由固定在支架上的多只红外灯组成的。为了提高加热效率和改善热流分布,通常在红外灯的背面安装有高反射率的反射板,在灯阵的四周或分区之间安装有不锈钢挡板。红外灯阵一般为平板形、圆形或其他相对规则的形状，由于红外灯尺寸较大，因此不易实现较为复杂的形状。红外灯加热热流光谱与所加电压有关，通常存在一定的可见光谱。另外红外灯的辐照强度具有显著的方向性，因此需要仔细地设计与检测红外灯阵的热流均匀性。红外灯阵具有遮挡系数小，热惯性小的特点，能够比较容易实现瞬态热流的模拟。

红外加热棒是由固定在支架上的铠装加热棒组成的，如图 8-3 所示。加热棒是在一金属管内放入电热丝，并在空隙部分紧密地填充有良好的导热性和绝缘性的结晶氧化镁，如图 8-4 所示。为了提高加热效率和改善热流分布，通常在红外加热棒的背面安装有高反射率的反射板，在红外加热棒的四周或分区之间安装有不锈钢挡板。红外加热棒热流性质类似红外笼，为远红外光谱热流；布局上类似红外灯阵，遮挡系数小，但热容量比红外灯大，瞬态效应相对较差。

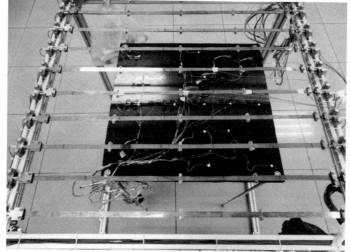

图 8-3　红外加热棒装置示意图

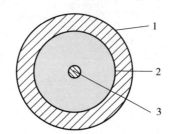

图 8-4　红外加热棒结构示意图

1—不锈钢套管，外表面半径为 r_3；2—绝缘层，外表面半径为 r_2；3—电热丝，外表面半径为 r_1

3. 接触式电加热器

接触式电加热器直接粘贴在试验对象的表面，这种方式要求加热器的粘贴和试验后的去除不能损伤试验表面。一般情况下，加热器与试验表面红外发射率会有明显差异：当用于模拟散热面外热流时，加热器的外表面要喷涂与散热面发射率相同的替代涂层；当用于模拟多层隔热组件外热流时，则应当对加热热流密度予以折算。此外，如果加热表面上还存在外部红外辐射加热，则应当在加热器施加热流密度中予以扣除。

8.3.2 外热流测量

在航天器热平衡试验中，除了入射热流法，以及吸收热流法中的表面接触式电加热和红外板模拟外热流外，其他外热流模拟方法一般需要测量达到受试航天器表面的热流。在航天器热流模拟试验中，使用最多的是辐射式热流计。绝热型热流计是经常使用的一种辐射式热流计，其原理结构如图8-5所示，吸收热流的敏感片，一般为涂有高吸收率涂层的圆形金属薄片，片中心安装有热电偶，敏感片通过多层隔热材料与底板相连组成热流计。使用时，将热流计安装到航天器表面预定位置，测量敏感面温度并根据Stefan-Boltzman定律即可获得该表面的到达热流或吸收热流。

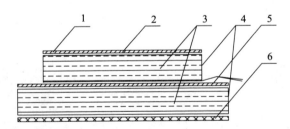

图8-5 绝热型热流计结构组成示意图
1—敏感片；2—热电偶；3—多层隔热组件；4—防护膜；5—补偿片；6—底片

一般情况下，热流计敏感片涂层性质、辐射热流的光谱分布特性对热流测量的准确性至关重要。对于热流计敏感面涂层与航天器表面涂层相同时，可以消除模拟热源辐射光谱变化对测量结果的影响；对于热流计敏感面涂层与航天器表面涂层不一致时，测量结果将存在差异。在热流计背面和侧面近似绝热的情况下，如果模拟光源属于完全的红外谱段，这种差异是可以根据两种涂层红外发射率换算的。红外灯的光谱不是完全的远红外谱段，因此使用红外灯阵时应使用敏感面涂层与航天器表面涂层一致的热流计；使用红外笼等其他远红外热流模拟装置时，热流计敏感面涂层可以与航天器表面不同，只要敏感面涂层发射率确定即可，通常在敏感面上喷涂黑漆，使其发射率接近1.0。

从绝热型热流计的结构组成可以看出，敏感面同其背部结构之间的隔热对测量准确性影响很大。为了提高辐射热流计测量的准确性，一个基本的思路就是减小敏感片通过下部多层隔热组件的漏热，由此衍生出了一种多级隔热式热流计，如图8-6及图8-7所示。该热流计的敏感面通过低导热系数支架安装在内胆上，内胆（其由绝热型热流计中的补偿片演变而来）通过低导热系数支

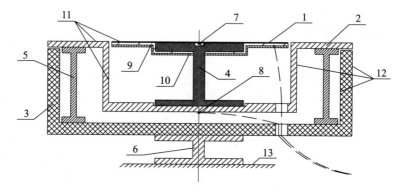

图8-6　多级隔热式热流计构型

1—敏感面；2—内胆；3—外壳；4—敏感面安装架；5—内胆安装架；6—外壳安装架；
7—敏感面热电偶；8—内胆热电偶；9，10—多层隔热组件；
11—黑漆涂层；12—镀铝膜；13—热流计安装面

图8-7　多级隔热式热流计实物

架安装在外壳上,而外壳也同样通过低导热系数支架安装在被测表面上,由此形成了一种多级隔热结构。内胆暴露在外的表面与敏感面平齐,因此内胆温度更接近敏感面的温度。由于内胆与敏感面之间采取了隔热措施,因此在温度水平接近的情况下,敏感面和内胆之间的换热量将控制在极低的水平,从而可以近似认为敏感面与其背部结构之间绝热,使得热流测量精度进一步提高。

随着深空探测的发展,越来越多的试验中需要模拟和测量瞬态热流,瞬态热流计的动态响应特性对保证试验成功具有重要作用。图 8-8 所示为一种双环热保护瞬态辐射热流计,该型热流计通过使用 0.2 mm 纯铜片制备敏感片,通过双环热保护减少敏感片沿侧向的漏热,获得了良好的瞬态响应特性和测量准确性。经测试,该型热流计的测量范围为 $10\sim1\,400\ W/m^2$,在热流密度大于 $60\ W/m^2$ 时,测量结果的平均相对偏差小于 0.9%;在热流密度小于 $60\ W/m^2$ 时,测量结果的平均绝对偏差小于 $0.8\ W/m^2$,响应时间小于 10 s。图 8-9 所示为另一种使用热电堆制备的热流计结构,其响应时间小于 2 s,瞬态误差大部分小于 4%,整体小于 10%。

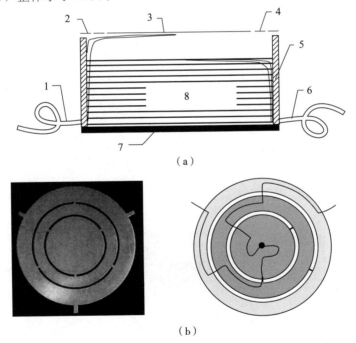

图 8-8 双环热保护瞬态辐射热流计

(a) 热流计剖视图;(b) 敏感片结构图(左为正面(未喷漆),右为背面)

1—热电偶;2—第二热保护片;3—中心敏感片;4—第一热保护片;5—PTEF 管;
6—热电偶;7—底板;8—多层隔热组件

图 8-9 热电堆瞬态辐射热流计实物

8.4 热平衡试验方法

8.4.1 热试验模型

为了进行热平衡试验，除了空间热环境模拟设备外，还需要提供航天器热试验模型。航天器热试验模型按研制阶段分为初样阶段的热控星和正样阶段的发射星；按照热试验模型规模分为组件级模型、舱段级模型及航天器系统级模型。为保证热试验结果的有效性，要求热试验模型的热效应应同设计状态保持一致，即热试验模型中影响热效应的模型构型、总体布局、结构材料、构件连接形式、仪器设备外形和表面状态等都应该符合设计状态。在准确知道仪器设备热耗的情况下，热试验模型中的各种仪器设备的热耗可以用电阻加热器来模拟。对内部存在气体的热试验模型，如载人飞船，应对其在试验状态下，气体自然对流对试验造成的影响进行评估。当影响不可忽略时，应采取气体自然对流抑制措施，或利用试验热分析模型予以修正。

8.4.2 试验工况的确定

热平衡试验是一项耗资高昂的地面试验，试验工况的选择和数量直接关系试验目的能否达到和试验周期长短，进而影响研制进度和成本。因此，需要对试验工况进行仔细分析，在满足试验目的的前提下，尽可能减少试验工况。

所谓"工况"，是指热试验模型的外热流和内热源的一种组合状态，是对航天器在轨工作期间的某种特殊工作状态的模拟。根据热试验模型内热源发热模式、模拟外热流及其他热边界条件的特点，一般可分为稳态工况、准稳态工况、周期性瞬态工况和瞬态工况。各工况的特点描述如下：

（1）稳态工况：内热源、模拟外热流及其他热边界条件均为恒定值。

（2）准稳态工况：内热源处于设定的周期变化模式，模拟外热流及其他热边界条件均为恒定值。

（3）周期性瞬态工况：内热源、模拟外热流及其他热边界条件分别按各自的变化周期作周期性变化。

（4）瞬态工况：在规定的时间内，内热源、模拟外热流或其他热边界条件之一随时间变化，且变化规律为非周期性。

需要说明的是，对于某些航天器，其在轨工作模式并不是针对每个轨道周期进行循环的，而是针对多个轨道周期组成的工作周期进行循环的。针对这种情况，在热试验中，对于准稳态工况或周期性瞬态工况，一般应按连续多个轨道周期构成的热试验周期重复循环进行，直至达到工况稳定。热试验周期应与航天器工作周期对应。

根据航天器产品温度水平划分，航天器热平衡试验工况一般包括高温工况和低温工况。高温工况是指模拟由飞行热分析模型获得的航天器产品预示温度达到任务周期内最高值的工况，一般为航天器产品吸收的环境热流与设备的热功耗可能的最大组合；低温工况是指模拟由飞行热分析模型获得的航天器产品预示温度达到任务周期内最低值的工况，一般为航天器产品吸收的环境热流与设备的热功耗可能的最小组合。

一般情况下，航天器热平衡试验都是以直接验证航天器热控制设计的正确性为目的。对于这种航天器的热平衡试验，其试验工况一般包括高温工况和低温工况即可确认热控制设计是否满足要求。不过对于类似火面探测器，由于地面无法模拟真实的火星表面热环境，火面探测器的热控制设计验证只能先采用地面试验验证探测器热分析模型，然后采用通过验证的热分析模型验证热控制设计的方法。对于这类航天器的热平衡试验，试验工况的确定要根据热分析模型的修正需要而定。总之，航天器热平衡试验应根据试验验证目的确定工况的类别、数量及规模，以实现验证目的为根本目标。确定航天器热平衡试验工况的一般原则如下：

（1）应获得足以支持热分析模型验证和飞行任务预示所需关键参数。

(2) 一般包括高温工况和低温工况,当地面设备难以实现高温、低温工况模拟条件时,试验工况设计应符合(1)的要求。

(3) 根据热分析模型修正需要,可包括用于热分析模型修正的准稳态工况、周期性瞬态工况或瞬态工况。

(4) 一般考虑验证加热回路的功率需求和控制能力。

(5) 一般考虑可能发生的、对航天器产品功能有重大影响的故障工况。

(6) 根据需求,可增加用于确定热流与热流模拟装置施加电流间关系的标定工况。

(7) 初样研制阶段应考虑全面验证热控制设计,正样研制阶段应考虑总体验证要求、热试验模型的限制及地面设备的可实施性。

8.4.3 试验过程和方法

航天器热平衡试验过程与具体试验对象的特性有关,试验过程的细节各不相同,但试验进程大致可分为三个阶段,即试验前的准备、试验及试验后的检查。

试验前的准备包括试验模型的准备和检查、地面设备和地面测试设备的检查。对试验模型的检查,除了试验模型上真实设备按照有关要求进行检查外,主要检查测温回路、加热回路、外热流模拟回路及热流计等。检查完毕后,连接好所有信号电缆、测试和加热电缆,关闭真空模拟室,启动真空系统,当达到一定真空度后,向热沉系统加注液氮,使热沉降温到规定的温度。然后,按照试验大纲要求对试验模型内部设备通电和施加模拟外热流,进行规定工况的试验,当该工况温度稳定后,转为下一个工况继续试验。全部试验完成后,即可进行真空环境模拟器升温、复压。在升温、复压过程中,要注意维持试验模型各部位的温度高于热沉温度,防止污染物凝结到试验模型表面上,造成表面污染,特别是对光学表面的污染。当空间环境模拟器压力恢复到常压,热沉温度升至室温,即可开启空间环境模拟器,吊出热试验模型进行外观检查,看有无损坏或其他异常现象。

试验结束后,一般还应对试验工况下试验模型的能量平衡进行分析,比较试验模型吸收和辐射能量,以确认试验结果的正确性和有效性。根据不同的热试验模型状态和选用的外热流模拟方法,热试验模型吸收和辐射热量的差值与吸收热量之比值,一般在±10%内。比值过大时,应作进一步分析,找出原因,提出处理意见。

以上热平衡试验过程主要针对运行在真空环境中的航天器。对于运行在低气压环境中的火星表面探测器，其热平衡过程中还涉及模拟室内气体压力控制、模拟室内气体温度控制、调温热沉温度控制等，具体可参见 8.5 节内容。

8.4.4 热稳定判据

热平衡试验要求试验件达到稳定的热状态以便将平衡温度与热模型预示温度进行比较。如果试验工况没有达到充分平衡的状态，真实平衡温度与"认为的"平衡温度之差将累加到修正的不确定度上。不过，要实现真正的平衡条件将导致不切实际的试验持续时间要求，因此，有必要定义一个尽量减小不确定性，同时又不导致不合理的时间和费用代价的试验温度稳定判据。

目前各国宇航部门根据自身的实践经验，都制定了各自的热平衡试验稳定判据规范。对于常规航天器，美国空军在 SMC－S－016 中给出的热平衡试验判据是具有最大热时间常数的部件的温度变化率在连续 5 h 内小于 1 ℃，即 0.2 ℃/h。同行工业界中，有的比这更严，有的则更宽松。而且，有的是作为一般性要求，即将判据更多地作为试验指导性原则，同时给予试验计划人员和热工程师一定自由。文献可查的判据汇总于表 8－1，这些判据的温度变化率和变化持续时间都有差异，其中，NASA 马歇尔中心的判据太严以致难以用于实际应用中，其意义更多在于表示意图而非可验证参数，NASA 哥达德中心和欧空局（ESA）的判据也比 SMC－S－016 严格。

表 8－1 各机构制定的热平衡试验温度稳定判据

组织	温度稳定判据
美国空军	5 h 内测量 < 0.2 ℃/h
NASA 哥达德中心	不小于 6 h 内测量 < 0.05 ℃/h
NASA 兰利中心	1 h 内测量 < 0.5 ℃/h
NASA 马歇尔中心	0.1 ℃ 或 0.01 ℃
JPL	3 h 内测量 < 0.3 ℃/h
欧空局	5 h 内测量 < 0.1 ℃/h
JAXA	< 0.3 ℃/h

表 8－1 中多数判据指定了一个最低的温度变化率，dT/dt，多数还包括需要的 dt。有几家机构允许外推试验温度到"认为的"稳态温度，以用于热模型修正。外推技术目前应用并不普遍，原因之一是一般并未能显著节约试验时间，其次是这些方法对于特别简单的对象确实很精确，但是对于复杂构型，温度却很少平滑地向平衡值演变，因此外推精度不高。真正的飞行器中，加热器

时开时关,热耗并不均匀,母线电压和环境条件也在随时间变化或波动,因此用小时间步长计算的温度差值增加了确定稳态温度的不确定性。因此,类似表8-1所列稳定判据仍是简化试验过程和操作所需要的。

美国宇航公司的研究人员利用一颗大型军星热平衡试验中接近热工况平衡时的试验温度数据评估了表8-1中各机构的判据对试验结果及试验时间的影响。温度数据来源于三块辐射板的热电偶数据,这些预埋热管的辐射板内表面安装仪器设备,外表面是辐射面,数据统计详见表8-2。对三个热电偶数据制表,可以发现不同判据的首次满足时间差异较大。在这些时间点,将辐射板温度与平衡温度计算值进行比较,表的最后一列给出了三个热电偶读数与平衡值差值的平均值,该平均值是三个差值的简单平均。应用SMC-S-016的稳定判据,板D满足5h内小于0.2℃/h的时间是22h,此时板D温度是3.8℃,比实际平衡温度5.3℃低1.5℃。按ESA判据,板D满足5h内小于0.1℃/h的时间是31h,此时板温为4.8℃,仅比5.3℃低0.5℃。板D和L在38h后也没满足NASA哥达德中心判据,这里用了38h时的温度。

表8-2 稳定判据首次满足时间及温度

组织	判据首次满足时间/h			判据满足时温度/℃			与平衡温度差/℃			
	板D	板F	板L	板D	板F	板L	板D	板F	板L	平均
美国空军	22	26	26	3.8	9.7	8.4	1.5	0.6	1.1	1.1
NASA哥达德中心	>38	35	>38	5.3	10.1	9.5	0	0.2	0	0.1
NASA兰利中心	10	11	14	0.9	5.1	5.4	4.4	5.2	4.1	4.6
JPL	14	21	18	2.2	8.8	6.7	3.1	1.5	2.8	2.5
ESA	31	33	34	4.8	10.3	9.1	0.5	0	0.4	0.3
JAXA	13	13	14	1.9	5.8	5.4	3.4	4.5	4.1	4.0
平衡	—	—	—	5.2	10.3	9.4	—	—	—	—

与预计的一样,表8-2表明导致温差最大的判据是要求最松的NASA兰利中心和JAXA,判据在14h满足,与计算平衡温度分别相差4.6℃和4.0℃;JPL的判据需要18h,温差2.5℃;SMC-S-016的判据在26h满足,平均温差1.1℃;最严的判据(欧空局和NASA哥达德中心)要求明显多得多的时间,分别要34h和38h,它们的温度偏差非常小。

如果用小于或等于1℃偏差来衡量,SMC-S-016判据基本上满足这一门槛,ESA和NASA哥达德中心满足得很好,其他判据则不够。对于相对热容量大的硬件，有几个组织的判据是不充分的，会导致"认为的"稳定温度与真实稳定温度很不一样。NASA 哥达德中心的判据与平衡温度的差值最小，但 38 h 的时间相对于 1 ℃温差目标来说则过长。在 26 h 时，SMC－S－016 并未达到稳定条件，但对于热模型修正来说，"认为的"温度与真实平衡温度的差异已经很好地在修正目标范围内了。如果热平衡试验稳定判据的用途是获得所有温度测点的合理平衡温度（比如在真实平衡温度 1 ℃范围内），SMC－S－016 是达到了这个目标的。NASA 兰利中心的判据只指定了 1 h 内最大温度变化速率，JAXA 的判据没有指定温度变化率的持续时间，因此假设也只持续 1 h。JPL 用了 3 h 的持续时间，但在接近平衡温度之前就很好地满足了 0.3 ℃/h 的判据（与平衡温度平均差 2.5 ℃）。这些结果表明，为减小温度波动的影响，大于 3 h 的持续时间是必要的，SMC－S－016 的 5 h 要求是较为合理的。

8.5 常压热试验

对流通风是热量传输的工具,合理的通风是密封舱散热(对于载人航天器密封舱,还包括除湿)满足要求的前提。对流通风试验就是从流动的角度验证对流通风设计是否合理,掌握通风系统特性、验证流场设计及通风系统设备匹配性,为通风系统优化设计提供依据。

影响密封舱通风换热性能的因素包括设备周围气体流速及密封舱内流场分布,以及与其相关的送风流量及噪声。考虑送风流量、噪声的测量在热平衡试验时实施比较困难,在常压下测量则比较容易。气体流速和流场的测试需要控制地面自然对流的影响,希望在近乎等温的状态下测试,航天器在地面不加电的"冷态"更符合试验的需要。因此航天器对流通风试验一般在地面单独进行。

噪声测试一般采用手持式声强计进行,测试过程中应保持周围环境安静,并记录背景噪声。设备周围或出风口风速测试一般采用手持式风速仪进行,测试过程中除去风机工作外,其他设备保持不开机状态。对于可以串入流量计,且流量计对供风流量影响不大的通风管道,可直接采用流量计进行送风流量测试。其他位置一般则要先采用手持式风速仪测量流速,然后根据流速推算出送风流量。

密封舱内流场分布指大空间内流速分布,由于大空间内不可能布置太多的风速传感器,而用手持式风速仪测试时间又太长,而且定位不准确,同时人体对流场有干扰,一般采用传感器按面阵布置、逐面扫描的办法,获得速度的空间分布。图 8-10 给出天宫一号目标飞行器密封舱内流场测量用的传感器阵示意图,16 个 TSI8475 型热球风速传感器安装在可移动试验工装一坐标架上形成一个测试阵面。测试过程中,风速测试面阵安装到舱内,并在舱外控制坐标架的移动,从而避免测试人员进入舱内干扰流场。风速测试面阵在舱内的测点布置如图 8-11 所示。由于热球风速传感器前端有保护罩,对平行于传感器轴线方向的风速测量影响较大,因此试验中需要对同一点的风速进行两次扫描测试:第一次探头为水平方向,第二次探头则为竖直方向。两次测量结果进行比较,取最大值作为该测点的风速。

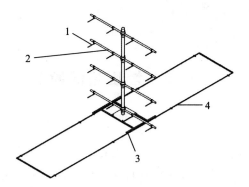

图 8-10 风速传感器坐标架示意图
1—风速传感器;2—支架;3—滚轮;4—导轨

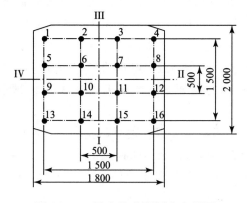

图 8-11 风速传感器测点布置图

8.6 低气压试验

8.6.1 简介

本节所论述的低气压试验是指在模拟火星表面低温及低气压（波动范围 150~1 400 Pa）环境中开展的一类热试验。火星表面存在平均气压约 700 Pa 的大气，主要气体成分为 CO_2，约占 95.3%，另外还包括少量的 N_2、Ar、O、H_2O 等。火星表面一般风速为 2~15 m/s，尘暴时最大风速可达 150 m/s。火表气温波动范围为 -123~27 ℃。火星表面的低温、低气压环境以及流场对火星表面探测器及其设备的热控制有明显影响，因此一般需要开展针对性的设计和试验验证。

8.6.2 试验气体选择

火星表面的大气主要成分为 CO_2，理论上使用 CO_2 开展试验是最佳的选择。但是 CO_2 在火星表面气压条件下，温度降低至 -123 ℃ 时将会在热沉壁面凝结，导致空间环境模拟容器内部压力波动及热沉效率下降，无法开展试验。因此选择合适的试验气体、控制气体低温凝结是顺利开展低气压试验的关键。

美国在早期开展火星探测器研制中，曾经使用过 CO_2、N_2 及 Ar 等气体，在后续的机遇号、勇气号及好奇号火星车研制中，使用了 N_2 作为试验气体。参考国外已开展的火星探测器试验经验，综合我国试验设备现有条件，可采取的措施有：低温工况下采用 Ar 气代替 CO_2 气体开展试验，高温工况下使用 CO_2 气体开展试验；高温工况、低温工况都采用 N_2 开展试验。

对于使用 Ar 气代替 CO_2 气体开展试验，分析如下：

(1) 使用 Ar 气将使对流效应试验结果偏于乐观，验证不充分。在同压、同温条件下，使用 Ar 进行试验将使对流换热系数偏小，验证结果偏乐观（−40 ℃时，对流换热系数小 11%；0 ℃时，小 17%）。

(2) 使用 Ar 气将使气体隔热层效果验证结果在低温下保守、高温下偏乐观。Ar 气导热系数在 55 ℃以下大于等于 CO_2 导热系数；在 55 ℃以上，小于 CO_2 导热系数。

(3) 使用 Ar 气危险。Ar 气是惰性气体，密度较空气大。Ar 气本身对人体无直接伤害，但是如果是工业使用后，产生的废气对人体危害很大，会造成矽肺、眼部损坏等。空气中 Ar 气含量超过 33%有窒息危险，超过 50%时会出现严重症状，超过 75%时，数分钟内死亡。

(4) 美国海盗号探测器试验时使用了 Ar 气，后续的火星探路者、MER、MSL 等探测器均采用 N_2 进行试验。

对于使用 N_2 代替 CO_2 开展试验，分析如下：

(1) 使用 N_2 将使气体导热效果验证结果趋于保守。对于舱内仅存在气体导热的情况，在 220~350 K 内，N_2 导热系数比 CO_2 大 40%~84%，温度越高差别越小。

(2) 使用 N_2 将使对流效应试验结果趋于保守。对于舱外气体对流换热，N_2 的平均对流换热系数较 CO_2 气体大，在 220~350 K 范围内，其偏差在 2%~28%，低温下偏差相对大。

(3) 使用 N_2 安全。N_2 是大气的主要成分，使用相对安全，且容易获得。

从以上分析结果看，无论使用 Ar 还是 N_2，都无法实现对产品性能的直接验证，只能利用试验结果修正热分析模型，然后利用热分析模型进行分析验证。综合考虑试验气体的热性能、安全性、可获取性等，低气压试验中优选 N_2 作为试验气体。另外，对于试验温度高于试验气压下 CO_2 气体凝固温度的情况，建议选用 CO_2 气体开展直接的试验验证。

8.6.3　气体温度模拟

气体温度采用可调温热沉控制模拟室内气体温度。根据需要的气体温度控制曲线，通过调整调温热沉的温度变化速率，使模拟室内气体的温度变化速率与要求的气体温度控制要求相符合，或接近符合。目前国内具备低气压低温模拟的能力，可将气体温度控制在 $-110\sim25$ ℃。

8.6.4　流场模拟

在低气压试验时，需同时在具备热沉调温能力的空间环境模拟器内模拟流场。这通过直流吸气式风洞实现，如图 8-12 所示，整个流场模拟系统由进口转弯段、进口整流段（防分离网、蜂窝器、降湍网）、试验段、收缩段、风扇段、出口转弯段和收缩回流通道等组成，其中风扇段采用低噪声直流风扇。

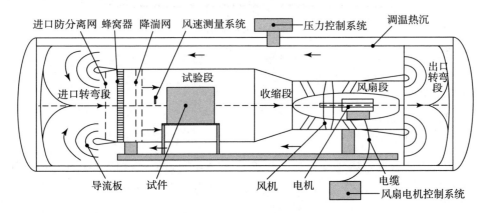

图 8-12　流场模拟系统

8.6.5　测量

1. 风速测量

一般采用热式风速仪测量低气压风场的风速。热式风速仪有热线风速仪（Hot Wire Anemometry）和热膜风速仪（Hot Film Anemometry）两种，其工作原理是测量在不同风速下热线、热膜换热大小不同，根据换热量大小和风速的关系获取风速。因此，使用热式风速仪测量风速的前提是对风速仪进行标定，获取换热量与风速之间的对应关系。

旋转法是一种比较传统的风速标定方法，标定设备简单且花费低。旋转标定的基本原理如图 8-13 所示，它是在一个密封容器内，容器内充入规定温度和压力的气体，通过旋转臂的旋转带动风速仪穿过流体，而流体介质不运动，风速仪与流体介质之间存在相对运动而产生对流换热，从而获得风速仪的转速和风速仪与气体间的换热关系。NASA 具备的旋转标定法设备旋转臂直径为 2 m，真空容器直径为 3 m，最大测量转速为 10 m/s。

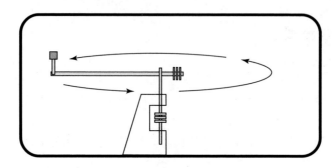

图 8-13 风速仪旋转标定法

旋转法标定风速仪的主要缺陷是假定气体静止。旋转臂类似一个划桨，会引起气体流场的环流，引起风速系统误差；同时，也会在容器内引起湍流漩涡，导致风速振荡，从而产生测量误差。

2. 气体温度测量

低气压试验中气体温度测量一般仍采用热电偶。但是在低气压试验中，测量气体温度的热电偶除了与气体之间进行对流换热（强迫对流、自然对流）外，还与调温热沉之间进行辐射换热，导致热电偶测量温度与气体温度存在偏差。为了消除这种偏差，一般采取类似图 8-14 所示的措施。

（1）热电偶热结点贴敷镀金膜，降低发射率，然后在热电偶外围包括多层圆柱筒（圆柱筒应不影响气体流动，需要流场计算），减少与热沉之间的辐射换热。

（2）从热电偶热结点出发，沿着热电偶线方向，粘贴一定长度的镀铝膜，减少沿丝线方向的漏热。

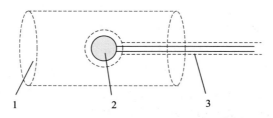

图 8-14 热电偶测量气体温度措施

1—圆柱筒；2—热电偶；3—镀金膜

参 考 文 献

[1] 侯增祺，胡金刚. 航天器热控制技术-原理及其应用［M］. 北京：中国科学技术出版社，2007.

[2] 丁文静，胡松林，单巍巍，等. 月球深冷环境试验方法探讨［C］. 第十届全国低温工程大会暨中国航天低温专业信息网 2011 年度学术交流会，2011.

[3] Department of Defense Washington DC. Military Standard：Test Requirements for Launch，Upper-Stage，and Space Vehicles［R］. MIL – STD – 1540C，1994.

[4] David G G. Spacecraft Thermal Control Handbook，Volume 1：Fundamental Technologies［M］. California：The Aerospace Corporation Press.

[5] Gene A. Zerlaut，William T. IDokos，William J. Putman，et al. Solar simulator and Method［P］. United states Patent，4423469. 1983.

[6] 贾阳，徐丽，刘强，等. 红外加热笼模拟航天器瞬变外热流的方法研究［J］. 中国空间科学技术，2001，21（2）：54 – 62.

[7] 尹晓芳，刘守文，郄殿福. 红外灯热流分布试验研究［J］. 航天器环境工程，2010，27（1）：P63 – 66.

[8] 绳春晨. 双环热保护瞬态辐射热流计研究［D］. 合肥：中国科学技术大学，2016.

[9] 绳春晨，胡芃，程晓舫，等. 保护法瞬态辐射热流计原理及瞬态响应特性［J］. 太阳能学报，2017，38（4）：1092 – 1096.

[10] 邢志芹，赵啟伟. 卡计法热流计测量瞬态热流的试验研究［J］. 航天器环境工程，2014，31（5）：522 – 525.

[11] 高庆华，毕研强，王晶，等. 航天器真空热试验瞬态辐射热流计研究［C］. 第十一届全国空间热物理会议，2017.

[12] John W. Welch. Assessment of Thermal Balance Test Criteria Requirements on Test Objectives and Thermal Design［C］. 46th International Conference on Environmental Systems，Vienna Austria，2016.

第 9 章

航天器热控制新技术

第 9 章 航天器热控制新技术

9.1 概 述

未来的航天器将从任务、规模等多个方面发生显著变化。规模上将向大和小两个方向延伸发展，大型航天器如空间太阳能电站等，将远远超出现有空间站的规模，热耗将达 GW 级，小型航天器如手机卫星等微纳卫星的热耗在 W 级，热耗量级的显著变化，将改变现有航天器热控制技术的体系；从执行航天任务目的地范围来看，将向更远的深空拓展，并将在其他星球建立中长期科研驻留基地，复杂多变甚至未知的空间环境、能源的供给与管理等将是航天器热控制面临的突出问题；从航天器的建造、发射与服务来看，未来航天器需要低成本与快速发射，在轨航天器需要服役寿命延长，功能可拓展，这些新的用户需求也要求航天器热控制技术及产品的建造方式必须有所适应。从航天器载荷的发展需求来看，载荷自身的热耗、对温度控制的要求也将发生显著变化。大功率激光载荷、微波器件等的热耗及热流密度将比现有载荷提高一个数量级以上；相机、原子钟等载荷要求温度控制向高精、高稳方向发展；红外探测器要求在深低温环境下工作。

总之，航天器热控制需要突破现有技术体系，以适应未来航天任务的发展。本章结合未来需求，对大规模复杂系统热管理技术、能源再生与原位利用技术、结构热控一体化技术、在轨维护热控制技术、热控新材料、大功率高热流热收集与排散技术、深低温高效热收集与传输技术、高精度控温技术等进行了展望。

9.2 大规模复杂系统热管理技术

航天器大规模复杂系统热管理技术的发展是伴随着载人空间站的建设逐渐发展起来的,包括早期的礼炮号、和平号轨道空间站,也包括目前仍在服役的国际空间站,我国的载人航天工程建设也发展了相应的热管理技术。总的来讲,已有大型载人航天热管理技术具有以下共性特征。

从系统的角度出发,通过合理组织和调配各部分热量,实现热量合理有效的收集、传输、排散和利用,从而达到系统优化的目的,空间站总的热耗在百kW级以下;热管理分为舱段级热管理和组合体热管理两个层次;兼顾了环控、热控一体化设计,实现了温湿度协调统一控制,利用统一的热量收集、传递、利用和排散的手段实现舱段级热量的一体化管理;组合体热管理是在舱段级热管理基础上,在舱段间实现热量的调配、转移、利用和排散,通过舱段间热耦合实现组合体状态热量的统一管理和优化利用;建立和发展了模块化在轨维护技术,例如可方便在轨更换的机械泵组件等。

未来的大规模复杂系统除了载人空间站外,还包括空间太阳能电站、星际地外驻留基地(月球科研站、火星基地等)等,这些新系统的热管理技术问题特征鲜明,是未来技术发展的重要方向。

9.2.1 空间太阳能电站热管理技术

空间太阳能电站规模庞大，目前各项技术还很不成熟，特别是研制、运行、维护等方面具有明显的差距。尤其在热性能方面，其具有功率器件多、载荷功率密度大、电功率大、热流密度大、热电转化效率低等特点。因此，为提高热控制和能源供应的能力与可靠性，降低设备质量，延长空间太阳能电站寿命，需开发和研制先进的空间太阳能电站技术，包括：超大功率、极高热流密度散热及其热管理技术，空间超导深低温等技术，空间高效热电转化技术。

空间太阳能电站的规模相比国际空间站增加了上千倍，尺寸相当庞大，其热管理技术相比其他系统有如下显著特点：

（1）规模庞大：如果全部进行热控制实施，需要消耗的材料巨大。因此，在热控制设计中应尽量利用材料表面的特性进行被动热控制，并需要合理地配置传感器和加热器，否则容易产生较大的温度梯度，进而影响结构变形。

（2）功率器件数量多：微波（激光）器件数量接近百万，热耗集中、散热通道少、器件温度一致性影响能量转换效率。

（3）展开结构多：空间太阳能电站为了提高发射段的效率，尽量提高模块的压缩比，模块在收缩状态下运输到空间后展开形成最终的模块结构。这就对空间热管理技术提出了柔性化的要求。

（4）模块化及在轨组装：由于空间太阳能电站的尺寸、质量巨大，必须由多个模块采用在轨组装的方式组成。这种模块化的结构形式和组装需求将直接影响热控制的设计方案和实施方案，尽量采取每个模块独自热控制的形式，减小组装后的热控制需求和相互间的耦合（如流体回路、电路等）。

（5）电功率大：传统航天器制约热控制方案的很大因素在于受到加热功率的限制，空间太阳能电站的特点是电功率非常大，可以提供充足的电力供热控制使用，考虑到空间太阳能电站的系统发电效率，主要的主动加热将发生在阴影期，将需要通过蓄能装置进行供电，要尽可能地减小主动热控制用电功率。对于超导电力传输，需要重点考虑低温环境。

（6）载荷功率及热耗大：空间太阳能电站卫星功率消耗最大的设备为微波发射天线上的微波源（或激光器），按当前的技术水平，1 GW 的地面接收发电量热管理系统需在轨排散 2.8 GW（微波传输）或 5.7 GW（激光传输）的热量，散热系统规模庞大。

（7）热流密度大：对于聚光式电站、三明治结构等方案，太阳能电站的散热热流密度极大,预计在百 W/cm² 以上。

(8) 长寿命:空间太阳能电站卫星在轨寿命要求达到 30 年,是目前卫星最长设计寿命的 2 倍,因而应充分考虑相关产品、材料在空间环境因素作用下的退化情况。

(9) 可维修性:空间太阳能电站卫星在轨寿命要求达到 30 年,需要在整个寿命期内对于损坏的设备进行修复或更换,所以对于关键热控设备的损坏可以通过及时的更换来修复,但总体上来说应当尽量避免更换维修。

经过几十年的发展,目前国际上对航天热控制和热管理技术的研究已取得长足的进步,提出的技术方案也很多,如单相流体回路、两相流体热控回路、毛细泵抽吸流体回路以及热泵回路等。根据航天器发展的不同阶段,热传输和排散的热控制手段不同,热量传输及排散经过了四代技术发展。

第一代:全被动+体装散热面,可以解决尺度较小、热耗较小的小型卫星的热控制问题。

第二代:热管强化+体装散热面,可以解决尺度较小、功耗较大的中大型卫星的热控制问题。

第三代:流体回路+体装辐射散热器,可以解决中等尺度、功耗较大的卫星平台、空间站等的热控制问题。

第四代:流体回路+可展开式辐射散热器(刚性),可以解决大尺度、功耗大的航天器热控制,如国际空间站热控制问题。

从太阳能电站的需求来看,第四代热传输与排散技术已经不能适应。对于热传输而言,虽然单相流体回路具有技术成熟和可靠性高等优点,但考虑到太阳能电站系统热量传输要达到 GW 量级,传输距离数千米,所需流量超过 10 000 m³/h,所需泵功耗超过 200 kW,系统质量将达到几十吨,即使采用多个系统联合工作的方式也需要成千上万个回路系统,不具备实施性,而且不能有效地全面协调热控制和环控生保系统间的关系。对于热排散而言,按照目前的散热效率,需要的排散面积超过 100 000 m²,体积和质量也相当可观。

因此应用于太阳能电站热管理需要发展一种高适应能力的热控制技术体系架构,即新一代的高效热传输及排散技术,主要特征是利用热泵系统的热总线实现对热量的等温传输,采用两相流体回路、柔性可展开辐射散热器实现热量的高效收集或者排散,如图 9-1 所示。该系统以热泵系统为主体,采用多个此种热传输及排散系统共同工作,可以实现太阳能电站的热量传输与排散。

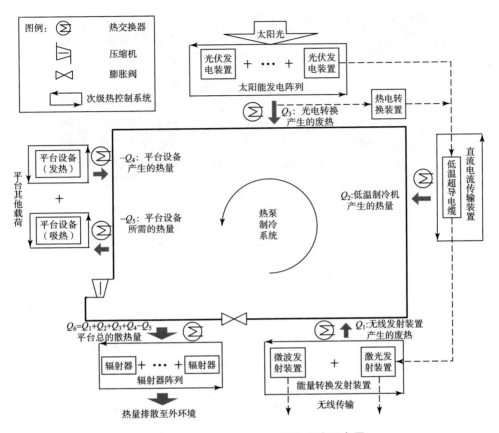

图 9-1　空间太阳能电站散热系统示意图

9.2.2　地外驻留科研基地热管理技术

随着载人航天技术的不断进步和人类生存危机的日益加深,向地外寻求生存空间是未来航天技术的发展方向和必由之路。目前比较为研究者看好的地外星球是月球和火星。美国、俄罗斯和欧空局已经建立了各种类型的大型地面模拟基地,其中美国计划重新登上月球,建立永久性的月球基地,并以此为前哨和中转站而使人类在 2030 年踏上火星,建立火星基地。此外,俄罗斯、欧洲航天局和日本也已启动并正在实施类似计划。图 9-2 所示为月球基地的概念图。中国正在实施深空探测工程,下一步将开展载人登月甚至登火星,长期来看,建立地外驻留科研基地是未来的发展趋势。

热控制系统作为载人航天器的一个重要功能系统,用来保障舱内仪器设备处于正常的温度水平,也为载人航天器维持航天员在轨正常工作、舒适生活提

图 9-2 月球基地概念图

供基础支持。航天器内部的热量，包括仪器设备的工作热耗、航天员产生的热量，均需要利用被动或主动的方式传输到散热面或辐射散热器，最终排散到外部空间。未来地外驻留科研基地除了具有大规模热功耗等特征外，还将面临复杂甚至未知的空间热环境，这些问题对热控制设计的要求越来越严苛，新的主动热控制技术将成为研究热点。

为适应地外空间站和星球表面基地的需求，热控制系统应该按照热管理的基本思想开展系统设计工作。即除了控制舱内的温度和湿度以外，还要利用有限的电力资源和一切可利用的能量，使能量消耗和排散废热达到最小的程度，对所要求的环境及各子系统组件的热行为进行监测、管理和优化利用，最终实现整个基地各部分能量作统一调配与综合利用。需要重点发展的关键技术主要包括以下几个方面：

（1）空间复杂环境热效应分析与验证技术。

（2）高适应能力的大规模热传输及热排散技术。

（3）轻量化热控制技术。

（4）高性能隔热技术及储能技术。

综上所述，未来星球表面基地建设和运行，首先需要认识和掌握复杂环境的热效应及其地面等效验证技术，需要在热管理技术框架下发展轻质、高效、自主调控能力强的热传输及热排散技术，发展适应极端环境的蓄能与隔热技术，在此基础上形成地外驻留科研基地热管理技术，为后续载人航天任务热控制系统研制奠定基础。

9.3 能源再生与原位热利用技术

原位资源利用（In-situ Resource Utilization，ISRU）的概念是收集、加工（处理）、储存以及利用那些在人类或飞行器空间探索过程中遇到的材料或能源，用以替代那些本来需要从地球上携带的材料，从而满足或者增强空间任务的需求和能力。

ISRU 能够为生命保障、火箭燃料、飞行器结构等提供原材料，同时能够为载荷以及探测器本身提供能源。长期以来，ISRU 都被认为是降低空间探测任务发射质量和节省成本的有效技术路径。

目前，对于月球、火星等行星表面探索的航天器，ISRU 最普遍的应用是原位利用太阳辐射，即通过太阳能电池帆板获取能量。利用 ISRU 进行原位材料的生产仍处于概念和验证阶段，例如利用月壤的 3D 打印制备技术等，虽然针对特定空间环境提出了一些技术并开展了地面试验测试，但目前仍未实现空间应用。

热控制系统在未来 ISRU 应用中需要重点关注以下两个方向：

（1）发展 20 K 高性能制冷机，实现低温推进剂的原位生产。例如，开发具备 20 W@20 K 能力的高性能低温制冷机，使其具备捕获、净化、压缩火星大气的能力，处理速率达到 12.1 kg/h 的 CO_2，进而生产 2.2 kg/h 的 O_2。最终，月球基地或火星基地将依赖原位资源利用技术以生产出必需的推进剂和生存所需的消耗品。推进剂的使用需要液化。现有技术水平是地球上能够实现大规模的液化和生产线。针对已知环境，发展并优化大制冷能力的液化循环系统是非常重要的。这包括用于预冷气体的低温辐射散热器，以及作为被动式液化装置的两相辐射散热器。与原位资源利用技术集成的冷却循环需要一套热控制系统，包括高效的回热换热器，以及可作为液化循环压缩机的高压电解系统。

（2）辐射散热器的原位修复功能。对于辐射散热器而言，必须提供一个方法减小原位尘土聚集在辐射散热器以及其他敏感表面。相关技术主要包括自清洁涂层（Lotus Coating）、废气吹扫、静电除尘等。

9.4 结构热控一体化集成技术

快速响应空间（ORS）是军事航天领域的创新概念，由美国空军提出，旨在探索一种新的航天器相关技术与研发体系体制，用于解决目前现有的大型卫星系统不能及时响应战场变化，不能由战场指挥官控制，而且时效性差，研制、发射和准备的周期长、费用高，不适于战术应用的问题。针对这些问题提出的"快速响应空间"计划，主要用于探索、发展能满足战术战役应用、成本低廉、更加灵活的空间系统，以提供更快的作战响应能力。

为了实现快速应对的战术效能，需要对现有的空间系统各个要素实现变革性突破，形成一个全新的空间体系。从产品体系方面，要进行标准化、模块化、高集成设计技术研究；从技术体系方面，要进行可重构、可扩展技术升级；从系统方面，要进行从生产到发射、部署、在轨应用全流程各环节综合优化论证。目前传统的卫星设计方法很难适应快速响应卫星的发展需求，主要表现为：

（1）传统卫星的设计研制是以个性化为主，根据总体需求、任务目标的特点，总体将指标进行分解，分别对结构和热控提出技术要求，结构与热控根据技术要求完成设计，由于设计和研制的约束性和针对性必然导致卫星灵活性、可拓展性等较差，无法适应复杂多变的任务需求。

（2）传统卫星的设计方法是结构和热控分别独立地进行设计、计算、试验、生产和组装,然后由总体将结构和热控进行总装、试验,实现整星产品。这种研制模式使卫星研制周期很难缩短。

(3) 在各分系统研制的框架限制下,分系统自身的性能虽有很大的提高,但卫星的整体性能却仍难以大幅度地提高。例如,目前典型的卫星结构质量已降低到整星的6%～8%,单独从结构上发掘减重的潜力已很困难。

(4) 传统的结构热控一体化的设计,无非是在结构板内预埋热管,或在表面实施热控涂层或多层隔热材料,或粘贴补偿加热器等方式,这些方式没有达到标准化、模块化的要求,无法实现批量化的生产。

因此,要实现快速响应卫星、高度模块化和批生产能力,采用新型的结构热控一体化集成模块的设计技术,是未来的主流技术途径之一。它是一种全新设计思想,突破了传统卫星分系统各自独立设计的框架体系,采用模块化设计,可以做到结构与热控高度集成化,最大限度发挥整个模块的拓展能力。

结构热控一体化集成模块技术不仅能实现自身等温化要求,还可以根据任务需求实现任意的快速组装和快速拆卸,由于每个模块间均留有热控接口,因此能最大限度地实现多模块之间的等温性。同时每个模块是标准化的、通用化的,留有通用的电接口,最终实现机热电的一体化设计。

未来的集成模块设计,需实现两个层次的结构热控一体化集成设计的思想:

(1) 面向单板或功率集成的电子器件的机热一体化扩热技术,不仅给单板和器件安装提供一个力学承载平台,同时解决高热流密度所带来的局部高温问题。

(2) 基于整体的结构热控一体化集成模块技术,不仅构建整个卫星的结构框架,同时还可以对卫星的热量进行智能有效的调控。

以上是从热控制技术层面出发,提高热控设计、制造、集成的效率,针对未来航天器的研制过程,从研制工具、手段方面提升效率和质量也是重要的发展方向。例如基于统一数据源的总体-结构-热控-载荷的三维协同设计平台技术,可以实现各设计方在同一平台上进行设计,实现数据源统一且实时更新,确保设计信息数据准确、唯一,利用信息网络向下游生产单位进行信息传递,提升设计效率和质量。

9.5　模块化、自适应在轨维护热控制技术

模块化在轨维护技术的发展源于载人空间站的需求，热控制系统逐步发展了以机械泵组件为典型代表的模块化、在轨可更换技术。未来，除了载人航天器、空间太阳能电站等大型、长寿命航天器外，常规卫星的延寿与能力拓展，也需要模块化、自适应在轨维护热控制技术。

该方面的需求与发展直接导致航天器设计理念逐渐从"基于任务"设计转向"基于能力"设计，即航天器在设计时就得更多地采用标准化、通用化和模块化设计方法，考虑各种设备与功能模块"即插即用"，便于航天器设计在轨维护与功能拓展。因此，对航天器热控制系统提出了新的要求，一方面要求热控制系统自身满足可维护、可更换等需求，另一方面被服务航天器的热控制系统应具备功能拓展的能力。

未来的模块化、自适应热控制技术体系除了具备主动热控制技术体系的优点外，还可实现在轨更换、修复、重构和补充，如图9-3所示。此外，还需适合各种空间应用条件，包括机动、载荷更换等。由于强调了系统性，因此具备在轨智能热控制和管理的特征。

在轨可维修四种类型都有与流体回路技术相关的技术环节，同时基于热总线的热控制技术是未来发展的方向，也是模块化、自适应热控制技术体系中一个重要的领域，因此对其模块化、可更换性开展研究有重要的意义。

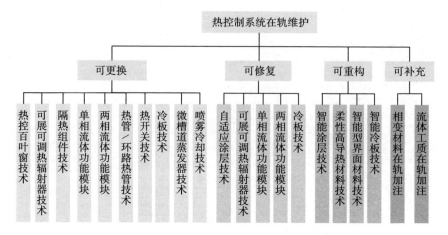

图 9-3 模块化、自适应在轨维护热控制技术

9.6 热控新材料

9.6.1 高导热材料

随着航天技术的快速发展，电子设备的元器件集成度越来越高，其热耗及热流密度也成倍增加，而航天器寿命、可靠性的不断提高要求热控分系统进行轻量化设计，由此引发的元器件散热问题对热控材料的质量和传热能力提出了更高要求。

高导热石墨材料、铝基金刚石复合材料等是未来的重点发展方向。高导热石墨材料密度小，仅为传统金属导热材料的 $1/5 \sim 1/2$，导热系数大，耐腐蚀，热膨胀系数小，不仅有利于电子器件的小型化和大功率密度化，而且可以有效减轻器件的质量。超高导热石墨材料一经问世就获得了美国军方、NASA 和其他相关部门的极大关注，并投入了巨额经费进行产业化研究和应用开发。铝基金刚石复合材料具有导热系数高、密度小、制备成本相对较低等特点，但仍然没有彻底解决其在交变温度场下应用时的性能衰退和变形问题，未来仍需开展深入研究。此外，具有柔性特征的超高导热碳纤维编织材料，也是未来的发展方向。

9.6.2 隔热材料

隔热材料广泛应用于各类航天器的研制,以保证卫星在复杂恶劣的空间热环境下能正常运转。例如适于常温及低温的聚酯镀铝薄膜多层隔热材料(MLI),适于大气环境的气凝胶隔热材料等。未来航天器对隔热材料的需求主要向着超级隔热、多功能、轻量化等方向发展。

轻质 MLI 是未来的发展方向之一。国内外研究和应用较多的反射屏是铝箔或单面或双面镀铝的聚酯薄膜,而间隔物则多为涤纶网,但是涤纶网作为间隔物材料存在隔热组件整体密度偏高,难以满足质量要求苛刻卫星的多层组件减重需求,且制作和使用过程中操作烦琐、困难等不足。另外,材料隔热性能的影响因素很多,诸如层密度、结构设计、高真空度的获得和保持等,在实际使用中材料的隔热效果比理论值至少低一个数量级。因此,多层反射屏隔热材料仍亟须开展深入研究,寻找新的材料体系、组合方式和材料结构,以期进一步降低材料面密度,简化操作工艺,提高其综合性能。

多功能隔热材料是未来隔热材料发展的新方向。例如,MLI 可以对微流星体、空间碎片起到防护作用,但还需要对 MLI 系统优化、分析,以达到强化防护的目的。具有自主恢复功能的原材料可以对操作、流星体造成的损伤进行修复,同时热性能不受影响。

适于航天器发射阶段低真空或大气条件、轨道运行高真空条件的复合隔热材料也是发展方向之一。例如,泡沫塑料/MLI、硅胶/MLI 组合方案是潜在研究方向。

更为超前的隔热材料研究涉及深空探测领域的应用。例如采用月壤、火星土作为绝热材料,这涉及材料的原位利用等方面的技术研究。

9.6.3 热控涂层

热控涂层广泛应用于航天器、仪器设备及结构外表面,用于调节其吸收发射比。未来热控涂层的发展主要向着低退化、智能可调节、低吸收发射比、适于高温环境等方向发展。

航天器当前采用的热控涂层,特别是星表涂层,例如 OSR 等,会在空间环境和污染下发生一定程度的退化,未来需要根据退化机理研制更低退化率的涂层。

为了提升对空间复杂环境的适应性,特别是面向深空探测领域任务,可自清洁是未来的研究方向之一。可自清洁热控涂层主要面向星表着陆、巡视探测任务，以适应灰尘对散热面涂层的污染。

智能涂层适用于所有航天器，尤其是对于能源和质量有更多限制，外部空间热环境和内部工作模式具有较大不确定性的深空探测器。智能热控涂层的典型特征为：当涂层温度高时，表现为高发射率特性，增加仪器废热的排除能力；而当温度低时，表现为低发射率特性，可以有效降低辐射散热量，减小低温条件下维持仪器正常工作所需的加热补偿功率。

智能涂层技术和器件主要分为三类：

（1）基于微加工技术制备的发射率可调微型百叶窗。

（2）电致变色主动热控涂层。由电变色薄膜与多层离子导电型的功能薄膜复合而成，通过外加直流电场可连续、可逆地改变薄膜的光学性质，从而实现对红外辐射率的连续调控，达到控制航天器温度的目的。

（3）热致相变效应引起的发射率可调涂层，即热致变色智能热控涂层。其利用一些材料在不同温度条件下呈现出的金属与非金属转换特性，从而使涂层的发射率可随环境温度的改变而发生自适应改变。

热致变色智能热控涂层利用材料辐射率随温度改变而改变的本质特性，具有质量小、无活动部件、无电耗、可靠性高且可以规模生产降低成本的特点，是智能热控涂层发展最有希望获得应用突破的方向，也是国际上的主流研究方向。国际上主要开展 $La1-xSrxMnO_3$ 和 $La1-xCaxMnO_3$ 的可变发射率热控研究。例如，日本 NTS 公司曾研制了两种热致变色智能热控涂层 $La1-xSrxMnO_3$ 和 $La1-xCaxMnO_3$，并用于科学卫星 MUSES－C 上；美国和中国也进行了该类型智能涂层的空间搭载试验。然而热致变色智能热控涂层还普遍存在相变温区宽、发射率调节范围较窄的问题，这是后续研究需要重点解决的问题。

此外，随着空间核动力航天器的发展，辐射散热器要求在 500 K 左右的高温下进行散热，目前还没有寿命和发射率都符合要求的高温涂层可供使用。

9.6.4 界面导热填料

当前航天器用界面导热填料对固－固界面间的低热流密度传热较为适用，一般热流密度不高于 $3\ W/cm^2$。随着电子设备集成度的提高，特别是激光、微波等大功率高热流载荷的空间应用，设备与安装结构板之间的热流密度大幅提升，未来可达百 W/cm^2 的量级。因此，大幅度提升界面导热填料的界面换热系数，也即降低界面接触热阻，是将来的必然发展趋势。

为了减小安装界面的接触热阻,研究人员研制了不同类型的热界面材料,如导热脂、导热凝胶和导热垫等,多采用加入高导热系数的微纳米颗粒(如氮化铝、氮化硼、氧化铝等)形成聚合物热界面材料。近年来,将高导热系数的碳纳米管、碳纳米管阵列以及石墨烯等新型材料掺杂于基底材料中,形成高导热性能的热界面材料,也是研究方向之一。例如将多壁碳纳米管掺杂在界面材料中提高材料的导热系数,在聚合物基体埋入碳纳米管阵列,提高界面材料导热系数的同时,降低接触热阻。

9.7 大功率高热流热收集及排散技术

随着载人航天、大功率通信卫星、空间核电、太空发电站的建设和发展，航天器功率水平呈现大幅增加的趋势。如我国空间站总功率达到近 30 kW，而通信卫星突破了 10 kW，散热量是普通卫星的 10 倍左右。未来的空间核动力航天器可达 MW 级，太空发电站将达到 GW 量级，是现有普通卫星散热量的近百万倍。系统功率是影响热设计的主要因素之一，大功率热收集与传输排散技术成为未来的重要发展方向。随着载荷/器件向着微小型集成化和模块化的方向发展，高热流密度是未来航天器发展的又一重要趋势。例如用于空间通信系统的激光二极管、高功率传感芯片、GHz 级 LSI/VLSI 电子芯片等，它们不但具有较高的集成度，其热流密度可达数百 W/cm^2，且具有显著的瞬时周期性工作特征。这些器件的性能和可靠性与工作温度直接相关，它不仅要求较低的工作温度，而且还要求具有很好的温度均匀性。传统航天器热控制技术已经完全不适用，空间高热流密度的散热及热管理问题已成为制约航天器未来发展的瓶颈之一。高热流、大功率热量收集及排散技术的发展，主要集中在机械泵驱动流体回路技术方向。

机械泵驱动单相流体回路主要用于大功率航天器的热量收集与排散，并已成功应用于载人航天器等大型航天器中。例如，国际空间站上采用的氨工质单相流体回路、水工质流体回路等常温范围的流体回路。对于常温范围的机械泵驱动单相流体回路的研究和发展,未来主要集中在机械泵等运动部件的长寿命、高可靠、模块化设计与在轨维护等技术方向,此外工质与流体回路材料之间的相容性也需要特别关注和研究。随着空间核动力航天器的发展,能够适应 500 K 以上高温条件的热量收集与排散技术未来将得到发展和应用,例如,液态金属高温流体回路技术、大型兆瓦级可展开辐射散热器、耐高温热控涂层等。此外,高温系统的热分析仿真技术也需要完善和发展。

机械泵驱动两相流体回路技术既可用于大功率热量的收集与传输排散,也可用于超高功率密度器件的散热。机械泵驱动两相流体回路与单相流体回路相比,具有热传输能力大、系统温度一致性好、规模小等突出优势,劣势主要为安全性设计要求高、两相流特有的运行不稳定性等。国际空间站在论证阶段,曾将机械泵驱动两相流体回路作为备选方案,用于大功率热量的收集与传输排散,由于当时的技术成熟度不高,后来采用了相对成熟的机械泵驱动单相流体回路,随着相关技术的日渐成熟,机械泵驱动两相流体回路未来有望用于下一代的大型航天器。机械泵驱动两相流体回路技术特别适于高功率密度器件的散热,其中蒸发器是泵驱两相流体回路的核心部件,蒸发器的形式主要包括微通道、喷雾腔等,工质在其内部完成由液态至气态的转化,从而实现高热流的散热。机械泵驱动两相流体回路技术的研究主要集中在两相流换热强化、温度控制与运行稳定性、长寿命的空间机械泵等方向。

图 9-4 所示为美国针对未来军用卫星、下一代战斗机以及激光武器研制的高性能混合流体回路冷却系统,该系统采用单相、两相结合的流体回路技术,主要针对高功率设备设计,其中单相流体回路作为热量的收集和储能回路,两相流体回路作为热量的排散回路,原型机散热能力为 4 kW,散热热流密度可达 30 W/cm^2。此外,美国空军实验室开展了基于多喷嘴形式的喷雾冷却技术研究,以水作为工质,临界散热能力超过 500 W/cm^2。我国的科研机构也开展了相关研究,2016 年完成了以氨为工质的机械泵驱动微通道两相流体回路的空间搭载试验,在轨实现约 300 W/cm^2 的高热流散热能力。

此外,以热泵为核心的热收集与传输技术,也是未来解决航天器大功率、高热流热量排散的技术途径之一,具体可参见 9.2.1 节空间太阳能电站热管理技术相关内容。

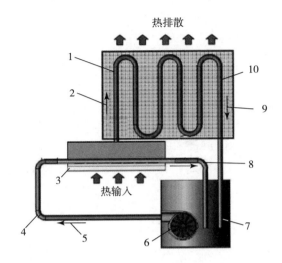

图 9-4　高性能混合流体回路冷却系统

1—两相管路；2—气相流体；3—蒸发器；4—液体管路；5—液相流体；6—泵；
7—储液器；8—多余液体回流；9—冷凝流体；10—冷凝换热器或辐射散热器

 航天器热控制技术

9.8 深低温获取与高效热传输技术

针对天基高分辨率红外对地观测、天文观测、科学试验、深空探测及其他空间资源利用等应用背景，越来越多的航天器部件需要热控制系统具有深低温区的工作能力，服务于诸如红外探测器等的航天器低温有效载荷，以保障其工作在所需的温度范围内。空间深低温系统热控制系统主要包括深低温获取和深低温热传输两部分。其中，深低温获取设备一般使用机械式深低温制冷机、节流制冷机等，这是因为辐射制冷在该温区已经变得非常低效；深低温热管理技术主要包括热量收集、传输、排散、隔热等，从而实现热量在深低温制冷机和载荷间的传递，其中，最为关键的技术是深低温区热量的高效收集与传输。

在 NASA 的 2015 年版空间热管理系统技术路线图中，将深低温技术列在首位，针对未来大型长期空间任务，主要包括天文探测和科学探测（天体物理、太阳物理、近地行星等）、载人或机器人星际旅行、载人登月、载人登陆火星的深低温技术需求，NASA 对深低温制冷机技术、热传输技术、高性能漏热控制技术等进行了详尽的规划，其低温系统未来 5 年的发展目标是"可长期维持低温以使采用低温推进剂的长期空间任务成为可能"。

高分辨率对地观测、空间冷目标（碎片）等的天基红外探测中，根据目标特性，红外探测器一般需要工作在 80 K 及以下温区，更低的工作温度有利于建立其高效的光电效应和工作机制，拓展可探测的红外波长，提升探测性能

（探测率、探测距离和灵敏度）。目前 80 K 温区低温技术在空间已得到较多应用，为实现更低温区目标、更远距离探测（镉汞长波红外探测器），正在推进 35 K 温区深低温技术的发展和应用。

20 K 温区深低温热管理技术是 NASA 近年的关注重点。未来空间高比冲的低温推进系统中，其初期需求是 20 K 下 5 W 制冷量，以维持液氢的长期储存；后期进行大体积液氢储存，则需要在 20 K 下大于 20 W 的制冷量，每瓦制冷量电功率消耗小于 80 W，质量低于 5 kg；最终应用中，20 K 的制冷量需求是 100 W。高性能、大制冷量的 20 K 温区制冷机是 NASA 未来 5~10 年的重点发展方向。

天文观测卫星为了探测宇宙射线及其他信号微弱、距离较远目标时，红外探测器需要工作在 20 K 以下，甚至 1 K 以下的低温，目前主要利用携带固/液制冷剂蒸发吸热制冷，辅以其他制冷方式。由于单纯储存式制冷方式寿命短、质量大等局限性，"储存式＋机械式"组合制冷方式正逐渐发展。

在深低温热传输方面则需要 80 K 以下温区（一些特殊的仪器需要 4 K 以下）的高效热传输技术。传统铜导索或者导热棒单纯依托金属材料实现热量的传递，传热链路上的热阻较大。深低温槽道热管、柔性热管以及深低温环路热管使用氮、氖、氢和氦工质时，可以实现 80 K、35 K、15 K 和 4 K 温区的高效热传输，不仅能够降低传热热阻，实现远距离、大面积和柔性热传输，而且能够显著降低系统的质量，因此是未来发展的趋势。

航天器热控制技术

9.9 高精度高稳定度温度控制技术

典型的空间结构如光学装置、大型天线和用于干涉测量的大型结构，对热控制的要求苛刻，尤其大口径、高分辨率光学系统对温度的均匀性和稳定性提出了越来越高的要求。典型代表如美国的哈勃望远镜，它在每个镜片上设计足够的主动控温回路，并在漏热位置设置保护加热器，仅在一个球面反射镜背部就有36个精密控温回路，回路间相互关联且调控能力强，哈勃望远镜光学器件的温度梯度最终被控制在±0.2 ℃范围之内。未来高精度光学系统对温度梯度的要求将会达到±0.01 ℃量级；而空间科学载荷，如微波辐射计等，其对温度稳定性要求将达到$10^{-4} \sim 10^{-5}$ ℃/天。

航天器高精度高稳定度温度控制技术一般具有以下突出特点：

(1) 在高精度热控制系统设计方面，趋向于采用超高导热材料、超级隔热材料及导热功能结构等相结合的主动热控制技术方案。

(2) 对于超高精度控温，一般采用多级热设计与温度控制模式，逐级提高温度稳定性和均匀性。

(3) 在高精度、高稳定度测控温系统方面，注重提高整个测控温系统的匹配性，通过合理的控制算法提高系统精度。

此外，未来航天器测控温技术的发展还包括：

(1) 光纤测温技术。对大型航天器结构来说，常规的"点"式测温技术因电缆过多过重而无法满足工程需要，分布式光纤光栅技术可以将温度、应变敏感元件直接制作在光纤芯中，在一根光纤上实现大量传感头的布置，且具有抗辐射、耐腐蚀、寿命长、传感精度高、不受电磁干扰等优点，易于组成网络进行分布式温度测量，能够有效满足卫星健康状况的监控要求。

（2）红外测温技术。地面广泛应用的红外测温技术，未来在空间也将发挥其温度测量的优势，如测温范围广、非接触测量、可获取连续温度场等。例如，用于大口径高分辨率光学成像卫星、天基雷达、大型SAR天线、网状天线等空间载荷的温度场监测。

（3）基于人工智能的温度控制技术。人工智能技术在未来航天器高精度温度控制方面将会有所作为。特别是外部热环境复杂多变、仪器设备工作模式多样化、热控制参数多的航天器，基于采集的温度、压力、流量等参数，通过"人工智能"机器的深度自学习，实现热控制工作参数的智能自主调整，可显著提高控温精度，同时还可以降低热控制系统的功耗。

参 考 文 献

[1] 苗建印,张红星,何江,等. 空间深低温热传输技术研究发展现状 [C]. 第15届全国热管会议论文集, 2017.

[2] Robert K W, Charles P S. NASA's Spitzer Space Telescope's Operational Mission Experience [C]. SPIE Astronomical Telescope and Instrumentation Conference, Orlando, Florida, 2006.

[3] Heske A, Wright G S. MIRI on JWST-Challenges in Science, Technology and Partnership [R]. IEEEAC Paper No. 1294, 2010.

[4] Bugby D, Marland B, Stouffer C, et al. Advanced Components and Techniques for Cryogenic Integration [R]. AIAA-2003-344, 2003.

[5] Bugby D C, Marland B C, Stouffer C J, et al. Development of Advanced Tools for Cryogenic Integration [C]. Advances in Cryogenic Engineering: Transactions of the Cryogenic Engineering Conference-CED, 2005.

[6] Triem T. Hoanga, Tamara A. O'Connell, et al. Development of a Flexible Advanced Loop Heat Pipe for Across-Gimbal Cryocooling [C]. Proceedings of SPIE 2003, 5172: 68-76.

[7] Ku J, Robinson F. Testing of a Neon Loop Heat Pipe for Large Area Cryocooling, Spacecraft Thermal Control Workshop [C]. the Aerospace Corporation, EI Segundo, California, 2014.

《空间技术与科学研究丛书》

本书索引

为方便读者查阅信息，本书编制了电子索引。读者可通过以下两种方式浏览和下载索引。

1. 登录http://www.bitpress.com.cn/网址，在该书的信息页查找；
2. 扫描下方二维码。

内 容 简 介

本书重点阐述了与航天器热控制相关的空间环境、设计、分析、试验方法以及针对热量吸收、传输、排散环节进行调控的常用热控制技术，给出了典型的技术应用案例，并对相关新技术进行了展望。

本书主要供从事航天器热控制研究、设计的工程技术人员参考，亦可作为高等院校航天器热控制专业的教学参考书。

版权专有　侵权必究

图书在版编目（CIP）数据

航天器热控制技术/苗建印等编著. —北京：北京理工大学出版社，2018.3

（空间技术与科学研究丛书/叶培建主编）

国家出版基金项目　"十三五"国家重点出版物出版规划项目

国之重器出版工程

ISBN 978-7-5682-5446-5

Ⅰ. ①航…　Ⅱ. ①苗…　Ⅲ. ①航天器-热控制　Ⅳ. ①V448.2

中国版本图书馆 CIP 数据核字（2018）第 055167 号

出版发行 / 北京理工大学出版社有限责任公司
社　　址 / 北京市海淀区中关村南大街 5 号
邮　　编 / 100081
电　　话 / （010）68914775（总编室）
　　　　　　（010）82562903（教材售后服务热线）
　　　　　　（010）68948351（其他图书服务热线）
网　　址 / http://www.bitpress.com.cn
经　　销 / 全国各地新华书店
印　　刷 / 北京地大彩印有限公司
开　　本 / 710 毫米 × 1000 毫米　1/16
印　　张 / 31.25
彩　　插 / 1　　　　　　　　　　　　　　　　责任编辑 / 杜春英
字　　数 / 575 千字　　　　　　　　　　　　　文案编辑 / 杜春英
版　　次 / 2018 年 3 月第 1 版　2018 年 3 月第 1 次印刷　　责任校对 / 周瑞红
定　　价 / 156.00 元　　　　　　　　　　　　　责任印制 / 王美丽

图书出现印装质量问题，请拨打售后服务热线，本社负责调换

彩　　插

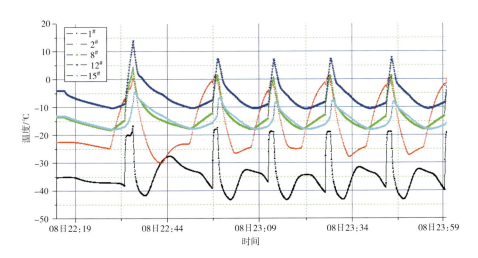

图 5-15　典型环路热管阻断运行曲线

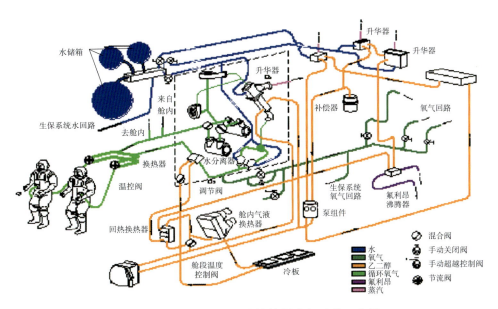

图 5-97　阿波罗登月舱热控制生保系统示意图

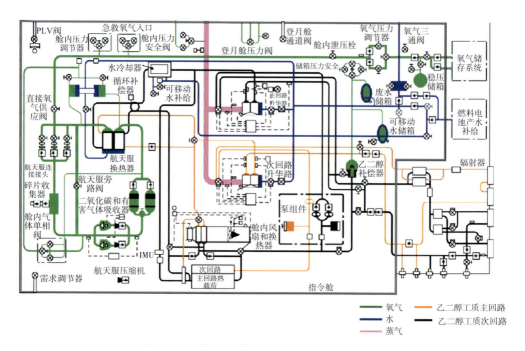

图 5-98 阿波罗指令舱热控制系统示意图

《国之重器出版工程》
编辑委员会

主　任：苗　圩

副主任：刘利华　辛国斌

委　员：冯长辉　梁志峰　高东升　姜子琨　许科敏
　　　　陈　因　郑立新　马向晖　高云虎　金　鑫
　　　　李　巍　李　东　高延敏　何　琼　刁石京
　　　　谢少锋　闻　库　韩　夏　赵志国　谢远生
　　　　赵永红　韩占武　刘　多　尹丽波　赵　波
　　　　卢　山　徐惠彬　赵长禄　周　玉　姚　郁
　　　　张　炜　聂　宏　付梦印　季仲华